全国优秀教材二等奖

 “十二五”普通高等教育本科国家级规划教材

 面向21世纪课程教材

荣获中国石油和化学工业优秀出版物奖·教材一等奖

化工热力学

第五版

陈新志　蔡振云　钱　超　周少东　编著

化学工业出版社

·北京·

图书在版编目（CIP）数据

化工热力学/陈新志等编著. —5 版 .—北京：
化学工业出版社，2020.7（2024.7重印）
"十二五"普通高等教育本科国家级规划教材
ISBN 978-7-122-36890-4

Ⅰ.①化… Ⅱ.①陈… Ⅲ.①化工热力学-高等学校-
教材 Ⅳ.①TQ013.1

中国版本图书馆 CIP 数据核字（2020）第 083832 号

责任编辑：徐雅妮　　　　文字编辑：丁建华　孙凤英　　　　数字编辑：吕　尤
责任校对：刘　颖　　　　装帧设计：关　飞

出版发行：化学工业出版社（北京市东城区青年湖南街 13 号　邮政编码 100011）
印　　刷：北京云浩印刷有限责任公司
装　　订：三河市振勇印装有限公司
787mm×1092mm　1/16　印张 17　字数 432 千字　2024 年 7 月北京第 5 版第 6 次印刷

购书咨询：010-64518888　　　　　　售后服务：010-64518899
网　　址：http://www.cip.com.cn
凡购买本书，如有缺损质量问题，本社销售中心负责调换。

定　　价：49.00 元　　　　　　　　　　　　　　　　　　版权所有　违者必究

第五版前言

化工热力学是化学工程及其他过程工程学科的基础，对解决工程实际问题具有重要作用，是化学工程与工艺专业的必修课程。

浙江大学化工热力学教研组是在我国著名学者侯虞钧先生的领导下成立的，在状态方程、物性推算、相平衡、溶液热力学等研究与应用方面卓有成就，为化工热力学的教研工作打下了优良的基础。

二十年前在余国琮、侯虞钧、胡英、汪文川、王延儒等老一辈化工专家、教育家的指导下，笔者编著了本教材。为了更好地贯彻教育部《面向 21 世纪化工类专业人材培养方案》要求的"加强基础、面向实际、引导思维、启发创新、便于自学"的指导思想，笔者建立了以化工热力学"三要素"——原理、模型和应用为特征的新体系，即在经典热力学原理的基础上，引入反映系统特征的模型，应用于流体物性的推算。以应用为目的，按应用对象与其所依据的热力学原理的对应关系组织内容，利于理解概念，掌握重点，减少重复和缩短学时。本教材配有物性计算软件，便于现代教学，辅导读者自学和解决更接近实际的问题。

本教材已历经四次修订，通过充分吸取浙江大学以及兄弟院校广大师生的教学实践经验、优化课程体系、更新内容、改进表述、优化例题和习题、升级计算软件等，为提升化工热力学教学效果和效率提供了基础。

笔者希望《化工热力学》（第五版）能使读者在掌握经典热力学原理及其应用的基础上，借助一种更理性、高效和准确的推算流体性质的通用方法，更好地从事化工等过程的开发、设计和生产活动。

《化工热力学》（第五版）修订工作主要有以下三个方面。

(1) 进一步凝练了经典热力学原理内容，使概念表达更准确，热力学系统间的联系更清晰，应用对象与模型选择的关系更明确；调整部分例题、习题，使其与实际过程更贴近，力求反映学科新进展。

(2) 增加了综合工程案例，以增强化工热力学解决实际问题的功能，促进学生对化工热力学"三要素"的理解。因工程案例资料篇幅较大，读者可扫描本书二维码在线阅读。

(3) 化学反应平衡在化工过程中十分重要，本次修订增加了第 7 章化学反应平衡，并力求在编写风格和物性处理方法上与原有内容保持一致，同样将化学反应平衡纳入了热力学"三要素"的特征范畴。前面章节的原理和模型，为解决化学反应平衡问题提供了良好的基础，物性计算软件也在化学平衡计算中发挥了重要作用，达到了系统相容、内容衔接、方法相通、手段共享的目的，从而提高课程效率，减少内容重复，强化基本概念。

I

本次修订工作分工如下，第 1～5 章由陈新志负责，第 6 章由蔡振云负责，第 7 章由周少东主笔、陈新志提供修改建议，第 8 章由钱超负责。

《化工热力学》（第五版）修订时吸取了化工热力学教学过程中师生们的有益建议，获得浙江大学的资助，在此一并表示衷心感谢。

因笔者的学术水平和教学经验所限，教材中的疏漏与不足在所难免，恳请广大读者批评指正。

编著者

2020 年 5 月于浙江大学

目　录

第1章

绪 论

【内容提示】

1. 本书提出的化工热力学内容"三要素";
2. 物性之间的普遍化关系式,物性推算的内容、意义;
3. 均相封闭系统、均相敞开系统、非均相封闭系统的含义;
4. 计算均相系统性质、非均相系统性质的一般过程。

1.1 目的、意义和范围

热力学的原始含义就像其英文字面(Thermo-dynamics)所示,是讨论热与功的转化规律。经典热力学建筑在热力学的三个基本定律之上,运用数学方法,得到热力学性质之间的依赖关系,简单地讲,这种依赖关系就是经典热力学的原理。经典热力学原理在解决工程实际问题中有重要价值。

学习本课程的主要目的是运用经典热力学原理来解决实际问题。具体地讲,所解决的实际问题可以归纳为三类:

① 平衡状态下的热力学性质计算;

② 平衡问题,特别是相平衡和化学反应平衡;

③ 过程进行的可行性分析和能量有效利用。

热力学性质计算在解决以上三类实际问题中都具有重要的作用,特别是流体的热力学性质随着温度、压力、相态、组成等的变化。基于热力学原理的物性推算在本教材中将受到特别的重视。

化工过程经常要与物性打交道。从混合物获得纯组分必须由一定的分离过程来完成,如蒸馏、萃取、结晶等过程的基础就是相平衡及其相平衡状态下的各相的性质。研究流体相平衡、p、V、T、H、S 等热力学性质及其它们之间的相互关系是分离过程设计、优化和操作中不可缺少的基础工作。化学反应平衡也是同样离不开热力学性质的计算。

本课程与《物理化学》关系密切,《物理化学》的热力学部分已经介绍了经典热力学的基本原理和理想系统(如理想气体和理想溶液等)的模型,本课程将在此基础上,重点转移到更接近实际的系统。实际过程所涉及的系统如此复杂,强度性质温度、压力范围如此宽广,化学工程师们不能再用简单的理想气体和理想溶液模型计算,基于分子间相互作用的理论方法尚不完善，结合半经验模型的经典热力学仍是解决实际问题的有效手段。

实际操作过程虽然不可能在平衡条件下进行，但是，代表着极限状态的热力学平衡数据是对实际过程进行可行性分析、提高设计水平、优化操作条件不可缺少的依据。

化工热力学的意义还可以从其他角度来认识。

人们有兴趣将热力学性质与压力、温度和组成等能直接测量的物理量联系起来。理论和实验均表明，均相系统的热力学性质都能唯一地表达成压力、温度和组成的函数（不计重力场、磁场、电场和表面张力等的影响）。强度性质温度、压力和组成常被选作确定均相系统的独立变量。例如，均相定组成系统的摩尔体积就可以表达成为 T、p 的函数

$$V = V(T, p) \tag{1-1}$$

同样，其他的摩尔性质 M（如 $M = U, H, S, A, G, C_p, \cdots$），也能相应表示为

$$M = M(T, p) \tag{1-2}$$

式(1-1) 和式(1-2) 是不同性质之间的联系，经典热力学将给出它们之间的依赖关系，从而为物性间的相互推算提供基础。物性推算是一项既有实际意义又有理论价值的工作，原因如下。

实验数据往往是不完整的。经典热力学原理给我们提供了各种热力学性质之间的依赖关系［见式(1-2)］。这种关系对于实现不同的热力学性质之间的推算具有重要的价值。例如，从局部的实验数据推算系统完整的信息；从常温、常压下的物性数据来推算苛刻条件下的数据；从容易获得的物性数据来推算较难测定的数据；从纯物质的性质求取混合物的性质等，所有这些都可以为我们获取有用的物性数据节省大量的人力、物力、财力和时间。

实验数据中可能存在误差。经典热力学提供的各种性质之间的普遍化关系式还是一种检验实验数据质量的手段，从而对实验数据做出评价和筛选。

经典热力学所提供的如式(1-2) 那样的方程只是规定了热力学性质变化必须遵循的普遍化依赖关系，并非是性质之间的具体函数形式。可以想象，热力学性质之间的具体函数形式由系统的特征所决定。系统的特征的本质是分子间的相互作用，属于统计力学的范畴。实际应用中，常采用半经验模型来表达系统的特征。所以，经典热力学解决具体系统的物性推算问题必须与表达系统特征的模型相结合。这是经典热力学的局限之一，但也是化工热力学解决实际问题的特色之一。

随着科学技术的高速发展，计算机的广泛应用，自动化程度的不断提高，人们对热力学性质需求也提出了更高的要求。如表现在热力学性质数据的高精度，不仅需要离散的、局部的信息，而且要求获得解析化的、系统的信息。所以热力学数据及模型化愈来愈受到重视。在有些化工过程设计和模拟的计算程序中，热力学性质计算模块所占的时间已经超过一半。

从推算热力学性质所需要输入的信息量来考察，相律已经指出，一旦给定了自由度个数的强度性质，系统的状态将被确定下来，系统的其他强度性质也随之而确定了。我们称给定的用来确定系统的强度性质为独立变量，而系统其余的强度性质称为从属变量。

由此可知，式(1-1) 和式(1-2) 中的自变量并非一定要取 T、p，也可以是 T、V，原则上可以是任何两个强度性质，但是取 T、p 或 T、V 无疑是最有意义的，因为相对于其他性质，T、p、V 是最容易获得的性质，从能够直接测量的性质推算难以直接测量的性质是重要的目标之一。

实际上，经典热力学还做不到仅从独立变量预测从属变量，原因是反映系统特征的模型并非如此完美，需要有自由度个数之外的强度性质来辅助确定模型参数。尽管如此，经典热力学仍然在物性推算中起到十分重要的作用。

我们可以认为，化工热力学就是运用经典热力学的原理，结合反映系统特征的模型（有时也用强度性质数据），解决工业过程（特别是化工过程）中热力学性质的计算、相平衡和化学平衡计算、能量的有效利用等实际问题。

1.2 化工热力学的内容及安排

由上可知，经典热力学原理，必须结合反映系统特征的模型，才能应用于解决化工过程的实际问题，我们不妨简称"原理-模型-应用"为化工热力学内容"三要素"。"三要素"应该是化工热力学教材内容的基本组成部分。原理是基础，应用是目的，模型或强度性质数据反映了系统的特征，是应用中不可缺少的工具。它们之间的作用关系见图1-1。

图 1-1　化工热力学内容"三要素"

热力学研究的对象总是选择宇宙空间中的一部分，这一部分选定的空间即称为系统，其余部分则是环境。与环境之间无物质传递的系统称为封闭系统，与环境之间有物质传递的系统称为敞开系统，与环境之间既无物质又无能量传递的系统称为孤立系统。

本教材中基本上不讨论孤立系统。封闭系统是我们最感兴趣的系统之一，它又可以分为均相封闭系统和非均相封闭系统。

均相封闭系统中只有一个相，且与环境之间没有物质传递，所以组成不变是均相封闭系统的重要特征，纯物质和均相定组成混合物就属于均相封闭系统。所以，纯物质和均相定组成混合物性质计算，应该由均相封闭系统热力学原理和模型的结合来完成。

非均相封闭系统则与实际中的相平衡系统相对应。非均相封闭系统含有多个相，每个相都可以视为均相敞开系统，但当系统达到平衡状态时，各敞开系统之间通过边界传递物质的速率达到动态平衡，各相的组成、温度、压力不再发生变化，此时系统中任何一个均相系统都可以视为均相封闭系统（见图1-2）。正确理解这种关系，对于掌握非均相系统的热力学原理及性质计算是有帮助的，也能使不同热力学性质的计算与热力学原理一一对应起来。

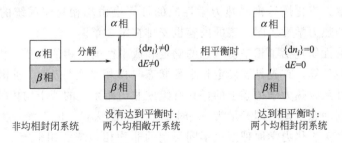

图 1-2　非均相封闭系统与均相敞开系统的关系

我们应该注意，均相纯物质和均相定组成混合物的热力学性质符合均相封闭热力学原理，而非均相系统性质的计算，首先应该确定相平衡状态，然后呈平衡状态的各相均可以视作为均相封闭系统。相平衡的确定需要相平衡准则，而平衡准则是在表达了能量和物质交换规律的均相敞开系统热力学原理基础上建立的。

教材的具体内容安排如下："原理"部分主要安排在第3、第4两章。

第 3 章将就均相封闭系统，由热力学的基本关系式建立起不同性质之间的依赖关系，特别是将有关的热力学函数（如 U、H、S、A、G、C_p、C_V 等）与 p-V-T 关系和低压气体等压热容 C_p^{ig} 联系起来，这些普遍化关系式是推算均相系统性质的基础。

第 4 章中讨论与相平衡有关的均相敞开系统的热力学。因为，对于一个非均相系统，一旦平衡状态确定之后，系统中成平衡的各相的热力学性质的计算即可以用第 3 章中介绍的均相封闭系热力学原理来解决。故相平衡准则是非均相系统的重要内容之一。由图 1-2 知，均相敞开系统是非均相系统达到相平衡的前提，故相平衡准则的获得离不开均相敞开系统的热力学关系式。

另外，均相敞开系统热力学关系式表达了与环境间的能量、物质传递对系统性质的影响。在温度、压力一定的条件下，就是物质传递的影响，即是混合物性质与组成的关系。所以，计算一个均相混合物的性质，既可以作为均相敞开系统来处理，也能像第 3 章那样作为均相封闭系统来处理。以后我们将会看到，这两种方法处理的结果是一致的。

"模型"部分的内容主要有 p-V-T 状态方程和活度系数方程，它们是化工热力学中最常用的表达系统特征的模型。由于 p、V、T 是推导诸多热力学关系式的基本参数，所以物质的 p-V-T 关系提前在第 2 章中介绍，而活度系数模型放在第 4 章中，此时已经引入了活度系数、混合物中组分逸度及组分逸度系数等概念。但应当指出的是，模型并不是经典热力学本身的内容，经常是从统计热力学或结合经验手段获得。本教材将从应用的角度来介绍和使用模型，并非是开发和建立模型。

除模型之外，强度性质也是重要的系统特征，不仅在推算其他性质中，而且在实际应用中均有重要的意义。本书的第 8 章是关于热力学基础数据的获取方法。

"原理"与"模型"的结合原则上可以实现：由一个状态方程＋C_p^{ig} 的信息推算其他有用的热力学性质。"应用"部分就展示了化工热力学的这一强大功能。

按应用对象的差异，我们将应用部分划分为：均相系统、非均相系统、流动系统、化学反应平衡系统。

均相系统的性质包括纯物质和均相定组成混合物的性质。均相性质的计算比较简单，故将这部分内容放在第 3 章中，在均相封闭系统热力学原理之后来讨论。由于纯物质汽化过程，两相组成没有发生变化，可视作均相封闭系统的变化过程，因此纯物质的汽-液平衡及其蒸气压、汽化焓、汽化熵等饱和热力学性质的计算也由均相封闭系统的热力学原理来完成。另外，常用的热力学性质图、表的内容也安排在第 3 章。

非均相系统的性质包括了相平衡状态的确定和成平衡的各相的性质。由图 1-2 知，非均相封闭系统的物性计算，首先是要确定相平衡状态（即相平衡计算）。而相平衡准则实际是建立在非均相敞开系统热力学关系上的，只有组成非均相系统的若干均相敞开系统之间的物质，能量传递达到动态平衡（即净量为 0）时，才是平衡状态。由于混合物系统相平衡的类型较多，第 5 章是关于热力学原理解决不同类型的非均相系统的相平衡及其物性计算问题，其内容是十分丰富的。

工业上常见的流动系统也是一种敞开系统。第 6 章专门讨论稳定流动系统的热力学第一定律和第二定律，即所谓流动系统的能量平衡和熵平衡方程，并应用于具有实际意义的过程中（如化工过程、压缩制冷循环、动力循环等）。这一章的应用对象虽然是敞开系统，但是稳定流动系统的状态是稳定的，其热力学性质计算，是均相封闭系统热力学原理的综合应用。

热力学性质的表达主要有图、表和解析方程三种形式，它们各具特色，本教材对不同表达形式都进行了适当的介绍和应用。我们认为，热力学性质的图、表形式虽然在解决化工、热工问题中很有用，但是它们本身的建立离不开解析计算方法。另外，随着模型的完善、计算机及软件的发展，解析法将更具优势。所以，本教材在某种程度上偏重于热力学性质的解析表达，同时，也在例题和习题中比较了图解法和解析法。

化学反应平衡系统对化工过程十分重要。在给定温度、压力、原料组成和催化剂等条件下，经过足够长时间的化学反应达到最大的化学转化状态，即化学平衡状态。化学反应系统可视作一个温度、压力恒定的变组成封闭系统，其总的吉氏函数变化符合均相敞开系统的热力学基本关系式，再结合化学反应计量学，就能从经典热力学原理得到化学反应平衡状态的判据，引入热力学基础数据就能确定化学平衡常数，实现化学平衡计算，探讨反应条件对平衡组成的影响等。尽管实际系统较难达到化学平衡状态，但它对实际化学反应过程的研究与应用仍有重要的指导意义。

热力学解决实际问题的可靠性是基于它严密的理论系统。必要的理论和数学推导不仅是热力学的基础，而且对于培养学生的抽象思维能力和逻辑思维能力十分有益。为了加强应用，教材中还涉及简单的数值计算和计算机程序的知识，提供了常见的化工热力学物性计算软件，以提高学生的学习兴趣和效率、增强用热力学解决实际问题的自信心。另外，本教材的例题中，除了重视定量计算外，还十分重视定性分析，实践表明，这对于全面理解和解决实际问题是十分必要的。

教材中所涉及的热力学性质种类和计算过程是有限的，但是，其原理和方法具有普遍意义。教材将力求通过有限的实例总结出化工热力学解决实际问题的一般性方法。使读者在应用中能触类旁通，举一反三。

用计算机手段辅助教学和自学也是本教材的特点之一。教材提供有计算程序：ThermalCal。

1.3 教材的结构体系

化工热力学主要研究均相封闭系统、非均相封闭系统、流动系统和化学反应平衡系统。各类系统的性质及其计算所依据的原理既有区别又有联系，它们构成了化工热力学的框架结构。图 1-3 所示的教材结构体系，将化工热力学内容"三要素"形象地比作为一株树，"原

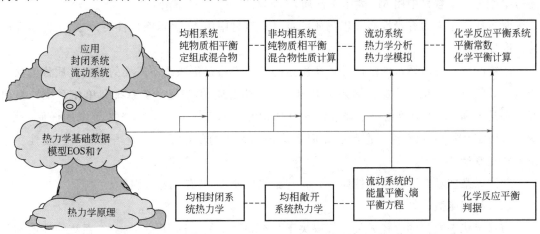

图 1-3 化工热力学的结构体系

理"似树之根基，"应用"如树之果实，"模型"像输送养分之躯干。欲用热力学"原理"进行实际"应用"，离不开反映系统特性的"模型"，三者缺一不可。图中的横向虚线代表了不同系统的热力学性质和原理之间的联系与区别。

1.4 热力学性质

流体的性质有热力学性质和传递性质之分。前者是指物质处于平衡状态下压力、体积、温度、组成以及其他的热力学函数之间的变化规律。后者是指物质和能量传递过程的非平衡特性，如表 1-1 所示。

表 1-1 物质的性质分类

性 质	热力学性质	压力、摩尔体积、温度及各种热力学函数,如热力学能、焓、热容、熵、吉氏函数和亥氏函数等
	传递性质	热导率、扩散系数和黏度等

人们希望能从直接测量性质（如压力、摩尔体积、温度、组成、定压热容等）来推算难以直接测量的性质（如焓、热力学能、熵、吉氏函数、亥氏函数、热容、逸度、逸度系数、活度系数等）。为了更有效完成这项任务，常常需要输入物质的基础数据，如相对分子质量、正常沸点、临界参数、蒸气压甚至是混合物的共沸点等，以减少模型对其他强度性质的依赖。在教材的第 8 章及其附录中列出了部分物质的基础数据及其获取方法。

1.5 热力学基本概念的回顾

（1）强度性质与容量性质

一类与系统的尺寸（即物质量的多少）无关的性质称为强度性质，如系统的温度 T、压力 p 等。反之，与系统中物质量的多少有关的性质称为容量性质，如系统的总体积、总热力学能等（本教材中用 M_t 表示总性质）。

摩尔性质定义为容量性质除以物质的量（本教材中用 M 表示摩尔性质），摩尔性质即成为强度性质。

系统的状态是由系统的强度性质所决定的。我们将确定系统所需要的强度性质称为独立变量，其数目可从相律确定。例如，由相律知，纯物质的汽-液平衡系统和单相系统的自由度分别是 1 和 2。即只要给一个强度性质（如饱和性质 T、p^s、V^{sv}、V^{sl} 等中的任何一个）就可以确定纯物质的汽-液平衡状态，但要确定纯物质的单相系统，就需要两个强度性质来作为独立变量。

要注意某些场合下，强度性质 T、p 与摩尔性质 M 是有一定区别的。

（2）状态函数

与系统状态变化的途径无关，仅取决于初态和终态的量称为状态函数。系统的性质都是状态函数。状态函数与系统变化途径无关的特性对系统性质变化的计算很有意义。

（3）平衡状态与可逆过程

平衡状态是一种系统与其环境之间净流（物质和能量）为零的状态。平衡状态的定量描述是本教材的重要内容。均相系统的平衡状态较为简单，而非均相系统的平衡状态首先表现为各相之间的相平衡，并且，在相平衡状态下，各相之间的净流为零，故非均相系统中的各相可视为均相封闭系统。

可逆过程是系统经过一系列平衡状态所完成的，其功耗与沿同路径逆向完成该过程所获得的功是等量的。实际过程都是不可逆过程。可逆过程是实际过程欲求而不可及的理想极限。所以，可逆过程为不可逆过程提供了效率的标准。

（4）热力学过程与循环

经典热力学中，系统的变化总是从一个平衡状态到另一个平衡状态，这种变化称为热力学过程。热力学过程可以不加任何限制，也可以使其按某一预先指定的路径进行，我们感兴趣的热力学过程主要有：等温过程、等压过程、等容过程、等焓过程、等熵过程、绝热过程、可逆过程等，有时也可以是它们的组合。

热力学循环是指系统经过某些过程后，又回到了初态，如卡诺循环是理想的热功转化循环。工业上涉及热功转换的制冷循环、动力循环等具有实际意义，为了方便，可将一个热力学循环看作是若干个特定过程的组合。本教材中将对重要的热力学循环进行定量分析。

1.6 热力学性质计算的一般方法

以简单的例子来说明化工热力学应用于热力学性质计算的一般性方法和步骤。

【例题 1-1】 计算例图 1-1 所示的纯流体单相区[注]的强度性质 M 的变化量。系统从 (T_1, p_1) 的初态变化至 (T_2, p_2) 的终态。

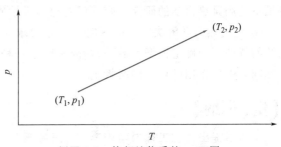

例图 1-1 均相纯物质的 p-T 图

解：我们已经知道了某些热力学性质的绝对值，如 p、V、T、C_p 等，但对另外一些性质还不清楚其绝对值是多少，如 U、H、S、G 和 A 等，对于这些性质，其变化值已经能满足实际需要。本题也只计算 M 变化值。

解决问题的一般性的步骤如下。

（1）变量分析 由相律知，单相纯物质系统的自由度为2，依题意，取强度性质 T、p 为独立变量（原则上可以取任意两个强度性质，但一般取能直接测量的性质），则其余的强度性质 M 就是待计算的从属变量，由式(1-2) 得

$$M = M(T, p) \tag{1-2}$$

（2）由经典热力学原理，将热力学性质与能直接测量的 p-V-T 性质和理想气体热容 C_p^{ig} 联系起来 由状态函数的数学特性知

---

❶ 对纯物质系统，均相封闭系统热力学原理并不受单相区的限制。

$$\Delta M = M(T_2, p_2) - M(T_1, p_1)$$

$$= [M(T_2, p_2) - M^{ig}(T_2, p_0)] - [M(T_1, p_1) - M^{ig}(T_1, p_0)] + [M^{ig}(T_2, p_0) - M^{ig}(T_1, p_0)]$$

式中，M^{ig} 是理想气体的性质；p_0 是任意指定的理想气体状态的压力。

由后续的经典热力学原理，可以得到 $[M(T_2, p_2) - M^{ig}(T_2, p_0)]$、$[M(T_1, p_1) - M^{ig}(T_1, p_0)]$、$[M^{ig}(T_2, p_0) - M^{ig}(T_1, p_0)]$ 与 p-V-T 性质和 C_p^{ig} 之间的依赖关系，即成为从 p-V-T 关系和 C_p^{ig} 来推算热力学性质的有用的方程。

（3）引入表达系统特性的模型 经典热力学原理能给出热力学性质 M 随强度性质（如 T，p）变化的普遍化关系式，但这种普遍的关系式，并非是从属变量与独立变量之间的具体公式，必须引入能表达系统特性的模型方能确定。如表达特定系统 p-V-T 关系的状态方程 $p = p(T, V, \alpha, \beta, \cdots)$ 和理想气体状态的热容方程 $C_p^{ig} = a + bT^2 + cT^3 + dT^4$ 等就是重要的模型（其中 α、β、a、b、c、d 等是特征常数），由系统的性质而定。

（4）数学求解 引入模型后，采用一定的数学方法完成计算。当然，模型参数是要预先确定的。有些条件下，模型参数的确定，需要引用一定量的强度性质的实验数据。

对于混合物的多相系统，则首先根据平衡准则确定相平衡状态，再进行各个呈平衡相的性质计算。其方法是类似的。

以上的实例并非要求读者现在就能掌握这种热力学性质计算的原理和方法，而是借此来说明：

① 化工热力学的应用是有规律可循的，并非那么抽象，许多问题的解决都能按照例题的步骤进行；

② 化工热力学内容上的"三要素"十分重要，无时不体现在解决实际问题的过程之中；

③ 经典热力学解决实际问题离不开反映系统特征的模型（或强度性质数据），模型的获得虽不是经典热力学的研究内容，但对热力学性质的计算很重要；

④ 化工热力学解决实际问题时，一般要求输入多于独立变量个数的强度性质，以表征系统的特性（如确定模型参数等），故常属于一种关联方法。尽管如此，化工热力学在解决实际问题中的作用已被人们所肯定。

【重点归纳】 ▪▪▪

本书提出了化工热力学内容的"三要素"：应用经典热力学原理，结合反应系统特征的模型，应用于物性推算。物性推算是化工热力学的主要任务。经典热力学原理是宏观物性之间的普遍化关系式。化工热力学的应用对象是更接近实际过程的真实系统。反映真实系统特征模型的主要有状态方程、活性系数模型、理想气体热容模型等。物性推算的内容主要有：从容易获得的性质推算难测量性质、从温和条件下的性质推算苛刻条件下的性质、从纯物质性质推算混合物性质、从二元混合物性质推算多元混合物性质等。

掌握确定系统状态所需指定的强度性质及其数量，前者称为独立变量，后者称为自由度。

物性计算与系统类型有关。均相系统性质计算有两种方法，即均相封闭系统热力学原理和均相敞开系统热力学原理。计算非均相系统性质，首先计算相平衡，再计算平衡状态下各均相系统的性质。然而，相平衡的基础是均相敞开系统的热力学原理。

了解热力学性质推算的一般过程与方法。

习　题

一、是否题

1. 封闭系统中有两个相 α、β。在尚未达到平衡时，α、β 两个相都是均相敞开系统；达到平衡时，则 α、β 两个相都等价于均相封闭系统。

2. 理想气体的熵和吉氏函数仅是温度的函数。

3. 封闭系统中 1mol 气体进行了某一过程，其体积总是变化着的，但是初态和终态的体积相等，初态和终态的温度分别为 T_1 和 T_2，则该过程的热效应 $Q = \int_{T_1}^{T_2} C_V \mathrm{d}T$；同样，对于初、终态压力相等的过程的 $Q = \int_{T_1}^{T_2} C_p \mathrm{d}T$。

二、填空题

1. 状态函数的特点是 _____。

2. 封闭系统中，温度是 T 的 1mol 理想气体从 (p_i, V_i) 等温可逆地膨胀到 (p_f, V_f)，则所做的功为 _____（以 V 表示）或 _____（以 p 表示）。

3. 封闭系统中，1mol 理想气体（已知 C_p^{ig}）按下列途径由 T_1、p_1 和 V_1 可逆地变化至 p_2，则
　A 等容过程的 $W =$ _____，$Q =$ _____，$\Delta U =$ _____，$\Delta H =$ _____。
　B 等温过程的 $W =$ _____，$Q =$ _____，$\Delta U =$ _____，$\Delta H =$ _____。
　C 绝热过程的 $W =$ _____，$Q =$ _____，$\Delta U =$ _____，$\Delta H =$ _____。

4. 1MPa = _____ Pa = _____ bar = _____ atm = _____ mmHg = _____ kgf·cm^{-2}。

5. 普适气体常数 $R =$ _____ MPa·cm^3·mol^{-1}·K^{-1} = _____ bar·cm^3·mol^{-1}·K^{-1} = _____ J·mol^{-1}·K^{-1} = _____ cal·mol^{-1}·K^{-1}。

三、计算题

1. 某一服从 $p(V-b) = RT$ 状态方程（b 是正常数）的气体，在从 $1000b$ 等温可逆膨胀至 $2000b$，所做的功应是理想气体经过相同过程所做功的多少倍？

2. 一个 $0.057\mathrm{m}^3$ 气瓶中贮有的 1MPa 和 294K 的高压气体通过一半开的阀门放入一个压力恒定为 0.115MPa 的气柜中，当气瓶中的压力降至 0.5MPa 时，计算下列两种条件下从气瓶中流入气柜中的气体量（假设气体为理想气体）。

（1）气体流得足够慢以至于可视为恒温过程；

（2）气体流动很快以至于可忽视热量损失（假设绝热过程可逆，绝热指数 $\gamma = 1.4$）。

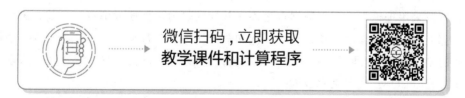

第 2 章

p-*V*-*T* 关系和状态方程

【内容提示】 ▪▪▪▪

1. 纯物质的 *p*-*V*-*T* 相图特征与规律；
2. 立方型状态方程的形式与特点、常数的获取及其应用于容积性质的计算；
3. 混合物状态方程的形式与应用；
4. 常用的高次型多常数状态方程及其特点。

2.1 引言

熱力学性质的推算需要输入流体最基本的性质以表达系统的特征。流体最基本的性质有两大类：一类是 *p*、*V*、*T*、组成和热容数据；另一类是热数据（如标准生成焓和标准生成熵等）。后者已在物理化学中详细讨论过，本章重点讨论 *p*-*V*-*T* 关系和状态方程。

由于在工程应用和科学研究中的重要性，至今已积累了大量纯物质及其混合物的 *p*-*V*-*T* 数据，如水、空气等一些常见的流体、氩等单原子气体以及氨、氟利昂等制冷工质。人们通过测定 *p*、*V*、*T* 数据，加深了对流体 *p*-*V*-*T* 行为的认识。但测定数据是一项费时耗资的工作，测定所有流体的 *p*-*V*-*T* 数据显然是不现实的。另外，仅从有限的 *p*、*V*、*T* 的测定数据不但不可能全面地了解流体的 *p*-*V*-*T* 行为，而且离散的数据点不便于求导和积分等数学运算，难以采用理论方法获得数据点之外或其他的热力学性质的信息。目前，绝大多数的纯流体，都能查到临界参数、正常沸点、饱和蒸气压等基础数据[1,2]（在附录 A-1 中摘录了部分物质的基础数据）。通过这些信息来预测流体的 *p*-*V*-*T* 行为具有实际意义。这项工作是通过状态方程（EOS）模型来完成的。

状态方程不仅本身是重要的 *p*-*V*-*T* 关系式，而且是反映系统特征的模型，故是经典热力学中推算其他性质不可缺少的模型之一。我们在第 3 章和第 4 章中将要介绍的经典热力学原理给出了所有的热力学性质与 *p*-*V*-*T* 和 C_p^{ig} 的依赖关系，但欲得到它们之间的具体函数形式，必须引入表达系统特征的模型。流体的 *p*-*V*-*T* 数据及其状态方程是推算热力学性质时最重要的模型之一。

本章的主要内容，是在了解纯物质 *p*-*V*-*T* 行为的基础上，介绍常见的状态方程。

2.2 纯物质的p-V-T相图

纯物质在平衡状态下压力、摩尔体积与温度之间的关系可以表示成三维的p-V-T曲面，如图2-1所示就是一张定性的相图。立体相图中标有 S、L 和 V(G) 的阴影部分分别表示固相、液相和蒸气（气相）的单相区。这里我们规定，能够液化或凝固（通过加压或降温）的气相称为蒸气（用 V 表示），其余不能液化的称气相，用 G 表示。而标有 S/L、V/S 和 V/L 的面则分别代表固/液、气/固、气/液两相共存区。曲线 AC 和 BC 是气/液两相共存区的边界线，它们在 C 点平滑相连，C 点称临界点，它是气/液共存的最高温度或压力点，临界点是流体p-V-T曲面上一个重要的点，该点的温度、压力和摩尔体积分别称为临界温度T_c、临界压力p_c和临界体积V_c。流体在临界状态的特性和临界参数在流体p-V-T及状态方程的研究中有重要作用，人们已经测定了大量的纯物质的临界参数，在附录 A-1 中给出了部分物质的临界参数。另外，在$T>T_c$和$p>p_c$的区域内，气体和液体变得不可区分，称之为超临界流体。在临界点附近，流体的许多性质有突变的趋势，如密度、溶解其他物质的能力等，现已有许多利用流体临界区特性开发的工业过程，如超临界分离技术、超临界化学反应等。

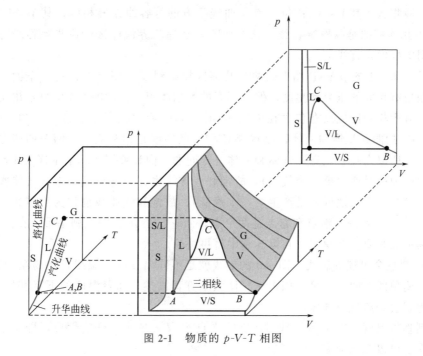

图 2-1　物质的p-V-T相图

通过A、B的直线是三个两相共存区的交界线，称为三相线，在三相线上，有固定的温度、压力，此状态下的纯物质处于汽-液-固三相共存。

若将p-V-T曲面投影到平面上，则可以得到更直观的二维图形。图2-1所投影出的两张重要的二维相图分别是p-T图和p-V图。放大后的p-T图和p-V图分别见图2-2和图2-3。

由于在相平衡条件下，各相的温度、压力是相同的，所以，立体图中的两相区将成为p-T图中的平衡线。图2-1中的S/L、V/S 和 V/L 两相区，在图2-2中将分别成为三条饱和

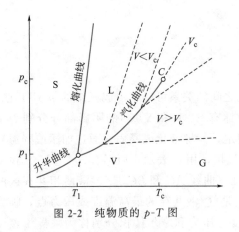

图 2-2 纯物质的 p-T 图

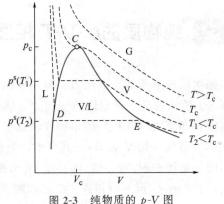

图 2-3 纯物质的 p-V 图

线——表示固-液平衡的熔化曲线、汽-固平衡的升华曲线和汽-液平衡的汽化曲线，见图 2-2。图 2-1 中的三相线和临界点分别成为了 p-T 图上的两个点（分别标作 t 和 C），它们是汽化曲线的两个端点。纯物质的汽化曲线就是蒸气压曲线。汽化曲线终止于临界点，而熔化曲线可以向上无限延长，或与另外新生成的固相或液相的平衡线相交。

在二维图中，将出现第三个变量的等变量线。图 2-2 中的虚线是等容线，它们是图 2-1 中的垂直于 V 轴的平面与三维曲面的相交线在 p-T 图上的投影。所以，位于汽化曲线上方的等容线在液相区，其 $V<V_c$；位于汽化曲线下方的等容线在气相区，其 $V>V_c$；与汽化曲线在 C 点相连接的是临界等容线，其 $V=V_c$，在超临界流体区。这些等容线的曲率都较小，故在图中好像是直线。

很明显，图 2-1 的 p-V-T 图上的两相共存区投影到 p-V 图上应该是一个面，因为互成平衡的两相虽有相同的压力和温度，但有不同的摩尔体积。投影图 2-3 中显示出两相共存区和单相区（含固相的区域没有包含在内）。包围汽-液共存区的是饱和液体线和饱和蒸气线，其左侧 $V<V_c$ 的曲线是饱和液体，而右侧 $V>V_c$ 的曲线是饱和蒸气。两条曲线在临界点是平滑相连的。所以在临界状态，气体和液体是相同的。饱和液体实际上是代表刚刚开始平衡汽化（形象地说就是产生第一个气泡），故饱和液体线也称为泡点线；饱和气体实际上是代表刚刚开始冷凝（形象地说就是产生第一个液滴），故饱和气体线也称为露点线。某一温度下的纯物质，在 p-V 图上泡点和露点是两个点，而它们在 p-T 图上则是重合在汽化曲线上，对于混合物情况则要复杂得多，在第 5 章中将再讨论。

在 p-V 图也会出现等温线。图 2-3 的虚线就是不同温度的等温线，在高温和低压区域，等温线成了简单的双曲线，可以用理想气体状态方程描述。随着温度的下降和压力的升高，气体的行为就会偏离理想气体。

当达到临界温度（T_c）等温线时，在临界点 C 又表现出特殊的性质，即是一水平线的拐点，数学上可以表示为

$$\left(\frac{\partial p}{\partial V}\right)_T = 0 \qquad （在 C 点） \tag{2-1}$$

$$\left(\frac{\partial^2 p}{\partial V^2}\right)_T = 0 \qquad （在 C 点） \tag{2-2}$$

临界温度之下（$T<T_c$）的亚临界等温线被 D 和 E 分为三段，D、E 分别代表饱和液体、饱和蒸气，左段代表液体，因液体的相对不可压缩性，曲线较陡；右段是蒸气，连接它们的中

段是水平线 DE，代表着汽-液平衡。水平段等温线对应的压力是汽-液平衡压力，即饱和蒸气压 p^s（简称蒸气压）。蒸气压是系统温度的单调函数，如图 2-2 中的汽化曲线所示。

虽然不同物质的 p-V-T 相图有所不同，但是，它们的共性对于我们来说是十分有用的，如式(2-1) 和式(2-2) 的普遍化规律等，对状态方程等的研究意义很大。另外，一些常见的流体，已经具有相当详细和准确的 p-V-T 和其他的热力学性质相图，在实际应用中既直观又方便。我们将在第 3 章中再讨论热力学性质图表。

【例题 2-1】 在一个刚性的容器中，装入了 1mol 的某一纯物质，容器的体积正好等于该物质的摩尔临界体积 V_c。如果使其加热，并沿着例图 2-1 的 p-T 图中的 1→C→2 的途径变化（C 是临界点）。请将该变化过程表示在 p-V 图上，并描述在加热过程中各点的状态和现象。

解：由于加热过程是等容过程，1→C→2 是一条 $V = V_c$ 的等容线，所以在 p-V 图上可以表示为如例图 2-2 所示。

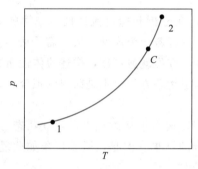
例图 2-1 物质的 p-T 图

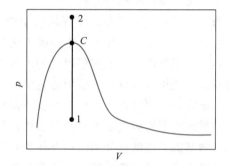
例图 2-2 p-V 图

点 1 表示容器中所装的是该纯物质的气-液混合物（由饱和蒸气和饱和液体组成）。沿 1→2 线，是表示等容加热过程。随着过程的进行，容器中的饱和液体的体积与饱和蒸气体积的相对比例有所变化。到临界点 C 点时，气-液相界逐渐消失。继续加热，容器中一直是均相的超临界流体。在加热过程中，容器内的压力是不断增加的。

请思考：在其他条件不变的情况下，若容器的体积小于或大于 V_c，加热过程的情况又将如何？请将变化过程表示在 p-V 图和 p-T 图上。

例如，在其他条件不变，仅容器体积变为 $0.5V_c$ 或 $2V_c$，系统升温时，其变化过程在 p-V 和 p-T 图上如何表示？

虽容器体积改变了，但系统升温的变化过程仍是沿等容线，只是等容线的数值不同。

当容器体积 $V_t = 0.5V_c$ 时，摩尔体积 $V = V_t/1\text{mol} = 0.5V_c$；系统沿 $V = 0.5V_c$ 的等容线变化。

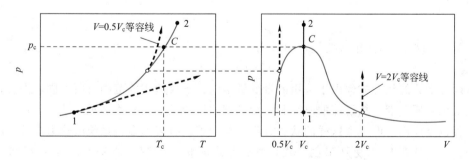
例图 2-3 p-T 图和 p-V 图上的 $0.5V_c$ 和 $2V_c$ 等容线

当容器体积 $V_t = 2V_c$ 时，摩尔体积 $V = V_t/1\text{mol} = 2V_c$；系统沿 $V = 2V_c$ 的等容线变化；将两条等容线分别表达在 p-V 图和 p-T 图上，结果如例图 2-3 中的两条粗虚线所示。

关于 p-V 图上等容线的近似规律，可参考文献 [13]。

2.3 状态方程

状态方程（Equation of State，EOS）是物质 p-V-T 关系的解析式。从 19 世纪的理想气体方程开始，状态方程一直在发展和完善之中。状态方程可以分为下列三类。

第一类是立方型状态方程，如 van der Waals、RK、SRK、PR 等；

第二类是多常数状态方程，如 virial、BWR、MH 等；

第三类是理论型状态方程。

第一类和第二类状态方程直接以工业应用为目标，在分析和探讨流体性质规律的基础上，结合一定的理论指导，由半经验方法建立模型，并带有若干个模型参数，需要从实验数据确定。一般来说，状态方程包含的流体性质规律愈多，方程就愈可靠，描述流体性质的准确性越高，适用范围越广，模型越有价值。即使是经验型状态方程也不是简单的拟合实验数据，与研究者的理论素质、经验和技巧密切相关。

物质的宏观性质决定于其微观结构，科学工作者一直致力于从微观出发建立状态方程。第三类的状态方程就是分子间相互作用与统计力学结合的结果。但是，微观现象如此复杂，目前情况下，其结果离实际使用仍有差距。

从简单性、准确性和所需要的输入数据诸方面考察，目前，第一、二类的经验型状态方程一般较第三类方程更具优势。本教材讨论模型的目的在于应用，故主要介绍第一类和第二类的半经验型状态方程。

状态方程的建立过程大多数是从纯物质着手，通过引入混合法则，再应用于混合物的热力学性质计算。

状态方程的发展是从气体开始的，但现在已有许多状态方程不仅能用于气相，而且可以用到液相区，甚至还在向固相发展[3,4]，这给一个模型计算多种性质提供了条件。

方程的准确性和简单性一直是状态方程发展中的一对矛盾。虽然当今的计算机已十分发达，但工业应用中仍渴望着形式简单和准确度高的状态方程，目前还没有一个状态方程能在整个的 p-V-T 范围内对物质的热力学性质准确地做出描述。

状态方程是关于流体 p-V-T 之间的解析表达式。既有将 p 作为函数（T、V 作自变量）的形式

$$p = p(T, V) \tag{2-3}$$

也有以 V 为函数（T, p 作自变量）的形式

$$V = V(T, p) \tag{2-4}$$

这两种形式的状态方程由于采用的自变量不同，不仅适用的范围有所不同，而且，使用的方法上也有所差别。从目前的研究和应用情况看，以式（2-3）为多见。式（2-4）的状态方程在工程也有应用，但一个这样的状态方程，是较难同时表达多相系统的热力学性质的，故在非均相系统中的应用受到限制。式（2-3）形式的状态方程在本教材将是介绍和应用的重点。

但特别要注意的是，以 T、V 为自变量的状态方程［式（2-3）］，虽然能方便地用以 T、V 为独立变量的系统的性质计算，但也可以用于以 T,p 为独立变量的系统的性质计算，只是计算时需要先计算 V（类似于数学上的求反函数）。对于式（2-4）的情况是相似的。

2.4 立方型状态方程

状态方程应反映分子间的相互作用，它一般由斥力项和引力项组成

$$p = p_{rep} + p_{att} \tag{2-5}$$

一般情况下，$p_{rep} > 0$，而 $p_{att} < 0$。

2.4.1 van der Waals（vdW）方程

vdW 方程是一个著名的立方型状态方程，其形式为

$$p = \frac{RT}{V-b} - \frac{a}{V^2} \tag{2-6}$$

vdW 方程能同时表达气、液两相和计算出临界点。这是它以前的状态方程所不能的。vdW 方程虽然形式简单，并将 a、b 简化成常数，但准确度有限，实际中较少使用。尽管如此，vdW 方程在流体理论和状态方程的发展中起到了重要的作用。人们给予了 vdW 方程高度的评价和重视，进行了许多的改进，并获得了很大的进展。vdW 方程可以化为 V 的三次方多项式，故称为立方型方程。

由式（2-1）和式（2-2）可以将 vdW 常数 a、b 与临界参数关联起来。将式（2-6）代入式（2-1）和式（2-2），得

$$\left(\frac{\partial p}{\partial V} \right)_{T_c} = -\frac{RT_c}{(V_c-b)^2} + \frac{2a}{V_c^3} = 0$$

$$\left(\frac{\partial^2 p}{\partial V^2} \right)_{T_c} = \frac{2RT_c}{(V_c-b)^3} - \frac{6a}{V_c^4} = 0$$

解上述联立方程组得 a、b

$$a = \frac{9}{8} RT_c V_c, \qquad b = \frac{V_c}{3} \tag{2-7}$$

将式（2-7）代入 vdW 方程式（2-6），并应用于临界点，得

$$p_c = \frac{RT_c}{V_c-b} - \frac{a}{V_c^2} = \frac{RT_c}{V_c - \dfrac{V_c}{3}} - \frac{\dfrac{9RT_c V_c}{8}}{V_c^2} = \frac{3}{8} \frac{RT_c}{V_c}$$

或

$$Z_c = \frac{p_c V_c}{RT_c} = \frac{3}{8} = 0.375 \tag{2-8}$$

将式（2-8）与式（2-7）结合，可以得到以 T_c 和 p_c 表达的 vdW 常数

$$a = \frac{27}{64} \frac{R^2 T_c^2}{p_c} \tag{2-9}$$

$$b = \frac{1}{8} \frac{RT_c}{p_c} \tag{2-10}$$

两常数的 vdW 方程给出了一个固定的临界压缩因子，即 $Z_c = 0.375$。但我们知道，实际流体的 Z_c 因物质而异，多数流体的 Z_c 在 $0.23 \sim 0.29$ 之间，明显低于 vdW 方程的 Z_c。因此在一定的 p_c 和 T_c 下，由 vdW 计算的 V_c 大于实际流体的 V_c，反映了该方程描述流体 p-V-T 性质的不足。

可以推测，两参数立方型方程，若根据式（2-1）和式（2-2）的条件确定其在临界温度下的常数，那么，只能给出一个固定的 Z_c，这是两参数立方型方程的不足之处（多常数的状态方程可以对此有所改进）。然而，状态方程 Z_c 值的大小与其形式有关。所以，两参数立方型状态方程计算的 Z_c 与实测 Z_c 的符合程度是方程优劣的标志之一。下面讨论其他常用的立方型方程，它们多数是基于 vdW 方程的改进。

2.4.2　Redlich-Kwong（RK）方程

RK 方程[5] 采用了与 vdW 方程相同的斥力项，引力项与温度之间是一个简单的 $T^{-0.5}$ 关系，与摩尔体积的关系也对 vdW 方程做了修正。RK 方程可以写成如下的形式

$$p = \frac{RT}{V-b} - \frac{\frac{a}{\sqrt{T}}}{V(V+b)} \tag{2-11}$$

RK 方程常数与 T_c、p_c 的关系仍可以从式（2-1）和式（2-2）得到，其推导过程类似于 vdW 方程，结果为

$$a = \frac{1}{9\left(\sqrt[3]{2}-1\right)} \frac{R^2 T_c^{2.5}}{p_c} \approx 0.42748 \frac{R^2 T_c^{2.5}}{p_c} \tag{2-12}$$

$$b = \frac{\sqrt[3]{2}-1}{3} \frac{RT_c}{p_c} \approx 0.08664 \frac{RT_c}{p_c} \tag{2-13}$$

并可以得到 RK 方程的 $Z_c = \frac{1}{3} \approx 0.333$，该数值虽然小于 vdW 方程的 Z_c，但是仍然偏大。

RK 方程能较成功地用于气相 p-V-T 的计算，但液相的效果较差，也不能较准确地预测纯流体的蒸气压（即汽-液平衡）。1972 年，Soave 修正了 RK 方程，用了一个更灵活的温度函数 $a(T)$ 代替原来的 $a/\sqrt{T}$，并增加了一定的纯流体性质的信息（如蒸气压数据）来确定方程常数 $a(T)$ 的形式，使之成为一个与物质有关的温度函数式。

2.4.3　Soave（SRK）方程

SRK 方程[6] 形式为

$$p = \frac{RT}{V-b} - \frac{a}{V(V+b)} \tag{2-14}$$

a 为两因子的乘积

$$a = a_c \alpha(T_r, \omega) \tag{2-15}$$

式（2-15）中的 a_c 是临界温度下的常数值，即 $a(T_c)$，$\alpha(T_r, \omega)$ 是温度和偏心因子❶的函

---

❶ 偏心因子的定义见 8.3.1。

数，并规定其在临界温度下的值为 1，即 $\alpha(T_r=1,\omega)=1$。SRK 方程式(2-14)中 b 和式 (2-15)中的 a_c 应分别与 RK 方程的 b 和 $\dfrac{a}{\sqrt{T_c}}$ 是一样的，即

$$a_c \approx 0.42748 \frac{R^2 T_c^2}{p_c} \tag{2-16}$$

$$b \approx 0.08664 \frac{RT_c}{p_c} \tag{2-17}$$

可见在临界等温线上，RK 方程与 SRK 是完全一样的，故 SRK 方程的临界压缩因子也是 $Z_c = \dfrac{1}{3}$。

Soave 方程在确定 $\alpha(T_r,\omega)$ 的函数关系时，考虑了若干烃类在不同温度下的蒸气压数据（这种考虑涉及状态方程计算纯流体的汽-液平衡的知识，故忽略推导过程），所得到的 $\alpha(T_r,\omega)$ 的表达式为

$$\alpha^{0.5} = 1 + (0.48 + 1.574\omega - 0.176\omega^2)(1 - T_r^{0.5}) \tag{2-18}$$

与 RK 方程相比，SRK 方程大大提高了表达纯物质汽-液平衡的能力，使之能用于混合物的汽-液平衡计算，故在工业上获得了广泛的应用。

2.4.4 Peng-Robinson（PR）方程

RK 和 SRK 方程都存在着一个明显的不足，就是预测液相摩尔体积不够准确，且有一个偏大的 Z_c。为了改善其不足，Peng 和 Robinson 提出了他们的状态方程[7]

$$p = \frac{RT}{V-b} - \frac{a}{V(V+b)+b(V-b)} \tag{2-19}$$

并采用了类似于式(2-15) 的 a 表达式。由式(2-1) 和式(2-2) 的临界点条件可以得到 PR 方程常数

$$a_c \approx 0.457235 \frac{(RT_c)^2}{p_c} \tag{2-20}$$

$$b \approx 0.077796 \frac{RT_c}{p_c} \tag{2-21}$$

和临界压缩因子 $Z_c = 0.307$（比 SRK 的 0.333 有了很大的改进，但是较真实流体仍有差别）。实践表明，PR 方程预测液体摩尔体积的准确度较 SRK 方程确有了明显的改善。

Peng 和 Robinson 沿用了 SRK 方程 $\alpha(T_r,\omega)$ 的形式，并使状态方程拟合烃类从正常沸点至临界点之间的蒸气压数据，获得下列普遍化关联式

$$\alpha^{0.5} = 1 + (0.37464 + 1.54226\omega - 0.26992\omega^2)(1 - T_r^{0.5}) \tag{2-22}$$

无论是 SRK 方程还是 PR 方程均能较好地预测流体的蒸气压。这一特点无疑是得益于常数 a 的表达式，因为它们在更大程度上满足了纯物质不同温度下的汽-液平衡条件（即拟合了蒸气压数据）。如果说 SRK 方程和 PR 方程计算蒸气压是一种拟合的话，那么，它们预测摩尔体积的优劣不能不说与方程形式密切相关。

立方型状态方程还有许多，如 Harmens-Knapp 方程[8]、Patel-Teja 方程[9] 等，它们某种程度上具有一定的特色，如属于三参数的立方型方程，可以得到与物质有关的临界压缩因子 Z_c，克服了两参数状态方程在临界点的不足。由于立方型状态方程的数量较多，在此不再一一讨论。

由上可知，立方型状态方程形式简单，常数进行了普遍化处理，只需要输入纯物质的 T_c、p_c 和 ω 的数据就可应用。加之数学上可以得到立方型方程解析的体积根，给工程应用带来很大的便利。但它们有着内在的缺陷，难以在大范围内和描述不同的热力学性质方面得到满意的效果。

一般认为，方程常数更多的高次型状态方程，适用的范围更大，准确性更高。但计算量和复杂性也往往随之增大。在电算技术高度发达的今天，多常数方程的实际应用和研究受到重视。更多的方程常数，就需要更多的流体物性的信息来确定，方程所包含的流体的信息愈多，方程的预测效果就愈好。

2.5 多常数状态方程

立方型方程的发展是基于 vdW 方程，而多常数状态方程是与 virial 方程相联系的。

2.5.1 virial 方程

最初的 virial 方程是以经验式提出的，之后由统计力学得到证明。virial 方程有密度型

$$Z = 1 + \frac{B}{V} + \frac{C}{V^2} + \cdots \tag{2-23}$$

和压力型 $\qquad\qquad Z = 1 + B'p + C'p^2 + \cdots \tag{2-24}$

式(2-23) 或式(2-24) 中的 B、$C\cdots$（或 B'、$C'\cdots$）称作 **virial** 系数，两种 virial 系数之间是相互关联的。并且任何状态方程都可以通过级数展开，转化为 virial 方程的形式，如将 vdW 方程展开成为无穷级数

$$p = \frac{RT}{V-b} - \frac{a}{V^2} = \frac{RT}{V}\left(1 + \frac{b}{V} + \frac{b^2}{V^2} + \cdots\right) - \frac{a}{V^2} = RT\left(\frac{1}{V} + \frac{b - \dfrac{a}{RT}}{V^2} + \frac{b^2}{V^3} + \cdots\right)$$

与式（2-23）比较同类项，vdW 方程常数就与 virial 系数关联起来了。

微观上，virial 系数反映了分子间的相互作用，如第二 virial 系数（B 或 B'）反映了两分子间的相互作用，第三 virial 系数（C 或 C'）反映了三分子间的相互作用等。宏观上，virial 系数仅是温度的函数。

由于方程式(2-24) 的收敛速度较慢，一般在低密度条件下才使用。实际中常采用 virial 方程式(2-23) 的截断式，如常见的两项 virial 截断式

$$Z = \frac{pV}{RT} = 1 + \frac{B}{V} \tag{2-25}$$

在高密度时，高次项的影响非常敏感。使用截断式，要注意所允许的温度、压力范围。

第二 virial 系数已得到了广泛的理论和实验研究，但第三或更高阶的 virial 系数则研究较少。在有关手册[10] 中都可以查到常用物质的第二 virial 系数。在查不到数据时，virial 系数可以用关联式计算。第二 virial 系数的关联式较多，下式是由 Tsonopoulos[11] 提出的对应态关联式，较多地应用于非、弱极性物质

$$\frac{Bp_c}{RT_c} = B^{(0)} + \omega B^{(1)} \tag{2-26}$$

其中
$$B^{(0)} = 0.1445 - \frac{0.33}{T_r} - \frac{0.1385}{T_r^2} - \frac{0.0121}{T_r^3} - \frac{0.000607}{T_r^8}$$

$$B^{(1)} = 0.0637 + \frac{0.331}{T_r^2} - \frac{0.423}{T_r^3} - \frac{0.008}{T_r^8} \tag{2-27}$$

virial 系数也可以从 p-V-T 数据来确定。将式（2-23）改写为

$$V\left(\frac{pV}{RT} - 1\right) = B + \frac{C}{V} + \cdots$$

由等温的 p-V-T 数据，用 $V\left(\frac{pV}{RT} - 1\right)$ 对 $\frac{1}{V}$ 作图，在密度不太高的条件下应该是一条近似的直线，将直线外推至 $\frac{1}{V} \to 0$，所得的截距和斜率分别就是该温度下的第二和第三 virial 系数。

另外，还可以证明，第二 virial 系数与 Z-p 图上的等温线在 $p \to 0$ 时的斜率有关。用 $V = \frac{ZRT}{p}$ 代入式（2-23），得到

$$Z = 1 + \frac{Bp}{ZRT} + \frac{Cp^2}{(ZRT)^2} + \cdots$$

在 $p \to 0$ 时，上式右边第三及以后的项为更高阶无穷小，所以有

$$B = RT \lim_{p \to 0} \left(\frac{Z-1}{p}\right) Z \tag{2-28}$$

因为 $\lim\limits_{p \to 0} \left(\frac{Z-1}{p}\right) = \lim\limits_{p \to 0} \frac{1}{RT}\left(V - \frac{RT}{p}\right)$，在 $p \to 0$ 时，虽然 $pV \to RT$，但并非总有 $V - \frac{RT}{p} \to 0$，而为两个大数之差，产生了一个很小的非恒零值，此种结果或许有些令人感到意外。根据微积分的定义，式（2-28）可写为

$$B = RT \lim_{p \to 0} \left(\frac{\partial Z}{\partial p}\right)_T \tag{2-29}$$

实际上，随着温度的升高，Z-p 图上的等温线在 $p \to 0$ 时的斜率由负变为正，式（2-29）表示第二 virial 系数 B 只在某一温度下变为零，这一温度称为 **Boyle** 温度，用 T_B 表示，即 $B(T_B) = 0$ 或 $\lim\limits_{p \to 0} \left(\frac{Z-1}{p}\right)_{T=T_B} \longrightarrow 0$。

对于高压或高密度的流体则需要用到第三及更高阶的 virial 系数，但是，高阶的 virial 系数的估算式目前尚不很成功。发展高次型的状态方程是在更广泛的范围内描述流体热力学性质的重要途径。高次型状态方程与 virial 方程有一定的关系。BWR 方程和 MH 方程是两个重要的多常数状态方程，实际中得到了较多的使用。

2.5.2 Benedict-Webb-Rubin（BWR）方程

$$p = RT\rho + \left(B_0 RT - A_0 - \frac{C_0}{T^2}\right)\rho^2 + (bRT - a)\rho^3 + a\alpha\rho^6 + \left(\frac{c\rho^6}{T^2}\right)(1 + \gamma\rho^2)\exp(-\gamma\rho^2)$$

$$\tag{2-30}$$

BWR 方程[12] 是第一个能在高密度区表示流体 p-V-T 和计算汽-液平衡的多常数方程，在工业上得到了一定的应用。原先该方程的 8 个常数是从烃类的 p-V-T 和蒸气压数据拟合得到。但后人为了提高方程的预测性，对 BWR 方程常数进行了普遍化处理，即能从纯物质的临界压力、临界温度和偏心因子估算常数。

由于 BWR 方程在工业上的应用，方程也不断地被改进，如现已有 12 常数型、20 常数型、25 常数型甚至更多的常数。随着常数的增加，准确性和使用范围也不断提高，但方程形式愈加复杂，有时作特殊的用处。由于 BWR 方程的数学形式上的规律性不好，给数学推导、数值求根乃至方程的改进和发展等都带来了一定的不便。

2.5.3 Martin-Hou（MH）方程

我国学者侯虞钧和美国的马丁教授在 20 世纪 50 年代初提出了著名的马丁-侯方程[13]（简称 MH 方程），其数学形式整齐

$$p = \sum_{k=1}^{5} \frac{F_k(T)}{(V-b)^k} \qquad (2\text{-}31)$$

其温度函数也很有规律

$$F_1(T) = RT$$
$$F_2(T) = A_2 + B_2 T + C_2 e^{-5.475T/T_c}$$
$$F_3(T) = A_3 + B_3 T + C_3 e^{-5.475T/T_c} \qquad (2\text{-}32)$$
$$F_4(T) = A_4 + B_4 T + C_4 e^{-5.475T/T_c}$$
$$F_5(T) = A_5 + B_5 T + C_5 e^{-5.475T/T_c}$$

在原始 MH 方程（常称为 MH-55）中，常数 $B_4 = C_4 = A_5 = C_5 = 0$。

MH-55 方程虽然有 9 个常数，但这些常数的求取很有特色，不但反映了较多的热力学性质的普遍化规律，而且只需要输入纯物质的临界参数和一个点的蒸气压数据，就能从数学公式计算出所有的常数。这样不仅可以减少状态方程对实验数据的依赖性，提高其预测能力，而且方程的可靠性大为提高。实践表明，该方程不仅准确度高，而且适用范围广，能用于包括非极性至强极性的化合物，是一个能从较少输入信息获得多种热力学性质的最优秀的状态方程之一。1981 年侯虞钧等[14] 增加了 B_4 常数，改进了状态方程（称为 MH-81）。MH-81 状态方程能够同时用于气、液两相，且常数的计算并不需要增加更多的实验信息。现 MH 方程已广泛地应用于流体 p-V-T、汽-液平衡、液-液平衡、焓等热力学性质推算，并被用于大型合成氨装置的设计和过程模拟中。

【例题 2-2】 用 RK 方程计算异丁烷：（a）在 420K 和 2.0MPa 时的摩尔体积（实验值是 1411.2cm³·mol⁻¹）；（b）在 380K 时的饱和气、液相摩尔体积，已知该温度下的蒸气压是 2.25MPa（实验值分别是 866.1cm³·mol⁻¹、140.8cm³·mol⁻¹）。

解：查附录 A-1 得异丁烷的临界参数 $T_c = 408.10K$，$p_c = 3.648MPa$，$\omega = 0.176$，代入式（2-12）和式（2-13）计算 RK 方程常数
$a = 2.725 \times 10^6 MPa·K^{0.5}·cm^6·mol^{-2}$，
$b = 80.58 cm^3·mol^{-1}$

将常数 a，b 代入方程式（2-11）中，做出 p-V 图上的 380K、420K 和两条等温线（见例图 2-4），用图解法求解方程

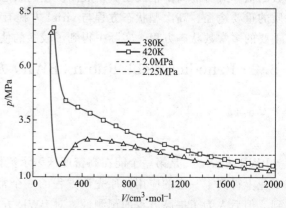

例图 2-4 图解法求状态方程的根

的根，结果如下。

（a）$T=420K$ 和 $p=2.0MPa$ 时，方程有一个根，即为气相摩尔体积，即 $V^v=1404.5$ $cm^3 \cdot mol^{-1}$。与实验值的偏差为 -0.5%。

（b）$T=380K$ 时的饱和蒸气压是 $p^s=2.25MPa$ 时，方程有三个根，分别是 $174.0cm^3 \cdot mol^{-1}$、$313.8cm^3 \cdot mol^{-1}$ 和 $916.1cm^3 \cdot mol^{-1}$。其中，最小根、最大根分别代表饱和液相、饱和气相的摩尔体积，即 $V^{sl}=174.0cm^3 \cdot mol^{-1}$；$V^{sv}=916.1cm^3 \cdot mol^{-1}$。饱和气、液体的摩尔体积与实验值的相对偏差分别为 5.8% 和 23.7%。

可见 RK 方程计算液相体积的偏差是相当大的，而 PR 方程计算的结果则明显改善，见【例题 2-3】。另外，由相律可知，原则上，【例题 2-2】（b）计算中的饱和蒸气压是没有必要指定的。将来通过学习第 3 章后，我们就可以从状态方程计算出一定温度下的饱和蒸气压。不过用 RK 方程计算饱和蒸气压的误差很大，应该选用能同时适合于气、液相的状态方程，如 SRK、PR、MH-81 等状态方程。

一般状态方程的常数都是有单位的，计算时要特别注意单位的统一。计算方程常数时所用的 p_c、V_c、T_c 的单位应与状态变量 p、V、T 的单位保持一致；而且所用单位还决定了普适气体常数 R 的取值，如表 2-1。

表 2-1 普适气体常数

变量单位			普适气体常数 R	
p_c 和 p	V_c 和 V	T_c 和 T	数值	单位
Pa	$m^3 \cdot mol^{-1}$	K	8.314	$J \cdot mol^{-1} \cdot K^{-1}$
MPa	$cm^3 \cdot mol^{-1}$	K	8.314	$MPa \cdot cm^3 \cdot mol^{-1} \cdot K^{-1}$
bar	$cm^3 \cdot mol^{-1}$	K	83.14	$bar \cdot cm^3 \cdot mol^{-1} \cdot K^{-1}$
atm	$cm^3 \cdot mol^{-1}$	K	82.06	$atm \cdot cm^3 \cdot mol^{-1} \cdot K^{-1}$

一般情况下，应尽可能采用国际单位制。

2.6 混合法则

人们总是首先针对纯物质研究并获得状态方程，这些含特征参数（如方程常数、临界参数等）的状态方程能用于纯物质 p-V-T 或其他热力学性质计算。在研究混合物的性质时，通常将均相混合物看成一个虚拟的纯物质，并具有虚拟的特征参数，用这些虚拟的特征参数代入纯物质的状态方程中，就可以计算混合物的性质了。但是，混合物的虚拟参数强烈地依赖于混合物的组成。所谓混合法则，就是指混合物的虚拟参数与混合物的组成和相应的纯物质的参数之间的关系式。

混合法则的建立虽有一定的理论基础，但是目前尚难以完全从理论上得到混合法则。通常是在一定的理论指导下，引入适当的经验修正，再结合实验数据才能将混合法则确定下来。

需要指出的是，混合物模型所用的强度性质的符号的形式将有别于纯物质系统。对于纯物质系统，一般没有必要使用代表组分的下标。对于混合物系统，带有相同下标（常简化为单个下标）者，如"i"或"j"的均是指混合物中的纯组分 i 或 j 的性质；带有不同下标者，如"ij"系指 i 与 j 的相互作用项；没有下标者是指混合物的性质。为了统一起见，在以后的章节中也是如此规定。如有某一摩尔性质 $M(T,p)$，在纯物质系统和混合物系统的符号和含义的规定如表 2-2 所示。

表 2-2   纯物质系统和混合物系统的符号和含义的规定

系统	符号	含义
纯物质	M	摩尔性质
	M_t	总性质，$M_t = nM$（对于均相封闭系统 M_t 与 M 的比是一常数）
混合物	M	混合物的摩尔性质
	M_i（或 M_{ii}）	混合物中组分 i 的摩尔性质，与混合物同温同压
	M_{ij}	混合物中组分 i 与组分 j 的交叉相互作用性质（$i \neq j$）
	M_t	混合物的总性质，$M_t = nM$（在敞开系统，n 不是常数）

2.6.1   virial 方程的混合法则

由于 virial 方程可以从统计力学推导证明，故它的混合法则具有理论依据。第二 virial 系数的混合法则通式为

$$B = \sum_{i=1}^{N} \sum_{j=1}^{N} y_i y_j B_{ij} \qquad (2\text{-}33)$$

一般 B_{ij} 可以从同温度下的纯组分的 virial 系数 B_i 和 B_j 得到。若取它们的数学平均值，即 $B_{ij} = \dfrac{B_i + B_j}{2}$，代入式（2-33）中得

$$B = \sum_{i=1}^{N} y_i B_i \qquad (2\text{-}34)$$

若取它们的几何平均值，即 $B_{ij} = (B_i B_j)^{0.5}$，代入式（2-33）得

$$B = \left(\sum_{i=1}^{N} y_i B_i^{0.5} \right)^2 \qquad (2\text{-}35)$$

因为 virial 方程具有一定的理论基础，它的混合法则也为其他状态方程的混合法则的建立提供了一定的指导意义。

2.6.2   立方型方程

以 vdW 方程为代表的两参数立方型状态方程的常数 b 和 a 具有一定的物理意义。b 与分子的大小有关，几乎所有的状态方程都采用与式（2-34）等价的混合法则

$$b = \sum_{i=1}^{N} y_i b_i \qquad (2\text{-}36)$$

参数 a 是分子间相互作用力的度量，常采用式（2-35）的形式，但各方程略有不同。如 RK 方程

$$a = \left(\sum_{i=1}^{N} y_i a_i^{0.5} \right)^2 \qquad (2\text{-}37)$$

而 SRK 方程和 PR 方程的常数 a 采用了式（2-33）的混合形式

$$a = \sum_{i=1}^{N} \sum_{j=1}^{N} y_i y_j a_{ij} \qquad (2\text{-}38)$$

为了得到更符合实验数据的结果，在交叉相互作用项中引入了相互作用参数 k_{ij}，即

$$a_{ij} = \sqrt{a_i a_j}\,(1 - k_{ij}) \tag{2-39}$$

式(2-39) 中的 k_{ij} 是相互作用参数，当 $i=j$ 时，即同分子之间的相互作用参数，$k_{ij}=0$。当 $i \neq j$ 时，代表了不同分子之间的相互作用。k_{ij} 与 k_{ji} 并不一定相等，但大多数的情况下作为相同处理，即 $k_{ij}=k_{ji}$。它们的数值一般从混合物的实验数据拟合得到。当然也可以从混合物的第二 virial 系数的数据来决定。

2.6.3 BWR 方程

BWR 方程的混合法则可以写成如下的通式

$$\chi = \left(\sum_{i=1}^{N} y_i \chi^{\frac{1}{r}} \right)^r \tag{2-40}$$

其中，r 的数值见表 2-3（注意：BWR 方程的混合法则还有其他的形式）。

表 2-3　BWR 方程混合法则通式(2-40) 中的 r 值

χ	A_0	B_0	C_0	a	b	c	α	γ
r	2	1	2	3	3	3	3	2

2.6.4 MH-81 方程

目前，MH-81 方程采用温度函数混合法则。该混合法则的建立显然也受到了 virial 方程混合法则的影响。具体的形式如下

$$
\begin{aligned}
F_2(T) &= \sum_{i=1}^{N} \sum_{j=1}^{N} y_i y_j F_2(T)_{ij} \\
F_2(T)_{ij} &= -(1 - Q_{ij}) \sqrt{|F_2(T)_i F_2(T)_j|} \\
F_k(T) &= (-1)^{k+1} \left\{ \sum_{i=1}^{N} \left[y_i \,|\, F_i(T) \,|^{1/k} \right] \right\}^k \quad (k=3,4,5) \\
b &= \sum_{i=1}^{N} y_i b_i
\end{aligned}
\tag{2-41}
$$

其中，Q_{ij} 是二元相互作用参数。显然 $Q_{ii}=Q_{jj}=0$，而且大多数情况下 $Q_{ij}=Q_{ji}$，故对于二元混合物，只有一个二元相互作用参数 Q_{12}。混合法则式(2-41)，使混合物状态方程的温度函数与纯物质相应的温度函数保持相同的符号。一般条件下，纯物质的 MH-81 方程的温度函数的符号有下列的规律：

$$F_1(T)>0;\ F_2(T)<0;\ F_3(T)>0;\ F_4(T)<0;\ F_5(T)>0$$

对 MH 方程曾经也有人建议采用临界参数混合法则和方程常数混合法则，但现使用不多。

*2.7　状态方程体积根的求解

用状态方程计算流体的热力学性质时，求解状态方程的体积根是一个最基本的计算单

元，如何正确、快速地求出状态方程的体积根是热力学性质计算成败的关键步骤之一。

2.7.1 状态方程体积根在 p-V 图上的几何形态

一般，以 p 为显函数的立方型状态方程，如 SRK 方程式(2-14) 可以化为

$$V^3 - \frac{RT}{p}V^2 + \left(\frac{a}{p} - b^2 - \frac{bRT}{p}\right)V - \frac{ab}{p} = 0 \tag{2-42}$$

的关于 V 的三次方程，在组成和 T、p 的数值给定时，方程式(2-42) 最多可以有三个根。这些根随着 T，p 数值的不同而变化。但是，有物理意义的根一般有两种情况：a. 三个实根；b. 一个实根和两个复根。

在 T 和组成给定的条件下，p 与 V 的关系曲线（即等温线）可以表示在 p-V 图上。以方程式(2-42) 为例说明，由于 SRK 方程式(2-14) 的分母在 $V=0$ 和 $V=\pm b$ 时为三个零点，p-V 图上的等温线分为了四段，如图 2-4 所示。其中，只有第 I 段才有物理意义。为此在图 2-5 中着重讨论第 I 段，这是 Ar 在 120K（其 $T_c=150.8K$，$p_c=4.235MPa$）时等温线，此时方程式(2-14) 的常数 $a=154640.34MPa\cdot cm^6\cdot mol^{-2}$；$b=22.3cm^3\cdot mol^{-1}$。

对于体积很小的区域，等温线是很陡的。当 $V\to b=22.30cm^3\cdot mol^{-1}$ 时，$p\to\infty$；随着 V 从 $22.30cm^3\cdot mol^{-1}$ 开始增加时，p 快速下降，直到最低点②，此时 $p_2=-7.112MPa$，$V_2=45.73cm^3\cdot mol^{-1}$。随着 V 的进一步增加，p 又开始上升，直到极大值点④，此处 $p_4=2.15MPa$，$V_4=215.5cm^3\cdot mol^{-1}$。之后，$p$ 随着 V 的增加而单调下降，当 $V\to\infty$ 时，$p\to 0$。

由图 2-5 可知，120K 的 Ar 在 $0<p<2.15MPa$ 的压力范围内有三个正的实根。其中最小的根代表液相体积，最大的代表蒸气体积，中间的根没有物理意义，因为处于该根邻域的等温线具有正的斜率，不符合热力学的稳定性条件。在上述的压力范围内，每个压力都对应着一对液相和气相根，但其中只有一对根是代表气液两相共存的平衡，该压力就是饱和蒸气压 p^s。图 2-5 的曲线部分符合 Maxwell 等面积规则。

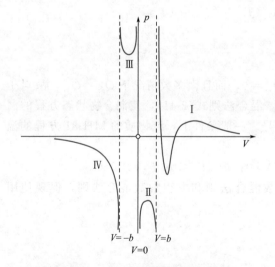

图 2-4 SRK 立方型状态方程在
p-V 图上的亚临界等温线

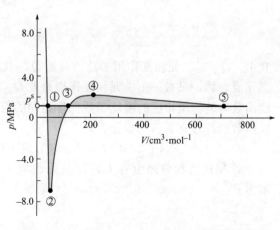

图 2-5 Ar 的 SRK 方程等温线和
蒸气压（$T=120K$）

$$S_{①-②-③-①} = S_{③-④-⑤-③} \tag{2-43}$$

式（2-43）等价于

$$\int_{V^{sl}}^{V^{sv}} p(T,V)\mathrm{d}V = p^s(V^{sv} - V^{sl}) \tag{2-44}$$

不仅如此，式（2-43）或式（2-44）也等价于纯流体的汽-液平衡条件，$G(T,V^{sl})=G(T,V^{sv})$。它们与状态方程的结合可以用于求解纯物质的蒸气压 p^s 和其他饱和性质（如 V^{sl}、V^{sv} 等）。

在式（2-44）中，$p(T,V)$ 是状态方程，即图 2-5 中的等温线，V^{sl} 和 V^{sv} 是状态方程的饱和气、液相体积根，即①点和⑤点的摩尔体积。

p-V 图上状态方程的超临界等温线和临界等温线如图 2-6 所示。其虚的曲线为气液两相共存区的边界线，由于 $T \geqslant T_c$ 的等温线是随着摩尔体积的增加而单调下降，故对任何一给定的压力 p^*，只有一个体积根 V^*。

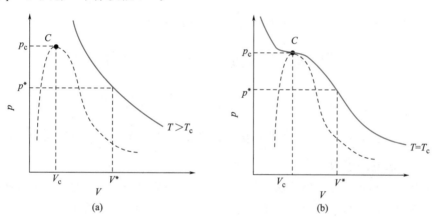

图 2-6　p-V 图上的超临界等温线和临界等温线

高次型状态方程的体积根可能多于三个。超临界等温线的情况与立方型方程相类似，对于一定的 T、p，只有一个体积根，但亚临界等温则有所不同。如 MH 方程最多出现五个体积根。如图 2-7 所示的是 MH 方程的一条亚临界等温线，液相体积仍是最小根，气相体积仍是最大根。中间的三个根（V^{x_1}、V^{x_2}、V^{x_3}）无物理意义。

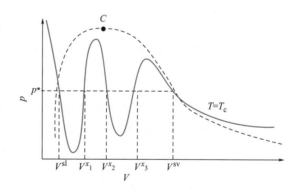

图 2-7　高次型方程的亚临界等温线

2.7.2　状态方程体积根的求解

2.7.2.1　解析法求根

三次方可以求出解析根。所有的立方型状态方程都能化成 V 的三次代数方程

$$V^3 + kV^2 + mV + n = 0 \tag{2-45}$$

RK、SRK 和 PR 方程转化为式（2-45）的系数 k、m、n 列于表 2-4。

表 2-4　不同立方型状态方程转化为式(2-45)的系数 k、m、n

状态方程	k	m	n
RK	$-\dfrac{RT}{p}$	$\dfrac{a}{\sqrt{T}\,p}-\dfrac{bRT}{p}-b^2$	$-\dfrac{ab}{\sqrt{T}\,p}$
SRK	$-\dfrac{RT}{p}$	$\dfrac{a}{p}-\dfrac{bRT}{p}-b^2$	$-\dfrac{ab}{p}$
PR	$b-\dfrac{RT}{p}$	$\dfrac{a}{p}-\dfrac{2bRT}{p}-3b^2$	$b\left(\dfrac{bRT}{p}+b^2-\dfrac{a}{p}\right)$

方程式(2-45)有如下解析根 V_1、V_2、V_3，令

$$L_1=\frac{m}{3}-\left(\frac{k}{3}\right)^2,\quad L_2=\frac{n}{2}-\frac{k}{3}\left(L_1+\frac{m}{6}\right),\quad h=(L_1)^3+(L_2)^2$$

当 $h=0$ 时

$$V_1=-2\sqrt[3]{L_2}-\frac{k}{3},\quad V_2=V_3=\sqrt[3]{L_2}-\frac{k}{3}$$

当 $h\neq0$ 时

$$V_1=\sqrt[3]{-L_2+\sqrt{h}}+\sqrt[3]{-L_2-\sqrt{h}}-\frac{k}{3}$$

$$V_2=\frac{\sqrt{3}\,i-1}{2}\sqrt[3]{-L_2+\sqrt{h}}-\frac{\sqrt{3}\,i+1}{2}\sqrt[3]{-L_2-\sqrt{h}}-\frac{k}{3}$$

$$V_3=\frac{\sqrt{3}\,i-1}{2}\sqrt[3]{-L_2-\sqrt{h}}-\frac{\sqrt{3}\,i+1}{2}\sqrt[3]{-L_2+\sqrt{h}}-\frac{k}{3}$$

当 $h>0$ 时，V_1 为实数，V_2、V_3 为共轭虚数；当 $h<0$ 时，V_1、V_2、V_3 均为实数。

2.7.2.2　数值法求根

立方型状态方程除了能用解析法求根外，还可以用数值法求根。对五次或五次以上的方程一般不能求出其解析根，主要用数值法求根。这里仅介绍一种最常用的 Newton-Raphson 迭代求解法。

若要求在一定的 T、p 和组成条件下状态方程 $p=p(T,V)$ 的根，即是求下列关于 V 的一元方程的根

$$f(V)=p(T,V)-p=0 \tag{2-46}$$

将函数 $f(V)$ 围绕根的初值 V_0 进行 Taylor 展开

$$f(V)=f(V_0)+(V-V_0)f'(V_0)+\frac{1}{2}(V-V_0)^2f''(V_0)+\cdots=0 \tag{2-47}$$

当所取的初值 V_0 充分接近根时，即使忽略三阶或三阶以上的导数项，$f(V)$ 也可以较快收敛。取式(2-47)的右边两项，整理后可以得到

$$V=V_0-\frac{f(V_0)}{f'(V_0)}$$

并写成为迭代形式的根估计式

$$V_{(n+1)}=V_{(n)}-\frac{f(V_{(n)})}{f'(V_{(n)})} \tag{2-48}$$

重复进行上式的迭代 $(n+1)$ 次，直到 $V_{(n+1)}-V_{(n)}$ 小于给定的误差，$V_{(n+1)}$ 即为根的近似值。

方程(2-48)中需要用到 $f(V)$ 的导数式，对于一般状态方程是没有问题的。

为了便于使用，在本教材配套的 ThermalCal 计算程序中。包括了 PR 方程的求根和其他热力学性质计算等项目。

【例题 2-3】 用 PR 状态方程重复【例题 2-2】的计算（用软件计算）。

解：为了计算 PR 方程的常数，需要输入 $T_c=408.1K$，$p_c=3.648MPa$，$\omega=0.176$。

运行计算软件，选择 PR 方程计算均相热力学性质，输入临界温度、临界压力、偏心因子和有关独立变量，即可得到结果（另外，还能得到一些其他的结果，如焓、熵等，到下一章将会用到），见例表 2-1。

例表 2-1　PR 方程的计算结果总结

独立变量	T/K	420	380	380
	p/MPa	2.00	2.25	2.25
相态		气相	饱和蒸气	饱和液体
$a/MPa\cdot cm^6\cdot mol^{-2}$		1416315	1508303	1508303
$b/cm^3\cdot mol^{-1}$		72.3568	72.3568	72.3568
$V_{cal}/cm^3\cdot mol^{-1}$		1377.61	865.02	146.67
$V_{exp}/cm^3\cdot mol^{-1}$		1411.2	866.1	140.8
$V_{dev}/\%$		-2.38	0.12	4.17

为便于理解计算过程与结果，将本题的 p-V-T 状态及 PR 方程等温线绘于如下的例图 2-5 中。

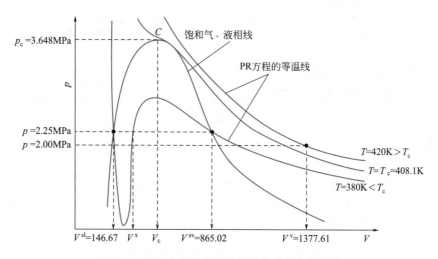

例图 2-5　PR 方程计算丁烷的摩尔体积与等温线

【例题 2-4】 混合工质的性质是人们感兴趣的研究课题。试用 PR 状态方程计算由 R12（CCl_2F_2）和 R22（$CHClF_2$）组成的等物质的量混合工质气体在 400K 和 1.0MPa，2.0MPa，3.0MPa，4.0MPa，5.0MPa 时的摩尔体积。可以认为该二元混合物的相互作用参数 $k_{12}=0$（用软件计算）。

解：所需要输入的数据如例表 2-2 所示。

当研究对象是均相混合物时，可将混合物视为虚拟纯物质，混合物的模型与其包含的纯组分的模型形式相同，但混合物模型参数采用虚拟参数，虚拟参数由混合法则计算。

例表 2-2　临界参数和偏心因子

组分(i)	T_c/K	p_c/MPa	ω
R22(1)	369.2	4.975	0.215
R12(2)	385	4.224	0.176

应注意混合物系统的物性符号表达，特别是下标：T、p 无下标，即混合物与包含的纯物质的 T、p 相同；混合物摩尔性质和模型参数不用下标；混合物中的纯组分 i 的摩尔性质和模型参数用下标 i 标识。按照此规则，混合物中的纯组分 i 的 PR 模型为

$$p = \frac{RT}{V_i - b_i} - \frac{a_i}{V_i(V_i + b_i) + b_i(V_i - b_i)}$$

其中，a_i、b_i 代表混合物中纯组分 i 的模型参数。

而混合物（视为虚拟纯物质）的 PR 模型为

$$p = \frac{RT}{V - b} - \frac{a}{V(V + b) + b(V - b)}$$

其中，a、b 是虚拟模型参数，从混合法则计算得到［见例图 2-6(a)］。

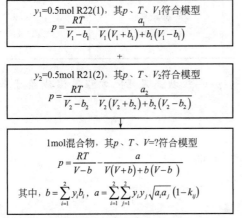

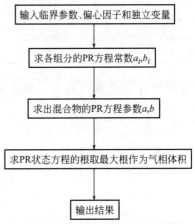

(a) 混合物摩尔体积 V 与纯组分摩尔性质 V_1、V_2 的关系　　(b) PR 方程计算混合物摩尔体积的计算框图

例图 2-6　解析法求 PR 方程的体积根

运行软件 ThermalCal，并输入独立变量 $T = 400\text{K}$，$p = 1.0$（2.0，3.0，4.0，5.0）MPa，$y_1 = y_2 = 0.5$，相互作用参数 $k_{12} = 0$ 和相态（气相）。

计算过程是先计算两个纯组分的 PR 常数［式(2-15)，式(2-20)～式(2-22)］，再由混合法则［式(2-36)和式(2-39)］获得混合物常数的 PR 常数 a、b 后，用解析法求 PR 方程的体积根（见例图 2-6），还可以用软件的演示功能进行过程演示。得到的结果列于例表 2-3 中。

例表 2-3　PR 方程计算混合物摩尔体积

T/K	400				
组成	$y_1 = 0.5$；$y_2 = 0.5$				
相互作用参数	$k_{12} = k_{21} = 0$；$k_{11} = k_{22} = 0$				
PR 方程常数	组分(1)：$a_1 = 817402.6\,\text{MPa·cm}^6\cdot\text{mol}^{-2}$；$b_1 = 47.999410\,\text{cm}^3\cdot\text{mol}^{-1}$ 组分(2)：$a_2 = 1081864\,\text{MPa·cm}^6\cdot\text{mol}^{-2}$；$b_2 = 58.95275\,\text{cm}^3\cdot\text{mol}^{-1}$ 混合物：$a = 945007.5\,\text{MPa·cm}^6\cdot\text{mol}^{-2}$；$b = 53.47608\,\text{cm}^3\cdot\text{mol}^{-1}$				
p/MPa	1.0	2.0	3.0	4.0	5.0
$V_{\text{cal}}/\text{cm}^3\cdot\text{mol}^{-1}$	3090.12	1419.03	853.97	563.95	380.20

通过本章的学习，我们不但了解了常用的状态方程，并且具备了求解状态方程根的必要知识，这对后续的热力学性质计算无疑是十分有用的。$p\text{-}V\text{-}T$ 性质的计算，仅是状态方程的应用之一，更广泛和更有意义的应用是由状态方程推算其他热力学性质。这就是以下几章的主要任务。

【重点归纳】

状态方程不仅能计算 p-V-T 性质，更是反映系统特征的模型，对物性推算非常重要。

掌握三维的 p-V-T 相图与二维的 p-V 相图、p-T 相图的对应关系，熟悉 p-V-T 相图、p-V 相图、p-T 相图上重要的概念,如三相点、临界点、泡点、露点、汽化曲线、熔化曲线、升华曲线、等温线、等压线、等容线、泡点线、露点线，过热蒸气区、压缩液体区、两相共存区、超临界流体区等。 能在 p-V 相图和 p-T 相图上定性表达给定的状态与过程。

掌握由纯物质临界点的数学特征，及由此确定立方型状态方程常数的方法，计算两参数立方型状态方程的临界压缩因子的方法。 了解重要的立方型状态方程（如 vdW、RK、SRK、PR 等）的特点，及立方型状态方程常数的计算方法、需要输入的信息等。

了解以 p 为显函数和以 V 为显函数的状态方程的形式，以及它们在应用中的特点。

能借助软件 ThermalCal，用 PR 方程进行 p-V-T 均相性质推算，清楚计算时所需要输入的信息及其来源。 掌握纯物质和均相混合物状态方程的表达形式和 p-V-T 的计算方法，了解状态方程的混合法则、相互作用参数的含义，掌握多元系统混合法则的展开形式，了解状态方程体积根求取方法。

能通过查寻附录 A、B（或相关数据手册等）获得或计算纯物质临界参数、饱和蒸气压、饱和液相摩尔体积、理想气体比热容等数据，供物性推算时作基础数据之用。

了解常用的高次型状态方程，如 virial 方程、MH 方程和 BWR 方程等。 掌握 Boyle 温度的概念及其与第二 virial 系数之间的关系。

习　题

一、是否题

1. 纯物质由蒸气变成液体，必须经过冷凝的相变化过程。

2. 当压力大于临界压力时，纯物质就以液态存在。

3. 由于分子间相互作用力的存在，实际气体的摩尔体积一定小于同温同压下的理想气体的摩尔体积，所以，理想气体的压缩因子 $Z=1$，实际气体的压缩因子 $Z<1$。

4. 纯物质的三相点随着所处的压力或温度的不同而改变。

5. 在同一温度下，纯物质的饱和液体与饱和蒸气的吉氏函数相等。

6. 纯物质的平衡汽化过程，摩尔体积、焓、热力学能、吉氏函数的变化值均大于零。

7. 气体混合物的 virial 系数，如 $B,C,\cdots$，是温度和组成的函数。

二、选择题

1. 指定温度下的纯物质，当压力低于该温度下的饱和蒸气压时，则气体的状态为（　　）。

A. 饱和蒸气　　　　　　　　B. 超临界流体　　　　　　　　C. 过热蒸气

2. T 温度下的过热纯蒸气的压力 p（　　）。

A. $>p^s(T)$　　　　　　　　B. $<p^s(T)$　　　　　　　　C. $=p^s(T)$

3. 能表达流体在临界点的 p-V 等温线的正确趋势的 virial 方程，必须至少用到

A. 第三 virial 系数　　B. 第二 virial 系数　　C. 无穷项　　D. 只需要理想气体方程

4. 当 $p \rightarrow 0$ 时，纯气体的 $\left[\dfrac{RT}{p}-V(T,p)\right]$ 的值为（　　）。

A. 0　　B. 很高的 T 时为 0　　C. 与第三 virial 系数有关　　D. 在 Boyle 温度时为 0

三、填空题

1. 表达纯物质的汽-液平衡准则有_____（吉氏函数）、_____（Claperyon 方程）、_____（Maxwell 等面积规则）。它们_____（能/不能）推广到其他类型的相平衡。

2. 对于纯物质，一定温度下的泡点压力与露点压力是_____的（相同/不同）；一定温度下的泡点与露点，在 p-T 图上是_____的（重叠/分开），而在 p-V 图上是_____的（重叠/分开），泡点的轨迹称为

_____，露点的轨迹称为_____，饱和气、液相线与三相线所包围的区域称为_____。纯物质汽-液平衡时，压力称为_____，温度称为_____。

3. 对于三元混合物，展开 PR 方程常数 a 的表达式，$a = \sum\limits_{i=1}^{3} \sum\limits_{j=1}^{3} y_i y_j \sqrt{a_{ii} a_{jj}} (1 - k_{ij}) = $ _____，其中，下标相同的相互作用参数有_____，其值应为_____；下标不同的相互作用参数有_____，通常它们的值是如何得到_____。

四、计算题

1. 在常压和 0℃下，冰的熔化热是 334.4J·g^{-1}，水和冰的质量体积分别是 1.000cm^3·g^{-1} 和 1.091cm^3·g^{-1}，且 0℃时水的饱和蒸气压和汽化焓分别为 610.62Pa 和 2508J·g^{-1}，请由此估计水的三相点数据。

2. 试由饱和蒸气压方程（见附录 A-2），在合适的假设下估算水在 25℃时的汽化焓。

3. 一个 0.5m^3 的压力容器，其极限压力为 2.75MPa，出于安全的考虑，要求操作压力不得超过极限压力的一半。试问容器在 130℃条件下最多能装入多少丙烷？

4. 试计算一个 125cm^3 的刚性容器，在 50℃和 18.745MPa 的条件下能贮存甲烷多少克（实验值是 17g）？分别比较理想气体方程和 PR 方程的结果（PR 方程可以用软件计算）。

5. 试用 PR 方程计算合成气 [H_2：N_2（摩尔比）＝1：3] 在 40.5MPa 和 573.15K 时的摩尔体积（实验值为 135.8cm^3·mol^{-1}，用软件计算，假设 $k_{ij} = 0$）。

五、图示题

1. 试定性画出纯物质的 p-V 相图，并在图上指出（a）超临界流体，（b）气相（G），（c）蒸气（V），（d）固相，（e）气-液共存，（f）固-液共存，（g）气-固共存等区域；和（h）气-液-固三相共存线，（i）$T > T_c$、$T < T_c$、$T = T_c$ 的等温线。

2. 试定性讨论纯液体在等压平衡汽化过程中，$M (= V、S、G、C_p)$ 随 T 的变化（可定性作出 M-T 图上的等压线来说明）。

六、证明题

由式（2-29）知，流体的 Boyle 曲线是关于 $\left(\dfrac{\partial Z}{\partial p}\right)_T = 0$ 的点的轨迹。证明 vdW 流体的 Boyle 曲线是 $(a - bRT)V^2 - 2abV + ab^2 = 0$。

参考文献

[1] Reid R C，Prausnitz J M，Poling B E. Properties of Gases and Liquid. New York：McGraw-Hill，1987.

[2] Daubert T E，Danner R P. Data Compilation Tables of Properties of Pure Compounds. New York：AIChE，1985，1986.

[3] Wenzel H，Schmidt G. Fluid Phase Equilibria，1980，5：317.

[4] 侯虞钧，陈新志，周浩. 高校化学工程学报，1996，10（3）：217.

[5] Redlich O，Kwong J N S. Chem Rev，1949，44：233.

[6] Soave G. Chem Eng Sci，1972，27：1197.

[7] Peng D Y，Robinson D B. Ind Eng Chem Fundam，1976，15：59.

[8] Harmens A，Knapp H. Ind Eng Chem Fundam，1980，19：291.

[9] Patel N C，Teja A S. Chem Eng Sci，1982，37（3）：463.

[10] Dymond J H，Smith E B. The Virial Coefficients of Gases, a Critical Compilation. Oxford：Clarenden Press，1969.

[11] Tsonopoulos C. AIChE J，1974，20：265.

[12] Benedict M，Webb G B，Rubin L C. J Chem Phys，1940，8：334；1942，10：747.

[13] Martin J J，Hou Y C. AIChE J，1955，1：142.

[14] 侯虞钧，唐宏青，张彬. 化工学报，1981，1：1.

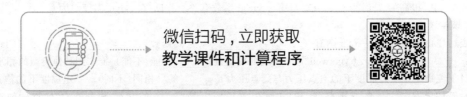

微信扫码，立即获取
教学课件和计算程序

第 **3** 章

均相封闭系统热力学原理及其应用

【内容提示】 ■ ■ ■

1. 均相封闭系统热力学原理及其应用对象；

2. 物性之间的普遍化关系式、难测量物性与容易测量物性之间的普遍化关系式、引入了系统特征的物性之间的关系式；

3. 偏离函数的定义与特点、基于偏离函数的物性计算方法；

4. 纯物质（或混合物总体）逸度及逸度系数的定义与性质，逸度系数的计算；

5. 由状态方程计算纯物质的气、液饱和性质的方法与过程；

6. 纯物质的 T-S 图和 $\ln p$-H 图的特征及其应用，水等常用物质的性质图、表及应用。

3.1 引言

学习化工热力学的目的在于应用，许多应用是通过物性计算来完成的。具体地说，就是从容易测量的性质推算难测量的性质，从有限的基础物性获得更多有用的信息，从纯物质的性质获得混合物的性质……所有这些，都是建立在经典热力学原理的基础上，同时也离不开反映系统特征的模型，第 2 章介绍的状态方程就是重要的模型之一。

热力学性质是系统在平衡状态下所表现出来的，系统的平衡状态可以是均相形式，也可以多相共存形式或化学反应平衡形式存在。本章的讨论仅限于均相系统，主要的任务就是将一些有用的热力学性质表达成为 p-V-T 的普遍化函数，结合状态方程，就可以得到从 p-V-T 推算其他热力学性质的具体关系式。应特别注意，由于所依据的原理是均相封闭系统的热力学，故本章适用的对象是均相纯物质或均相定组成混合物，它们的重要特征是系统的组成不变，对于一个均相封闭系统的变化过程，则是初态和终态均满足均相封闭系统的条件。本章主要内容包括：

① 从均相封闭系统的热力学基本关系出发，获得热力学函数（如 U，S，H，A，G，C_p 和 C_V 等❶）与 p，V，T 之间的普遍化依赖关系；

② 定义有用的新热力学函数——逸度和逸度系数，并解决其计算问题；

③ 均相热力学性质的计算，就是将普遍化热力学关系与具体的状态方程结合，得到适

---

❶ 用大写字母代表了摩尔性质。

用于特定系统物性计算的具体公式，从而达到由 p-V-T 关系推算其他热力学性质的目的；

④ 除解析法外，用图、表来表示热力学性质也很有意义，本章还要介绍热力学图、表的制作原理和应用。

通过本章的学习，我们能实现：由一个状态方程和理想气体摩尔定压热容 C_p^{ig} 的信息推算任意状态下的热力学性质（有些性质是基于参考态的相对值）。

3.2 热力学定律与热力学基本关系式

热力学第一定律是关于能量守恒规律，即系统的能量变化＝系统与环境的能量交换。

系统的能量有各种形式，在化工中常涉及热力学能、动能和势能等，而一般不考虑如核能、电磁能、表面能等。在封闭系统中，不必考虑动能和势能，故只有热力学能 U。

系统与环境的能量交换有热和功两种形式。故封闭系统的热力学第一定律可以表示为

$$\Delta U = Q + W \tag{3-1}$$

式中，Q 是热量，是由于系统与环境之间存在的温差而导致的能量传递，规定系统得到热量为正，而系统传出热量为负；W 是功，化工热力学中一般多涉及体积功，它是由于系统的边界运动而导致的系统与环境之间的能量传递，规定系统对环境做功为负，而环境对系统做功为正。

我们知道，U 为系统的状态函数，但 Q 和 W 不是状态函数，而是系统与环境间传递着的能量形式，它们均与过程进行的路径有关，然而，它们两者之和（$Q+W$）仅决定于过程的初态和终态，与路径无关。正因为热力学能是状态函数，其变化值有重要的意义。在数学上可表示为

$$\mathrm{d}U = \delta Q + \delta W \tag{3-2}$$

式中，$\mathrm{d}U$ 是系统热力学能极小的变化；δQ 是系统从环境吸收的极小量的热量；δW 是环境对系统所做的极小量的功。

值得注意的是 δQ 和 δW 不是全微分，因 Q 和 W 不是状态函数，但 $\delta Q + \delta W$ 却是与过程进行的路径无关的量，仅决定于初、终态。

系统完成一个从初态至终态的变化过程，可以有许多途径，可逆途径就是其中之一，也是一条有意义的途径。任意一个过程的 $\mathrm{d}U$ 与可逆过程的 $\mathrm{d}U_{\text{rev}}$ 是相等的，即

$$\mathrm{d}U = \mathrm{d}U_{\text{rev}} \tag{3-3}$$

由式(3-2) 和式(3-3) 得

$$\mathrm{d}U = (\delta Q)_{\text{rev}} + (\delta W)_{\text{rev}} \tag{3-4}$$

若可逆热$(\delta Q)_{\text{rev}}$ 和可逆体积功$(\delta W)_{\text{rev}}$ 能用系统的性质（即状态函数）来表示，那么，式(3-4) 中就将成为联系系统的不同的性质的普遍化关系式，对实现不同性质之间的相互推算非常有意义。

由热力学第二定律知，可逆热与系统熵和温度有下列关系

$$(\delta Q)_{\text{rev}} = T\mathrm{d}S \tag{3-5}$$

可逆体积功也可以与系统的性质联系起来。

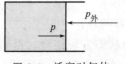

图 3-1 活塞对气体所做压缩功

若 δW 表示一活塞对汽缸内气体所做的微小的压缩功（如图 3-1 所示）。活塞在压力所致的力 F 的作用下产生了微小的位移 $\mathrm{d}l$。则 $\delta W = F\mathrm{d}l$，若活塞的截面积为 A，汽缸内气体的体积

为 V，因为 $dl = d\dfrac{V}{A}$，$F = p_{外}A$，则

$$\delta W = F\,dl = p_{外}A\,\frac{dV}{A} = p_{外}dV$$

若不计活塞的重量和摩擦力，则活塞的移动是可逆的，外压力与系统压力的关系为 $p_{外} = -(p + dp)$，这时所做的功就是可逆功 $(\delta W)_{rev}$，$(\delta W)_{rev}$ 可以用系统性质来表示

$$(\delta W)_{rev} = -(p + dp)dV = -p\,dV \tag{3-6}$$

将式(3-6)、式(3-5)代入式(3-4)得

$$dU = T\,dS - p\,dV \tag{3-7}$$

式(3-7)是仅含有状态函数的新方程，它是联系系统性质的热力学基本关系式之一。

虽然在式(3-7)的推导中引用了可逆途径，但是它的应用并不限于可逆过程，原因是式(3-7)中只含有状态函数，其变化只决定于初、终态，与途径无关，但要求系统与环境只交换体积功，另外，对由于化学反应引起组成变化和相变化引起的质量传递的场合，也不能直接使用（见第 4 章的均相敞开系统），所以，热力学基本关系式适用于只有体积功存在的均相封闭系统。具体地讲，均相封闭系统的热力学基本关系式能用于解决两个等组成均相之间的性质变化，初、终态必须符合均相封闭系统的条件，即初态是均相，终态是均相，初终状态的组成相同，可称为均相封闭过程。例如，纯物质的气化过程、某一混合液的完全气化过程等，都属于均相封闭过程。

随着热力学的发展，定义了如下的三个函数，能更方便地进行理论描述和实际应用。

焓 $\qquad H = U + pV \tag{3-8}$

亥氏函数 $\quad A = U - TS \tag{3-9}$

吉氏函数 $\quad G = H - TS \tag{3-10}$

例如，结合式(3-7)和式(3-8)，在等压条件下得 $\delta Q_p = dH$，即表示在等压条件下系统与环境交换的热等于系统焓变化，这一基本概念是定义焓的用意所在，这样，工程中常见的等压过程的热效应就能用状态函数 H 来分析和计算。另外，热力学能在描述封闭系统的能量守恒时很有用，在第 6 章中我们将会发现，焓在描述流动系统的能量守恒时也特别方便。

吉氏函数 G 的定义对处理相平衡和化学平衡问题是最方便的。从工程应用的角度来看，亥氏函数似乎不如吉氏函数那样有用，但在表达热力学函数之间的相互关系中很重要。

热力学常对系统性质的变化感兴趣，故状态函数的微分关系很有用。对式(3-8)～式(3-10)分别求全微分，结合式(3-7)便能得到其他三个热力学基本关系式

$$dH = T\,dS + V\,dp \tag{3-11}$$

$$dA = -S\,dT - p\,dV \tag{3-12}$$

$$dG = -S\,dT + V\,dp \tag{3-13}$$

若要计算两个状态之间的 U、H、A 或 G 的变化值，原则上可以由热力学基本关系式(3-7)和式(3-11)～式(3-13)的积分获得。从数学的角度分析，右边的积分需要 p、V、T、S 之间的函数关系；从应用角度看，相律规定了均相封闭系统只有两个自由度，一般取 p、V、T 中的两个作为独立变量，所以，找到 U、S、H、A 和 G 等函数与 p-V-T 之间的关系对实际应用很重要，使得从易测量的性质推算其他热力学性质成为可能。

以式(3-13)的吉氏函数 G 为例，若要以 T、p 为独立变量，只有将 S 和 V 表达成为

T、p 的函数，即

$$S = S(T, p) \tag{3-14}$$

$$V = V(T, p) \tag{3-15}$$

才能将 G 表达成 T，p 的函数

$$G = G(T, p) \tag{3-16}$$

如何得到式(3-14)～式(3-16)的关系式呢？这正是下面所要讨论的。可以推测，在 T、p 一定的条件下，对于均相封闭系统，V 以及其他的函数 U、S、H、A 和 G 都能确定下来了。原则上，作为独立变量也不一定只取 T，p，而可以取八个变量（p、V、T、U、H、S、A、G）中的任何两个。但以 (T, p) 和 (T, V) 为独立变量最有实际意义，因为在第 2 章介绍的状态方程中，既有将 p 作为显函数

$$p = p(T, V) \tag{2-3}$$

也有以 V 为显函数的 $$V = V(T, p) \tag{2-4}$$

式(2-3) 和式(2-4) 是物质世界中特别有趣的 p-V-T 关系。除了其实验数据已经有了大量的积累，并达到了相当高的准确性外，其解析关系式的状态方程也日益成熟，状态方程作为反映系统特性的模型是理所当然的。相对来说，U、H、S、A、G 等性质的测定就较为困难。故将它们与 p-V-T 数据或状态方程联系起来，对于实现由容易获得的性质推算难测量的性质很有价值。

欲导出 U、S、H、A 和 G 等函数与 p-V-T 的关系，需要借助一定的数学方法——Maxwell 关系式。但应当指出，《物理化学》中讨论 Maxwell 关系的很多，但常用的物性推算中所用到的 Maxwell 关系仅是其中的几个。

3.3 Maxwell 关系式

现以推导 S 与 p-V-T 之间的依赖关系为例，进而总结出如何用 Maxwell 关系得到状态函数之间的相互关系。

按式(3-16)能得到 G 的全微分

$$dG = \left(\frac{\partial G}{\partial T}\right)_p dT + \left(\frac{\partial G}{\partial p}\right)_T dp \tag{3-17}$$

式(3-17) 与式(3-13) 进行同类项比较，得

$$\left(\frac{\partial G}{\partial T}\right)_p = -S \tag{3-18}$$

$$\left(\frac{\partial G}{\partial p}\right)_T = V \tag{3-19}$$

式(3-18) 和式(3-19) 的左边还包含了一定的关系。在等温条件下，式(3-18) 两边对 p 求偏导

$$\frac{\partial}{\partial p}\left[\left(\frac{\partial G}{\partial T}\right)_p\right]_T = -\left(\frac{\partial S}{\partial p}\right)_T \tag{3-20}$$

再在等压条件下，式(3-19) 两边对 T 求偏导数

$$\frac{\partial}{\partial T}\left[\left(\frac{\partial G}{\partial p}\right)_T\right]_p = \left(\frac{\partial V}{\partial T}\right)_p \tag{3-21}$$

两阶偏导数与求导的次序无关，式(3-20)与式(3-21)的左边是相等的，所以

$$\left(\frac{\partial S}{\partial p}\right)_T = -\left(\frac{\partial V}{\partial T}\right)_p \tag{3-22}$$

式(3-22)就是一个重要的 Maxwell 关系式，将 S 与 p-V-T 关系联系起来了。

以上的推导过程包含了一个数学上的重要定律——Green 定律，应用 Green 定律能更方便、更直接地从热力学基本方程式(3-7)、式(3-11)~式(3-13)获得其他的 Maxwell 关系式。Green 定律可以表示为对于下列全微分

$$\mathrm{d}Z = M\mathrm{d}X + N\mathrm{d}Y \tag{3-23}$$

存在

$$\left(\frac{\partial N}{\partial X}\right)_Y = \left(\frac{\partial M}{\partial Y}\right)_X \tag{3-24}$$

将 Green 定律应用于式(3-7)、式(3-11)和式(3-12)，便可以得到另外三个 Maxwell 关系式

$$\left(\frac{\partial T}{\partial V}\right)_S = -\left(\frac{\partial p}{\partial S}\right)_V \tag{3-25}$$

$$\left(\frac{\partial T}{\partial p}\right)_S = \left(\frac{\partial V}{\partial S}\right)_p \tag{3-26}$$

$$\left(\frac{\partial S}{\partial V}\right)_T = \left(\frac{\partial p}{\partial T}\right)_V \tag{3-27}$$

实际上，并不是所有的 Maxwell 关系式都是那么有用，如式(3-25)和式(3-26)应用并不多，因为包含了等熵的偏微分条件，不仅实现困难，而且计算也不方便，但式(3-22)和式(3-27)是非常有用的。

其他有用的关系式，如等温条件下压力对焓的影响式

$$\left(\frac{\partial H}{\partial p}\right)_T = V - T\left(\frac{\partial V}{\partial T}\right)_p \tag{3-28}$$

是将式(3-11)两边同时除以 $\mathrm{d}p$，再取等温条件，并结合式(3-22)而得到。

表示等温条件体积对热力学能的影响式

$$\left(\frac{\partial U}{\partial V}\right)_T = T\left(\frac{\partial p}{\partial T}\right)_V - p \tag{3-29}$$

是将式(3-7)的两边同时除以 $\mathrm{d}V$，再取等温条件，并结合式(3-27)得到。

热容与 p-V-T 之间的关系式也很有价值，如摩尔定压热容随着压力的变化式

$$\left(\frac{\partial C_p}{\partial p}\right)_T = -T\left(\frac{\partial^2 V}{\partial T^2}\right)_p \tag{3-30}$$

是根据 $\left(\frac{\partial C_p}{\partial p}\right)_T = \left[\frac{\partial}{\partial p}\left(\frac{\partial H}{\partial T}\right)_p\right]_T = \left[\frac{\partial}{\partial T}\left(\frac{\partial H}{\partial p}\right)_T\right]_p$，并代入式(3-28)得到的。

用类似的方法，并结合式(3-29)也能得到摩尔定容热容随着摩尔体积的变化式

$$\left(\frac{\partial C_V}{\partial V}\right)_T = T\left(\frac{\partial^2 p}{\partial T^2}\right)_V \tag{3-31}$$

摩尔定压热容与摩尔定容热容之差有时也有意义，如存在下列关系式（请自行证明）

$$C_p - C_V = T\left(\frac{\partial V}{\partial T}\right)_p\left(\frac{\partial p}{\partial T}\right)_V \tag{3-32}$$

以下几点值得注意：

① 等式［如式(3-28)~式(3-32)等］右边形式上出现了 p、V、T 三个强度性质，其

实它们之间是不完全独立的，因为系统的自由度为 2，已知其中的两个，第三个就确定下来了，独立变量只有两个。

② 理论上说，取 T、p 或 T、V 为独立变量是等价的，但是，实际应用上有所差异。若所用的模型是以 p 为显函数的状态方程，如式(2-3)，则取 T、V 为独立变量较方便；若是以 V 为显函数的状态方程，如式(2-4)，则应以 T、p 为独立变量。

③ 应用中常计算热力学性质的差值，故需要从微分关系式得到相应的积分式。从微分关系得到相应的积分式有不同的做法。为了简单，先得到部分函数的积分式，再由定义得到其他函数的积分式。如在以 T、p 为独立变量时，首先得到 G 的表达式，再从式(3-18)得到 S 的表达式，其余的三个函数 (U,H,A) 也就能从定义获得；若以 T、V 为独立变量，首先得到 A 的积分式，再从式(3-33)得到 S 的表达式。因为由式(3-12)得

$$S = -\left(\frac{\partial A}{\partial T}\right)_V \tag{3-33}$$

其余的三个函数 (U,H,G) 的积分式则从定义式(3-8)～式(3-10)得到。热容与 p-V-T 的关系式也就很容易得到了。

常见热力学性质差值的积分式列于本章末。

④ 将理想气体的状态方程与有关的热力学关系结合，便可以了解理想气体状态的性质，如

从式(3-22)和式(3-27)分别得 $\left(\frac{\partial S^{ig}}{\partial p}\right)_T = -\frac{R}{p}$ 和 $\left(\frac{\partial S^{ig}}{\partial V}\right)_T = \frac{R}{V}$；

从式(3-28)得 $\left(\frac{\partial H^{ig}}{\partial p}\right)_T = 0$，也能得到 $\left(\frac{\partial H^{ig}}{\partial V}\right)_T = \left(\frac{\partial H^{ig}}{\partial p}\right)_T \left(\frac{\partial p}{\partial V}\right)_T = 0$；

从式(3-29)得 $\left(\frac{\partial U^{ig}}{\partial p}\right)_T = 0$，同样也能得到 $\left(\frac{\partial U^{ig}}{\partial V}\right)_T = 0$；

从式(3-30)得 $\left(\frac{\partial C_p^{ig}}{\partial p}\right)_T = 0$，同样也能得到 $\left(\frac{\partial C_p^{ig}}{\partial V}\right)_T = 0$；

从式(3-31)得 $\left(\frac{\partial C_V^{ig}}{\partial V}\right)_T = 0$，同样也能得到 $\left(\frac{\partial C_V^{ig}}{\partial p}\right)_T = 0$；

从式(3-32)得 $C_p^{ig} - C_V^{ig} = R$。

3.4 偏离函数

我们不清楚 U、H、A、G 函数的绝对值是多少，实际中也不必关心它们的绝对值是多少，因为得到它们随状态的变化值就足够了。计算热力学函数变化时，常用到一个重要的概念——偏离函数。它是指研究态相对于某一参考态的热力学函数的差值，并规定参考态是与研究态同温，且压力为 p_0 的理想气体状态。对于摩尔性质 M（V、U、H、S、A、G、C_p、C_V 等），其偏离函数定义为

$$M - M_0^{ig} = M(T,p) - M^{ig}(T,p_0) \tag{3-34}$$

偏离函数的记号 $M - M_0^{ig}$，表示摩尔性质 M 在研究态与其在参考态的差，被减项 M 代表在研究态 (T,p) 下的性质，减项 M_0^{ig} 代表在参考态 $(T,p_0$ 的理想气体) 下的性质，

其中，上标"ig"指参考态是理想气体状态，下标"0"指参考态的压力是 p_0。可见参考态与研究态的温度相同，且处于理想气体状态。

引入偏离函数的概念后，使物性计算更方便和统一。若要计算摩尔性质 M 随着状态 $(T_1, p_1) \rightarrow (T_2, p_2)$ 的变化，通过数学上的恒等式，将两个研究态之间的性质变化与偏离函数和理想气体性质联系起来

$$M(T_2, p_2) - M(T_1, p_1) = [M(T_2, p_2) - M^{ig}(T_2, p_0)] - $$
$$[M(T_1, p_1) - M^{ig}(T_1, p_0)] + [M^{ig}(T_2, p_0) - M^{ig}(T_1, p_0)] \quad (3\text{-}35)$$

等压条件下理想气体性质随着温度的变化可以从理想气体摩尔定压热容 C_p^{ig} 来计算；偏离函数将表示为 $p\text{-}V\text{-}T$ 函数（以下讨论），所以，由式(3-35)知，均相封闭系统的热力学性质都可以由 $p\text{-}V\text{-}T$ 关系 $+ C_p^{ig}$ 获得，这是非常有实际意义的。

从定义知，偏离函数的数值与参考压力 p_0 有关，但从式(3-35)知，参考压力 p_0 并不影响我们所要计算的性质变化。所以，原则上参考态压力 p_0 的选择是没有限制的。但是，有些性质的偏离函数与 p_0 无关，如

当 $M = U$、H、C_V、C_p 时，偏离函数与 p_0 无关。因为理想气体的 U、H、C_V、C_p 都仅仅是温度的函数，这时偏离函数只要写成 $M - M^{ig}$，即减项中的代表 p_0 的下标"0"可以略去；而当 $M = V$、S、A、G 时，偏离函数 $M - M_0^{ig}$ 显然与 p_0 有关，这时就不能省略代表参考态压力的下标"0"。

尽管 p_0 的取值没有限制，但习惯上以两种方式居多：一种是取单位压力，即 $p_0 = 1$（其单位与 p 相同）；另一种是取研究态的压力，即 $p_0 = p$。当 $p_0 = p$ 时，偏离函数与另一个热力学概念——残余性质的负值相等[3]。因为残余性质的定义是 $M^{ig}(T, p) - M(T, p)$，但在本教材中不采用残余性质的概念。

以下几点必须引起注意。

① 由等温条件下定义的偏离函数式(3-34)，在应用时可以解决 T、p 均变化条件下的性质变化，式(3-35)就是证明，性质随温度的变化部分，由等压条件下理想气体状态的性质随着温度变化来考虑，所以还需要给定 C_p^{ig} 模型。

② 偏离函数 $M - M_0^{ig}$ 中的 M 和 M_0^{ig} 可以是不同相态，如在计算液相的偏离函数时，M 是液相，M_0^{ig} 是气相，这并不与均相封闭系统的条件相违背，可以理解为初、终态分别是两个不同相态的均相封闭系统，但 M 和 M_0^{ig} 的组成必须相同，此时用于计算偏离函数的模型（如状态方程）也要适用于气、液两相。

③ 在应用式(3-35)计算均相封闭过程的性质差时，(T_2, p_2) 和 (T_1, p_1) 可以是不同相态。但两个状态应有相同的组成。

④ 若取 T，V 为独立变量时，偏离函数可以表示为

$$M - M_0^{ig} = M(T, V) - M^{ig}(T, V_0) \quad (3\text{-}36)$$

式中，$V_0 = \dfrac{RT}{p_0}$，与式(3-34)本质上是相同的。

以下例题有利于我们理解偏离函数的概念。

【例题 3-1】 在例表 3-1 中所列的是 700K 下不同压力的异丁烷的焓和熵的值。试估计 700K 和不同压力下的偏离焓和偏离熵（取参考态的压力 p_0 等于研究态的压力 p）。

例表 3-1　异丁烷在 700K 和不同压力下的焓和熵

p/MPa	$H/J\cdot mol^{-1}$	$S/J\cdot mol^{-1}\cdot K^{-1}$	p/MPa	$H/J\cdot mol^{-1}$	$S/J\cdot mol^{-1}\cdot K^{-1}$
0.01	52933	434.2	1.0	51764	395.5
0.05	52875	420.8	1.6	50922	391.4
0.101325	52809	414.9	2.6	48889	386.9
0.3	52578	405.8	2.8	48275	386.3
0.5	52354	401.4	3.0	47470	385.6

解：例表 3-1 中的第一行数据的压力较低，$p=0.01MPa$，可近似认为是理想气体。考虑到理想气体的焓与压力无关，故 $H^{ig}(700K)=52933J\cdot mol^{-1}$。不同压力下的偏离焓可以根据定义计算，即

$$H-H^{ig}=H(700K,p)-H^{ig}(700K)=H(700K,p)-52933$$

又因为理想气体的熵不仅与温度有关，也与压力有关，所以

$$S^{ig}(700K,p_0=0.01MPa)=434.2J\cdot mol^{-1}\cdot K^{-1}$$

根据题目要求，取 $p_0=p$，则偏离熵可以表示为

$$S-S_0^{ig}=S(700K,p)-S^{ig}(700K,p_0=p)$$
$$=[S(700K,p)-S^{ig}(700K,0.01MPa)]+[S^{ig}(700K,0.01MPa)-S^{ig}(700K,p)]$$
$$=S(700K,p)-434.2-R\ln\frac{0.01}{p}=S(700K,p)-434.2+8.314\ln\frac{p}{0.01}$$

这样，不同压力下的偏离焓和偏离熵就能计算了，有关结果列于例表 3-2。

例表 3-2　异丁烷在 700K 和不同压力下的偏离焓和偏离熵

p/MPa	$H/J\cdot mol^{-1}$	$H-H^{ig}/J\cdot mol^{-1}$	$S/J\cdot mol^{-1}\cdot K^{-1}$	$S-S_{p_0=p}^{ig}/$ $J\cdot mol^{-1}\cdot K^{-1}$
0.01	52933	0	434.2	0
0.05	52875	-58	420.8	-0.0191
0.101325	52809	-124	414.9	-0.04687
0.3	52578	-355	405.8	-0.1224
0.5	52354	-579	401.4	-0.2754
1.0	51764	-1169	395.5	-0.4126
1.6	50922	-2011	391.4	-0.6050
2.6	48889	-4044	386.9	-1.068
2.8	48275	-4658	386.3	-1.052
3.0	47470	-5463	385.6	-1.179

由式(3-35)知，偏离函数的概念在热力学性质的计算中非常有用，以下将推导偏离函数与 p-V-T 之间的关系。

3.5　以 T、p 为独立变量的偏离函数

以 T、p 为独立变量时，我们首先得到吉氏函数 G 偏离函数，再得到 S，最后得到其他的偏离函数。如图 3-2 所示的由参考态至研究态的 G 的变化过程。

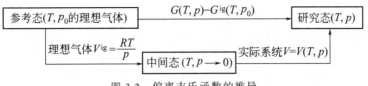

图 3-2 偏离吉氏函数的推导

由式(3-13)得

$$[\mathrm{d}G = V\mathrm{d}p]_T$$

根据图 3-2 的状态变化路径，从参考态→中间态→研究态积分上式，得

$$\int_{G^{ig}(T,p_0)}^{G(T,p)} \mathrm{d}G = \int_{p_0}^0 V^{ig}\mathrm{d}p + \int_0^p V\mathrm{d}p = \left[\int_{p_0}^0 V^{ig}\mathrm{d}p + \int_0^p V^{ig}\mathrm{d}p\right] +$$

$$\left[\int_0^p V\mathrm{d}p - \int_0^p V^{ig}\mathrm{d}p\right] = \int_{p_0}^p V^{ig}\mathrm{d}p + \int_0^p (V - V^{ig})\mathrm{d}p$$

$$= \int_{p_0}^p \frac{RT}{p}\mathrm{d}p + \int_0^p \left(V - \frac{RT}{p}\right)\mathrm{d}p = RT\ln\frac{p}{p_0} + \int_0^p \left(V - \frac{RT}{p}\right)\mathrm{d}p$$

即

$$G(T,p) - G^{ig}(T,p_0) = RT\ln\frac{p}{p_0} + \int_0^p \left(V - \frac{RT}{p}\right)\mathrm{d}p \tag{3-37}$$

式(3-37)的左边就是偏离吉氏函数，进行标准化处理（先将参考态压力 p_0 的影响项移到等式左边，再除以 RT 转化为无量纲形式）

$$\frac{G - G_0^{ig}}{RT} - \ln\frac{p}{p_0} = \frac{1}{RT}\int_0^p \left(V - \frac{RT}{p}\right)\mathrm{d}p \tag{3-38}$$

这样，式(3-38)的等式的右边与参考态压力 p_0 无关。

将式(3-37)代入式(3-18)得偏离熵

$$S - S_0^{ig} = -\left[\frac{\partial(G - G_0^{ig})}{\partial T}\right]_p = -R\ln\frac{p}{p_0} + \int_0^p \left[\frac{R}{p} - \left(\frac{\partial V}{\partial T}\right)_p\right]\mathrm{d}p$$

标准化处理（即无量纲化）后得

$$\frac{S - S_0^{ig}}{R} + \ln\frac{p}{p_0} = \frac{1}{R}\int_0^p \left[\frac{R}{p} - \left(\frac{\partial V}{\partial T}\right)_p\right]\mathrm{d}p \tag{3-39}$$

由定义，式(3-8)~式(3-10)，得

$$\frac{U - U^{ig}}{RT} = \frac{G - G_0^{ig}}{RT} + \frac{S - S_0^{ig}}{R} - (Z-1) \tag{3-40}$$

$$\frac{H - H^{ig}}{RT} = \frac{G - G_0^{ig}}{RT} + \frac{S - S_0^{ig}}{R} \tag{3-41}$$

$$\frac{A - A_0^{ig}}{RT} = \frac{G - G_0^{ig}}{RT} - (Z-1) \tag{3-42}$$

结合式(3-38)和式(3-39)，得到其他偏离函数

$$\frac{H - H^{ig}}{RT} = \frac{1}{RT}\int_0^p \left[V - T\left(\frac{\partial V}{\partial T}\right)_p\right]\mathrm{d}p \tag{3-43}$$

$$\frac{U - U^{ig}}{RT} = 1 - Z + \frac{1}{RT}\int_0^p \left[V - T\left(\frac{\partial V}{\partial T}\right)_p \right] \mathrm{d}p \tag{3-44}$$

$$\frac{A - A_0^{ig}}{RT} - \ln\frac{p}{p_0} = 1 - Z + \frac{1}{RT}\int_0^p \left(V - \frac{RT}{p} \right) \mathrm{d}p \tag{3-45}$$

由 C_p 的定义式 $C_p = \left(\dfrac{\partial H}{\partial T}\right)_p$ 或直接由式(3-30) 积分可得偏离摩尔定压热容

$$C_p - C_p^{ig} = \left[\frac{\partial(H - H^{ig})}{\partial T}\right]_p = \frac{\partial}{\partial T}\left\{\int_0^p \left[V - T\left(\frac{\partial V}{\partial T}\right)_p \right]\right\}_p \mathrm{d}p = -\int_0^p T\left(\frac{\partial^2 V}{\partial T^2}\right)_p \mathrm{d}p$$

及其标准化形式
$$\frac{C_p - C_p^{ig}}{R} = -\frac{T}{R}\int_0^p \left(\frac{\partial^2 V}{\partial T^2}\right)_p \mathrm{d}p \tag{3-46}$$

同样可以得到 $C_V - C_V^{ig}$，但因不如摩尔定压热容常用，故忽略。在应用这些偏离函数计算物性时，还应结合一定的状态方程 $V = V(T, p)$，积分后才能得到具体的计算式。具体应用时，只要积分得到部分偏离函数后，其余由定义式导出。

以 T、p 为独立变量时，适合于以 V 为显函数的状态方程来推导偏离函数，如下例。

【例题 3-2】 某气体符合 $p(V - b) = RT + \dfrac{ap^2}{T}$ 的状态方程，且 $C_p^{ig} = c + \dfrac{d}{T}$，其中 a、b、c、d 是常数。(a) 导出有关的偏离函数；(b) 得到 C_p 的表达式；(c) 得到 $H(T_2, p_2) - H(T_1, p_1)$，$S(T_2, p_2) - S(T_1, p_1)$ 的表达式。

解： (a) 先得到 H 和 S 偏离函数。给定的状态方程可以化为以 V 为显函数的形式 $V = \dfrac{RT}{p} + \dfrac{ap}{T} + b$，则

$$\left(\frac{\partial V}{\partial T}\right)_p = \frac{R}{p} - \frac{ap}{T^2}, \quad \left(\frac{\partial^2 V}{\partial T^2}\right)_p = \frac{2ap}{T^3}$$

由偏离焓式(3-43) 得

$$\frac{H - H^{ig}}{RT} = \frac{1}{RT}\int_0^p \left[V - T\left(\frac{\partial V}{\partial T}\right)_p \right]\mathrm{d}p = \frac{1}{RT}\int_0^p \left[\frac{RT}{p} + \frac{ap}{T} + b - \frac{RT}{p} + \frac{ap}{T}\right]\mathrm{d}p = \frac{1}{RT}\left(\frac{ap^2}{T} + bp\right)$$

由式(3-39) 得偏离熵

$$\frac{S - S_0^{ig}}{R} + \ln\frac{p}{p_0} = \frac{1}{R}\int_0^p \left[\frac{R}{p} - \left(\frac{\partial V}{\partial T}\right)_p\right]\mathrm{d}p = \frac{1}{R}\int_0^p \frac{ap}{T^2}\mathrm{d}p = \frac{ap^2}{2RT^2}$$

由式(3-46) 得偏离摩尔定压热容

$$\frac{C_p - C_p^{ig}}{R} = -\frac{1}{R}\int_0^p T\left(\frac{\partial^2 V}{\partial T^2}\right)_p \mathrm{d}p = -\frac{1}{R}\int_0^p \frac{2ap}{T^2}\mathrm{d}p = -\frac{ap^2}{RT^2}$$

其他的偏离函数为

$$\frac{U - U^{ig}}{RT} = \frac{H - H^{ig}}{RT} - (Z - 1) = 0$$

$$\frac{G - G_0^{ig}}{RT} - \ln\frac{p}{p_0} = \frac{1}{RT}\left(\frac{ap^2}{2T} + bp\right)$$

$$\frac{A - A_0^{ig}}{RT} - \ln \frac{p}{p_0} = -\frac{ap^2}{2RT^2}$$

（b）摩尔定压热容

$$C_p = C_p^{ig} - \frac{ap^2}{T^2} = c + \frac{d}{T} - \frac{ap^2}{T^2}$$

（c）焓变化和熵变化分别是

$$H(T_2, p_2) - H(T_1, p_1) = [H(T_2, p_2) - H^{ig}(T_2)] - [H(T_1, p_1) - H^{ig}(T_1)] +$$
$$[H^{ig}(T_2) - H^{ig}(T_1)]$$

$$= \left(\frac{ap_2^2}{T_2} + bp_2\right) - \left(\frac{ap_1^2}{T_1} + bp_1\right) + \int_{T_1}^{T_2}\left(c + \frac{d}{T}\right)dT$$

$$= a\left(\frac{p_2^2}{T_2} - \frac{p_1^2}{T_1}\right) + b(p_2 - p_1) + c(T_2 - T_1) + d\ln\frac{T_2}{T_1}$$

$$S(T_2, p_2) - S(T_1, p_1) = [S(T_2, p_2) - S^{ig}(T_2, p_0)] - [S(T_1, p_1) - S^{ig}(T_1, p_0)] +$$
$$[S^{ig}(T_2, p_0) - S^{ig}(T_1, p_0)]$$

$$= \frac{ap_2^2}{2T_2^2} - \frac{ap_1^2}{2T_1^2} + \int_{T_1}^{T_2}\left(c + \frac{d}{T}\right)\frac{1}{T}dT - R\ln\frac{p_2}{p_1}$$

$$= \frac{a}{2}\left(\frac{p_2^2}{T_2^2} - \frac{p_1^2}{T_1^2}\right) + c\ln\frac{T_2}{T_1} - d\left(\frac{1}{T_2} - \frac{1}{T_1}\right) - R\ln\frac{p_2}{p_1}$$

在表达熵差时，上式中的偏离熵的参考态压力显然是采用了研究态的压力，其实，参考态压力也可以取单位压力，即 1，只要对理想气体状态的熵差表达作相应的变化，也能得到正确的熵差，见下式：

$$S(T_2, p_2) - S(T_1, p_1) = [S(T_2, p_2) - S^{ig}(T_2, 1)] - [S(T_1, p_1) - S^{ig}(T_1, 1)]$$
$$+ [S^{ig}(T_2, 1) - S^{ig}(T_1, 1)]$$

$$= \left(\frac{ap_2^2}{2T_2^2} - R\ln\frac{p_2}{1}\right) - \left(\frac{ap_1^2}{2T_1^2} - R\ln\frac{p_1}{1}\right) +$$

$$\left[\int_{T_1}^{T_2}\left(c + \frac{d}{T}\right)\frac{1}{T}dT - R\ln\frac{1}{1}\right]$$

$$= \frac{a}{2}\left(\frac{p_2^2}{T_2^2} - \frac{p_1^2}{T_1^2}\right) + c\ln\frac{T_2}{T_1} - d\left(\frac{1}{T_2} - \frac{1}{T_1}\right) - R\ln\frac{p_2}{p_1}$$

请思考：若对于一个二元混合物，其组成用 y 表示，你能计算 $H(T_2, p_2, y_1, y_2) - H(T_1, p_1, y_1, y_2)$ 吗？对模型和输入的信息有哪些要求？你能计算出 $H(T_2, p_2, y_1', y_2') - H(T_1, p_1, y_1, y_2)$ 且 $y_1' \neq y_1$, $y_2' \neq y_2$ 吗？为什么？

3.6 以 T、V 为独立变量的偏离函数

以上的 T、p 为独立变量偏离函数，适合采用于 $V = V(T, p)$ 的 $p\text{-}V\text{-}T$ 关系，这种

p-V-T 关系较多地以图和表格的形式给出，并一般只能用于单相系统。在工程上用得更多的 p-V-T 关系是以 p 为显函数，即 $p=p(T,V)$，这时，以 T、V 为独立变量使用起来更方便。有必要推导出以 T、V 为独立变量的偏离函数。我们首先推导出亥氏函数 A 的偏离函数，如图 3-3 所示。再得到 S 的偏离函数，最后得到其他偏离函数。

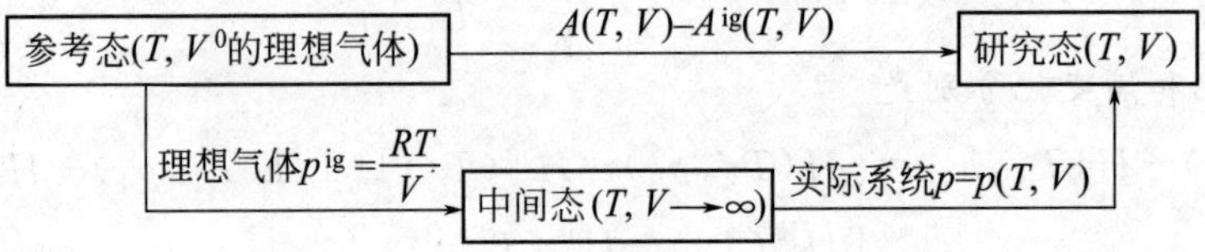

图 3-3　偏离亥氏函数的推导

对图 3-3 所示的 A 随状态的变化过程按式(3-12)，在等温条件下，有

$$[\mathrm{d}A = -p\,\mathrm{d}V]_T$$

按照图 3-3 的路径积分，得到

$$A(T,V) - A^{\mathrm{ig}}(T,V_0) = \int_{V_0}^{\infty} -p^{\mathrm{ig}}\,\mathrm{d}V + \int_{\infty}^{V} -p\,\mathrm{d}V$$

$$= -\int_{V_0}^{\infty}\frac{RT}{V}\mathrm{d}V - \int_{\infty}^{V}p\,\mathrm{d}V = \left[-\int_{\infty}^{V}\frac{RT}{V}\mathrm{d}V - \int_{V_0}^{\infty}\frac{RT}{V}\mathrm{d}V\right] - \left[\int_{\infty}^{V}p\,\mathrm{d}V - \int_{\infty}^{V}\frac{RT}{V}\mathrm{d}V\right]$$

$$= -\left[\int_{V_0}^{V}\frac{RT}{V}\mathrm{d}V\right] - \left[\int_{\infty}^{V}\left(p - \frac{RT}{V}\right)\mathrm{d}V\right] = -RT\ln\frac{V}{V_0} + \left[\int_{\infty}^{V}\left(\frac{RT}{V} - p\right)\mathrm{d}V\right]$$

故偏离亥氏函数为

$$A - A_0^{\mathrm{ig}} = -RT\ln\frac{V}{V_0} + \left[\int_{\infty}^{V}\left(\frac{RT}{V} - p\right)\mathrm{d}V\right] \tag{3-47}$$

由式(3-33) 得偏离熵

$$S - S_0^{\mathrm{ig}} = -\left[\frac{\partial(A - A_0^{\mathrm{ig}})}{\partial T}\right]_V = R\ln\frac{V}{V_0} + \int_{\infty}^{V}\left[\left(\frac{\partial p}{\partial T}\right)_V - \frac{R}{V}\right]\mathrm{d}V \tag{3-48}$$

人们习惯于将式(3-47) 和式(3-48) 中的 $\dfrac{V}{V_0}$ 用 $\dfrac{p}{p_0}$ 来表示，由于 $\dfrac{V}{V_0} = \dfrac{\dfrac{ZRT}{p}}{\dfrac{RT}{p_0}} = Z\left(\dfrac{p_0}{p}\right)$，式

(3-47) 和式(3-48) 转化为

$$A - A_0^{\mathrm{ig}} = -RT\ln Z + RT\ln\frac{p}{p_0} + \left[\int_{\infty}^{V}\left(\frac{RT}{V} - p\right)\mathrm{d}V\right] \tag{3-49}$$

$$S - S_0^{\mathrm{ig}} = R\ln Z - R\ln\frac{p}{p_0} + \int_{\infty}^{V}\left[\left(\frac{\partial p}{\partial T}\right)_V - \frac{R}{V}\right]\mathrm{d}V \tag{3-50}$$

进行标准化处理后得

$$\frac{A - A_0^{\mathrm{ig}}}{RT} - \ln\frac{p}{p_0} = -\ln Z + \frac{1}{RT}\int_{\infty}^{V}\left(\frac{RT}{V} - p\right)\mathrm{d}V \tag{3-51}$$

$$\frac{S - S_0^{\mathrm{ig}}}{R} + \ln\frac{p}{p_0} = \ln Z + \frac{1}{R}\int_{\infty}^{V}\left[\left(\frac{\partial p}{\partial T}\right)_V - \frac{R}{V}\right]\mathrm{d}V \tag{3-52}$$

再由定义

$$\frac{U-U^{ig}}{RT}=\frac{A-A_0^{ig}}{RT}+\frac{S-S_0^{ig}}{R} \tag{3-53}$$

$$\frac{H-H^{ig}}{RT}=\frac{A-A_0^{ig}}{RT}+\frac{S-S_0^{ig}}{R}+(Z-1) \tag{3-54}$$

$$\frac{G-G_0^{ig}}{RT}=\frac{A-A_0^{ig}}{RT}+(Z-1) \tag{3-55}$$

代入式(3-51) 和式(3-52) 后，得到其他偏离函数与 p-V-T 的关系式

$$\frac{U-U^{ig}}{RT}=\frac{1}{RT}\int_{\infty}^{V}\left[T\left(\frac{\partial p}{\partial T}\right)_V-p\right]dV \tag{3-56}$$

$$\frac{H-H^{ig}}{RT}=Z-1+\frac{1}{RT}\int_{\infty}^{V}\left[T\left(\frac{\partial p}{\partial T}\right)_V-p\right]dV \tag{3-57}$$

$$\frac{G-G_0^{ig}}{RT}-\ln\frac{p}{p_0}=Z-1-\ln Z+\frac{1}{RT}\int_{\infty}^{V}\left(\frac{RT}{V}-p\right)dV \tag{3-58}$$

另外，按图 3-3 积分式(3-31)（或由等温条件下，$U-U^{ig}$ 对 T 求偏导数）得到偏离摩尔定容热容

$$\frac{C_V-C_V^{ig}}{R}=\frac{T}{R}\int_{\infty}^{V}\left(\frac{\partial^2 p}{\partial T^2}\right)_V dV \tag{3-59}$$

C_p 和 C_V 都是重要的热力学性质。但 C_p 的实验测定较 C_V 更容易。人们对 C_p 更有兴趣，为了得到以 T、V 为独立变量的偏离摩尔定压热容，需要用到式(3-32)。因为

$$\frac{C_p-C_p^{ig}}{R}=\frac{C_p-C_V}{R}+\frac{C_V-C_V^{ig}}{R}-\frac{C_p^{ig}-C_V^{ig}}{R} \tag{3-60}$$

从 $p=p(T,V)$ 求全微分

$$dp=\left(\frac{\partial p}{\partial T}\right)_V dT+\left(\frac{\partial p}{\partial V}\right)_T dV$$

并等式两边除以 dT，并取定压条件得，注意到 $\left(\frac{\partial p}{\partial T}\right)_p=0$，则有

$$\left(\frac{\partial p}{\partial V}\right)_T=-\frac{\left(\frac{\partial p}{\partial T}\right)_V}{\left(\frac{\partial V}{\partial T}\right)_p}$$

再代入式(3-32) 可得到

$$C_p-C_V=-T\frac{\left(\frac{\partial p}{\partial T}\right)_V^2}{\left(\frac{\partial p}{\partial V}\right)_T} \tag{3-61}$$

在式(3-61) 中代入理想气体的状态方程得到

$$C_p^{ig}-C_V^{ig}=R \tag{3-62}$$

将式(3-59)、式(3-61)、式(3-62) 代入式(3-60) 得

$$C_p-C_p^{ig}=T\int_{\infty}^{V}\left(\frac{\partial^2 p}{\partial T^2}\right)_V dV-T\frac{\left(\frac{\partial p}{\partial T}\right)_V^2}{\left(\frac{\partial p}{\partial V}\right)_T}-R \tag{3-63}$$

并标准化为
$$\frac{C_p - C_p^{ig}}{R} = \frac{T}{R}\int_{\infty}^{V}\left(\frac{\partial^2 p}{\partial T^2}\right)_V \mathrm{d}V - \frac{T}{R}\frac{\left(\frac{\partial p}{\partial T}\right)_V^2}{\left(\frac{\partial p}{\partial V}\right)_T} - 1 \tag{3-64}$$

式（3-46）是以 T，p 为独立变量的 $C_p(T,p)$ 的偏离函数，但以 T，V 为独立变量的 $C_p(T,V)$ 的偏离函数式（3-64），在工程上更有用。

3.7 逸度和逸度系数

逸度的概念可从摩尔吉氏函数导出。在工程应用中，特别是处理相平衡问题时，逸度比吉氏函数使用更方便。在《物理化学》中，我们已经用摩尔吉氏函数处理过纯物质的汽-液平衡问题，推导了表达饱和蒸气压随温度变化的 Claperon 方程。但从以上的讨论中可知，摩尔吉氏函数的计算需要了解作为参考态的理想气体的信息，如 G_0^{ig}。故纯物质的相平衡热力学关系（如汽-液平衡）可表示为

$$G^{sv} - G_0^{ig} = G^{sl} - G_0^{ig} \quad \text{或} \quad [G - G_0^{ig}]^{sv} = [G - G_0^{ig}]^{sl}$$

从偏离吉氏函数 $G - G_0^{ig}$ 引入逸度的概念，这样，就可能避免在表达式中再出现作为参考态的理想气体状态的性质，用逸度解决相平衡问题更为方便和更加普及。我们很快将会知道，若取参考态的压力 $p_0 = 1$ 时，则式（3-38）和式（3-58）的右边就是逸度的对数；若取 $p_0 = p$，式（3-38）和式（3-58）的右边就是逸度系数的对数。

3.7.1 逸度和逸度系数的定义

偏离函数是研究态与同温、同组成的理想气体参考态的性质之差。为了得到 $G - G_0^{ig}$，应首先得到 $[\mathrm{d}G]_T$。在一定温度下的纯物质或定组成混合物，式（3-13）可化为

$$[\mathrm{d}G = V\mathrm{d}p]_T \tag{3-65}$$

对于理想气体状态，$V^{ig} = \dfrac{RT}{p}$，代入上式得

$$\mathrm{d}G^{ig} = V^{ig}\mathrm{d}p = \frac{RT}{p}\mathrm{d}p = RT\mathrm{d}\ln p \quad (T \text{ 为定值}) \tag{3-66}$$

对于真实状态的纯物质或定组成混合物，式（3-65）仍然适用，但是 V 必须用真实系统的状态方程描述，可以想象，这时所得的 $\mathrm{d}G$ 的公式将不会像式（3-66）那样简单。为了方便，Lewis 等[1] 采用了一种形式化的处理方法，将类似于理想气体的吉氏函数表达式（3-66）的形式应用于真实系统，但压力 p 需要用新的函数 f——逸度代替

$$\mathrm{d}G = RT\mathrm{d}\ln f \tag{3-67}$$

式（3-67）仅定义了逸度的相对变化值，还不能确定其绝对值，故尚不完整。因为对于任何一个状态的 G 是一定的。Lewis 等根据"压力趋于零时，压力等于逸度"的事实，补充了下列条件，完整了逸度的定义

$$\lim_{p \to 0} f = p \tag{3-68}$$

式（3-68）的含义是：当 $p \to 0$ 时，逸度与压力相等，即 $f^{ig} = p$，这是符合理想气体行为的，即式（3-66）是式（3-67）在 $p \to 0$ 时的特殊形式。作为逸度的完整定义，应该是式

（3-67）和式（3-68）的结合。

逸度是根据吉氏函数定义而来，式（3-67）和式（3-68）可以转化为积分形式，从而使逸度与偏离吉氏函数联系起来，这样，也就与 p-V-T 联系起来了。沿等温途径，从

$$\boxed{参考态：理想气体状态 (T, p_0)} \xrightarrow{\mathrm{d}G} \boxed{研究态：真实状态 (T, p)}$$

积分式（3-67），并注意式（3-68）的条件，得

$$\int_{G^{ig}(T, p_0)}^{G(T, p)} \mathrm{d}G = \int_{\ln p_0}^{\ln f} RT \mathrm{d}\ln f$$

即

$$G(T, p) - G^{ig}(T, p_0) = RT\ln\frac{f}{p_0} \tag{3-69}$$

式（3-69）可以认为是积分形式的逸度定义，它概括了式（3-67）和式（3-68）的内容。另外，通过式（3-69），就能用偏离吉氏函数来表示逸度。

当取参考态压力为单位压力，即 $p_0 = 1$ 时，则

$$\ln f = \frac{G(T, p) - G^{ig}(T, p_0 = 1)}{RT} \tag{3-70}$$

当取参考态的压力等于研究态的压力时，即 $p_0 = p$，则

$$\ln\frac{f}{p} = \frac{G(T, p) - G^{ig}(T, p_0 = p)}{RT} \tag{3-71}$$

引入纯物质逸度系数 φ 的概念

$$\varphi = \frac{f}{p} \tag{3-72}$$

根据式（3-68），显然有

$$\lim_{p \to 0} \varphi = 1 \tag{3-73}$$

即表明，理想气体状态的逸度系数为1，即 $\varphi^{ig} = 1$。

由式（3-70）和式（3-71）知，逸度和逸度系数的差别，实际上就是偏离吉氏函数所取的参考态的压力 p_0 取值的差异。

引入逸度和逸度系数的概念，对处理相平衡等十分有用，如由"物理化学"知，当纯物质的气、液两相达到平衡时，饱和气相的吉氏函数 G^{sv} 与饱和液相的吉氏函数 G^{sl} 相等，即

$$G^{sv} = G^{sl}$$

但吉氏函数的计算不如逸度方便，于是，将上式两边同时减去 $G^{ig}(T, p_0 = 1)$，并除以 RT 得

$$\frac{G^{sv} - G^{ig}(T, p_0 = 1)}{RT} = \frac{G^{sl} - G^{ig}(T, p_0 = 1)}{RT}$$

结合式（3-70），给了以逸度表示的纯物质的汽-液平衡准则

$$f^{sv} = f^{sl} \tag{3-74}$$

由于汽-液平衡时，饱和气、液相的压力相等，并等于饱和蒸气压 p^s，式（3-74）两边同除以 p^s，又给出了以逸度系数表示的纯物质的汽-液平衡准则

$$\varphi^{sv} = \varphi^{sl} \tag{3-75}$$

实际应用中，首先得到逸度系数，再由下式计算逸度

$$f = p\varphi \tag{3-76}$$

如何计算逸度系数是我们所关心的问题，只有将逸度系数与 p-V-T 关系联系起来，才

有实际意义。

3.7.2 逸度系数与 p-V-T 的关系

由于式(3-71)已经使逸度系数与偏离吉氏函数联系起来了，根据偏离吉氏函数的公式，式(3-38)或式(3-58)，取 $p_0 = p$，就得到了逸度系数与 p-V-T 之间的依赖关系式。

从式(3-38)就能得到关于 p 积分的逸度系数与 p-V-T 之间的关系式

$$\ln\varphi = \ln\frac{f}{p} = \frac{1}{RT}\int_0^p \left(V - \frac{RT}{p}\right)\mathrm{d}p \tag{3-77}$$

其中，$\left(V - \frac{RT}{p}\right) = V(T,p) - V^{\mathrm{ig}}(T,p)$，即是偏离摩尔体积。结合一定的状态方程，可以从式(3-77)得到 $\ln\varphi$ 的公式，显然，式(3-77)更适合于以 T、p 为自变量的状态方程。

若有足够多的从低压开始的等温 p-V-T 数据，做出 $\left(V - \frac{RT}{p}\right)$-$p$ 图上的等温线，可以对式(3-77)图解积分，也能求出不同压力下的逸度系数值。

由式(3-58)也能得到关于 V 积分的逸度系数与 p-V-T 之间的关系式，

$$\ln\varphi = \ln\frac{f}{p} = Z - 1 - \ln Z + \frac{1}{RT}\int_\infty^V \left(\frac{RT}{V} - p\right)\mathrm{d}V \tag{3-78}$$

结合一定的状态方程，也能从式(3-78)得到 $\ln\varphi$ 的公式，显然，式(3-78)更适合于以 T、V 为自变量的状态方程。

值得注意的是，逸度系数仅仅与研究态的 p-V-T 关系有关（前面所述的偏离函数，不仅与研究态的性质有关，还与理想气体参考态的性质有关），故计算时更方便。

另外，由式(3-71)和定义式(3-10)，得到如下关系式

$$\ln\varphi = \ln\frac{f}{p} = \frac{H - H^{\mathrm{ig}}}{RT} - \left(\frac{S - S_0^{\mathrm{ig}}}{R} + \ln\frac{p}{p_0}\right) = \frac{H - H^{\mathrm{ig}}}{RT} - \frac{S - S_{p_0=p}^{\mathrm{ig}}}{R} \tag{3-79}$$

故也能从偏离焓和偏离熵来计算逸度系数（参见附录B）。

3.7.3 逸度和逸度系数随 T、p 的变化

在一些应用中，要用到逸度和逸度系数随 T 或 p 的变化。将式(3-67)代入式(3-19)中，得等温条件下逸度随着压力的变化

$$\left(\frac{\partial\ln f}{\partial p}\right)_T = \frac{V}{RT} \tag{3-80}$$

在等压条件下，对式(3-70)两边求偏导数，有

$$\left(\frac{\partial\ln f}{\partial T}\right)_p = \left\{\frac{\partial\left[\dfrac{G(T,p) - G^{\mathrm{ig}}(T,p_0=1)}{RT}\right]}{\partial T}\right\}_p = \frac{1}{R}\left\{\left[\frac{\partial\left(\dfrac{G(T,p)}{T}\right)}{\partial T}\right]_p - \left[\frac{\partial\left(\dfrac{G^{\mathrm{ig}}(T,p_0=1)}{T}\right)}{\partial T}\right]_p\right\}$$

因为 $\left[\dfrac{\partial(G/T)}{\partial T}\right]_p = -\dfrac{H}{T^2}$，又考虑到 $H^{\mathrm{ig}}(T,p_0) = H^{\mathrm{ig}}(T)$，得

$$\left(\frac{\partial\ln f}{\partial T}\right)_p = -\frac{H - H^{\mathrm{ig}}}{RT^2} \tag{3-81}$$

将逸度系数的定义式(3-72)，在等温条件下对压力求偏导数，并结合式(3-80)得

$$\left(\frac{\partial \ln\varphi}{\partial p}\right)_T = \left(\frac{\partial \ln f}{\partial p}\right)_T - \left(\frac{\partial \ln p}{\partial p}\right)_T = \frac{V}{RT} - \frac{1}{p} = \frac{V - \dfrac{RT}{p}}{RT}$$

或用偏离摩尔体积来表示

$$\left(\frac{\partial \ln\varphi}{\partial p}\right)_T = \frac{V(T,p) - V^{ig}(T,p)}{RT} \tag{3-82}$$

同样将式(3-72)在等压条件下，对温度求偏导数，并结合式(3-81)得

$$\left(\frac{\partial \ln\varphi}{\partial T}\right)_p = -\frac{H - H^{ig}}{RT^2} \tag{3-83}$$

为了便于使用，在表 3-1 中列出了常用状态方程的偏离焓、偏离熵、逸度系数和热容计算式。其他的偏离函数均可以从定义式得到。

表 3-1　常用状态方程的偏离焓、偏离熵、偏离定压热容和逸度系数公式

（a）RK 方程，式(2-11)

$\dfrac{H - H^{ig}}{RT}$	$Z - 1 - \dfrac{1.5a}{bRT^{1.5}}\ln\left(1 + \dfrac{b}{V}\right)$
$\dfrac{S - S_0^{ig}}{R} + \ln\dfrac{p}{p_0}$	$\ln\dfrac{p(V-b)}{RT} - \dfrac{a}{2bRT^{1.5}}\ln\left(1 + \dfrac{b}{V}\right)$
$\dfrac{C_p - C_p^{ig}}{R}$	$\dfrac{3a}{4bRT^{1.5}}\ln\dfrac{V+b}{V} + \dfrac{T}{R}\cdot\dfrac{\left[\dfrac{R}{V-b} + \dfrac{a}{2T^{1.5}V(V+b)}\right]}{\dfrac{R}{(V-b)^2} - \dfrac{a(2V+b)}{T^{0.5}V^2(V+b)^2}} - 1$
$\ln\dfrac{f}{p}$	$Z - 1 - \ln\dfrac{p(V-b)}{RT} - \dfrac{a}{bRT^{1.5}}\ln\left(1 + \dfrac{b}{V}\right)$

（b）SRK 方程，式(2-14)

$\dfrac{H - H^{ig}}{RT}$	$Z - 1 - \dfrac{1}{bRT}\left[a - T\left(\dfrac{\mathrm{d}a}{\mathrm{d}T}\right)\right]\ln\left(1 + \dfrac{b}{V}\right)$
	其中，$\dfrac{\mathrm{d}a}{\mathrm{d}T} = -m\left(\dfrac{aa_c}{TT_c}\right)^{0.5}$
$\dfrac{S - S_0^{ig}}{R} + \ln\dfrac{p}{p_0}$	$\ln\dfrac{p(V-b)}{RT} + \dfrac{1}{bR}\left(\dfrac{\mathrm{d}a}{\mathrm{d}T}\right)\ln\left(1 + \dfrac{b}{V}\right)$
$\dfrac{C_p - C_p^{ig}}{R}$	$\dfrac{T}{R}\cdot\dfrac{\dfrac{\mathrm{d}^2a}{\mathrm{d}T^2}}{b}\ln\dfrac{V+b}{V} + \dfrac{T}{R}\cdot\dfrac{\left[\dfrac{R}{V-b} - \dfrac{\dfrac{\mathrm{d}a}{\mathrm{d}T}}{V(V+b)}\right]^2}{\dfrac{RT}{(V-b)^2} - \dfrac{a(2V+b)}{V^2(V+b)^2}} - 1$
	其中，$\dfrac{\mathrm{d}^2a}{\mathrm{d}T^2} = \dfrac{m}{T\sqrt{T_r}}\left[\sqrt{aa_c} - \dfrac{T}{2}\left(\dfrac{\mathrm{d}a}{\mathrm{d}T}\right)\sqrt{\dfrac{a_c}{a}}\right]$
$\ln\dfrac{f}{p}$	$Z - 1 - \ln\dfrac{p(V-b)}{RT} - \dfrac{a}{bRT}\ln\left(1 + \dfrac{b}{V}\right)$

（c）PR 方程，式(2-19)

$\dfrac{H - H^{ig}}{RT}$	$Z - 1 - \dfrac{1}{2^{1.5}bRT}\left[a - T\left(\dfrac{\mathrm{d}a}{\mathrm{d}T}\right)\right]\ln\dfrac{V+(\sqrt{2}+1)b}{V-(\sqrt{2}-1)b}$
	其中，$\dfrac{\mathrm{d}a}{\mathrm{d}T} = -m\left(\dfrac{aa_c}{TT_c}\right)^{0.5}$
$\dfrac{S - S_0^{ig}}{R} + \ln\dfrac{p}{p_0}$	$\ln\dfrac{p(V-b)}{RT} + \dfrac{1}{2^{1.5}bR}\left(\dfrac{\mathrm{d}a}{\mathrm{d}T}\right)\ln\dfrac{V+(\sqrt{2}+1)b}{V-(\sqrt{2}-1)b}$

$\dfrac{C_p - C_p^{ig}}{R}$	$\dfrac{T}{R}\dfrac{\dfrac{d^2 a}{dT^2}}{2\sqrt{2}\,b}\ln\dfrac{V+(\sqrt{2}+1)b}{V-(\sqrt{2}-1)b} + \dfrac{T}{R}\dfrac{\left[\dfrac{R}{V-b}-\dfrac{(da/dT)}{V(V+b)+b(V-b)}\right]^2}{\dfrac{R}{(V-b)^2}-\dfrac{a(V+b)}{[V(V+b)+b(V-b)]^2}} - 1$
$\ln\dfrac{f}{p}$	$Z-1-\ln\dfrac{p(V-b)}{RT}-\dfrac{a}{2^{1.5}bRT}\ln\dfrac{V+(\sqrt{2}+1)b}{V-(\sqrt{2}-1)b}$

(d) MH 方程，式(2-31)

$\dfrac{H-H^{ig}}{RT}$	$Z-1+\dfrac{1}{RT}\displaystyle\sum_{k=2}^{5}\dfrac{F_k(T)-T\dfrac{dF_k(T)}{dT}}{(k-1)(V-b)^{k-1}}$
$\dfrac{S-S_0^{ig}}{R}+\ln\dfrac{p}{p_0}$	$\ln\dfrac{p(V-b)}{RT}-\dfrac{1}{R}\displaystyle\sum_{k=2}^{5}\dfrac{\dfrac{dF_k(T)}{dT}}{(k-1)(V-b)^{k-1}}$
$\dfrac{C_p-C_p^{ig}}{R}$	$\dfrac{T}{R}\displaystyle\sum_{k=2}^{5}\dfrac{\dfrac{d^2 F_k(T)}{dT^2}}{(k-1)(V-b)^{k-1}}+\dfrac{T}{R}\dfrac{\left\{\dfrac{R}{V-b}+\displaystyle\sum_{k=2}^{5}\dfrac{\left[\dfrac{dF_k(T)}{dT}\right]}{(V-b)^k}\right\}^2}{\displaystyle\sum_{k=1}^{5}\dfrac{kF_k(T)}{(V-b)^{k+1}}}-1$ 其中，$\dfrac{dF_k(T)}{dT}=B_k-\dfrac{5.475}{T_c}C_k e^{-5.475T/T_c}$ $\dfrac{d^2F_k(T)}{dT^2}=\left(\dfrac{5.475}{T_c}\right)^2 C_k e^{-5.475T/T_c}$
$\ln\dfrac{f}{p}$	$Z-1-\ln\dfrac{p(V-b)}{RT}+\dfrac{1}{RT}\displaystyle\sum_{k=2}^{5}\dfrac{F_k(T)}{(k-1)(V-d)^{k-1}}$

其推导过程以范德华（vdW）方程为例介绍如下。将 vdW 方程式(2-6) $p=\dfrac{RT}{V-b}-\dfrac{a}{V^2}$ 代入式(3-51)，并积分得

$$\frac{A-A_0^{ig}}{RT}-\ln\frac{p}{p_0}=\frac{1}{RT}\int_{\infty}^{V}\left(\frac{RT}{V}-\frac{RT}{V-b}+\frac{a}{V^2}\right)dV-\ln Z$$

$$=\ln\frac{V}{V-b}-\frac{a}{RTV}-\ln Z$$

$$\frac{A-A_0^{ig}}{RT}=\ln\frac{V}{V-b}-\frac{a}{RTV}+\ln\frac{p}{p_0}-\ln Z$$

代入式(3-52)，并积分

$$\frac{S-S^{ig}}{R}+\ln\frac{p}{p_0}=\ln Z+\frac{1}{R}\int_{\infty}^{V}\left[\frac{\partial}{\partial T}\left(\frac{RT}{V-b}-\frac{a}{V^2}\right)_V-\frac{R}{V}\right]dV$$

$$=\ln Z+\ln\frac{V-b}{V}$$

$$\frac{S-S^{ig}}{R}=\ln Z+\ln\frac{V-b}{V}-\ln\frac{p}{p_0}=\ln\frac{p_0(V-b)}{RT}$$

再由式(3-53)～式(3-55) 和式(3-71) 得到

$$\frac{U - U^{ig}}{RT} = -\frac{a}{RTV}$$

$$\frac{H - H^{ig}}{RT} = \frac{V}{V-b} - \frac{2a}{RTV} - 1$$

$$\frac{G - G^{ig}}{RT} = \frac{V}{V-b} - \frac{2a}{RTV} - \ln\frac{p_0(V-b)}{RT} - 1$$

$$\ln\frac{f}{p} = \frac{V}{V-b} - \frac{2a}{RTV} - 1 + \ln\frac{V}{V-b} - \ln\left(\frac{V}{V-b} - \frac{a}{RTV}\right)$$

偏离摩尔定压热容由式(3-64)推导，先由 vdW 方程得

$$\left(\frac{\partial p}{\partial T}\right)_V = \frac{R}{V-b}, \quad \left(\frac{\partial p}{\partial T}\right)_V^2 = \frac{R^2}{(V-b)^2}, \quad \left(\frac{\partial^2 p}{\partial T^2}\right)_V = 0, \quad \left(\frac{\partial p}{\partial V}\right)_T = \frac{2a}{V^3} - \frac{RT}{(V-b)^2}$$

代入式(3-64)，积分后得

$$\frac{C_p - C_p^{ig}}{R} = \frac{1}{R}\int_\infty^V 0\mathrm{d}V - \frac{T}{R}\,\frac{\dfrac{R^2}{(V-b)^2}}{\dfrac{2a}{V^3} - \dfrac{RT}{(V-b)^2}} - 1 = \frac{1}{\dfrac{RTV^3}{2a(V-b)^2} - 1}$$

【例题 3-3】 从逸度的性质计算液体水在 303.15K 和下列压力的逸度。(a) 饱和蒸气压；(b) 1MPa；(c) 10MPa。303.15K 时，水的饱和性质是，$p^s = 4246\text{Pa}$，$V^{sl} = 1.0043\text{cm}^3 \cdot \text{g}^{-1} = 0.00001808\text{m}^3 \cdot \text{mol}^{-1}$，它们是从附录 C-1 查到的，也能从 Antoine 和 Rackett 方程计算。

解：从式(3-76)计算逸度，需要水的状态方程，计算较复杂。在此从逸度的性质来计算。系统的状态可以表示在例图 3-1 上。

(a) 由于蒸气压较低，303.15K 的饱和水蒸气可作为理想气体，从汽-液平衡准则式(3-74)知

$$f^{sl} = f^{sv} \approx p^s = 4246\text{Pa}$$

由等温条件下逸度随压力的变化式(3-80)，若忽视 V^{sl} 随压力的变化，沿等温线从饱和液体至压缩液体区积分式(3-80)，得

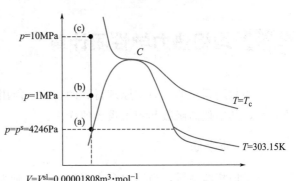

例图 3-1　水的 p-V 图

$$RT\ln\frac{f^l}{f^{sl}} \approx V^{sl}(p - p^s)$$

对于 $T = 303.15\text{K}$ 的等温线有

$$8.314 \times 303.15 \times \ln\frac{f^l}{4346} = 0.00001808 \times (p - 4246)$$

由此可以计算不同压力下的逸度。

(b) 当 $p = 1\text{MPa}$ 时　　　　　　$f^l = 4276.44\text{Pa}$

(c) 当 $p = 10\text{MPa}$ 时　　　　　　$f^l = 4561.64\text{Pa}$

可见，在压力不太高的范围内，液体的逸度随压力的变化不大。本题也可以通过查压缩液体水性质表（附录 C-3），从焓和熵的性质来计算。

另外，本例题也能用状态方程模型来估算结果，例如用 PR 方程计算过程如下：

查附录得到水的临界参数 $T_c=647.3$K，$p_c=22.064$MPa，$\omega=0.344$。启动 ThermalCal，得到 $T=303.15$K 下的 PR 方程常数：$a=977538.606$MPa·cm^6·mol^{-2}，$b=18.9753$cm^3·mol^{-1}。

由 PR 方程计算液体水的逸度结果如下：

（a）$p=4246$MPa 的液体，$\ln\varphi^l=-0.1706$，$f^l=p\,\varphi^l=4246\exp(-0.1706)=3580.05$Pa

（b）$p=1$MPa$=1000000$Pa 的液体，$\ln\varphi^l=-5.6240$，$f^l=1000000\exp(-5.624)=3610.17$Pa

（c）$p=10$MPa$=10^7$Pa 的液体，$\ln\varphi^l=-7.8505$，$f^l=10^7\exp(-7.8505)=3895.57$Pa

可见，两种方法的结果偏差较大。PR 方程推算极性物水的液相性质，其准确性尚不满意。原题中以低压下水的逸度系数=1，通过压力对逸度的影响关系，推算高压下液相的逸度，结果或更具可靠性，但该方法需要输入的数据较多，计算过程稍烦琐。在实际应用时根据研究对象、准确性等要求，选择合理的模型很重要。

一般，多常数高次型状态方程的适用范围和准确性会更好，如选择 BWRS 方程，本题的结果如下（用 Aspen-Plus 软件完成计算）：

（a）$p=4246$MPa 的液体，$\varphi^l=0.92004$，$f^l=p\,\varphi^l=3906.5$Pa

（b）$p=1$MPa$=1000000$Pa 的液体，$\varphi^l=0.0039349$，$f^l=3934.9$Pa

（c）$p=10$MPa$=10^7$Pa 的液体，$\varphi^l=0.00042017$，$f^l=4201.7$Pa

3.8　均相热力学性质计算

均相封闭系统的热力学原理得到的公式，能用于均相纯物质或定组成混合物的热力学性质计算，其中偏离函数起到了重要的作用。

3.8.1　纯物质

对于均相纯物质，当给定两个强度性质（通常是 p，V，T 中的任意两个，也有例外）后，其他的热力学性质就能计算了，所用模型主要是状态方程。

【例题 3-4】　用 PR 方程计算异丁烷在 400K 和 2.19MPa 时的压缩因子、偏离焓、偏离熵、逸度系数。

解：查附录 A 得异丁烷的 $T_c=408.1$K、$p_c=3.648$MPa、$\omega=0.176$。启动计算软件 ThermalCal 后，选择"均相性质计算"，输入临界参数、偏心因子、独立变量 T，p 和相态后，即可以得到结果（例表 3-3）。

例表 3-3　异丁烷的热力学性质

独立变量和相态	$T=400$K，$p=2.19$MPa；气相
PR 方程	$a=1461372$MPa·cm^6·mol^{-2}，$b=72.35675$cm^3·mol^{-1}
V^v/cm^3·mol^{-1}	1081.79
Z^v	0.7124

$\dfrac{(H-H^{ig})^{v}}{RT}$	-0.9095
$\dfrac{(S-S_{p_0=p}^{ig})^{v}}{R}$	-0.6485
$\ln\varphi^{v}$	-0.2610

续表

【例题 3-5】 试用 PR 方程计算在 200℃、7MPa 下 1-丁烯蒸气的 V、H、S。假设 0℃ 的 1-丁烯饱和液体的 H、S 为零。已知 $T_c=419.6\text{K}$，$p_c=4.02\text{MPa}$，$\omega=0.187$；$\dfrac{C_p^{ig}}{R}=1.967+31.63\times10^{-3}T-9.837\times10^{-6}T^2$；0℃ 时 1-丁烯的饱和蒸气压 $p^s=0.1272\text{MPa}$。

解：系统的变化过程是

$$\boxed{\begin{array}{c}T_1=273.15\text{K},p_1=0.1272\text{MPa(液相)}\\ H(T_1,p_1)=S(T_1,p_1)=0\end{array}} \longrightarrow \boxed{\begin{array}{c}T_2=473.15\text{K},p_2=7\text{MPa(气相)}\\ H(T_2,p_2)=?;S(T_2,p_2)=?;V_2=?\end{array}}$$

或见例图 3-2。

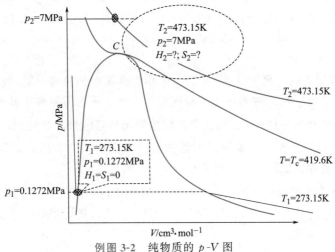

例图 3-2　纯物质的 p-V 图

因为

$$H(T_1,p_1)=0,\quad S(T_1,p_1)=0$$

所以

$$H(T_2,p_2)=H(T_2,p_2)-H(T_1,p_1)$$
$$=[H(T_2,p_2)-H^{ig}(T_2)]-[H(T_1,p_1)-H^{ig}(T_1)]+[H^{ig}(T_2)-H^{ig}(T_1)]$$
$$=RT_2\left[\frac{H(T_2,p_2)-H^{ig}(T_2)}{RT_2}\right]-RT_1\left[\frac{H(T_1,p_1)-H^{ig}(T_1)}{RT_1}\right]+R\int_{T_1}^{T_2}\frac{C_p^{ig}}{R}\mathrm{d}T$$

$$S(T_2,p_2)=S(T_2,p_2)-S(T_1,p_1)$$
$$=[S(T_2,p_2)-S^{ig}(T_2,p_2)]-[S(T_1,p_1)-S^{ig}(T_1,p_1)]+[S^{ig}(T_2,p_2)-S^{ig}(T_1,p_1)]$$
$$=R\left[\frac{S(T_2,p_2)-S^{ig}(T_2,p_2)}{R}\right]-R\left[\frac{S(T_1,p_1)-S^{ig}(T_1,p_1)}{R}\right]+R\int_{T_1}^{T_2}\frac{C_p^{ig}}{RT}\mathrm{d}T-R\ln\frac{p_2}{p_1}$$

用 PR 状态方程可以计算出初、终态的摩尔体积、偏离焓、偏离熵等。启动软件

ThermalCal 后，选择"均相性质计算"，输入临界参数和独立变量，得到：

初态（液相）性质 $\qquad V_1=86.20\mathrm{cm}^3\cdot\mathrm{mol}^{-1}$

$$\left[\frac{H(T_1,p_1)-H^{\mathrm{ig}}(T_1)}{RT_1}\right]=-9.6495,\quad\left[\frac{S(T_1,p_1)-S^{\mathrm{ig}}(T_1,p_1)}{R}\right]=-9.6267$$

终态（气相）性质 $\qquad V_2=286.95\mathrm{cm}^3\cdot\mathrm{mol}^{-1}$

$$\left[\frac{H(T_2,p_2)-H^{\mathrm{ig}}(T_2)}{RT_2}\right]=-2.106,\quad\left[\frac{S(T_2,p_2)-S^{\mathrm{ig}}(T_2,p_2)}{R}\right]=-1.6201$$

再计算出理想气体对焓和熵的贡献部分（计算过程从略）。

$$R\int_{T_1}^{T_2}\frac{C_p^{\mathrm{ig}}}{R}\mathrm{d}T\approx20565\mathrm{J}\cdot\mathrm{mol}^{-1}$$

和

$$R\int_{T_1}^{T_2}\frac{C_p^{\mathrm{ig}}}{RT}\mathrm{d}T-R\ln\frac{p_2}{p_1}\approx22.15\mathrm{J}\cdot\mathrm{mol}^{-1}\cdot\mathrm{K}^{-1}$$

得到结果如下

$$V_2=286.41\mathrm{cm}^3\cdot\mathrm{mol}^{-1}$$

$$H(T_2,p_2)=8.314\times473.15\times(-2.106)-8.314\times273.15\times(-9.4695)+20565=33785.4(\mathrm{J}\cdot\mathrm{mol}^{-1})$$

$$S(T_2,p_2)=8.314\times(-1.6201)-8.314\times(-9.6267)+22.15=88.72(\mathrm{J}\cdot\mathrm{mol}^{-1}\cdot\mathrm{K}^{-1})$$

◆ 注意：

① 与其他教材上的计算方法[2] 相比，采用偏离函数的做法要简单和方便得多。这主要得益于能同时适用于气、液的状态方程模型。另外，还可得到许多其他的性质。再一次说明了一个优秀的状态方程+C_p^{ig} 的模型，能推算出所有的热力学性质。

② 用状态方程计算时，需要进行方程常数、体积根、偏离函数求取等步骤，计算量相当大，一般需要在计算机上由软件完成。

③ 在计算液相的偏离函数时，$M(T,p)-M^{\mathrm{ig}}(T,p)$ 中的两项的相态是不同的，但两个均相的组成相同，在 3.4 节中已经指出，它们可以认为是均相封闭系统的变化过程，符合均相封闭热力学原理。

3.8.2 定组成混合物

在实际应用中，更多涉及的是混合物，混合物性质的实验测定比纯物质困难得多，要花费更多的人力和物力。所以借助热力学方法，推算混合物热力学性质意义就更大了。

均相封闭系统的热力学关系，适用于均相定组成混合物，其计算过程与纯物质的过程十分类似，其公式形式也是相同的，只要将纯物质的摩尔性质改为混合物的摩尔性质，将纯物质的参数改为混合物的虚拟参数。所以必须引入混合法则（见 2.6 节）。要特别注意的是符号的形式（具体见第 2 章的表 2-2）。

在研究混合物时，纯物质的参数、方程常数和摩尔性质都带有表示组分的下标，如混合物中的第 i 组分的状态方程是

$$p=p(T,V_i,a_i,b_i,\cdots) \tag{3-84}$$

式中，a_i、b_i 和 V_i 是混合物 T，p 条件下的纯组分 i 的状态方程常数和摩尔体积（在仅讨论纯物质时，不用下标）。

对应于式（3-84）的混合物的状态方程则是

$$p = p(T, V, a, b, \cdots) \tag{3-85}$$

式中，a、b 是混合物的方程常数；V 是混合物的摩尔体积。由混合法则，可以从 a_i、b_i 和组成来计算 a、b。

其他摩尔性质的计算方法是类似的，如混合物中组分 i 的偏离函数是

$$M_i - M_i^{ig} = M(T, V_i, a_i, b_i, \cdots) \tag{3-86}$$

则相应的混合物的偏离函数就是

$$M - M^{ig} = M(T, V, a, b, \cdots) \tag{3-87}$$

参考态 M^{ig} 的状态必须是与研究态 M 同温、同组成的理想气体混合物。

实际上，均相热力学性质计算除了用状态方程模型外，均相溶液的性质还可以用其他的模型（如活度系数模型，在以后将会讨论）。但状态方程法的优点在于可以同时能适合于气、液相的几乎所有的热力学性质（包括纯物质和混合物），但是要获得一个同时能适用于气、液两相的状态方程式不是一件容易的事。

【例题 3-6】 用 PR 方程计算 $T=310.8$K，$p=15.2$MPa 下，含甲烷（1）、氮气（2）、乙烷（3）分别是 $y_1=0.82$，$y_2=0.10$，$y_3=0.08$ 的天然气的摩尔体积、偏离焓、偏离熵、逸度系数和逸度（所有的二元相互作用参数当零处理，摩尔体积的实验值是 $144\mathrm{cm}^3 \cdot \mathrm{mol}^{-1}$）。

解：本题属于定组成均相混合物的热力学性质计算，并选用 PR 方程为模型。

三元均相混合物系统的自由度为 4，给定 $T=310.8$K，$p=15.2$MPa，$y_1=0.82$，$y_2=0.10$，$y_3=0.08$ 后，系统的性质就确定下来了。

为了计算 PR 方程常数，应输入纯组分的临界温度、临界压力和偏心因子，查附录 A-1 得到（见例表 3-4）。

例表 3-4　临界温度、临界压力和偏心因子

组分(i)	T_{ci}/K	p_{ci}/MPa	ω_i	组分(i)	T_{ci}/K	p_{ci}/MPa	ω_i
甲烷(1)	190.58	4.604	0.011	乙烷(3)	305.33	4.870	0.099
氮气(2)	126.15	3.394	0.045				

状态方程计算混合物性质时，还要输入相互作用参数，本例题中，$k_{12}=k_{23}=k_{31}=0$。

计算过程为

输入独立变量 ⟶ 输入 T_{ci}，p_{ci}，ω_i 和 k_{ij} ⟶ 计算 a_i，b_i 和 a，b ⟶ 计算 V 和其他性质

用软件 ThermalCal 计算。启动软件后，选择"均相性质计算"，输入有关数据，即可得到结果，见例表 3-5。

计算的摩尔体积与实验值的误差是 $\dfrac{139.87-144}{144} \times 100\% = -2.87\%$。

例表 3-5　PR 方程计算混合物的热力学性质

独立变量和相态	$T=310.8\text{K}$, $p=15.2\text{MPa}$, $y_1=0.82$, $y_2=0.10$, $y_3=0.08$；气相		
PR 方程常数	$a_1=198239.4\text{MPa}\cdot\text{cm}^6\cdot\text{mol}^{-2}$, $a_2=82545.01\text{MPa}\cdot\text{cm}^6\cdot\text{mol}^{-2}$, $a_3=59123.4\text{MPa}\cdot\text{cm}^6\cdot\text{mol}^{-2}$		
	$b_1=26.81754\text{cm}^3\cdot\text{mol}^{-1}$, $b_2=24.04045\text{cm}^3\cdot\text{mol}^{-1}$, $b_3=40.46848\text{cm}^3\cdot\text{mol}^{-1}$		
	$a=207661.5\text{MPa}\cdot\text{cm}^6\cdot\text{mol}^{-2}$, $b=27.63191\text{cm}^3\cdot\text{mol}^{-1}$		
V^{v}; Z^{v}	$139.82\text{cm}^3\cdot\text{mol}^{-1}$; 0.8228		
$\left(\dfrac{H-H^{\text{ig}}}{RT}\right)^{\text{v}}$	-0.9505		
$\left(\dfrac{S-S^{\text{ig}}_{p_0=p}}{R}\right)^{\text{v}}$	-0.6997		
$\ln\varphi^{\text{v}}$	-0.2507		
$\ln f^{\text{v}}=\ln(p\varphi^{\text{v}})$	2.4705		

3.9 纯物质的饱和热力学性质计算

本节将要解决纯物质的气、液饱和热力学性质计算问题。纯物质的气、液饱和状态就是汽-液平衡状态。虽然此时系统是一个两相共存系统（非均相系统），但是，纯物质的相平衡过程是一个特例，由于成平衡的气、液两相均是纯物质（组成相同），所以，该相变化过程可以理解成均相封闭系统的变化过程。我们已经在 3.2 节中指出，均相封闭系统热力学基本关系式能用于均相封闭系统过程，纯物质的汽化过程就属于这种情况。

纯物质饱和蒸气压 p^{s} 与温度 T 的关系是最重要的相平衡关系，作为汽-液平衡状态的饱和性质，还包括各相的性质（如 V^{sv}、V^{sl}、φ^{sv}、φ^{sl}、C_p^{sv}、C_p^{sl}、$[H-H^{\text{ig}}]^{\text{sv}}$、$[H-H^{\text{ig}}]^{\text{sl}}$、$[S-S^{\text{ig}}_{p_0}]^{\text{sv}}$、$[S-S^{\text{ig}}_{p_0}]^{\text{sl}}$ 等），及由此得到的汽化过程的性质变化（如 ΔV^{vap}、ΔH^{vap}、ΔZ^{vap}、ΔS^{vap} 等）。

本节将在汽-液平衡准则的基础上，以一个能同时适用气、液相的状态方程（如 PR）为模型，计算蒸气压及气、液相的饱和性质。

我们知道，在临界温度以下（即 $T<T_{\text{c}}$），立方型状态方程所预测的纯物质的等温线一般具有如图 3-4 所示的 "S" 形态。当压力等于该温度下的饱和蒸气压力（即 $p=p^{\text{s}}$）时，立方型方程有三个体积根，其中最大者是饱和气相的体积，最小者是饱和液相体积，中间的根没有物理意义（分别是⑤、①、③点所对应的体积 V^{sv}、V^{sl}、V^{x}）。

纯物质处于汽-液平衡状态时，如能得到 4 个强度性质 T、p^{s}、V^{sv}、V^{sl}，由此就能直接计算气、液相的性质（本教材称其为纯物质汽-液相平衡系统的 4 个基本强度性质）。纯物质的汽-液平衡系统的自由度为 1，即只有一个独立变量，如何由此计算出其他三个从属变量呢？

3.9.1 纯物质的汽-液平衡原理

成平衡的气、液两相有 $T^{\text{sv}}=T^{\text{sl}}=T$ 和 $p^{\text{sv}}=p^{\text{sl}}=p$，由图 3-4 知，仅由这两个条件是不能唯一地得到一定温度下的饱和蒸气压，因为满足以上两个条件的蒸气压是一个区域，而不是一个单一的数值。求出平衡压力（即蒸气压），还必须满足汽-液平衡准则，式(3-75)

$\varphi^{sv} = \varphi^{sl}$ 等价于图 3-4 中的等面积规则（$S_{①-②-③-①} = S_{③-④-⑤-③}$）或式（2-44）的 Maxwell 规则。

我们已经多次指出，经典热力学原理必须与反映系统特征的模型结合，才能解决实际问题。在运用式（3-75）的相平衡准则计算纯物质的饱和性质时，需要一个能同时适合于气、液两相的状态方程 $p = p(T, V)$，它可以理解为包含了两个状态方程，即 $p = p(T, V^v)$ 和 $p = p(T, V^l)$，与式（3-75）组成了三个方程式的方程组，就能从给定的一个独立变量求出其余的三个从属变量（具体求解过程要由试差法来完成）。一旦平衡状态确定后，就得到了 4 个基本的强度性质 T、p^s、V^{sv}、V^{sl}，成平衡的气、液两相的性质就属于均相性质的范畴，相变过程的性质变化也就容易解决了。

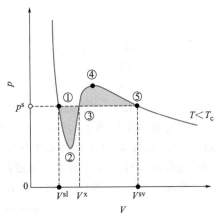

图 3-4　纯物质的 $p\text{-}V$ 图上的等温线和汽-液平衡

3.9.2　饱和热力学性质计算

纯物质的汽-液平衡系统只有一个独立变量，通常取 T 或 p（原则上可以取所有强度性质中的任何一个），故有两种计算过程：

① 取温度为独立变量，目的是计算蒸气压及其他的饱和热力学性质（简称蒸气压计算）；

② 取压力为独立变量，目的是计算沸点及其他的饱和热力学性质（简称沸点计算）。

以①的蒸气压计算为例说明，并以 PR 方程为模型

$$p = \frac{RT}{V-b} - \frac{a}{V(V+b)+b(V-b)} \tag{2-19}$$

其逸度系数表达式见表 3-1(c)　下

$$\ln\varphi = \frac{pV}{RT} - 1 - \ln\frac{p(V-b)}{RT} - \frac{a}{2^{1.5}bRT}\ln\frac{V+(\sqrt{2}+1)b}{V-(\sqrt{2}-1)b}$$

结合汽-液平衡准则式（3-75），得到

$$\ln\frac{\varphi^{sv}}{\varphi^{sl}} = \frac{p(V^{sv}-V^{sl})}{RT} - \ln\frac{V^{sv}-b}{V^{sl}-b} - \frac{a}{2^{1.5}bRT}\ln\frac{[V^{sv}+(\sqrt{2}+1)b]/[V^{sv}-(\sqrt{2}-1)b]}{[V^{sl}+(\sqrt{2}+1)b]/[V^{sl}-(\sqrt{2}-1)b]} = 0 \tag{3-88}$$

求一定 $T(<T_c)$ 下的 p^s、V^{sv}、V^{sl}，就是求解由式（3-88）和式（2-19）组成的方程组。因为 T 一定时，a、b 为常数，表面上看有 p、V^{sv}、V^{sl} 三个未知数，但 V^{sv}、V^{sl} 是方程式（2-19）同时求出的两个根（即可以理解成两个方程），所以从式（3-88）和式（2-19）组成的方程组，能唯一地确定 p^s、V^{sv}、V^{sl}。平衡状态确定之后（即得到了 4 个基本的强度性质 T、p^s、V^{sv}、V^{sl}），互成平衡的气、液两相的性质，如两相的偏离性质 $\dfrac{H-H^{ig}}{RT}$、

$\dfrac{S-S^{ig}_{p_0=p}}{R}$ 等就能直接从公式［见表 3-1(c)］计算，并由此进一步得到汽化过程的性质变化，如

$$\Delta Z^{\mathrm{vap}} = \frac{(V^{\mathrm{sv}} - V^{\mathrm{sl}})p^{\mathrm{s}}}{RT} \tag{3-89}$$

$$\frac{\Delta H^{\mathrm{vap}}}{RT} = \left[\frac{H - H^{\mathrm{ig}}}{RT}\right]^{\mathrm{sv}} - \left[\frac{H - H^{\mathrm{ig}}}{RT}\right]^{\mathrm{sl}} \tag{3-90}$$

$$\frac{\Delta S^{\mathrm{vap}}}{R} = \left(\frac{S - S^{\mathrm{ig}}_{p_0=p}}{R}\right)^{\mathrm{sv}} - \left(\frac{S - S^{\mathrm{ig}}_{p_0=p}}{R}\right)^{\mathrm{sl}} \quad \text{或} \quad \frac{\Delta S^{\mathrm{vap}}}{R} = \frac{\Delta H^{\mathrm{vap}}}{RT} \tag{3-91}$$

计算过程框图见图 3-5。输入临界参数和偏心因子后，先计算给定温度 T 下的 PR 方程常数 a、b，假设 p 的初值，求状态方程得到 V^{sv}、V^{sl} 和 Z^{sv}、Z^{sl}，由此判别方程式(3-88)是否满足收敛条件，若不满足，通过调节 p，直到方程式(3-88) 收敛。此时的 p、V^{sv}、V^{sl} 就是方程组式(2-19) 和式(3-88) 的解。

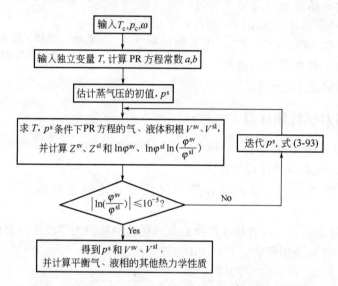

图 3-5　状态方程计算纯物质的蒸气压、饱和热力学性质

进行首轮迭代计算时，要预先估计蒸气压的初值。为此，采用简单的蒸气压方程式 $\ln p^{\mathrm{s}} = A - B/T$ 并结合偏心因子的定义 $\omega = -1 - \lg p^{\mathrm{s}}_{\mathrm{r}}|_{T_{\mathrm{r}}=0.7}$ 和临界点的条件 $p^{\mathrm{s}}|_{T=T_{\mathrm{c}}} = p_{\mathrm{c}}$，确定系数后，就能方便地从临界参数和偏心因子估计蒸气压的初值

$$p^{\mathrm{s}} = p_{\mathrm{c}} \cdot 10^{\frac{7(1+\omega)}{3}\left(1 - \frac{T_{\mathrm{c}}}{T}\right)}$$

该式也能从临界参数估计沸点初值。

另外，压力 p 的迭代式如何呢？从式(3-88) 就能得到 Newton-Raphson 迭代式 [参照式(2-48) 的根迭代式]

$$p_{(n+1)} = p_{(n)} - \ln\left(\frac{\varphi^{\mathrm{sv}}}{\varphi^{\mathrm{sl}}}\right)_{(n)} \bigg/ \left[\frac{\partial \ln\left(\frac{\varphi^{\mathrm{sv}}}{\varphi^{\mathrm{sl}}}\right)}{\partial p}\right]_{T,(n)} \tag{3-92}$$

由式(3-82)

$$\left(\frac{\partial \ln\varphi}{\partial p}\right)_T = \frac{V}{RT} - \frac{1}{p}$$

得到式(3-92) 中的偏导数

$$\left[\frac{\partial \ln\left(\frac{\varphi^{\mathrm{sv}}}{\varphi^{\mathrm{sl}}}\right)}{\partial p}\right]_T = \frac{V^{\mathrm{sv}} - V^{\mathrm{sl}}}{RT} = \frac{Z^{\mathrm{sv}} - Z^{\mathrm{sl}}}{p}$$

代入式（3-92）得 p 的迭代式

$$p_{(n+1)} = p_{(n)} \left[1 - \frac{\ln\left(\frac{\varphi^{\text{sv}}}{\varphi^{\text{sl}}}\right)_{(n)}}{(Z^{\text{sv}} - Z^{\text{sl}})_{(n)}} \right] \tag{3-93}$$

式（3-93）的右边都是本轮迭代所能得到的值，由此估计出下一轮迭代的压力值。

【例题 3-7】 用 PR 状态方程分别计算正丁烷和 CO_2 在 273.15K 时的气、液饱和热力学性质（即 $T \rightarrow p^{\text{s}}$、$V^{\text{sv}}$、$V^{\text{sl}}$、$\ln\varphi^{\text{sv}}$、$\ln\varphi^{\text{sl}}$、$\Delta H^{\text{vap}}$、$\Delta S^{\text{vap}}$）。用计算软件完成。

解：纯物质的气液饱和状态的自由度是 1，给定的一个独立变量是 $T = 273.15$K。

工作方程：平衡准则，式（3-88）和 PR 方程，式（2-19）组成的方程组。计算过程见图 3-5。

计算 PR 方程常数，估计蒸气压初值，需要临界温度、临界压力、偏心因子，查附录 A-1 并列于例表 3-6。

例表 3-6　正丁烷和 CO_2 的临界温度、临界压力、偏心因子

物　　质	T_c/K	p_c/MPa	ω
正丁烷	425.40	3.797	0.193
CO_2	304.19	7.381	0.225

启动计算软件 ThermalCal 后，选择"汽-液平衡计算——纯物质"，输入临界温度、临界压力、偏心因子和独立变量数后，即可以获得结果，见例表 3-7。

例表 3-7　PR 方程计算正丁烷在 273.15K 时的饱和热力学性质

$T = 273.15$K, $a = 1927554\text{MPa}\cdot\text{cm}^6\cdot\text{mol}^{-2}$, $b = 72.42683\text{cm}^3\cdot\text{mol}^{-1}$			
p/MPa	0.105083	$\dfrac{(S - S^{\text{ig}}_{p_0 = p})^{\text{sv}}}{R}$	-0.06031
$V^{\text{sv}}/\text{cm}^3\cdot\text{mol}^{-1}$	20811.43	$\dfrac{(S - S^{\text{ig}}_{p_0 = p})^{\text{sl}}}{R}$	-9.8361
$V^{\text{sl}}/\text{cm}^3\cdot\text{mol}^{-1}$	91.84		
Z^{sv}	0.9630	$\ln\varphi^{\text{sv}}$	-0.03645
Z^{sl}	0.004249	$\ln\varphi^{\text{sl}}$	-0.03645
$\dfrac{(H - H^{\text{ig}})^{\text{sv}}}{RT}$	-0.09676	$\left\| \ln\left(\dfrac{\varphi^{\text{sv}}}{\varphi^{\text{sl}}}\right) \right\|$	0.0
$\dfrac{(H - H^{\text{ig}})^{\text{sl}}}{RT}$	-9.8996		

由例表 3-7 的数据，进一步得到其他的结果，如

$$\Delta H^{\text{vap}} = \left[\frac{(H - H^{\text{ig}})^{\text{sv}}}{RT} - \frac{(H - H^{\text{ig}})^{\text{sl}}}{RT} \right] RT$$

$$= (-0.09676 + 9.8996) \times 8.314 \times 273.15 = 22261.95 (\text{J}\cdot\text{mol}^{-1})$$

$$\Delta S^{\text{vap}} = \frac{\Delta H^{\text{vap}}}{T} = 81.80 \ (\text{J}\cdot\text{mol}^{-1}\cdot\text{K}^{-1})$$

也可从 $\Delta S^{\text{vap}} = \left[\dfrac{(S - S^{\text{ig}}_{p_0 = p})^{\text{sv}}}{R} - \dfrac{(S - S^{\text{ig}}_{p_0 = p})^{\text{sl}}}{R} \right] R$ 来计算汽化熵。

同样得到 CO_2 的结果（见例表 3-8）。
由此计算的汽化焓和汽化熵分别为

$$\Delta H^{\text{vap}} = \left[\frac{(H - H^{\text{ig}})^{\text{sv}}}{RT} - \frac{(H - H^{\text{ig}})^{\text{sl}}}{RT} \right] RT$$

$$= (-0.9584 + 5.4873) \times 8.314 \times 273.15 = 10284.99 (\text{J} \cdot \text{mol}^{-1})$$

$$\Delta S^{\text{vap}} = \frac{\Delta H^{\text{vap}}}{T} = 37.65 \ (\text{J} \cdot \text{mol}^{-1} \cdot \text{K}^{-1})$$

例表 3-8　PR 方程计算 CO_2 在 273.15K 时的饱和热力学性质

$T = 273.15\text{K}$, $a = 426419.3\text{MPa} \cdot \text{cm}^6 \cdot \text{mol}^{-2}$, $b = 26.65612\text{cm}^3 \cdot \text{mol}^{-1}$	
$p = 3.464\text{MPa}$	
$V^{\text{sv}} = 452.58\text{cm}^3 \cdot \text{mol}^{-1}$	$V^{\text{sl}} = 48.19\text{cm}^3 \cdot \text{mol}^{-1}$
$\dfrac{(H-H^{\text{ig}})^{\text{sv}}}{RT} = -0.9584$	$\dfrac{(H-H^{\text{ig}})^{\text{sl}}}{RT} = -5.4873$
$\dfrac{(S-S^{\text{ig}}_{p_0=p})^{\text{sv}}}{R} = -0.6875$	$\dfrac{(S-S^{\text{ig}}_{p_0=p})^{\text{sl}}}{R} = -5.2164$
$\ln\varphi^{\text{sv}} = -0.29097$	$\ln\varphi^{\text{sl}} = -0.27096$

应该注意以下几个问题。

① 本节的计算只需要一个状态方程模型。

② 若是以压力为独立变量来计算沸点，计算的原理是相似的，请自行设计过程，并可从蒸气压估算式推导下列沸点的初值估算式

$$T = T_{\text{c}} \Bigg/ \left[1 - \frac{3\lg\left(\dfrac{p}{p_{\text{c}}}\right)}{7(1+\omega)} \right]$$

和沸点迭代式［类似于式(3-92)］

$$T_{(n+1)} = T_{(n)} \left[1 + \frac{\ln\left(\dfrac{\varphi^{\text{sv}}}{\varphi^{\text{sl}}}\right)_{(n)}}{\left(\dfrac{\Delta H^{\text{vap}}}{RT}\right)_{(n)}} \right]$$

③ 对于其他的状态方程，如 SRK 和 MH-81 等，其计算原理是一样的。

④ 由此可知，一个能同时适用于气、液两相的状态方程，就能计算纯物质的所有的饱和热力学性质，我们在第 2 章已经知道，结合 C_p^{ig} 模型，还能计算性质随温度和压力的变化。所以状态方程在流体物性的研究中有着特别重要的意义，结合一定的混合法则，状态方程还可以计算非均相混合物的性质（相平衡、各相的热力学性质）。

⑤ 对于混合物，在单相区，定组成混合物的性质计算只要虚拟参数，性质计算同于纯物质。但两相平衡的饱和性质，能将纯物质饱和性质计算方法推广到混合物吗？显然是不能的，因为混合物平衡条件不再是 $G^{\text{sv}} = G^{\text{sl}}$，或 $f^{\text{sv}} = f^{\text{sl}}$，或 $\varphi^{\text{sv}} = \varphi^{\text{sl}}$（而是用偏摩尔吉氏函数）。另外，平衡的气、液相组成并不一定相等，故 $\Delta M^{\text{vap}} = M^{\text{sv}} - M^{\text{sl}}$ 没有意义。

3.10　热力学性质图、表

我们已经能从状态方程 $+ C_p^{\text{ig}}$，计算所有的均相热力学性质，这是属于解析方法。将热力学性质绘成一定的图和表，在应用中也很常见，如附录中一些重要的热力学性质表和图，它们除了用于热力学性质的粗略估计外，还能形象地表示热力学性质的规律和过程进行的路径等。我们在第 2 章讨论的 $p\text{-}V\text{-}T$ 相图就是重要的热力学性质图之一，其他在工程中常见

的热力学性质图包括：

① 温熵图（称 *T-S* 图），以 *T* 为纵坐标，*S* 为横坐标；

② 压焓图（称为 ln*p-H* 图），以 ln*p* 为纵坐标，*H* 为横坐标；

③ 焓熵图（称 Mollier 图），以 *H* 为纵坐标，*S* 为横坐标。

T-S 图和 ln*p-H* 图在化工和热工中经常使用，Mollier 图在透平的设计中使用较多。本教材中仅介绍 *T-S* 图和 ln*p-H* 图。

例如，在分析压缩制冷循环时，循环中的压缩过程常被近似为绝热可逆过程，是等熵途径。有些膨胀过程也被视为等焓过程（如绝热节流膨胀，在第 6 章讨论）。这些过程能较直观地表示在 *T-S* 图或 ln*p-H* 图上。

关于热力学性质表，我们并不陌生，在附录 C-1~C-3 中就是水的热力学性质表，其中附录 C-1 是饱和气、液相性质，由此可以任何一个给定的强度性质，查到其他饱和热力学性质；附录 C-2 和附录 C-3 分别是过热蒸气和压缩液体的单相性质，由此可以根据两个强度性质，查到其他的热力学性质。

3.10.1　*T-S* 图和 ln*p-H* 图的一般形式

T-S 图和 ln*p-H* 图的一般形式如图 3-6 所示[4]。图 3-6 所示的热力学性质图包括了气、液、固三个相区，我们主要介绍流体（气＋液）区。

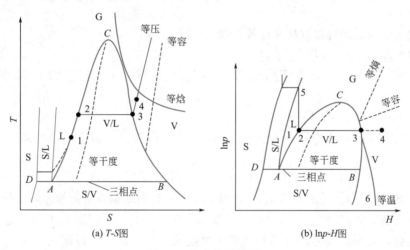

(a) *T-S*图　　　　(b) ln*p-H*图

图 3-6　热力学性质图

在 *T-S* 图和 ln*p-H* 图中，标出了单相区（标以 G、V、L、S）和两相共存区（S/L、V/L、S/V，但两相区的形状有所不同）。*C* 点是临界点，由饱和液体线 *AC*，饱和蒸气线 *BC* 围成的区域则是气液共存区。由于成平衡的液体和蒸气（即饱和气、液相）是等温等压的，故两相区内水平线与饱和气、液相线的交点互成汽-液平衡（如 2 点与 3 点）。线段 *B-A-D* 是汽-液-固三相平衡线。

气、液共存区内的任一点可以视为是该点所对应的饱和蒸气与饱和液体的混合物（也称为湿蒸气），其摩尔性质 $M(M=V、U、H、S、A、G、C_V、C_p\cdots)$ 可以从相应的饱和蒸气性质 M^{sv} 与饱和液体的性质 M^{sl} 计算得到

$$M=M^{sl}(1-x)+M^{sv}x \tag{3-94}$$

式中，x 是饱和蒸气在湿蒸气中所占的分数，称为干度（或品质）。若 M 分别是摩尔性质，

或质量容量性质，则 x 分别就是摩尔干度，或质量干度。

另外，T-S 图和 $\ln p$-H 图中的等变量线也很重要。在 T-S 图中，如标有 1-2-3-4 的等压线，还有等熵线，等容线和等干度线，特别是等压线和等熵线是很重要的。T-S 图中的进行任一个可逆过程，其可逆热 Q 等于该过程下方与 S 轴所围成的面积，因为，$Q_{\text{rev}} = \int \delta Q_{\text{rev}} = \int T \mathrm{d}S$。例如，等压过程 1-2-3-4 的热效应 Q_p 就是 4 点与 1 点的焓差 $(H_4 - H_1)$，又因为 $[\mathrm{d}H = T\mathrm{d}S]_p$，所以，其数值也等于 T-S 图中 1-2-3-4 曲线下方的面积。

在 $\ln p$-H 图上，也有重要的等变量线，如标有 5-2-3-6 的等温线，还有等熵线，等容线和等干度线。其中的等熵线和等温线也很重要。

3.10.2 热力学性质图、表的制作原理

从热力学图、表中所包含的内容看，制作图需要用到两类数据：
① 气（汽）、液单相区和气液两相共存区的 p-V-T 数据；
② 气（汽）、液单相区和气液两相共存区的 H 和 S 数据。

单相区的 p-V-T 数据和 H、S 数据可以选择合适的状态方程和 C_p^{ig} 模型来计算，但气液两相区性质的计算，需要由状态方程和汽-液平衡准则结合才能完成。

由于我们不知道焓、熵的绝对值，必须指定某一参考态（令该点的焓、熵值为零）后，才能得到相对于参考态的焓、熵值。如果指定 (T_0, p_0) 状态为参考态，则 $H(T_0, p_0) = 0, S(T_0, p_0) = 0$

任意状态的焓和熵可以这样来计算，如

$$H(T, p) = H(T, p) - H(T_0, p_0)$$
$$= [H(T, p) - H^{\text{ig}}(T)] - [H(T_0, p_0) - H^{\text{ig}}(T_0)] + [H^{\text{ig}}(T) - H^{\text{ig}}(T_0)] \tag{3-95}$$

$$S(T, p) = S(T, p) - S(T_0, p_0)$$
$$= [S(T, p) - S^{\text{ig}}(T, p)] - [S(T_0, p_0) - S^{\text{ig}}(T_0, p_0)] + [S^{\text{ig}}(T, p) - S^{\text{ig}}(T_0, p_0)] \tag{3-96}$$

在式（3-95）和式（3-96）中，$[H(T, p) - H^{\text{ig}}(T)]$、$[H(T_0, p_0) - H^{\text{ig}}(T_0)]$ 和 $[S(T, p) - S^{\text{ig}}(T, p)]$、$[S(T_0, p_0) - S^{\text{ig}}(T_0, p_0)]$ 分别是偏离焓和偏离熵，我们已经掌握它们的计算方法；而 $[H^{\text{ig}}(T) - H^{\text{ig}}(T_0)]$ 和 $[S^{\text{ig}}(T_0, p_0) - S^{\text{ig}}(T_0)]$ 是理想气体状态的焓、熵的变化，由理想气体的性质和热容 C_p^{ig} 就能计算。这样可以用式（3-95）和式（3-96）得到任意状态的焓，熵的数据了。

一定 T 和 x 下的两相共存区的性质，可以根据式（3-94）来计算。

用以上的方法，原则上我们能制作热力学性质图（也能制作表格）。但是实际的热力学性质图表的制作中还涉及一些技巧。如方程的选择，各种热力学性质一致性的检验等，这些实际问题不在此详细讨论了。对于我们来说，最重要的是掌握计算原理和能应用现有的图表。

在附图 D-1～附图 D-3 中，分别给出了 R12(CCl_2F_2)、R22($CHClF_2$) 和 NH_3 的 $\ln p$-H 图，供查用。

【例题 3-8】 已知 50℃ 时测得某湿水蒸气的质量体积为 $1000\text{cm}^3 \cdot \text{g}^{-1}$，问其压力多大？单位质量的热力学能、焓、熵、吉氏函数和亥氏函数各是多少？

解：从附录 C-1 查得 50℃ 时饱和水蒸气的性质如例表 3-9 所列。由于是湿蒸汽，其压力就是系统温度下的饱和蒸气压。将式（3-94）用于摩尔体积

$$V = V^{\text{sl}}(1-x) + V^{\text{sv}}x$$

可得到干度
$$x = \frac{V - V^{sl}}{V^{sv} - V^{sl}} = \frac{1000 - 1.0121}{12032 - 1.0121} = 0.08303$$

例表 3-9　50℃时水的饱和气、液相性质

性质 M	饱和液相 M^{sl}	饱和气相 M^{sv}
p^s/MPa	0.01235	
V/cm^3·g^{-1}	1.0121	12032
U/J·g^{-1}	209.32	2443.5
H/J·g^{-1}	209.33	2382.7
S/J·g^{-1}·K^{-1}	0.7038	8.0763

进而得

$$U = U^{sl}(1-x) + U^{sv}x = 209.32 \times 0.91697 + 2443.5 \times 0.08303 = 394.82(\text{J·g}^{-1})$$
$$H = H^{sl}(1-x) + H^{sv}x = 209.33 \times 0.91697 + 2592.2 \times 0.08303 = 407.18(\text{J·g}^{-1})$$
$$S = S^{sl}(1-x) + S^{sv}x = 0.7038 \times 0.91697 + 8.0763 \times 0.08303 = 1.3159(\text{J·g}^{-1}\text{·K}^{-1})$$

再由定义，式(3-9) 和式(3-10) 得

$$A = U - TS = 394.82 - 323.15 \times 1.3159 = -30.413(\text{J·g}^{-1})$$
$$G = H - TS = 407.18 - 323.15 \times 1.3159 = -18.053(\text{J·g}^{-1})$$

【例题 3-9】　刚性容器的体积为 1m^3，内存有 0.05m^3 的饱和水及 0.95m^3 的饱和水蒸气，压力是 0.1013MPa。问至少需要加多少热量才能使容器中的水完全汽化？此时容器的压力为多大？

解：本题是封闭系统经过一个等容汽化过程（如例图 3-3 所示）。

因为，$W = 0$，由热力学第一定律式(3-1)，得

$$Q = \Delta U_t = U_{t2} - U_{t1}$$

（本例题中的下标1，2分别表示初态，终态）

对于初态，气、液相分别是饱和水蒸气、饱和液体水，由 $p_1 = 101.3$kPa 查附录 C-1 得到有关的饱和性质是

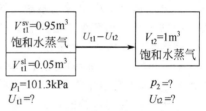

例图 3-3　刚性容器的加热变化过程

$$V_1^{sl} = 1.0435\text{cm}^3\text{·g}^{-1}, \quad V_1^{sv} = 1673\text{cm}^3\text{·g}^{-1}$$
$$U_1^{sl} = 418.94\text{J·g}^{-1}, \quad U_1^{sv} = 2506.5\text{J·g}^{-1}$$

分别可以得到初态的气相和液相的质量

$$m_1^{sv} = \frac{V_{t1}^{sv}}{V_1^{sv}} = \frac{0.95 \times 10^6}{1673} = 567.84(\text{g})$$

和

$$m_1^{sl} = \frac{V_{t1}^{sl}}{V_1^{sl}} = \frac{0.05 \times 10^6}{1.0435} = 47915.67(\text{g})$$

$$m_{t1} = m_1^{sv} + m_1^{sl} = 48483.51(\text{g})$$

$$U_{t1} = m_1^{sv}U_1^{sv} + m_1^{sl}U_1^{sl} = 567.84 \times 2506.5 + 47915.67 \times 418.94 = 2.1497 \times 10^7(\text{J})$$

对于终态，$m_{t2} = m_{t1} = 48483.51$g，总体积已知，由于液相已完全汽化，而且，在刚刚汽化完时需要的加热量最小，终态是饱和水蒸气，其质量体积可以计算出来

$$V_2^{sv} = \frac{V_{2t}}{m_{2t}} = \frac{1000000}{48483.51} = 20.63(\text{cm}^3\text{·g}^{-1})$$

质量体积是一个强度性质，由此可以再查附录C-1得到

$$p_2^s = 90.33 \times 10^5 \, \text{Pa}$$

$$U_2^{sv} = 2560.9 \, \text{J} \cdot \text{g}^{-1}$$

终态的压力就是饱和蒸气压，终态的总热力学能是

$$U_{t2} = m_{t2} U_2^{sv} = 48483.51 \times 2560.9 = 1.2416 \times 10^8 \, (\text{J})$$

需要的最小热量是

$$Q = \Delta U_t = U_{t2} - U_{t1} = (12.416 - 2.1497) \times 10^7 = 1.0266 \times 10^8 \, (\text{J})$$

至此，我们已掌握了均相封闭系统及其变化过程的物性计算方法。状态方程和理想气体等压热容模型在物性推算中显示了强大的功能，在此展示一工程应用实例，可扫码阅读。

扫码阅读工程应用案例1：压缩制冷循环的模拟计算

【重点归纳】

掌握何为均相封闭系统、均相封闭系统（变化）过程。理解并掌握均相封闭系统的热力学原理适合于均相封闭系统、均相封闭系统过程。特别注意：均相封闭系统包括了均相纯物质和均相定组成混合物；均相封闭系统过程是一个"初态为均相，终态为均相，初、终状态组成相同"的变化过程。

能运用均相封闭系统的热力学基本关系，结合微积分等数学手段，推导物性之间的普遍化关系式，只有在普遍化关系中引入反映系统特征的模型，才能得到物性推算的具体表达式。

基于均相封闭系统的热力学原理，能将热力学性质表达成为容易测量的 p、V、T 性质的普遍化函数，再引入反映系统特征的模型（如状态方程、理想气体等压热容 C_p^{ig} 等），就能获由 p、V、T 性质推算其他热力学性质的具体表达式，从而实现由状态方程、理想气体热容 C_p^{ig} 模型推算其他热力学性质的目标。

掌握偏离性质的定义，了解偏离性质参考态压力的处理方法。理解均相封闭系统过程性质变化含义。掌握用偏离性质和理想气体热容 C_p^{ig} 来表达均相封闭系统过程性质变化，掌握基于状态方程模型推导出偏离性质表达式，根据状态方程形式选择合适的偏离性质表达式。掌握均相封闭系统过程性质变化的计算方法。

掌握均相封闭系统逸度和逸度系数的定义，逸度和逸度系数与偏离性质之间的关系，逸度和逸度系数与温度、压力之间的关系。能用状态方程推导出逸度和逸度系数的表达式。能用状态方程计算逸度、逸度系数以其他偏离性质。特别理解均相定组成混合物摩尔性质模型与其纯物质摩尔性质模型在表达形式上的异同。

掌握状态方程计算纯物质相平衡与饱和性质的原理和方法。

掌握纯物质的 $T\text{-}S$ 图和 $\ln p\text{-}H$ 图的特征以及相图上重要的点、线、面。掌握指定状态或过程在 $T\text{-}S$ 图和 $\ln p\text{-}H$ 图上的表达及转换。

掌握运用水蒸气性质表和其他物质的热力学性质图表进行均相封闭系统、均相封闭系统过程性质的计算方法。掌握湿蒸气的干度概念及其摩尔性质计算。

习　题

一、是否题

1. 热力学基本关系式 $dH = TdS + Vdp$ 只适用于可逆过程。

2. 当压力趋于零时，$M(T,p) - M^{ig}(T,p) \equiv 0$（$M$ 是摩尔容量性质）。

3. 纯物质逸度的完整定义是，在等温条件下，$dG = RTd\ln f$。

4. 当 $p \to 0$ 时，$\dfrac{f}{p} \to \infty$。

5. 因为 $\ln\varphi = \dfrac{1}{RT}\displaystyle\int_0^p \left(V - \dfrac{RT}{p}\right)dp$，当 $p \to 0$ 时，$\varphi = 1$，所以，$V - \dfrac{RT}{p} = 0$。

6. 吉氏函数与逸度系数的关系是 $G(T,p) - G^{ig}(T,p=1) = RT\ln\varphi$。

7. 当压力趋于零时，真实气体趋近于理想气体，其逸度等于压力。

二、选择题

1. 对于一均相系统，$T\left(\dfrac{\partial S}{\partial T}\right)_p - T\left(\dfrac{\partial S}{\partial T}\right)_V$ 等于（　　）。

A. 0　　B. C_p/C_V　　C. R　　D. $T\left(\dfrac{\partial p}{\partial T}\right)_V\left(\dfrac{\partial V}{\partial T}\right)_p$

2. 一气体符合 $p = \dfrac{RT}{V-b}$ 的状态方程从 V_1 等温可逆膨胀至 V_2，则系统的 ΔS 为（　　）。

A. $RT\ln\dfrac{V_2-b}{V_1-b}$　　B. 0　　C. $R\ln\dfrac{V_2-b}{V_1-b}$　　D. $R\ln\dfrac{V_2}{V_1}$

3. 吉氏函数变化与 p-V-T 关系为 $G^{ig}(T,p) - G^x = RT\ln p$，则 G^x 的状态应该为（　　）。

A. T 和 p 下纯理想气体　　B. T 和零压的纯理想气体　　C. T 和单位压力的纯理想气体

三、填空题

1. 状态方程 $p(V-b) = RT$ 的偏离焓和偏离熵分别是＿＿＿＿＿＿＿＿＿和＿＿＿＿＿＿＿＿＿；若要计算 $H(T_2,p_2) - H(T_1,p_1)$ 和 $S(T_2,p_2) - S(T_1,p_1)$ 还需要＿＿＿＿＿＿＿性质；其计算式分别是 $H(T_2,p_2) - H(T_1,p_1) =$ ＿＿＿＿＿＿＿＿＿＿＿＿＿＿和 $S(T_2,p_2) - S(T_1,p_1) =$ ＿＿＿＿＿＿＿＿＿＿＿＿＿＿＿＿＿＿＿＿。

2. 对于混合物系统，偏离函数中参考态是＿＿＿＿＿＿＿＿＿＿＿＿＿。

四、计算题

1. 试计算液态水从 2.5MPa 和 20℃ 变化到 30MPa 和 300℃ 的焓变化和熵变化，既可查水的性质表，也可以用 PR 方程通过偏离函数计算。

2. （a）用 PR 方程计算，312K 的丙烷饱和蒸气的逸度（参考答案 1.06MPa）；（b）用 PR 方程计算 312K，7MPa 丙烷的逸度；（c）从饱和气相的逸度计算 312K，7MPa 丙烷的逸度，设在 1～7MPa 的压力范围内液体丙烷的质量体积为 $2.06\text{cm}^3\cdot\text{g}^{-1}$，且为常数。

3. 试由饱和液体水的性质估算（a）100℃，2.5MPa 和（b）100℃，20MPa 下水的焓和熵，已知 100℃ 下水的有关性质如下

$p^s = 0.101325\text{MPa}$，$H^{sl} = 419.04\text{J}\cdot\text{g}^{-1}$，$S^{sl} = 1.3069\text{J}\cdot\text{g}^{-1}\cdot\text{K}^{-1}$，$V^{sl} = 1.0435\text{cm}^3\cdot\text{g}^{-1}$，$\left(\dfrac{\partial V}{\partial T}\right)_p \approx$

$\left(\dfrac{dV^{sl}}{dT}\right) = 0.0008\text{cm}^3\cdot\text{g}^{-1}\cdot\text{K}^{-1}$

4. 压力是 3MPa 的饱和蒸气置于 1000cm³ 的容器中，需要导出多少热量方可使一半的蒸气冷凝（可忽视液体水的体积）？

5. 在一个 0.3m³ 的刚性容器中贮有 1.554×10^6 Pa 的饱和水蒸气，欲使其中 25% 的蒸汽冷凝，问应该

移出多少热量？最终的压力多大？

6. 试用 PR 方程计算水的饱和热力学性质，并与附录 C-1 的有关数据比较（用软件计算）。

计算 $p=1.554\text{MPa}$ 下水的 T_b、V^{sv}、V^{sl}、$\ln\varphi^{sv}$、$\ln\varphi^{sl}$、ΔH^{vap}、ΔS^{vap}（T_b 是沸点温度）。

五、图示题

将下列纯物质经历的过程表示在 p-V、$\ln p$-H、T-S 图上：（a）过热蒸气等温冷凝为压缩液体；（b）压缩液体等压加热成过热蒸气；（c）饱和液体恒容加热；（d）在临界点进行的恒温膨胀。

六、证明题

1. 证明 $\left[\dfrac{\partial\left(\dfrac{\Delta G}{T}\right)}{\partial T}\right]_p=-\dfrac{\Delta H}{T^2}$。

2. 若定义压缩系数和膨胀系数分别为，$\kappa=\dfrac{-1}{V}\left(\dfrac{\partial V}{\partial p}\right)_T$ 和 $\beta=\dfrac{1}{V}\left(\dfrac{\partial V}{\partial T}\right)_p$，试证明 $\left(\dfrac{\partial\beta}{\partial p}\right)_T+\left(\dfrac{\partial\kappa}{\partial T}\right)_p=0$；对于通常状态下的液体，$\kappa$ 和 β 都是 T 和 p 的弱函数，在 T、p 变化范围不是很大的条件，可以近似处理成常数。证明液体从（T_1,p_1）变化到（T_2,p_2）过程中，其体积从 V_1 变化到 V_2。则

$$\ln\frac{V_2}{V_1}=\beta(T_2-T_1)-\kappa(p_2-p_1)$$

3. 试证明 $\left(\dfrac{\partial H}{\partial p}\right)_T=-\mu_J C_p$，并说明 $\mu_J^{ig}=0$。

4. 证明状态方程 $p(V-b)=RT$ 表达的流体：（a）C_p 与压力无关；（b）在一个等焓变化过程中，温度是随压力的下降而上升。

5. 证明 RK 方程的偏离性质有

$$\frac{H(T,p)-H^{ig}(T)}{RT}=Z-1-\frac{1.5a}{bRT^{1.5}}\ln\frac{V+b}{V}$$

$$\frac{S(T,p)-S^{ig}(T,p)}{R}=\ln\frac{(V-b)p}{RT}-\frac{0.5a}{bRT^{1.5}}\ln\frac{V+b}{V}$$

参考文献

[1] Lewis N G, Randall M. Thermodynamics and Free Engry of Chemical Substances. New York: McGraw-Hill Book Co.，1923.

[2] 朱自强，吴有庭. 化工热力学. 3版. 北京：化学工业出版社，2010.

[3] 陈钟秀，顾飞燕，胡望明. 化工热力学. 3版. 北京：化学工业出版社，2012.

[4] Smith J M, Van Ness H, Abbott M, et al. Introduction to Chemical Engineering Thermodynamics. 8th ed. New York：McGraw-Hill Book Co.，2018.

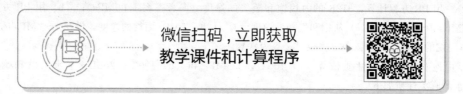

微信扫码，立即获取
教学课件和计算程序

第 4 章

均相敞开系统热力学及相平衡准则

【内容提示】 ▪▪▪

1. 均相敞开系统的热力学原理及其应用；
2. 非均相封闭系统相平衡准则的不同形式；
3. 化学势、偏摩尔性质的定义，偏摩尔性质与摩尔性质之间的关系；
4. 混合物的组分逸度和逸度系数的定义及性质，混合物逸度系数与 p-V-T-x 的关系；
5. 混合物组分逸度的计算方法；
6. 理想溶液与理想稀溶液的概念，稀溶液的溶质组分和溶剂组分所遵循的规律；
7. 不同归一化活度系数和超额函数的定义，超额函数与活度系数模型。

4.1 引言

第 3 章的研究对象是均相封闭系统，由此可以解决均相纯物质或均相定组成混合物的物性计算问题。非均相系统由两个或两个以上的均相系统组成，在达到相平衡状态之前，其中的每个相都是均相敞开系统，通过相之间的物质和能量传递，才能使系统达到平衡。所以，均相敞开系统的热力学关系，不仅描述了系统性质随状态、组成变化，是研究相平衡的基础。在相平衡状态下，非均相系统中的各相之间的物质和能量传递达到了动态平衡，各相的温度、压力和组成都不再发生变化，故可以视为均相封闭系统，其物性计算问题我们已经掌握。所以，确定非均相系统相平衡十分重要。

另外，从热力学原理上来看均相混合物性质的计算，应该有两种方法：一是将混合物作为均相封闭系统（即定组成混合物），这种方法已经在第 3 章中介绍；二是将混合物看作是均相敞开系统（即变组成混合物），得到混合物性质随着组成的变化关系。理论上讲两种方法得到的结果是等价的，但实际应用中则有所不同，前者所用的模型一般是状态方程，适用于气、液相，表达了混合物性质随着温度、压力和组成的变化；而后者所用的模型一般是一个液体溶液模型（本章将讨论），适用于液相，常表示等温、等压条件下的性质随组成的变化，后者正是本章将要解决的问题。

本章的主要内容有：

① 均相敞开系统的热力学关系式及化学势；

② 相平衡准则和相律；

③ 偏摩尔性质与摩尔性质间的关系；

④ Gibbs-Duhem 方程；

⑤ 混合过程性质变化；

⑥ 混合物中组分逸度及其计算方法；

⑦ 理想溶液，超额性质与活度系数。

首先，值得强调一下符号问题。我们在讨论均相封闭系统的热力学关系时，用大写字母表示摩尔性质 $M(M=U,H,S,A,G,C_p,C_V\cdots)$，但是它们也可以用总性质（$M_t$）来表达，其结果是一样的。以热力学能为例说明，如摩尔热力学能可表示为 $U=U(S,V)$，其微分式是

$$\mathrm{d}U = T\mathrm{d}S - p\mathrm{d}V \tag{3-7}$$

对含有 $n(\mathrm{mol})$ 物质的均相封闭系统，n 是一常数，式(3-7) 等价于

$$\mathrm{d}(nU) = T\mathrm{d}(nS) - p\mathrm{d}(nV) \tag{4-1}$$

若用带有下标"t"的大写字母表示总容量性质，如 $U_t=nU$、$S_t=nS$ 和 $V_t=nV$ 等，故式(4-1) 等价于

$$\mathrm{d}U_t = T\mathrm{d}S_t - p\mathrm{d}V_t \tag{4-2}$$

并由此可得到

$$\left(\frac{\partial U_t}{\partial S_t}\right)_{V_t} = T, \quad \left(\frac{\partial U_t}{\partial V_t}\right)_{S_t} = -p \tag{4-3}$$

和总热力学能的表示式

$$U_t = U_t(S_t, V_t)❶ \tag{4-4}$$

比较 $U=U(S,V)$ 和式(4-4)、式(3-7) 和式(4-2) 知，均相封闭系统中，总容量性质（M_t）与摩尔性质（M）只有形式上的差别，在公式中可以相互统一转换。但这种互换性在敞开系统中是不成立的，因这时 $M_t/M=n$ 已不是一个常数。

4.2 均相敞开系统的热力学关系

对于含有 N 个组分的均相敞开系统，系统的总热力学能，除参考式(4-4)外，还应考虑各组分的量，所以

$$U_t = U_t(S_t, V_t, n_1, n_2, \cdots, n_N) \tag{4-5}$$

写成全微分形式

$$\mathrm{d}U_t = \left(\frac{\partial U_t}{\partial S_t}\right)_{V_t,\{n\}} \mathrm{d}S_t + \left(\frac{\partial U_t}{\partial V_t}\right)_{S_t,\{n\}} \mathrm{d}V_t + \sum_i^N \left(\frac{\partial U_t}{\partial n_i}\right)_{S_t,V_t,\{n\}_{\neq i}} \mathrm{d}n_i \tag{4-6}$$

这里，$\{n\}=\{n_1,n_2,\cdots,n_N\}$ 系指所有组分的物质的量，而 $\{n\}_{\neq i}=\{n_1,n_2,\cdots,n_{i-1},n_{i+1},\cdots,n_N\}$ 系指除 i 组分之外的所有组分的物质的量。

由于均相敞开系统的 $\left(\frac{\partial U_t}{\partial S_t}\right)_{V_t,\{n\}}$ 等于均相封闭系统的 $\left(\frac{\partial U_t}{\partial S_t}\right)_{V_t}$（因为组成恒定），由式(4-3) 得

---

❶ 该公式与相律规定的"定组成混合物的自由度是 2"不矛盾。因为 $\frac{S_t}{S}=\frac{V_t}{V}=\frac{U_t}{U}=n$（常数），$S_t$ 和 V_t 一定，等价于指定了两个强度性质 S 和 V，故强度性质 U 也确定，从而 U_t 也确定了。

$$\left(\frac{\partial U_t}{\partial S_t}\right)_{V_t, \{n\}} = T \tag{4-7}$$

同样有
$$\left(\frac{\partial U_t}{\partial V_t}\right)_{S_t, \{n\}} = -p \tag{4-8}$$

将式(4-7) 和式(4-8) 代入式(4-6)

$$dU_t = T dS_t - p dV_t + \sum_i^N \left(\frac{\partial U_t}{\partial n_i}\right)_{S_t, V_t, \{n\}_{\neq i}} dn_i \tag{4-9}$$

式(4-9) 是均相敞开系统的热力学基本关系式之一，其中的偏导数 $\left(\dfrac{\partial U_t}{\partial n_i}\right)_{S_t, V_t, \{n\}_{\neq i}}$ 称为化学势，并表示为

$$\mu_i = \left(\frac{\partial U_t}{\partial n_i}\right)_{S_t, V_t, \{n\}_{\neq i}} \tag{4-10}$$

由 H，A，G 的定义，能方便地得到均相敞开系统的其他热力学基本关系式

$$dH_t = T dS_t + V_t dp + \sum_i^N \left(\frac{\partial H_t}{\partial n_i}\right)_{S_t, p, \{n\}_{\neq i}} dn_i \tag{4-11}$$

$$dA_t = -S_t dT - p dV_t + \sum_i^N \left(\frac{\partial A_t}{\partial n_i}\right)_{T, V_t, \{n\}_{\neq i}} dn_i \tag{4-12}$$

$$dG_t = -S_t dT + V_t dp + \sum_i^N \left(\frac{\partial G_t}{\partial n_i}\right)_{T, p, \{n\}_{\neq i}} dn_i \tag{4-13}$$

在式(4-9) 和式(4-11)～式(4-13) 中，几个总性质关于组分物质的量的偏导数实际上都相等，都称为化学势，即

$$\left(\frac{\partial U_t}{\partial n_i}\right)_{S_t, V_t, \{n\}_{\neq i}} = \left(\frac{\partial H_t}{\partial n_i}\right)_{S_t, p, \{n\}_{\neq i}} = \left(\frac{\partial A_t}{\partial n_i}\right)_{T, V_t, \{n\}_{\neq i}} = \left(\frac{\partial G_t}{\partial n_i}\right)_{T, p, \{n\}_{\neq i}} = \mu_i \tag{4-14}$$

式(4-14) 中的第一个等式可以这样来证明，对定义式 $H_t - U_t = pV_t$ 全微分得

$$dH_t - dU_t = p dV_t + V_t dp \tag{4-15}$$

将式(4-9) 和式(4-11) 代入式(4-15)，并经整理后得

$$\sum_i^N \left(\frac{\partial H_t}{\partial n_i}\right)_{S_t, p, \{n\}_{\neq i}} dn_i = \sum_i^N \left(\frac{\partial U_t}{\partial n_i}\right)_{S_t, V_t, \{n\}_{\neq i}} dn_i$$

或
$$\sum_i^N \left[\left(\frac{\partial H_t}{\partial n_i}\right)_{S_t, p, \{n\}_{\neq i}} - \left(\frac{\partial U_t}{\partial n_i}\right)_{S_t, V_t, \{n\}_{\neq i}}\right] dn_i = 0$$

敞开系统中的 dn_i 是一个不恒等于零，变量 $\{n\}$ 是相互独立的，所以有

$$\left(\frac{\partial H_t}{\partial n_i}\right)_{S_t, p, \{n\}_{\neq i}} = \left(\frac{\partial U_t}{\partial n_i}\right)_{S_t, V_t, \{n\}_{\neq i}} \tag{4-16}$$

式(4-14) 中的其他部分也能用类似的方法证明。

均相敞开系统的热力学基本关系表达了系统与环境之间的能量和物质传递规律，特别是化学势表达了不同条件下热力学性质随组成的变化，在描述相平衡中特别有意义。

4.3 相平衡准则

非均相封闭系统是由若干个均相敞开系统组成，当系统未达到相平衡状态时，各敞开系

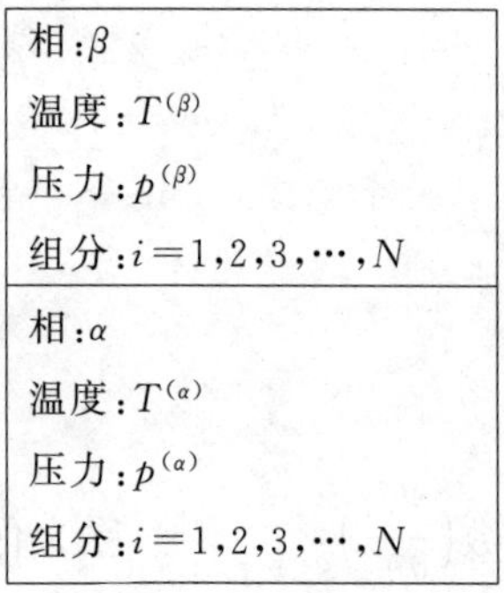

相:β

温度:$T^{(\beta)}$

压力:$p^{(\beta)}$

组分:$i=1,2,3,\cdots,N$

相:α

温度:$T^{(\alpha)}$

压力:$p^{(\alpha)}$

组分:$i=1,2,3,\cdots,N$

图 4-1 α-β 相平衡系统

统之间进行着物质和能量的传递；当系统达到相平衡状态时，各敞开系统间的物质和能量的传递达到动态平衡，此时，任何一个相都可以认为是均相封闭系统（见图 1-2），第 3 章讨论的均相热力学关系就能适用于各相。显然，表达均相敞开系统能量和物质传递的热力学基本关系，式(4-9) 和式(4-11)～式(4-13) 是研究相平衡基础。

相平衡的准则可以由均相敞开系统的热力学关系来推导。对如图 4-1 所示的非均相封闭系统，若含有 α、β 两个相和 N 组分。我们知道，在达到相平衡条件时，系统总的熵变化、体积变化、热力学能变化和各组分的总物质的量变化都应等于零，即

$$\mathrm{d}S_t = \mathrm{d}S_t^{(\alpha)} + \mathrm{d}S_t^{(\beta)} = 0 \tag{4-17}$$

$$\mathrm{d}V_t = \mathrm{d}V_t^{(\alpha)} + \mathrm{d}V_t^{(\beta)} = 0 \tag{4-18}$$

$$\mathrm{d}n_i = \mathrm{d}n_i^{(\alpha)} + \mathrm{d}n_i^{(\beta)} = 0 (i=1,2,\cdots,N) \tag{4-19}$$

重排为

$$\mathrm{d}S_t^{(\alpha)} = -\mathrm{d}S_t^{(\beta)} \tag{4-20}$$

$$\mathrm{d}V_t^{(\alpha)} = -\mathrm{d}V_t^{(\beta)} \tag{4-21}$$

$$\mathrm{d}n_i^{(\alpha)} = -\mathrm{d}n_i^{(\beta)} (i=1,2,\cdots,N) \tag{4-22}$$

将式(4-9) 分别应用于系统中的 α、β 相，再进行加和，得到的总热力学能变化如下

$$\mathrm{d}U_t = [T^{(\alpha)}\mathrm{d}S_t^{(\alpha)} + T^{(\beta)}\mathrm{d}S_t^{(\beta)}] - [p^{(\alpha)}\mathrm{d}V_t^{(\alpha)} + p^{(\beta)}\mathrm{d}V_t^{(\beta)}] + \sum_i^N [\mu_i^{(\alpha)}\mathrm{d}n_i^{(\alpha)} + \mu_i^{(\beta)}\mathrm{d}n_i^{(\beta)}] \tag{4-23}$$

将式(4-20)～式(4-22) 代入式(4-23)，得

$$\mathrm{d}U_t = [T^{(\alpha)} - T^{(\beta)}]\mathrm{d}S_t^{(\alpha)} - [p^{(\alpha)} - p^{(\beta)}]\mathrm{d}V_t^{(\alpha)} + \sum_i^N [\mu_i^{(\alpha)} - \mu_i^{(\beta)}]\mathrm{d}n_i^{(\alpha)} \tag{4-24}$$

对于敞开系统 α，$\mathrm{d}S_t^{(\alpha)}$，$\mathrm{d}V_t^{(\alpha)}$，$\mathrm{d}n_i^{(\alpha)} (i=1,2,\cdots,N)$ 不仅相互独立，而且不恒等于零。注意到 $\mathrm{d}U_t = 0$，由线性无关定律知式(4-24) 的右边所有项的系数必须同时等于零，所以

$$T^{(\alpha)} = T^{(\beta)} \tag{4-25}$$

$$p^{(\alpha)} = p^{(\beta)} \tag{4-26}$$

$$\mu_i^{(\alpha)} = \mu_i^{(\beta)} (i=1,2,\cdots,N) \tag{4-27}$$

式(4-25)～式(4-27) 构成了相平衡的准则——互成平衡的两相中的温度、压力和任一组分的化学势相等。

将以上结论推广到一般情况，如对含有 N 个组分和 M 个相的非均相混合物，式(4-25)～式(4-27) 的平衡准则可以写成如下更一般的形式

$$T^{(1)} = T^{(2)} = \cdots = T^{(M)} \tag{4-28}$$

$$p^{(1)} = p^{(2)} = \cdots = p^{(M)} \tag{4-29}$$

$$\mu_i^{(1)} = \mu_i^{(2)} = \cdots = \mu_i^{(M)} (i=1,2,\cdots,N) \tag{4-30}$$

由于在计算相平衡时各相的温度和压力相同，故平衡状态主要是根据式(4-30) 来计算的。μ_i 是一个均相敞开系统的性质，所以，T、p 保持恒定的化学势 [即与 G_t 有关的化学

势，见式(4-13)］，或后面定义的偏摩尔吉氏函数［见式(4-33)］对处理相平衡问题特别有用。

4.4 非均相平衡系统的相律

Gibbs应用式(4-28)～式(4-30)的相平衡准则，导出了著名的相律。相律的作用是给出平衡系统的独立变量的数目，即确定系统所需要的强度性质的数目。独立变量的个数也称为自由度。

我们已经指出，一个非均相封闭系统，可以视作由若干个均相敞开系统组成。对于一个含有 N 组分的均相敞开系统，可以用 T、p 和组成 $x_1, x_2, \cdots, x_{N-1}$ 这些基本的强度性质来确定系统，它们共有 $2+N-1=N+1$ 个。对于 M 个相和 N 个组分组成的非均相系统，确定系统需要强度性质的总变量数 $=M(N+1)$ 个。当该非均相封闭系统达到平衡时，要受到式(4-28)～式(4-30)平衡准则的制约，平衡准则的方程数目为：式(4-28)中的 $M-1$ 个，式(4-29)中的 $M-1$ 个，式(4-30)中的 $N(M-1)$ 个，即总方程数 $=(N+2)(M-1)$，所以，系统的自由度 F 为

$$F = 总变量数 - 总方程数 = M(N+1) - (N+2)(M-1)$$

或 $$F = N - M + 2 \tag{4-31}$$

应该注意，相律所给出的自由度是确定平衡状态下的单位质量（或单位摩尔）系统所需要的独立变量数目。例如，二元两相系统的自由度为2，是指：①不考虑系统大小；②在平衡状态下需要指定两个独立变量才能将系统确定下来。

另外，若系统中还存在其他的约束条件（如化学反应平衡等），则要从自由度中减去约束条件数目。

4.5 偏摩尔性质

敞开系统的热力学基本关系表达了其与环境之间的能量和物质的传递规律，除了可以推导出相平衡的准则之外，化学势还表达了不同条件下组成对系统性质的影响。在式(4-14)中的四个化学势中，以 T、p、$\{n\}_{\neq i}$ 不变条件下的化学势 $\left(\dfrac{\partial G_t}{\partial n_i}\right)_{T,p,\{n\}_{\neq i}}$ 最有意义，称为偏摩尔吉氏函数，用 $\overline{G}_i$ 表示。

为了考虑其他性质随组成的变化，人们将在 T、p、$\{n\}_{\neq i}$ 一定条件下，总容量性质 (M_t) 对于 i 组分物质的量 (n_i) 的偏导数统称为偏摩尔性质，即

$$\overline{M}_i = \left(\frac{\partial M_t}{\partial n_i}\right)_{T,p,\{n\}_{\neq i}} \quad (M = V, U, H, S, A, G, C_V, C_p \cdots) \tag{4-32}$$

偏摩尔性质的含意是指，在保持 T、p 和 $\{n\}_{\neq i}$ 不变的条件下，在系统中加入极少量的 i 组分 $\mathrm{d}n_i$，引起系统的某一容量性质的变化。

如在常温、常压条件下，$x_1 = 0.3$，$x_2 = 0.7$ 的甲醇(1)-水(2)混合物中（假设混合物量足够大），加入 $0.1\mathrm{mol}$ 水，测得混合物体积增加了 $1.78\mathrm{cm}^3$。此时水的偏摩尔性质为

$$\overline{V}_2 = \left(\frac{\partial V_t}{\partial n_2}\right)_{T,p,n_1} \approx \left(\frac{\Delta V_t}{\Delta n_2}\right)_{T,p,n_1} = \frac{1.78}{0.1} = 17.8 (\text{cm}^3 \cdot \text{mol}^{-1})$$

已知同样条件下水的摩尔体积为 $V_2 = 18.1\text{cm}^3 \cdot \text{mol}^{-1}$，与偏摩尔体积之差是 $18.1 - 17.8 = 0.3$ （$\text{cm}^3 \cdot \text{mol}^{-1}$），对于 0.1mol 的水，体积差是 0.03cm^3。

偏摩尔性质对分析一定温度和压力下的混合物摩尔性质与组成的关系十分有用。偏摩尔性质的概念也是推导许多热力学关系式的基础。

由式(4-14)知，偏摩尔吉氏函数就是一种化学势

$$\overline{G}_i = \mu_i \tag{4-33}$$

所以，根据化学势相等的相平衡准则，式(4-30)也可以用偏摩尔吉氏函数表示为

$$\overline{G}_i^{(1)} = \overline{G}_i^{(2)} = \cdots = \overline{G}_i^{(M)} \qquad (i = 1, 2, \cdots, N) \tag{4-34}$$

在本教材中，更普遍地采用偏摩尔吉氏函数而不是化学势。

4.6 摩尔性质和偏摩尔性质之间的关系

均相混合物的摩尔性质与组成的关系是人们感兴趣的。在第 3 章中，我们从均相封闭系统的角度得到了定组成混合物的摩尔性质与组成的关系，这种关系最终是通过模型（状态方程和混合法则）才确定的。

其实，混合物也可以看作为均相敞开系统，偏摩尔性质反映了物质传递（系统组成）对系统性质的影响，故从偏摩尔性质也能得到摩尔性质与组成的关系，即是摩尔性质与偏摩尔性质之间的关系。

首先，偏摩尔性质与摩尔性质表现在热力学关系式形式上的相似性。如表 4-1 中列出了部分对应关系式。

表 4-1　摩尔性质关系式与偏摩尔性质关系式

摩尔性质关系式	偏摩尔性质关系式	摩尔性质关系式	偏摩尔性质关系式
$H = U + pV$	$\overline{H}_i = \overline{U}_i + p\overline{V}_i$	$\left(\frac{\partial H}{\partial p}\right)_T = V - T\left(\frac{\partial V}{\partial T}\right)_p$	$\left(\frac{\partial \overline{H}_i}{\partial p}\right)_T = \overline{V}_i - T\left(\frac{\partial \overline{V}_i}{\partial T}\right)_p$
$A = U - TS$	$\overline{A}_i = \overline{U}_i - T\overline{S}_i$	$C_p = \left(\frac{\partial H}{\partial T}\right)_p$	$\overline{C}_{p,i} = \left(\frac{\partial \overline{H}_i}{\partial T}\right)_p$
$G = H - TS$	$\overline{G}_i = \overline{H}_i - T\overline{S}_i$	...	...

表 4-1 中的偏摩尔性质关系式很容易由其定义推导出来。

4.6.1　用偏摩尔性质表达摩尔性质

设一均相混合物的各组分的物质的量分别是 $n_1, n_2, \cdots, n_N$，在 T、p 一定的条件下，系统的某一总容量性质可以表示成

$$M_t = M_t(n_1, n_2, \cdots, n_N) \tag{4-35}$$

总容量性质具有这样一种特性，若各组分的量同时增加一倍，则总容量性质也增加一倍。一般地，若各组分的物质的量同时增加 λ 倍，则总容量性质也会增加 λ 倍，数学上可以

表示为

$$\lambda M_t = M_t(\lambda n_1, \lambda n_2, \cdots, \lambda n_N)$$

具有这一性质的函数 $M_t(n_1, n_2, \cdots, n_N)$ 是数学上一次齐次函数。在微积分教科书中已经证明了一次齐次函数 $F(z_1, z_2, \cdots, z_N)$ 与其偏导数之间存在着如下的关系式（即 Euler 定理）

$$F = \sum_i^N z_i \left(\frac{\partial F}{\partial z_i}\right)_{\{z\}_{\neq i}}$$

将 Euler 定理应用于式(4-35)，给出了

$$M_t = \sum_i^N n_i \left(\frac{\partial M_t}{\partial n_i}\right)_{T,p,\{n\}_{\neq i}} \tag{4-36}$$

由于 $nM = M_t$，从式(4-36)就能得到

$$M = \sum_i^N \frac{n_i}{n} \overline{M}_i = \sum_i^N x_i \overline{M}_i \tag{4-37}$$

若式(4-37)成立，则式(4-32)成立，反之亦然。

由式(4-37)知，对于稀溶液，溶剂组分的偏摩尔性质与其纯组分的摩尔性质相等，即 $\lim\limits_{x_i \to 1} \overline{M}_i = M_i$。

式(4-37)是计算混合物的摩尔性质方法之一，特别适用于等温、等压条件下的混合物摩尔性质与组成的关系，但需要有关偏摩尔性质的模型，这种模型将在以后讨论，并主要应用于液相。相比之下，另一种计算混合物摩尔性质的方法（将混合物作为均相封闭系统处理）中，所用的模型是状态方程和混合法则，它能反映出 T、p 和组成对摩尔性质的影响，既适用于纯物质也适用于混合物，既适用于气相，也适用于液相，但往往对模型的要求更高。

4.6.2 用摩尔性质表达偏摩尔性质

欲从摩尔性质与组成的关系 $M = M(T, p, \{x\})$ 得到 $\overline{M}_i$，可从偏摩尔性质的定义着手。但是我们可以推导出一个更直接的公式，先以二元混合物为例说明，在 T、p 一定时，二元混合物的摩尔性质可以表示为

$$M = M(x_1) \quad \text{或} \quad nM = M(n_1, n_2) \tag{4-38}$$

由定义式(4-32)得

$$\overline{M}_1 = \left(\frac{\partial nM}{\partial n_1}\right)_{T,p,n_2} = \frac{\mathrm{d}(nM)}{\mathrm{d}n_1} = M\frac{\mathrm{d}n}{\mathrm{d}n_1} + n\frac{\mathrm{d}M}{\mathrm{d}n_1} = M \times 1 + n\left(\frac{\mathrm{d}M}{\mathrm{d}x_1} \times \frac{\mathrm{d}x_1}{\mathrm{d}n_1}\right)$$

$$= M + n\left[\frac{\mathrm{d}M}{\mathrm{d}x_1} \times \frac{\mathrm{d}\left(\frac{n_1}{n}\right)}{\mathrm{d}n_1}\right] = M + n\left[\frac{\mathrm{d}M}{\mathrm{d}x_1} \times \frac{n\left(\frac{\mathrm{d}n_1}{\mathrm{d}n_1}\right) - n_1\left(\frac{\mathrm{d}n}{\mathrm{d}n_1}\right)}{n^2}\right]$$

$$= M + n\left[\frac{\mathrm{d}M}{\mathrm{d}x_1} \times \frac{n \times 1 - n_1 \times 1}{n^2}\right] = M + (1 - x_1)\frac{\mathrm{d}M}{\mathrm{d}x_1}$$

类似地，也能得到组分 2 的偏摩尔性质 $\overline{M}_2$，总结起来有

$$\left.\begin{array}{l} \overline{M}_1 = M + (1 - x_1)\dfrac{\mathrm{d}M}{\mathrm{d}x_1} \\[2mm] \overline{M}_2 = M - x_1\dfrac{\mathrm{d}M}{\mathrm{d}x_1} \end{array}\right\} \tag{4-39}$$

可以将式(4-39) 表示在图 4-2 上，说明二元混合物偏摩尔性质与摩尔性质之间的关系。

对于 N 元系统中各组分的偏摩尔性质与摩尔性质之间的关系是

$$\overline{M}_i = M - \sum_{j=1且j \neq i}^{N} x_j \left(\frac{\partial M}{\partial x_j} \right)_{T,p,\{x\}_{\neq i,j}}$$

$$(4\text{-}40)$$

由式(4-39) 和式(4-40)，可以从摩尔性质与组成的关系式得到偏摩尔性质与组成的表达式，多元系统一般从定义式(4-32) 来推导。

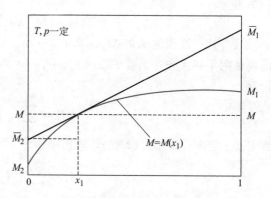

图 4-2　二元混合物的偏摩尔性质和摩尔性质

4.6.3　偏摩尔性质之间的关系——Gibbs-Duhem 方程

混合物中各组分的偏摩尔性质不是相互独立，而是相互联系的，它们之间的关系，无论是理论上还是应用上都有重要的意义。

混合物的总容量性质可以表示为温度、压力和各组分物质的量的函数

$$M_t = M_t(T, p, n_1, n_2, \cdots, n_N)$$

$$(4\text{-}41)$$

由式(4-41)求全微分

$$dM_t = \left(\frac{\partial M_t}{\partial T} \right)_{p,\{n\}} dT + \left(\frac{\partial M_t}{\partial p} \right)_{T,\{n\}} dp + \sum_{i=1}^{N} \left(\frac{\partial M_t}{\partial n_i} \right)_{T,p,\{n\}_{\neq i}} dn_i$$

$$= n \left(\frac{\partial M}{\partial T} \right)_{p,\{n\}} dT + n \left(\frac{\partial M}{\partial p} \right)_{T,\{n\}} dp + \sum_{i=1}^{N} \overline{M}_i dn_i \quad (4\text{-}42)$$

式(4-42) 的两边同除以总物质的量 n，表示各组分物质的量一定的下标 $\{n\}$ 可改成各组分摩尔分数 $\{x\}$ 不变

$$dM = \left(\frac{\partial M}{\partial T} \right)_{p,\{x\}} dT + \left(\frac{\partial M}{\partial p} \right)_{T,\{x\}} dp + \sum_{i=1}^{N} \overline{M}_i dx_i \quad (4\text{-}43)$$

另外，再对式(4-37) 的两边求全微分

$$dM = d \left(\sum_{i=1}^{N} \overline{M}_i x_i \right) = \sum_{i=1}^{N} \overline{M}_i dx_i + \sum_{i=1}^{N} x_i d\overline{M}_i \quad (4\text{-}44)$$

结合式(4-43) 和式(4-44) 得

$$\left(\frac{\partial M}{\partial T} \right)_{p,\{x\}} dT + \left(\frac{\partial M}{\partial p} \right)_{T,\{x\}} dp - \sum_{i=1}^{N} x_i d\overline{M}_i = 0 \quad (4\text{-}45)$$

这就是 **Gibbs-Duhem** 方程，它是均相敞开系统中的强度性质 T、p 和各组分偏摩尔性质之间的相互关系。若限制在恒定 T、p 条件下，式(4-45) 则变成

$$\left[\sum_{i=1}^{N} x_i d\overline{M}_i = 0 \right]_{T,p}$$

$$(4\text{-}46)$$

低压下的液体混合物，在温度一定时近似满足式(4-46) 的条件，因为此时压力对液相的影响可以不考虑。以后我们将会引入其他摩尔性质与偏摩尔性质，它们都要符合式(4-45) 或式(4-46)。

Gibbs-Duhem 方程在检验偏摩尔性质的模型和热力学实验数据方面有重要作用。

【例题 4-1】 在 $100℃$ 和 $0.1013MPa$ 下，丙烯腈(1)-乙醛(2)二元混合气体的摩尔体积与组成的关系式是 $V=\dfrac{RT}{p}+(ay_1^2+by_2^2+2cy_1y_2)$，$a$、$b$、$c$ 是常数，其单位与 V 的单位一致。试推导 $\overline{V}_1$ 与组成的关系，并讨论稀溶液的溶剂组分(1)的偏摩尔性质；稀溶液的溶质组分(1) 的偏摩尔性质。

解：由式(4-39) 得

$$\overline{V}_1=V+(1-y_1)\frac{\mathrm{d}V}{\mathrm{d}y_1}$$

$$\frac{\mathrm{d}V}{\mathrm{d}y_1}=2ay_1-2by_2-2cy_1+2cy_2$$

所以

$$\overline{V}_1=\frac{RT}{p}+a(y_1^2+2y_1y_2)+(2c-b)y_2^2$$

对于稀溶液的溶剂组分(1)，即 $y_1\to1$，$y_2\to0$，$\overline{V}_1(y_1\to1)=\dfrac{RT}{p}+a$。由 V 的表达式知，$\overline{V}_1(y_1\to1)=\overline{V}_1(y_1=1)=V_1$，即稀溶液的溶剂组分的偏摩尔体积等于其摩尔体积。

对于稀溶液的溶质组分(1)，即 $y_1\to0$，$y_2\to1$，$\overline{V}_1(y_1\to0)=\dfrac{RT}{p}+2c-b$。我们称之为组分(1)的无限稀偏摩尔体积，并用 $\overline{V}_1^\infty$ 表示，含意是 $\overline{V}_1^\infty=\lim\limits_{y_1\to0}\overline{V}_1$，类似地，可定义一般的无限稀偏摩尔性质。

无限稀偏摩尔性质会在 4.10 节的理想稀溶液概念中用到。

【例题 4-2】 在 $25℃$ 和 $0.1MPa$ 时，测得甲醇（1）中水（2）的偏摩尔体积近似为 $\overline{V}_2=18.1-3.2x_1^2$ $cm^3\cdot mol^{-1}$，纯甲醇的摩尔体积为 $V_1=40.7cm^3\cdot mol^{-1}$。试求该条件下的甲醇的偏摩尔体积和混合物的摩尔体积。

解：在保持 T、p 不变化的情况下，由 Gibbs-Duhem 方程式(4-44) 得

$$x_1\mathrm{d}\overline{V}_1+x_2\mathrm{d}\overline{V}_2=0$$

或

$$\mathrm{d}\overline{V}_1=-\frac{x_2}{x_1}\mathrm{d}\overline{V}_2=-\frac{x_2}{x_1}(-6.4x_1\mathrm{d}x_1)=-6.4x_2\mathrm{d}x_2$$

积分

$$\int_{V_1}^{\overline{V}_1}\mathrm{d}\overline{V}_1=\int_0^{x_2}-6.4x_2\mathrm{d}x_2$$

得

$$\overline{V}_1=40.7-3.2x_2^2(cm^3\cdot mol^{-1})$$

再由式(4-37) 得摩尔体积

$$V=x_1\overline{V}_1+x_2\overline{V}_2=x_1(40.7-3.2x_2^2)+x_2(18.1-3.2x_1^2)$$
$$=40.7x_1+18.1x_2-3.2x_1x_2(cm^3\cdot mol^{-1})$$

由此可知，对于一定 T、p 下的二元混合物，若得到了一个组分的偏摩尔性质和另一组分的摩尔性质，从 Gibbs-Duhem 方程就能获得相同条件下的另一组分相应的偏摩尔性质和混合物的摩尔性质，如若 $\overline{V}_2=V_2(1+bx_1^2)$，则 $\overline{V}_1=V_1(1+ax_2^2)$，且 $a=b\dfrac{V_2}{V_1}$。

*4.7 混合过程性质变化

从敞开系统的热力学关系引入的偏摩尔性质，表达了混合物的摩尔性质随组成的变化，

但有时由此来计算混合物的摩尔性质有一定的困难。因为，由式（4-37）知，混合物的摩尔性质（M）可以由偏摩尔性质（$\overline{M_i}$）得到，但式（4-39）和式（4-40）又表明，偏摩尔性质还是离不开混合物摩尔性质的信息。

归根到底混合物的性质来源于实验测定，在缺少实验数据时，可以用模型来估计混合物的性质。

但在某些情况下，特别是液体混合物的摩尔性质，与同温、同压下的纯组分的摩尔性质具有更直接的关系。为了表达这种关系，需要有一族新的热力学函数——混合过程性质变化 ΔM。

在 T、p 不变的条件下，混合过程也会引起摩尔性质变化。系统摩尔性质的变化决定于初、终态。为研究混合物过程性质变化，我们规定了如下混合过程（以 1mol 混合物的体积为基准）

$$\boxed{T,p,V_1,y_1} + \boxed{T,p,V_2,y_2} + \cdots + \boxed{T,p,V_N,y_N} \xrightarrow{\Delta V} \boxed{T,p,V,y_1+y_2+\cdots+y_N=1}$$

混合前的各纯组分和混合后的混合物的 T、p 相同，$V_i (i=1,2,\cdots,N)$ 是纯组分 i 的摩尔体积，V 是混合物的摩尔体积。我们可以认为，混合前的各纯组分是参考态，而混合后的混合物是研究态。显然，参考态是与研究态同温、同压的纯组分，混合过程的摩尔体积变化 ΔV 为

$$\Delta V = V - \sum_{i=1}^{N} y_i V_i \tag{4-47}$$

除体积变化外，系统还需要与环境交换热量，才能维持混合后系统的 T、p 不变。等压条件下交换的热量等于混合过程的焓变化（故也称为混合焓，混合焓数据可以用量热方法测定）。

$$\Delta H = H - \sum_{i=1}^{N} y_i H_i \tag{4-48}$$

一般，混合过程性质变化 ΔM 可以统一地表示为

$$\Delta M = M - \sum_{i=1}^{N} y_i M_i \quad (M = V,U,H,S,A,G,C_V,C_p,\ln f \cdots) \tag{4-49}$$

式中，M_i 是与混合物同温、同压下纯组分的摩尔性质。

混合过程性质变化也可以用偏摩尔性质来表示，将式（4-37）代入式（4-49）得

$$\Delta M = \sum_{i=1}^{N} y_i (\overline{M_i} - M_i) \tag{4-50}$$

若定义 ［也可以从式（4-49）求偏摩尔性质导出］

$$\overline{\Delta M_i} = \overline{M_i} - M_i \tag{4-51}$$

则能得到更简洁的形式
$$\Delta M = \sum_{i=1}^{N} y_i \overline{\Delta M_i} \tag{4-52}$$

由此可知，$\overline{\Delta M_i}$ 是 ΔM 的偏摩尔性质，对于二元系统，套用式（4-39）得

$$\overline{\Delta M_1} = \Delta M + (1-y_1)\left(\frac{\mathrm{d}\Delta M}{\mathrm{d}y_1}\right), \quad \overline{\Delta M_2} = \Delta M - y_1\left(\frac{\mathrm{d}\Delta M}{\mathrm{d}y_1}\right) \tag{4-53}$$

同样，也可以用混合过程性质变化表示 Gibbs-Duhem 方程 ［套用式（4-45）］

$$\left(\frac{\partial \Delta M}{\partial T}\right)_{p,\{y\}} \mathrm{d}T + \left(\frac{\partial \Delta M}{\partial p}\right)_{T,\{y\}} \mathrm{d}p - \sum_{i=1}^{N} y_i \mathrm{d}\overline{\Delta M_i} = 0 \tag{4-54}$$

混合过程的性质变化 ΔM，不但对计算混合物性质有意义（因为 $M = \sum\limits_{i=1}^{N} y_i M_i + \Delta M$ 计算），而且由 ΔM 可以方便地用来使混合物分类。如下列理想气体混合物的性质的例子。

【例题 4-3】 两个同处于 T、p 下的纯理想气体 1、2，等温、等压混合成组成为 y_1 和 y_2 的理想气体混合物。求混合过程中 V、U、H、S、G、A、C_p、C_V 的变化。

解：理想气体的等温过程有 $\Delta U^{ig} = \Delta H^{ig} = 0$；由于又是等压过程，故有 $\Delta V^{ig} = 0$；同样，$\Delta C_p^{ig} = \Delta C_V^{ig} = 0$。

混合过程的组分 1 和 2 的压力变化分别为 $p \rightarrow p_1 = py_1$ 和 $p \rightarrow p_2 = py_2$，故有

$$\Delta S^{ig} = y_1 \Delta S_1^{ig} + y_2 \Delta S_2^{ig} = y_1 \int_p^{py_1} \left(\frac{\partial S^{ig}}{\partial p} \right)_T \mathrm{d}p + y_2 \int_p^{py_2} \left(\frac{\partial S^{ig}}{\partial p} \right)_T \mathrm{d}p$$

$$= y_1 \int_p^{py_1} -\left(\frac{\partial V^{ig}}{\partial T} \right)_p \mathrm{d}p + y_2 \int_p^{py_2} -\left(\frac{\partial V^{ig}}{\partial T} \right)_p \mathrm{d}p = y_1 \int_p^{py_1} -\frac{R}{p} \mathrm{d}p + y_2 \int_p^{py_2} -\frac{R}{p} \mathrm{d}p$$

$$= -R \left(y_1 \ln \frac{py_1}{p} + y_2 \ln \frac{py_2}{p} \right) = -R(y_1 \ln y_1 + y_2 \ln y_2)$$

由定义得
$$\Delta G^{ig} = \Delta H^{ig} - T \Delta S^{ig} = RT(y_1 \ln y_1 + y_2 \ln y_2)$$
$$\Delta A^{ig} = \Delta U^{ig} - T \Delta S^{ig} = RT(y_1 \ln y_1 + y_2 \ln y_2)$$

所以，理想气体混合过程的性质变化可表示成组成的简单函数，即

$$\Delta M^{ig} = \begin{cases} 0 & (M = V, U, H, C_V, C_p) \\ -R \sum\limits_{i=1}^{N} y_i \ln y_i & (M = S) \\ RT \sum\limits_{i=1}^{N} y_i \ln y_i & (M = A, G) \end{cases} \tag{4-55}$$

4.8 混合物中组分的逸度

第 3 章中，由摩尔吉氏函数 G 定义了纯物质的逸度和逸度系数，为研究纯物质的相平衡提供了方便；同样，为了研究混合物相平衡的方便，我们将从偏摩尔吉氏函数，引入混合物中组分逸度和组分逸度系数的概念。

4.8.1 定义

式(4-34)表明，非均相系统在一定 T、p 下达到平衡状态时，各相中的偏摩尔吉氏函数 $\overline{G}_i$ 相等。确定相平衡时，需要计算一定 T、p 和组成下的 $\overline{G}_i$，但 $\overline{G}_i$ 的计算较为麻烦，习惯上引入混合物中的组分逸度的概念，应用起来更为方便。

用偏摩尔吉氏函数来定义混合物中的组分逸度 $\hat{f}_i$。

$$\mathrm{d}\overline{G}_i = RT \mathrm{d}\ln \hat{f}_i \quad (T \text{ 一定}) \tag{4-56}$$

$\hat{f}_i$ 头上的"帽子^"一是区别于混合物中的纯组分 i 的逸度 f_i，二是指出它不是一个偏摩

尔性质，但 $\ln\dfrac{\hat{f}_i}{y_i}$ 是一个偏摩尔性质［见式(4-66)］。

由于式(4-56)仅定义了组分逸度的相对值，因此，尚不完整。Lewis 等根据"压力趋于 0 时，混合物的组分逸度等于理想气体混合物对应组分的分压"的事实，补充了下面的方程，使组分逸度的定义完整化

$$\lim_{p\to 0}\hat{f}_i=py_i \tag{4-57}$$

式(4-57)表明，在压力趋于零的条件下，$\hat{f}_i=\hat{f}_i^{\,\mathrm{ig}}=py_i$。

组分逸度的定义式(4-56)和式(4-57)也可以转化为积分形式。若取与研究态同温度 T、同压力 p、同组成 y_i 的理想气体混合物为参考态，混合物中的组分 i 通过下列途径

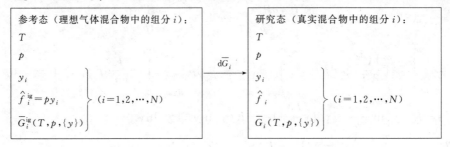

对式(4-56)积分

$$\int_{\overline{G}_i^{\,\mathrm{ig}}(T,\ p,\ \{y\})}^{\overline{G}_i(T,\ p,\ \{y\})}\mathrm{d}\overline{G}_i=\int_{\ln py_i}^{\ln\hat{f}_i}RT\mathrm{d}\ln\hat{f}_i$$

得
$$\overline{G}_i(T,p,\{y\})-\overline{G}_i^{\,\mathrm{ig}}(T,p,\{y\})=RT\ln\dfrac{\hat{f}_i}{py_i} \tag{4-58}$$

式(4-58)是混合物中组分逸度定义的积分形式，包括了式(4-56)和式(4-57)的内容。

再定义混合物中组分逸度系数 $\hat{\varphi}_i$

$$\hat{\varphi}_i=\dfrac{\hat{f}_i}{py_i} \tag{4-59}$$

根据式(4-57)应有
$$\lim_{p\to 0}\hat{\varphi}_i=1 \tag{4-60}$$

显然，理想气体混合物中的组分逸度系数为 1，即 $\hat{\varphi}_i^{\,\mathrm{ig}}=1$。

实际应用中，首先得到组分逸度系数，再由下式计算组分逸度。

$$\hat{f}_i=py_i\hat{\varphi}_i \tag{4-61}$$

所以，$\hat{\varphi}_i$ 的计算很重要。

在式(4-58)中，参考态是与研究态同温、同压、同组成的理想气体混合物，这是逸度系数的参考态。吉氏函数（或偏摩尔吉氏函数）的差与逸度（或组分逸度）之间的关系式有许多变化，但很有规律。

若参考态是与研究态同温、同压的纯物质，则式(4-58)变为

$$\overline{G}_i(T,p,\{y\})-G_i(T,p)=RT\ln\dfrac{\hat{f}_i}{f_i} \tag{4-62}$$

4.8.2　由组分逸度表示的相平衡准则

若参考态是与研究态同温、同压的纯理想气体，式(4-62)就变成

$$\overline{G}_i(T,p,\{y\}) - G_i^{ig}(T,p) = RT\ln\frac{\hat{f}_i}{p}$$

相平衡系统中各相的 T、p 和 $\overline{G}_i$ 是相等的，又 $G_i^{ig}(T,p)$ 是一定值，故互成平衡各相中的 $\hat{f}_i$ 也一定相等。对于一个含有 N 个组分和 M 个相的系统，平衡准则式(4-34)还可以表示为

$$\hat{f}_i^{(1)} = \hat{f}_i^{(2)} = \cdots = \hat{f}_i^{(M)} \quad (i=1,2,\cdots,N) \tag{4-63}$$

计算组分逸度对于解决混合物的相平衡问题有实际意义，在计算逸度系数之前，先介绍一下逸度的有关性质。

4.8.3 组分逸度的性质

将 $\left(\dfrac{\partial \overline{G}_i}{\partial p}\right)_{T,\{y\}} = \overline{V}_i$ 与式(4-56)结合，得到组分逸度随压力的变化

$$\left(\frac{\partial \ln\hat{f}_i}{\partial p}\right)_{T,\{y\}} = \frac{\overline{V}_i}{RT} \tag{4-64}$$

将 $\left[\dfrac{\partial\left(\dfrac{G_i}{T}\right)}{\partial T}\right]_{p,\{y\}} = -\dfrac{H_i}{T^2}$ 和 $\left[\dfrac{\partial\left(\dfrac{\overline{G}_i}{T}\right)}{\partial T}\right]_{p,\{y\}} = -\dfrac{\overline{H}_i}{T^2}$ 与式(4-62)结合，并应用式(3-79)的结果，得到组分逸度随温度的变化

$$\left(\frac{\partial \ln\hat{f}_i}{\partial T}\right)_{p,\{y\}} = -\frac{\overline{H}_i - H_i^{ig}}{RT^2} \tag{4-65}$$

混合物组分逸度的一个有趣的性质是，$\ln\left(\dfrac{\hat{f}_i}{y_i}\right)$ 正好是 $\ln f$ 的偏摩尔量，因为

由式(3-70)
$$RT\ln f = G(T,p,\{y\}) - G^{ig}(T,p=1,\{y\})$$
$$= \sum_{i=1}^{N} y_i[\overline{G}_i(T,p,\{y\}) - \overline{G}_i^{ig}(T,p=1,\{y\})]$$
$$= \sum_{i=1}^{N} y_i\left(RT\ln\frac{\hat{f}_i}{1y_i}\right) = RT\sum_{i=1}^{N} y_i\ln\frac{\hat{f}_i}{y_i}$$

所以
$$\ln f = \sum_{i=1}^{N} y_i\ln\frac{\hat{f}_i}{y_i} \tag{4-66}$$

或
$$\ln\frac{\hat{f}_i}{y_i} = \left(\frac{\partial n\ln f}{\partial n_i}\right)_{T,p,\{n\}_{\neq i}} \tag{4-67}$$

同样能证明，混合物的逸度系数与组分逸度系数也是摩尔性质与偏摩尔性质之间的关系，即

$$\ln\varphi = \sum_{i=1}^{N} y_i\ln\hat{\varphi}_i \quad \text{或} \quad \ln\hat{\varphi}_i = \left(\frac{\partial n\ln\varphi}{\partial n_i}\right)_{T,p,\{n\}_{\neq i}} \tag{4-68}$$

注意，这些摩尔性质与偏摩尔性质同样也满足相应的 Gibbs-Duhem 方程。

4.9 组分逸度系数的计算

组分逸度系数的对数是一种偏摩尔性质，另外，还有许多偏摩尔性质 $\overline{M}_i(M=V,U,$

H，A，G，C_p，C_V，$\ln f$，$\ln \varphi \cdots$），并没有必要推导出所有偏摩尔性质与 p-V-T-组成之间的关系，人们对 $\ln \hat{\varphi}_i$ 特别有兴趣，因为组分逸度系数对计算组分逸度，进而完成相平衡计算等很重要；另外，得到了组分逸度后，由式(4-62)、式(4-64) 和式(4-65) 就能得到 $\bar{G}_i - G_i$、$\bar{V}_i$ 和 $\bar{H}_i - H_i$ 等性质。

式(4-61) 是计算混合物中组分逸度的方法之一，但首先要计算逸度系数 $\hat{\varphi}_i$。只有将 $\hat{\varphi}_i$ 与 p-V-T-y 关系联系起来，才能从状态方程＋混合法则来计算 $\hat{\varphi}_i$。类似于纯物质的逸度系数计算，根据状态方程形式的不同，混合物的逸度系数也有两种表达式，即 $\hat{\varphi}_i(T, p, \{y\})$ 及 $\hat{\varphi}_i(T, V, \{y\})$，其公式分别是式(4-69) 和式(4-70)（推导过程分别见附录 E-1 和附录 E-2）

$$\ln \hat{\varphi}_i = \frac{1}{RT} \int_0^p \left(\bar{V}_i - \frac{RT}{p} \right) \mathrm{d}p \tag{4-69}$$

$$\ln \hat{\varphi}_i = \frac{1}{RT} \int_\infty^{V_t} \left[\frac{RT}{V_t} - \left(\frac{\partial p}{\partial n_i} \right)_{T, V_t, \{n\}_{\neq i}} \right] \mathrm{d}V_t - \ln Z \tag{4-70}$$

对于 $V = V(T, p)$ 的状态方程，用式(4-69) 是方便的。但对于以 p 为显函数的状态方程，$p = p(T, V)$，则应采用式(4-70)。

要特别注意，在式(4-70) 中，V_t 和 $\left(\frac{\partial p}{\partial n_i} \right)_{T, V_t, \{n\}_{\neq i}}$ 的求法，详见【例题 4-5】。

【例题 4-4】 某气体的状态方程是 $p = RT/(V-b)$，其中，b 为常数，其混合法则是 $b = \sum_{i=1}^N y_i b_i$，b_i 是纯物质的常数，N 是混合物的组分数。试推导出 $\ln \varphi_i$、$\ln f$、$\ln \hat{\varphi}_i$、$\ln \hat{f}_i$ 的表达式。

解：对于混合物中任何一个纯物质 i，其状态方程的形式应该是

$$V_i = \frac{RT}{p} + b_i$$

由纯物质的逸度系数式(3-77)得

$$\ln \varphi_i = \frac{1}{RT} \int_0^p \left(V_i - \frac{RT}{p} \right) \mathrm{d}p = \frac{1}{RT} \int_0^p \left(\frac{RT}{p} + b_i - \frac{RT}{p} \right) \mathrm{d}p = \frac{pb_i}{RT}$$

类似地可以得到混合物（总体）的逸度系数

$$\ln \varphi = \frac{pb}{RT} = \frac{p \sum_{i=1}^N y_i b_i}{RT}$$

和逸度

$$\ln f = \ln(p\varphi) = \ln p + \frac{p \sum_{i=1}^N y_i b_i}{RT}$$

混合物的组分逸度系数由式(4-69) 得到，其中

$$\bar{V}_i = \left(\frac{\partial nV}{\partial n_i} \right)_{T, p, \{n\}_{\neq i}} = \left[\frac{\partial n \left(b + \frac{RT}{p} \right)}{\partial n_i} \right]_{T, p, \{n\}_{\neq i}} = \left[\frac{\partial n \left(\sum \frac{n_i}{n} b_i + \frac{RT}{p} \right)}{\partial n_i} \right]_{T, p, \{n\}_{\neq i}} = b_i + \frac{RT}{p}$$

代入式(4-69)

$$\ln\hat{\varphi}_i = \frac{1}{RT}\int_0^p \left(\overline{V}_i - \frac{RT}{p}\right)\mathrm{d}p \qquad (4\text{-}69)$$

积分后组分逸度系数

$$\ln\hat{\varphi}_i = \frac{pb_i}{RT}$$

并进一步得到组分逸度

$$\ln\hat{f}_i = \ln(py_i\hat{\varphi}_i) = \ln(py_i) + \frac{pb_i}{RT}$$

❖ **注意**: 本题中正好有 $\ln\varphi_i = \ln\hat{\varphi}_i$ ，其实没有普遍意义。

【**例题 4-5**】 某混合物服从 vdW 方程，导出混合物中组分逸度系数的表达式。vdW 方程常数符合下列混合法则 $b = \sum_{i=1}^{N} y_i b_i$ 和 $a = \sum_{i=1}^{N}\sum_{j=1}^{N} y_i y_j \sqrt{a_i a_j}$ 。

解：根据混合物组分逸度系数的公式(4-70)

$$\ln\hat{\varphi}_i = \frac{1}{RT}\int_{\infty}^{V_t}\left[\frac{RT}{V_t} - \left(\frac{\partial p}{\partial n_i}\right)_{T,V_t,\langle n\rangle \neq i}\right]\mathrm{d}V_t - \ln Z \qquad (4\text{-}70)$$

应该将混合物的 vdW 方程转化为（以总体积 V_t 来表示）

$$p = \frac{RT}{V-b} - \frac{a}{V^2} = \frac{RT}{\left(\frac{V_t}{n}\right)-b} - \frac{a}{\left(\frac{V_t}{n}\right)^2} = \frac{nRT}{V_t - nb} - \frac{n^2 a}{V_t^2}$$

因为

$$\left(\frac{\partial p}{\partial n_i}\right)_{T,V_t,\langle n\rangle \neq i} = \frac{RT}{V_t - nb} + \frac{nRT\left(\frac{\mathrm{d}nb}{\mathrm{d}n_i}\right)}{(V_t - nb)^2} - \frac{\left(\frac{\mathrm{d}n^2 a}{\mathrm{d}n_i}\right)}{V_t^2}$$

代入式(4-70) 得

$$\ln\hat{\varphi}_i = \frac{1}{RT}\int_{\infty}^{V_t}\left[\frac{RT}{V_t} - \frac{RT}{V_t - nb} - \frac{nRT\left(\frac{\mathrm{d}nb}{\mathrm{d}n_i}\right)}{(V_t - nb)^2} + \frac{\left(\frac{\mathrm{d}n^2 a}{\mathrm{d}n_i}\right)}{V_t^2}\right]\mathrm{d}V_t - \ln Z$$

$$= \ln\frac{V_t}{V_t - nb} + \frac{n\left(\frac{\mathrm{d}nb}{\mathrm{d}n_i}\right)}{V_t - nb} - \frac{\frac{\mathrm{d}n^2 a}{\mathrm{d}n_i}}{RTV_t} - \ln Z$$

因为 $nb = \sum n_i b_i$ ，有

$$\frac{\mathrm{d}nb}{\mathrm{d}n_i} = \frac{\mathrm{d}\sum n_i b_i}{\mathrm{d}n_i} = b_i$$

又因为 $n^2 a = \sum\sum n_i n_j \sqrt{a_i a_j}$ ，故有

$$\frac{\mathrm{d}n^2 a}{\mathrm{d}n_i} = \frac{\mathrm{d}\sum\sum n_i n_j \sqrt{a_i a_j}}{\mathrm{d}n_i} = \sum n_j \sqrt{a_i a_j} + \sum n_i \sqrt{a_i a_j} = 2\sum_{j=1}^{N} n_j \sqrt{a_i a_j} = 2\sqrt{a_i}\sum_{j=1}^{N} n_j \sqrt{a_j}$$

所以

$$\ln\hat{\varphi}_i = \ln\frac{V_t}{V_t - nb} + \frac{nb_i}{V_t - nb} - \frac{2\sqrt{a_i}\sum_{j=1}^{N} n_j \sqrt{a_j}}{RTV_t} - \ln Z$$

再转化为以摩尔体积 V 来表示

$$\ln\hat{\varphi}_i = \ln\frac{V}{V-b} + \frac{b_i}{V-b} - \frac{2\sqrt{a_i}\sum\limits_{j=1}^{N}y_j\sqrt{a_j}}{RTV} - \ln Z$$

为了便于应用，现将 SRK、PR 和 MH-81 方程的组分逸度系数公式列于表 4-2。在用这些公式计算气相的组分逸度系数时，要采用气相的摩尔分数和气相摩尔体积；而计算液相的组分逸度系数时，则代入相应液相的性质。

表 4-2　SRK、PR 和 MH-81 方程的组分逸度系数公式

状态方程和混合法则	组分逸度系数
SRK 方程式（2-14）、式（2-36）、式（2-38）、式（2-39）	$\ln\hat{\varphi}_i = \frac{b_i}{b}(Z-1) - \ln\frac{p(V-b)}{RT} + \frac{a}{bRT}\left(\frac{b_i}{b} - \frac{2}{a}\sum\limits_{j=1}^{N}y_j a_{ij}\right)\ln\left(1+\frac{b}{V}\right)$
PR 方程式（2-19）、式（2-36）、式（2-38）、式（2-39）	$\ln\hat{\varphi}_i = \frac{b_i}{b}(Z-1) - \ln\frac{p(V-b)}{RT} + \frac{a}{2\sqrt{2}bRT}\left(\frac{b_i}{b} - \frac{2}{a}\sum\limits_{j=1}^{N}y_j a_{ij}\right)\ln\left[\frac{V+(\sqrt{2}+1)b}{V-(\sqrt{2}-1)b}\right]$
MH-81 方程式（2-31）、式（2-41）	$\ln\hat{\varphi}_i = \frac{pb_i}{RT} - \ln\frac{p(V-b)}{RT} + \frac{1}{RT}\sum\limits_{k=2}^{5}\frac{E_k(T)_i}{(V-b)^{k-1}}$ 其中，$E_2(T)_i = 2\sum\limits_{j=1}^{N}y_j F_2(T)_{ij}$ 和 $E_k(T)_i = \frac{kF_k(T)}{k-1}\left[\frac{F_k(T)_i}{F_k(T)}\right]^{1/k}$ $(k=3,4,5)$

【例题 4-6】　用 PR 方程计算下列的 $CO_2(1)$-正丁烷(2) 系统在 273.15K、1.061MPa 时的组分逸度系数、组分逸度和混合物的逸度系数、逸度、偏离焓、偏离熵（取 $p_0=p$）。(a)$x_1=0.2$ 的液体混合物；（b）$y_1=0.8962$ 的气体混合物。已知二元相互作用参数是 $k_{12}=0.12$。

解：本题属于均相性质计算。其中，组分逸度系数和组分逸度属于敞开系统的性质，而混合物的逸度系数和逸度、偏离焓、偏离熵是属于封闭系统的性质。

对于二元均相混合物，若给定了温度、压力和组成三个独立变量，系统的状态就确定下来了。

采用状态方程模型，需要输入纯组分的 T_{ci}、p_{ci}、ω_i 以确定 PR 方程常数，从附录 A-1 查得各组分的 T_{ci}、p_{ci}、ω_i 并列于例表 4-1。

例表 4-1　CO_2 和正丁烷的 T_{ci}、p_{ci}、ω_i

组分 i	T_{ci}/K	p_{ci}/MPa	ω_i
CO_2（1）	304.19	7.381	0.225
正丁烷（2）	425.18	3.797	0.193

另外，对于混合物，还需要二元相互作用参数，已知 $k_{12}=0.12$。

计算过程是 $\boxed{a_i,b_i(i=1,2)} \longrightarrow \boxed{a,b} \longrightarrow \boxed{V} \longrightarrow \boxed{\ln\hat{\varphi}_i(i=1,2);\ \ln\varphi;\ H-H^{ig},S-S^{ig}_{p_0=p}} \longrightarrow$

$\boxed{\ln\hat{f}_i = \ln(p\hat{\varphi}_i x_i),\ \ln f = \ln(p\varphi)}$ 由本教材配套的 ThermalCal 软件完成计算。启动软件后，选择有关菜单，输入 T_{ci}、p_{ci}、ω_i 和独立变量，能方便地得到结果。

（a）液相结果见例表 4-2。

（b）气相结果见例表 4-3。

分析计算结果知：

① 无论是液相还是气相，组分逸度与总逸度、组分逸度系数与总体逸度系数之间的关系式(4-66)、式(4-68)都能得到计算结果的验证。

例表 4-2　PR 方程计算液相混合物的热力学性质

$T=273.15\text{K}$，$p=1.061\text{MPa}$，$x_1=0.2$，$x_2=0.8$

纯组分常数,式(2-20)、式(2-21)、式(2-15)	$a_1=426235.8\text{MPa·cm}^6\text{·mol}^{-2}$, $a_2=1930018\text{MPa·cm}^6\text{·mol}^{-2}$ $b_1=26.65612\text{cm}^3\text{·mol}^{-1}$, $b_2=72.46431\text{cm}^3\text{·mol}^{-1}$
混合物常数,式(2-36)、式(2-38)、式(2-39)	$a=1507671$, $b=63.30267$
摩尔体积,式(2-19)的最小根	$V^{\text{l}}=83.50\text{cm}^3\text{·mol}^{-1}$
组分逸度系数(见表 4-2)	$\ln\hat{\varphi}_1^{\text{l}}=1.4259$, $\ln\hat{\varphi}_2^{\text{l}}=-2.2976$
组分逸度,$\hat{f}_i^{\text{l}}=px_i\hat{\varphi}_i^{\text{l}}$	$\ln\hat{f}_1^{\text{l}}=-0.1244$, $\ln\hat{f}_2^{\text{l}}=-2.4615$
混合物逸度系数[见表 3-1(c)]	$\ln\varphi^{\text{l}}=-1.5529$
混合物逸度 $f^{\text{l}}=p\varphi^{\text{l}}$	$\ln f^{\text{l}}=-1.4937$
偏离焓[见表 3-1(c)]	$\left[\dfrac{(H-H^{\text{ig}})}{RT}\right]^{\text{l}}=-8.7765$
偏离熵[见表 3-1(c)]	$\left[\dfrac{(S-S_{p_0=p}^{\text{ig}})}{R}\right]^{\text{l}}=-7.2236$

例表 4-3　PR 方程计算气相混合物的热力学性质

$T=273.15\text{K}$，$p=1.061\text{MPa}$，$y_1=0.8962$，$y_2=0.1038$

纯组分常数	同例表 4-2
混合物常数,式(2-36)、式(2-38)、式(2-39)	$a=511634.6$, $b=31.41101$
摩尔体积,式(2-19)的最大根	$V^{\text{v}}=1934.21\text{cm}^3\text{·mol}^{-1}$
组分逸度系数(见表 4-2)	$\ln\hat{\varphi}_1^{\text{v}}=-0.07510$, $\ln\hat{\varphi}_2^{\text{v}}=-0.2504$
组分逸度 $\hat{f}_i^{\text{v}}=py_i\hat{\varphi}_i^{\text{v}}$	$\ln\hat{f}_1^{\text{v}}=-0.1255$, $\ln\hat{f}_2^{\text{v}}=-2.4565$
混合物逸度系数[见表 3-1(c)]	$\ln\varphi^{\text{v}}=-0.09330$
混合物逸度 $f^{\text{v}}=p\varphi^{\text{v}}$	$\ln f^{\text{v}}=-0.03409$
偏离焓	$\left[\dfrac{(H-H^{\text{ig}})}{RT}\right]^{\text{v}}=-0.2815$
偏离熵	$\left[\dfrac{(S-S_{p_0=p}^{\text{ig}})}{R}\right]^{\text{v}}=-0.1882$

② 比较气、液相的组分逸度可知，$\hat{f}_1^{\text{v}}\approx\hat{f}_1^{\text{l}}$ 和 $\hat{f}_2^{\text{v}}\approx\hat{f}_2^{\text{l}}$，所以，本题中的汽、液两相基本上是处于汽-液平衡状态；反之，若采用相平衡准则，就没有必要指定如此多的强度性质，而只要指定其中的两个，其他的性质就可以由此推算出来，这就是气-液平衡计算，将在第 5 章中详细介绍。

③ 虽然混合物处于汽-液平衡状态，但气、液相的总体逸度并不相等，即 $f^{\text{v}}\neq f^{\text{l}}$。

④ 状态方程除了能计算 p-V-T、逸度性质外，还能计算许多其他的热力学性质，如焓、熵等，它们在化工过程中都十分有用。同时也表明，经典热力学在物性相互推算中的强大作用。

4.10　理想溶液和理想稀溶液

式(4-69) 和式(4-70) 是普遍形式，虽然公式形式上都采用了气相组成 y_i，但是实际上并不仅限于气相，而适用于任何相态，但在计算液体混合物的组分逸度时，不仅需要液相的

p-V-T-x_i 数据，而且还需要气相的 p-V-T-y_i 数据，因为式(4-69) 和式(4-70) 的积分是从 $p=0$ 或 $V=\infty$ 的理想气体状态至研究态，建立从气相至液相的状态方程不是一件容易的事。虽然对于一些简单系统（如碳氢化合物）已有较满意的状态方程，但对于复杂的混合物，同时适用于气、液相的状态方程仍很缺乏。为了解决液相混合物的组分逸度的计算问题，实践中发展了另一种较为成功的方法，其做法是使式(4-58)的理想气体参考态改成与研究态同温、同压、同组成且同相态的理想溶液，即

$$RT\ln\frac{\hat{f}_i}{\hat{f}_i^{is}}=\overline{G}_i(T,p,\{x\})-\overline{G}_i^{is}(T,p,\{x\})$$

式中，上标"is"表示理想溶液。由此可以从理想溶液的性质来计算真实溶液的组分逸度，并不需要适用气、液两相的状态方程。但理想溶液的性质就显得很重要了，特别是 $\hat{f}_i^{is}$ 和 $\overline{G}_i^{is}$ 等。

理想溶液的组分 i 在平衡气相中的分压符合 Raoult 定律，$p_i=p_i^s x_i$。只有低压下理想气体才采用分压概念，一般条件下用组分逸度代替气体分压，用系统 T、p 下的纯组分 i 的逸度代替其饱和蒸气压，则 Raoult 定律就能推广到更一般的场合，即理想溶液的组分逸度满足下列关系

$$\hat{f}_i^{is}=f_i x_i \tag{4-71}$$

式中，$\hat{f}_i$ 和 f_i 分别是在系统 T、p 下组分 i 在混合物中的组分逸度和纯态的逸度，式(4-71) 称作 Lewis-Randall 规则。我们也知道，稀溶液的溶剂组分在低压条件下符合 Raoult 定律，当然，在一般条件下应符合式(4-71) 的 Lewis-Randall 规则。

对于理想溶液，除组分逸度与摩尔分数成正比外，其他偏摩尔性质也表现出简单的关系，如将式(4-71) 代入式(4-62)，得到偏摩尔自由焓

$$\overline{G}_i^{is}(T,p,\{x\})-G_i(T,p)=RT\ln x_i \quad \text{或} \quad \overline{G}_i^{is}(T,p,\{x\})=G_i(T,p)+RT\ln x_i$$

进而得到所有的理想溶液偏摩尔性质，并总结成

$$\overline{M}_i^{is}=\begin{cases} M_i & (M=V,U,H,C_V,C_p) \\ M_i-R\ln x_i & (M=S) \\ M_i+RT\ln x_i & (M=G,A) \end{cases} \tag{4-72}$$

理想溶液的摩尔性质 ($M^{is}=\sum x_i\overline{M}_i^{is}$) 和理想溶液混合过程性质变化 $[\Delta M^{is}=\sum x_i(\overline{M}_i^{is}-M_i)]$ 也能由此得到。总之，理想溶液的性质可以从相应的纯组分性质和组成得到。

稀溶液的溶剂组分 $i(x_i\to 1)$ 符合 Lewis-Randall 规则，所以有

$$\lim_{x_i\to 1}\hat{f}_i=\lim_{x_i\to 1}\frac{\hat{f}_i}{x_i}=\hat{f}_i^{is}(x_i=1)=f_i \tag{4-73}$$

类似地，有 $\lim\limits_{x_i\to 1}\overline{M}_i=\overline{M}_i^{is}(x_i=1)=M_i$。

从 Gibbs-Duhem 方程可以证明：在一定 T、p 条件下，若二元溶液的一个组分的逸度符合 Lewis-Randall 规则，那么另一个组分的逸度必定符合另一个规则——Henry 规则（见附录 E-3）。

因稀溶液的溶质组分 $i(x_i\to 0)$ 符合下列的 Henry 规则，故称为理想稀溶液

$$\hat{f}_i^{is*}=H_{i,\text{Solvent}}x_i \tag{4-74}$$

式中，用上标"is*"来表示理想稀溶液（以区别于理想溶液的上标"is"）；$H_{i,\text{Solvent}}$ 是溶

质 i 在溶剂中的 Henry 常数。Henry 常数与稀溶液溶质组分逸度之间的关系是

$$H_{i,\text{Solvent}} = \lim_{x_i \to 0} \left(\frac{\hat{f}_i}{x_i} \right) \tag{4-75}$$

将式(4-74)代入式(4-62)，得到理想稀溶液的偏摩尔吉氏函数

$$\overline{G}_i^{\text{is}^*} - G_i = RT\ln\frac{\hat{f}_i^{\text{is}^*}}{f_i} = RT\ln\frac{H_{i,\text{Solvent}}\,x_i}{f_i} \tag{4-76}$$

并可以进一步得到理想稀溶液的其他偏摩尔性质。应注意到有下列理想稀溶液偏摩尔性质与稀溶液的溶质的偏摩尔性质关系式的存在

$$\overline{M}_i^{\text{is}^*} = \lim_{x_i \to 0} \overline{M}_i = \overline{M}_i^{\infty}$$

无论是 Lewis-Randall 规则还是 Henry 规则都表明，理想溶液的组分逸度与摩尔分数成正比，但比例系数是不一样的，前者是系统状态下纯组分的逸度，仅与系统的 T、p 有关；后者则是 Henry 常数，决定于混合物的 T、p 和组成，但对于二元系统，由式(4-75)可知，Henry 常数只与系统的 T、p 有关，且在压力变化不大的条件下，主要决定于温度。

下面的 4.11 节中将会看到，理想溶液和理想稀溶液都是计算溶液组分逸度的参考态，对于某些溶液的超临界组分，通常采用理想稀溶液作为参考态。

特别要注意：稀溶液的溶剂和溶质组分逸度分别符合 Lewis-Randall 规则和 Henry 规则；对于理想溶液，实际上 Lewis-Randall 规则和 Henry 规则是等价的（没有必要区分），不仅适合稀溶液，而且适用于全浓度范围。

所以，理想溶液或理想稀溶液模型（即 Lewis-Randall 或 Henry 规则）能描述全浓度范围的理想溶液，也能分别描述稀溶液的溶剂和溶质组分。

4.11 活度系数定义及其归一化

组分逸度系数是计算组分逸度的方法之一，参考理想溶液，即将引入的活度系数是计算组分逸度的另一种方法。

参考理想溶液或理想稀溶液定义的活度系数是不同的，活度系数有不同的归一化问题。

4.11.1 活度系数的对称归一化

沿等温途径，溶液的组分 i 从参考态 $\boxed{T,p,\{x\}\text{理想溶液}}$ →研究态 $\boxed{T,p,\{x\}\text{真实溶液}}$，对式(4-56)积分

$$\int_{\overline{G}_i^{\text{is}}(T,p,\{x\})}^{\overline{G}_i(T,p,\{x\})} \mathrm{d}\overline{G}_i = RT(\ln\hat{f}_i - \ln\hat{f}_i^{\text{is}})$$

理想溶液的组分逸度符合 Lewis-Randall 规则，代入式(4-71)得

$$\overline{G}_i(T,p,\{x\}) - \overline{G}_i^{\text{is}}(T,p,\{x\}) = RT\ln\frac{\hat{f}_i}{f_i x_i} \tag{4-77}$$

定义活度系数 γ_i

$$\gamma_i = \frac{\hat{f}_i}{f_i x_i} \tag{4-78}$$

则 $$\overline{G}_i(T,p,\{x\})-\overline{G}_i^{is}(T,p,\{x\})=RT\ln\gamma_i \tag{4-79}$$

式(4-79) 表明,从理想溶液的性质、溶液组成和活度系数 γ_i 能得到真实溶液的性质。

由式(4-78) 和 Lewis-Randall 规则知,活度系数实际上就是真实溶液与同温、同压、同组成的理想溶液的组分逸度之比。活度系数是溶液非理想性的度量,由此可以对溶液进行分类。由式(4-71)、式(4-77) 式(4-78) 知,

当 $\gamma_i>1$, $\hat{f}_i>\hat{f}_i^{is}$, $\overline{G}_i(T,p,\{x\})-\overline{G}_i^{is}(T,p,\{x\})>0$,称为正偏差溶液;

当 $\gamma_i<1$, $\hat{f}_i<\hat{f}_i^{is}$, $\overline{G}_i(T,p,\{x\})-\overline{G}_i^{is}(T,p,\{x\})<0$,称为负偏差溶液。

对于理想溶液有 $\gamma_i^{is}=1$;对于稀溶液的溶剂组分 i,由于 $\lim\limits_{x_i\to 1}\hat{f}_i=f_i$,由式(4-78) 得

$$\lim_{x_i\to 1}\gamma_i=1 \tag{4-80}$$

式(4-77) 中,选择了与研究态同温、同压、同组成的理想溶液为参考态,由于理想溶液参考态的组分逸度符合 Lewis-Randall 规则,这种基于 Lewis-Randall 规则定义的活度系数具有式(4-80) 的特性,所以称之为对称归一化的活度系数(或活度系数的对称归一化)。用对称归一化的活度系数计算溶液的组分逸度(常用于液体)时,只要将式(4-78) 变形为

$$\hat{f}_i^l=f_i^l x_i\gamma_i \tag{4-81}$$

除了需要溶液的组成和活度系数之外,还必须知道 f_i^l。f_i^l 是与混合物(研究态)同温、同压的纯液体 i 的逸度。关于如何确定 f_i^l 将在第 5 章中详细讨论,不过对低压和低蒸气压条件下的液相,可近似认为 $f_i^l(T,p)\approx f_i^{sl}(T,p_i^s)=f_i^{sl}(T)=f_i^{sv}(T)=p_i^s\varphi_i^{sv}\approx p_i^s$。当溶液的温度高于其中组分 i 的临界温度(如 30℃、0.1MPa 时 CO_2 溶解在液体苯中形成的溶液,CO_2 就是属于超临界组分)时,由于纯组分 i 已没有液相存在,就得不到 f_i^l 的数据,如何解决这一问题?我们不禁要回忆起理想稀溶液,用理想稀溶液作参考态,定义了另一种活度系数——不对称归一化活度系数。

4.11.2 活度系数的不对称归一化

再沿等温途径,从参考态 $\boxed{T, p, \{x\}\ \text{理想稀溶液}}$ → 研究态 $\boxed{T, p, \{x\}\ \text{真实溶液}}$,对式(4-56) 积分,则

$$\int_{\overline{G}_i^{is*}(T,p,\{x\})}^{\overline{G}_i(T,p,\{x\})}\mathrm{d}\overline{G}_i=RT(\ln\hat{f}_i-\ln\hat{f}_i^{is*})$$

理想稀溶液的组分逸度符合 Henry 规则,将式(4-74) 代入上式,得

$$\overline{G}_i(T,p,\{x\})-\overline{G}_i^{is*}(T,p,\{x\})=RT\ln\frac{\hat{f}_i}{H_{i,\text{Solvent}}x_i} \tag{4-82}$$

定义另一种基于理想稀溶液的活度系数 γ_i^*

$$\gamma_i^*=\frac{\hat{f}_i}{H_{i,\text{Solvent}}x_i} \tag{4-83}$$

则 $$\overline{G}_i(T,p,\{x\})-\overline{G}_i^{is*}(T,p,\{x\})=RT\ln\gamma_i^* \tag{4-84}$$

式(4-84) 表明,从理想稀溶液的性质、溶液组成和活度系数 γ_i^* 能得到真实溶液的性质。

由式(4-83) 和 Henry 规则知,活度系数 γ_i^* 是真实溶液与同温、同压和同组成的理想

稀溶液的组分逸度之比。活度系数 γ_i^* 也能作为溶液非理想性的度量,如对于理想稀溶液有 $\gamma_i^{\text{is}\,*}=1$;对于稀溶液的溶质组分 i,由式(4-75)和式(4-83)得

$$\lim_{x_i\to 0}\gamma_i^*=1 \tag{4-85}$$

式(4-82)中,选择了与研究态同温、同压、同组成的理想稀溶液为参考态,由于理想稀溶液的组分逸度符合 Henry 规则,这种基于 Henry 规则定义的活度系数 γ_i^* 具有式(4-85)的特性,所以称之为不对称归一化的活度系数(或活度系数的不对称归一化)。由不对称归一化的活度系数 γ_i^* 和 Henry 常数也能计算溶液的组分逸度

$$\hat{f}_i^{\text{l}}=H_{i,\text{Solvent}}x_i\gamma_i^* \tag{4-86}$$

式(4-86)的不足是 Henry 常数不那么容易得到,因为该"常数"不仅与 T、p 有关,而且,多元溶液的 $H_{i,\text{Solvent}}$ 还与组成有关,相比之下,由对称归一化的活度系数计算组分时〔即式(4-81)〕,所用的纯组分逸度 f_i^{l} 仅是 T、p 的函数,与组成无关。但对于在溶液状态下不能以液态存在的超临界组分,式(4-86)不失为一种计算组分逸度的有效方法。

用活度系数计算溶液的组分逸度时,主要根据溶液中的组分是否处于超临界状态来选择活度系数的归一化方法。实际上也可以根据轻组分在溶剂中的溶解度特征来判断,一般条件下,超临界的溶质在溶液中的溶解度很低。

不论活度系数的归一化如何,式(4-77)和式(4-84)定义活度系数都是反映了真实溶液与理想溶液的偏差。它们之间一定是相互联系的。

两种不同归一化的活度系数之间的关系如何呢?对于某一溶液,若组分 i 能以液相存在,理论上讲,两种归一化的活度系数都能用于计算 i 的组分逸度 $\hat{f}_i^{\text{l}}$(实际上,对于能以液相存在的组分常采用对称归一化),显然,i 组分的逸度是不会因采用的活度系数归一化方法的不同而变化的,由式(4-81)和式(4-86)知

$$\hat{f}_i^{\text{l}}=f_i^{\text{l}}x_i\gamma_i=H_{i,\text{Solvent}}x_i\gamma_i^* \quad \text{或} \quad \frac{\gamma_i}{\gamma_i^*}=\frac{H_{i,\text{Solvent}}}{f_i^{\text{l}}} \tag{4-87}$$

对于二元溶液,$\dfrac{H_{i,\text{Solvent}}}{f_i^{\text{l}}}$ 仅与 T、p 有关,但与浓度无关系的常数,我们就可以取 $x_i\to 0$ 时的极限得到该常数。

由于 $\lim\limits_{x_i\to 0}\gamma_i=\gamma_i^\infty$(称为无限稀释活度系数,可以实验测定,在【例题4-2】中已经有过类似的定义,如 $\overline{V}_1^\infty$);又从式(4-85)知 $\lim\limits_{x_i\to 0}\gamma_i^*=1$,从(4-87)得到

$$\frac{H_{i,\text{Solvent}}}{f_i^{\text{l}}}=\lim_{x_i\to 0}\frac{\gamma_i}{\gamma_i^*}=\frac{\lim\limits_{x_i\to 0}\gamma_i}{\lim\limits_{x_i\to 0}\gamma_i^*}=\gamma_i^\infty$$

再代入式(4-87),得

$$\ln\gamma_i^*=\ln\gamma_i-\ln\gamma_i^\infty \tag{4-88}$$

这就是两种不同归一化活度系数之间的关系。在一定温度、压力下,$\ln\gamma_i^\infty$ 是一常数,$\ln\gamma_i^*$-x_i 与 $\ln\gamma_i$-x_i 曲线形状是一样的,只是平移了 $\ln\gamma_i^\infty$ 的距离。

另一方面,若在以上的推导过程中,取 $x_i\to 1$ 的极限得到 $\dfrac{H_{i,\text{Solvent}}}{f_i^{\text{l}}}$ 的值,则可以得到

$\gamma_i=\dfrac{\gamma_i^*}{\gamma_i^*(x_i\to 1)}$ 的关系式。

在定义活度系数时，并没有对所应用对象做具体规定，但实际上活度系数主要用于计算液体溶液的组分逸度 $\hat{f}_i^{\,l}$。由此计算液相组分逸度时，虽然不需要 p-V-T 状态方程，但是，活度系数计算很关键。理论上，活度系数是溶液温度、压力及组成的函数，但在压力不是很高的条件下，压力对于液相的影响较小，所以，通常将活度系数近似处理成为温度和组成的函数，这种函数关系称为活度系数模型。由式(4-79)或式(4-84)知，活度系数显然是与吉氏函数相联系的，通常首先从一定的理论或经验方法得到吉氏函数模型，再由此得到活度系数模型。以下将讨论活度系数与吉氏函数的关系。

4.12 超额性质

4.12.1 超额吉氏函数

我们知道，活度系数是真实溶液与理想溶液的组分逸度之比。若将真实溶液与理想溶液的摩尔性质之差定义为超额性质

$$M^{\mathrm{E}} = M - M^{\mathrm{is}} \quad (M = V, U, H, S, A, G, C_V, C_p \cdots) \tag{4-89}$$

就可以将活度系数与超额性质联系起来，活度系数与吉氏函数之间的关系最直接，如超额吉氏函数 G^{E}

$$G^{\mathrm{E}} = G - G^{\mathrm{is}} = \sum_{i=1}^{N} x_i (\overline{G}_i - \overline{G}_i^{\mathrm{is}})$$

就与对称归一化的活度系数 γ_i 联系起来，则将式(4-79)代入上式，得

$$\frac{G^{\mathrm{E}}}{RT} = \sum_i^N x_i \ln \gamma_i \tag{4-90}$$

由式(4-90)知，$\ln \gamma_i$ 是 $\dfrac{G^{\mathrm{E}}}{RT}$ 的偏摩尔性质，由偏摩尔性质的定义，就能从 $\dfrac{G^{\mathrm{E}}}{RT}$ 得到 $\ln \gamma_i$

$$\ln \gamma_i = \left[\frac{\partial \left(\frac{nG^{\mathrm{E}}}{RT} \right)}{\partial n_i} \right]_{T, p, \{n\}_{\neq i}} \tag{4-91}$$

与活度系数一样，超额吉氏函数也反映了溶液的非理想性，如理想溶液 $\gamma_i = 1$，$G^{\mathrm{E}} = 0$；正偏差溶液 $\gamma_i > 1$，$G^{\mathrm{E}} > 0$；负偏差溶液 $\gamma_i < 1$，$G^{\mathrm{E}} < 0$。

混合物中各组分的偏摩尔性质要受到 Gibbs-Duhem 方程的制约，考虑到有下列超额性质关系式存在

$$\left[\frac{\partial \left(\frac{G^{\mathrm{E}}}{T} \right)}{\partial T} \right]_{p, \{x\}} = -\frac{H^{\mathrm{E}}}{T^2} \qquad 对应于 \left[\frac{\partial \left(\frac{G}{T} \right)}{\partial T} \right]_{p, \{x\}} = -\frac{H}{T^2}$$

$$\left(\frac{\partial G^{\mathrm{E}}}{\partial p} \right)_{T, \{x\}} = V^{\mathrm{E}} \qquad 对应于 \left[\frac{\partial G}{\partial p} \right]_{T, \{x\}} = V$$

故关于偏摩尔性质 $\ln \gamma_i$ 与相应的摩尔性质 $\dfrac{G^{\mathrm{E}}}{RT}$ 的 Gibbs-Duhem 方程是［对应于式(4-45)］

$$-\left(\frac{H^{\mathrm{E}}}{RT^2}\right)\mathrm{d}T+\left(\frac{V^{\mathrm{E}}}{RT}\right)\mathrm{d}p-\sum_i^N x_i\mathrm{dln}\gamma_i=0 \qquad (4\text{-}92)$$

式(4-92) 在汽-液平衡数据的研究中有重要作用，由此可以对实验数据或活度系数模型进行热力学一致性检验。实际应用时，可以根据具体情况对式(4-92) 进行简化，如对于等温条件下的液体混合物，若压力变化范围不是很大时，可以忽视压力的影响，可近似作等温等压条件来处理，式(4-92) 简化为

$$\left[\sum_i^N x_i\mathrm{dln}\gamma_i\right]_{T,\,p}=0 \quad 或 \quad \left[\sum_i^N x_i\frac{\mathrm{dln}\gamma_i}{\mathrm{d}x_1}\right]_{T,\,p}=0$$

我们知道，Gibbs-Duhem 方程式(4-45) 是关于混合物的摩尔性质（M）与各组分的偏摩尔性质（$\overline{M}_i$）之间的关系。表 4-3 中所列出的几个重要的摩尔性质（M）及其相应的偏摩尔性质（$\overline{M}_i$），它们都是满足式(4-45)。

表 4-3　重要的摩尔性质和偏摩尔性质

摩尔性质 M	偏摩尔性质（$\overline{M}_i$）	$\left(\dfrac{\partial M}{\partial T}\right)_{p,\{x\}}$	$\left(\dfrac{\partial M}{\partial p}\right)_{T,\{x\}}$
$\dfrac{G^{\mathrm{E}}}{RT}$	$\ln\gamma_i$	$-\dfrac{H^{\mathrm{E}}}{RT^2}$ 或 $-\dfrac{\Delta H}{RT^2}$	$\dfrac{V^{\mathrm{E}}}{RT}$ 或 $\dfrac{\Delta V}{RT}$
$\ln f$	$\ln\dfrac{\hat{f}_i}{x_i}$	$-\dfrac{H-H^{\mathrm{ig}}}{RT^2}$ [式(3-81)]	$\dfrac{V}{RT}$ [式(3-80)]
$\ln\varphi$	$\ln\hat{\varphi}_i$	$-\dfrac{H-H^{\mathrm{ig}}}{RT^2}$ [式(3-83)]	$\dfrac{V-V^{\mathrm{ig}}}{RT}$ [式(3-82)]

以上讨论的 G^{E} 是理想溶液为参考态，G^{E} 与对称归一化的活度系数有直接关系；若参考理想稀溶液，则有不对称的超额吉氏函数

$$G^{\mathrm{E}^*}=G-G^{\mathrm{is}^*}=\sum_{i=1}^N x_i(\overline{G}_i-\overline{G}_i^{\mathrm{is}^*})$$

与不对称归一化的活度系数 γ_i^* 相联系，将式(4-84) 代入上式，得

$$\frac{G^{\mathrm{E}^*}}{RT}=\sum_i^N x_i\ln\gamma_i^* \qquad (4\text{-}93)$$

可见 $\ln\gamma_i^*$ 也是 $\dfrac{G^{\mathrm{E}^*}}{RT}$ 的偏摩尔性质，当然也受到 Gibbs-Duhem 方程的约束。

G^{E^*} 也反映了溶液的非理想性，如对理想溶液，$\gamma_i^*=1$，故 $G^{\mathrm{E}^*}=0$。

理论上讲，液体混合物的 G^{E} 是 T、p、$\{x\}$ 的函数，但在压力不很高的条件下，压力对液体性质的影响可以忽略不计，故常表现为 $G^{\mathrm{E}}(T,\{x\})$ 的形式。若得到了 $G^{\mathrm{E}}(T,\{x\})$ 的解析式，就能从式(4-91) 获得相应的活度系数模型。故有时活度系数模型也称为 G^{E} 模型。得到了 $\ln\gamma_i$ 模型后，从式(4-88) 就能得到二元系统的 $\ln\gamma_i^*$ 模型，进而从式(4-93) 得到 $\dfrac{G^{\mathrm{E}^*}}{RT}$ 模型。

G^{E} 模型通常在一定的溶液理论基础上加以经验修正而得到，目前流行的两大类 G^{E} 模型，将在 4.13 节中作简单的介绍。

【例题 4-7】 低压下的二元液体混合物，已得到了一定温度下的溶剂的活度系数模型是 $\ln\gamma_1=a_2x_2^2+a_3x_2^3+a_4x_2^4$，其中 a_2、a_3、a_4 仅是温度的函数，试求同温度下溶质组分的活

度系数模型。

解：在低压条件下，压力对液体性质的影响可以忽略不计，故可作等温、等压处理，采用式(4-92)的简化式

$$x_1 d\ln\gamma_1 + x_2 d\ln\gamma_2 = 0 \quad \text{或} \quad d\ln\gamma_2 = -\frac{x_1}{x_2}\left(\frac{d\ln\gamma_1}{dx_2}\right)dx_2$$

从 $x_2 = 1$ 至 $x_2 = x_2$ 积分，并注意到 $x_2 = 1$ 时，$\ln\gamma_2 = 0$，得

$$\int_{\ln\gamma_2 = 0}^{\ln\gamma_2} d\ln\gamma_2 = \int_{x_2 = 1}^{x_2} -\frac{x_1}{x_2}\left(\frac{d\ln\gamma_1}{dx_2}\right)dx_2 = -\int_{x_2 = 1}^{x_2}\frac{x_1}{x_2}(2\alpha_2 x_2 + 3\alpha_3 x_2^2 + 4\alpha_4 x_2^3)dx_2$$

积分并整理得溶质组分的活度系数

$$\ln\gamma_2 = \left(\alpha_2 + \frac{3}{2}\alpha_3 + 2\alpha_4\right)x_1^2 - \left(\alpha_3 + \frac{8}{3}\alpha_4\right)x_1^3 + \alpha_4 x_1^4$$

【例题 4-8】 某二元溶液的超额吉氏函数模型为 $\dfrac{G^E}{RT} = Ax_1 x_2$（称为正规溶液），其中 A 仅是温度的函数。试推导：(a) 基于 Lewis-Randall 规则的对称归一化活度系数模型；(b) 基于 Henry 规则的不对称归一化活度系数模型；还需要哪些数据才能得到 (c) 溶液的组分逸度模型；(d)$\ln f^l$ 模型。

解：所给定的 $\dfrac{G^E}{RT}$ 模型的参考态是理想溶液（即对称归一化），这可以从得到的 $\ln\gamma_i$ 模型来判断。

(a) 根据式(4-91) 得

$$\ln\gamma_1 = \left[\frac{\partial\left(\frac{nG^E}{RT}\right)}{\partial n_1}\right]_{T,p,n_2}$$

因为

$$\frac{nG^E}{RT} = nAx_1 x_2 = n\frac{An_1 n_2}{n^2} = \frac{An_1 n_2}{n}$$

所以

$$\ln\gamma_1 = An_2\left[\frac{\partial\left(\frac{n_1}{n}\right)}{\partial n_1}\right]_{n_2} = An_2\left(\frac{1}{n} - \frac{n_1}{n^2}\right) = A\frac{n_2}{n}\left(1 - \frac{n_1}{n}\right)$$

或

$$\ln\gamma_1 = Ax_2(1 - x_1) = Ax_2^2$$

同样可以得到

$$\ln\gamma_2 = Ax_1^2$$

注：$\ln\gamma_1$ 和 $\ln\gamma_2$ 也能从式(4-39) 得到。

(b) 由式(4-88) 知，不对称归一化的活度系数，可以从对称归一化的活度系数模型得到，因为 $\ln\gamma_i^* = \ln\gamma_i - \ln\gamma_i^\infty$ 及

$$\ln\gamma_1^\infty = \lim_{x_1 \to 0} Ax_2^2 = A \quad \text{和} \quad \ln\gamma_2^\infty = \lim_{x_2 \to 0} Ax_1^2 = A$$

不对称归一化的活度系数模型为

$$\ln\gamma_1^* = A(x_2^2 - 1) \quad \text{和} \quad \ln\gamma_2^* = A(x_1^2 - 1)$$

(c) 由式(4-93) 得

$$\hat{f}_1^l = f_1^l x_1 \gamma_1 = f_1^l x_1 \exp(Ax_2^2) \quad \text{和} \quad \hat{f}_2^l = f_2^l x_2 \gamma_2 = f_2^l x_2 \exp(Ax_1^2)$$

或 $\quad \hat{f}_1^l = H_{1,2} x_1 \gamma_1^* = H_{1,2} x_1 \exp[A(x_2^2 - 1)] \quad \text{和} \quad \hat{f}_2^l = H_{2,1} x_2 \gamma_2^* = H_{2,1} x_2 \exp[A(x_1^2 - 1)]$

（d）由式（4-66）可以得到混合物的逸度

$$\ln f^{l} = x_1 \ln \frac{\hat{f}_1^{l}}{x_1} + x_2 \ln \frac{\hat{f}_2^{l}}{x_2} = x_1 \ln \frac{\hat{f}_1^{l}}{f_1^{l} x_1} + x_2 \ln \frac{\hat{f}_2^{l}}{f_2^{l} x_2} + x_1 \ln f_1^{l} + x_2 \ln f_2^{l}$$

$$= x_1 \ln \gamma_1 + x_2 \ln \gamma_2 + x_1 \ln f_1^{l} + x_2 \ln f_2^{l} = \frac{G^{E}}{RT} + x_1 \ln f_1^{l} + x_2 \ln f_2^{l}$$

$$= A x_1 x_2 + x_1 \ln f_1^{l} + x_2 \ln f_2^{l}$$

或　　$$\ln f^{l} = x_1 \ln \frac{\hat{f}_1^{l}}{x_1} + x_2 \ln \frac{\hat{f}_2^{l}}{x_2} = x_1 \ln \frac{\hat{f}_1^{l}}{H_{1,2} x_1} + x_2 \ln \frac{\hat{f}_2^{l}}{H_{2,1} x_2} + x_1 \ln H_{1,2} + x_2 \ln H_{2,1}$$

$$= x_1 \ln \gamma_1^{*} + x_2 \ln \gamma_2^{*} + x_1 \ln H_{1,2} + x_2 \ln H_{2,1} = \frac{G^{E*}}{RT} + x_1 \ln H_{1,2} + x_2 \ln H_{2,1}$$

$$= A(x_1 x_2 - 1) + x_1 \ln H_{1,2} + x_2 \ln H_{2,1}$$

所以，要得到组分逸度和 $\ln f^{l}$，还需要两个纯液体的逸度 f_1^{l}、f_2^{l} 或两个 Henry 常数。

4.12.2　混合焓

以上已经得到了 G^{E} 与活度系数的关系，而 G^{E} 又与超额焓 H^{E} 等相联系，这些关系对不同物性之间的相互推算十分有用。

同一系统的超额焓（对称归一化）就等于混合过程焓变化 [简称混合焓，见式（4-48）]，因为

$$\Delta H = H - \sum_{i=1}^{N} x_i H_i = (H - H^{is}) + \left(H^{is} - \sum_{i=1}^{N} x_i H_i \right)$$

$$= H^{E} + \sum_{i=1}^{N} x_i \overline{H}_i^{is} - \sum_{i=1}^{N} x_i H_i = H^{E} + \sum_{i=1}^{N} x_i (\overline{H}_i^{is} - H_i)$$

由理想溶液的性质式（4-72）知，$\overline{H}_i^{is} - H_i = 0$，所以

$$\Delta H = H^{E} \tag{4-94}$$

混合焓既能从量热的方法测定，也能从模型推算，根据 $H = -T^2 \left[\dfrac{\partial \left(\frac{G}{T} \right)}{\partial T} \right]_{p,\{x\}}$ 可得

$$H^{E} = -T^2 \left[\frac{\partial \left(\frac{G^{E}}{T} \right)}{\partial T} \right]_{p,\{x\}} \tag{4-95}$$

或　　$$\Delta H = -RT^2 \sum_{i}^{N} x_i \left(\frac{\partial \ln \gamma_i}{\partial T} \right)_{p,\{x\}} \tag{4-96}$$

根据式（4-95）和式（4-96），就能从 G^{E} 模型（或活度系数模型）推算混合焓，反过来也能从混合焓得到活度系数。由于活度系数与相平衡数据联系，这样也就将混合焓与相平衡数据联系了起来。

由此可知，从一定 G^{E} 模型就能得到活度系数模型，从活度系数与温度的函数关系，就能进一步得到混合焓模型。不同物性之间的相互联系对于从有限的数据推算其他热力学性质具有实际意义，而且也是对模型的一种有效检验。

4.12.3　其他超额性质

理论上，从 G^{E} 模型就能得到溶液所有的超额性质，如

$$V^E = \left(\frac{\partial G^E}{\partial p}\right)_{T,\{x\}} \tag{4-97}$$

$$U^E = H^E - pV^E \tag{4-98}$$

$$S^E = \frac{H^E - G^E}{T} = -\left(\frac{\partial G^E}{\partial T}\right)_{p,\{x\}} \tag{4-99}$$

$$A^E = U^E - TS^E \tag{4-100}$$

因 G^E 模型主要用于液体混合物，在压力不很高的条件下，可以取 $V^E \approx 0$，$U^E \approx H^E$。

从 G^E 模型得到的活度系数，和从状态方程获得的组分逸度系数，都提供了计算混合物组分逸度的方法，它们在解决相平衡问题时很重要，另一方面，无论是活度系数模型还是状态方程模型在推导其他均相热力学性质时也十分有用。

目前活度系数方法主要用液体混合物，而状态方程则没有这种限制，所以，近年来状态方程发展很快。尽管如此，在有些情况下，活度系数方法仍不失为状态方程法的一种有效补充，对高度非理想系统（如电解质溶液、高分子溶液等），活度系数法的结果有时会更满意。

4.13　活度系数模型

我们已经掌握从状态方程和混合法则计算组分逸度系数的方法，混合物的组分逸度除了可以从组分逸度系数（状态方程）计算外，还可以从活度系数来计算。在此有必要讨论活度系数模型。

由式(4-91)或式(4-92)知，溶液的活度系数与一定 G^E 模型相联系。G^E 模型建立在一定的溶液理论基础之上，并结合一定的经验修正。

活度系数模型大致可以分为两大类，一类是以 van Laar、Margules 方程为代表的经典模型，多数是建立在正规溶液理论之上。它们对于较简单的二元溶液能获得较理想的结果。另一类是在 20 世纪 60 年代以后从局部组成概念发展起来的活度系数模型，其典型的代表有 Wilson、NRTL 等方程。实验表明，后一类模型更为优秀，能从较少的特征参数关联或推算混合物的相平衡，特别是关联非理想性较高系统的汽-液平衡获得了满意的结果。

我们将从应用的角度来介绍典型的活度系数模型。

4.13.1　二元 Margules 方程

$$\ln\gamma_1 = [A_{12} + 2(A_{21} - A_{12})x_1]x_2^2$$
$$\ln\gamma_2 = [A_{21} + 2(A_{12} - A_{21})x_2]x_1^2 \tag{4-101}$$

4.13.2　二元 van Laar 方程

$$\ln\gamma_1 = A_{12}\left(\frac{A_{21}x_2}{A_{12}x_1 + A_{21}x_2}\right)^2$$
$$\ln\gamma_2 = A_{21}\left(\frac{A_{12}x_1}{A_{12}x_1 + A_{21}x_2}\right)^2 \tag{4-102}$$

式(4-101)和式(4-102)中，A_{12} 和 A_{21} 是模型参数，既可以从一组实验数据得到，也能从特殊点（如共沸点、无限稀活度系数）的数据得到，将在第 5 章的 5.2.9 节中讨论。

这些模型主要用于二元系统，应用于多元系统时，一般还需要引入多元系统的信息。

4.13.3 Wilson 方程

Wilson 首先引入了局部组成的概念，在由 i 分子与 j 分子组成的溶液中，由于 $i\text{-}i$ 与 $i\text{-}j$ 之间的相互作用的不同，在 i 分子周围出现 i 分子和 j 分子的概率不仅决定于其组成 x_i 和 x_j，还与相互作用的强弱有关。Wilson 在一定的假设下得到了局部组成的表达式，并由此代入 Flory-Huggins 溶液理论的 G^E 表达式中，再由式(4-91) 导出如下的活度系数模型，称为 Wilson 方程[1]

$$\ln\gamma_i = 1 - \ln\left(\sum_{j=1}^{N} x_j \Lambda_{ij}\right) - \sum_{k=1}^{N}\left(\frac{x_k \Lambda_{ki}}{\sum_{j=1}^{N} x_j \Lambda_{kj}}\right) \tag{4-103}$$

其中，Λ_{ij} 称为模型参数，可表示为

$$\Lambda_{ij} = \frac{V_j^l}{V_i^l}\exp\left[-\frac{(\lambda_{ij}-\lambda_{ii})}{RT}\right] \tag{4-104}$$

式中，V_i^l，V_j^l 是系统温度下的纯液体摩尔体积（可以用饱和摩尔体积）；$(\lambda_{ij}-\lambda_{ii})$ 称为能量参数。在计算等温条件下的活度系数时，也能直接采用模型参数 Λ_{ij}，此时，就不需要液体摩尔体积的数据。

对于常见的二元系统，Wilson 方程表示成如下形式

$$\left.\begin{aligned}\ln\gamma_1 &= -\ln(x_1 + \Lambda_{12}x_2) + x_2\left(\frac{\Lambda_{12}}{x_1+\Lambda_{12}x_2} - \frac{\Lambda_{21}}{x_2+\Lambda_{21}x_1}\right)\\[2mm]\ln\gamma_2 &= -\ln(x_2 + \Lambda_{21}x_1) + x_1\left(\frac{\Lambda_{21}}{x_2+\Lambda_{21}x_1} - \frac{\Lambda_{12}}{x_1+\Lambda_{12}x_2}\right)\end{aligned}\right\} \tag{4-105}$$

其中 $\quad\Lambda_{12} = \dfrac{V_2^l}{V_1^l}\exp\left[\dfrac{-(\lambda_{12}-\lambda_{11})}{RT}\right]\quad$ 和 $\quad\Lambda_{21} = \dfrac{V_1^l}{V_2^l}\exp\left[\dfrac{-(\lambda_{21}-\lambda_{22})}{RT}\right] \tag{4-106}$

使用式(4-105) 计算 γ_1 和 γ_2，需要输入纯液体的摩尔体积数据和能量参数 $(\lambda_{12}-\lambda_{11})$、$(\lambda_{21}-\lambda_{22})$，前者可以从关联式（如附录 A-3）计算或查有关手册，后者需要从混合物的有关数据（如相平衡）得到。

显然，式(4-103) 既能写成式(4-105) 的二元形式，也能写成多元形式，与 Margules 和 van Laar 方程所不同的是，多元活度系数表达中，只包含有相关的二元系统的模型参数（或能量参数），而不需要多元系统的信息，这就给从二元参数推算多元混合物的活度系数提供了可能，从而进行多元系统的性质推算。Wilson 方程是目前使用最多的活度系数模型之一。但 Wilson 模型不能用于液相分层的系统。

4.13.4 NRTL 方程

Renon 和 Prausnitz 修正了局部组成表达式，并在双流体理论的基础上，提出了 NRTL（意为 Non-Random Two Liquids）方程[2]

$$\ln\gamma_i = \frac{\sum\limits_{j=1}^{N} x_j \tau_{ji} G_{ji}}{\sum\limits_{k=1}^{N} x_k G_{ki}} + \sum\limits_{j=1}^{N}\frac{x_j G_{ij}}{\sum\limits_{k=1}^{N} x_k G_{kj}}\left(\tau_{ij} - \frac{\sum\limits_{k=1}^{N} x_k \tau_{kj} G_{kj}}{\sum\limits_{k=1}^{N} x_k G_{kj}}\right) \tag{4-107}$$

其中，模型参数 τ_{ij} 和 G_{ij} 分别表示如下

$$\tau_{ij} = \frac{g_{ij} - g_{ii}}{RT} \quad 和 \quad G_{ij} = \exp(-\alpha_{ij}\tau_{ij}) \tag{4-108}$$

$g_{ij} - g_{ii}$ 是能量参数，α_{ij} 称为非无规参数，且有 $\alpha_{ij} = \alpha_{ji} = \alpha$。

对于二元系统，式(4-107) 可写成如下形式

$$\ln\gamma_1 = x_2^2 \left[\frac{\tau_{21}G_{21}^2}{(x_1 + x_2 G_{21})^2} + \frac{\tau_{12}G_{12}}{(x_2 + x_1 G_{12})^2} \right], \quad \ln\gamma_1 = x_1^2 \left[\frac{\tau_{12}G_{12}^2}{(x_2 + x_1 G_{12})^2} + \frac{\tau_{21}G_{21}}{(x_1 + x_2 G_{21})^2} \right]$$

$$\tag{4-109}$$

$$\tau_{12} = \frac{g_{12} - g_{11}}{RT}, \quad \tau_{21} = \frac{g_{21} - g_{22}}{RT} \quad ; \quad G_{12} = \exp(-\alpha\tau_{12}), \quad G_{21} = \exp(-\alpha\tau_{21}) \tag{4-110}$$

其中，三个参数 $(g_{12} - g_{11})$、$(g_{21} - g_{22})$ 和 α，通常是从混合物的相平衡数据拟合得到。但 Renon 等也对不同系统的 α 值作了推荐，大部分系统的 $\alpha = 0.3$，具体可参考原文。

NRTL 方程能用于液相不互溶的系统。

另外一个较 Wilson 和 NRTL 方程更复杂一些，但理论基础更好的活度系数模型是 UNIQUAC 方程，在实际中也得到了广泛的应用，由于篇幅限制，不列出有关公式，具体可以参考文献 [3]。

*4.13.5　基团贡献法预测液体混合物的活度系数简介

由于化学物质数量繁多，由此组成的混合物，数量更为庞大。实验测定所有溶液的性质是不可能的，目前理论预测又不能完全满足工程的要求，实践中发展了一种半经验的基团贡献方法。将分子混合物看作组成分子的基团的混合物。例如，正戊烷是由 2 个甲基（CH_3）和 3 个亚甲基（CH_2）组成；正庚烷是由 2 个甲基和 5 个亚甲基组成。正戊烷-正庚烷溶液就是由 4 个甲基和 8 个亚甲基组成。可以想象，物质的种类虽然很多，但是，组成它们的基团数目是有限的。故有可能从现有实验数据，总结出有关的基团参数和不同基团之间的相互作用参数，进而从基团角度来推算未知系统的性质。实践表明，这是估算混合物性质（如汽-液平衡、液-液平衡和焓数据等）的有效方法之一。

显然，完成以上的任务，反映基团间相互作用的基团贡献模型是不可少的。UNIFAC 和 ASOG 是目前从基团参数计算溶液活度系数较成功的模型。在此我们仅简单介绍 UNI-FAC 模型[4]，ASOG 模型可以参考文献 [5]。

UNIFAC 模型的活度系数由两部分组成

$$\ln\gamma_i = \ln\gamma_{i组合} + \ln\gamma_{i剩余} \tag{4-111}$$

式中，$\gamma_{i组合}$ 是考虑分子形状和大小对活度系数的贡献，其公式是

$$\ln\gamma_{i组合} = \ln\frac{\varphi_i}{x_i} + \frac{z}{2}q_i\ln\frac{\theta_i}{\varphi_i} + l_i - \frac{\varphi_i}{x_i}\sum_{i=1}^{N}x_i l_i \tag{4-112}$$

其中

$$\varphi_i = \frac{x_i r_i}{\sum\limits_{j=1}^{N}x_j r_j}, \quad \theta_i = \frac{x_i q_i}{\sum\limits_{j=1}^{N}x_j q_j}$$

组合部分的计算需要得到 r_i 和 q_i

$$r_i = \sum_{k=1}^{K^{(i)}}v_k^{(i)}R_k, \quad q_i = \sum_{k=1}^{K^{(i)}}v_k^{(i)}Q_k \tag{4-113}$$

式中，R_k 和 Q_k 是第 k 种基团对 r_i 和 q_i 的贡献；$v_k^{(i)}$ 是 i 组分中的 k 基团数目。

而 $\gamma_{i剩余}$ 是反映基团间相互作用对活度系数的贡献，其公式是

$$\ln\gamma_{i剩余}=\sum v_k^{(i)}\left[\ln\Gamma_k-\ln\Gamma_k^{(i)}\right] \tag{4-114}$$

式中，Γ_k 是溶液中基团 k 的活度系数；$\Gamma_k^{(i)}$ 是纯组分 i 中基团 k 的活度系数。显然，式 (4-114) 使得纯组分活度系数能自动满足对称归一化条件，即 $x_i\rightarrow1$ 时，$\gamma_i\rightarrow1$。基团活度系数 Γ_k 和 $\Gamma_k^{(i)}$ 都能按下式计算

$$\ln\Gamma_k=Q_k\left[1-\ln\left(\sum_m\Theta_m\Psi_{mk}\right)-\sum_m\left(\frac{\Theta_m\Psi_{mk}}{\sum_n\Theta_n\Psi_{nk}}\right)\right] \tag{4-115}$$

其中

$$\Theta_m=\frac{Q_mX_m}{\sum_n Q_nX_n} \tag{4-116}$$

X_m 是混合物中基团 m 的分子分数，Ψ_{mn} 是基团间的相互作用项

$$X_m=\frac{\sum_i x_i v_m^{(i)}}{\sum_i x_i\sum_m v_m^{(i)}}\ , \qquad \Psi_{mn}=\exp\left(\frac{-a_{mn}}{T}\right) \tag{4-117}$$

a_{mn} 是与基团之间相互作用参数，注意 $a_{mn}\neq a_{nm}$。

用 UNIFAC 模型计算时所涉及的基团能数（R_k 和 Q_k）和基团相互作用参数（a_{mn} 和 a_{nm}）可以从原文中查到。欲了解更详细的情况，请参考原文。

UNIFAC 模型的发展和应用请参考文献 [6～11]。

【例题 4-9】 采用合适的方法和合理的假设计算 $T=308.15\text{K}$，$p=16.39\text{kPa}$ 时，下列甲醇 (1)-水 (2) 系统的组分逸度和混合物逸度。(a) $y_1=0.7559$ 的气体混合物；(b) $x_1=0.3603$ 的液体混合物。已知液相符合 Wilson 方程，其模型参数是 $\Lambda_{12}=0.43738$，$\Lambda_{21}=1.11598$。

解：本题是分别计算两个二元混合物的均相性质。给定了温度、压力和组成三个独立变量，均相混合物的性质就确定下来了。

(a) 由于系统的压力较低，故气相可以作理想气体处理，根据式(4-57)，得

$$\hat{f}_1^v=py_1=16.39\times0.7559=12.39\ (\text{kPa})$$
$$\hat{f}_2^v=py_2=16.39\times(1-0.7559)=4\ (\text{kPa})$$

理想气体混合物的逸度等于其总压，即 $f^v=p=16.39\text{kPa}$ [也能从式(4-66) 计算，但更复杂]。

(b) 液相是非理想溶液，组分逸度可以从活度系数计算，根据系统的特点，应选用对称归一化的活度系数。由式(4-81) 知

$$\hat{f}_i^l=f_i^l x_i\gamma_i$$

由于

$$f_i^l=f_i^l(T,p)\approx f_i^l(T,p_i^s)=f_i^{sl}(T)=f_i^{sv}(T)=p_i^s\varphi^{sv}\approx p_i^s$$

所以

$$\hat{f}_i^l\approx p_i^s x_i\gamma_i$$

其中，蒸气压 p_i^s 由 Antoine 方程计算，查附录 A-2 得纯物质的 Antoine 常数，并与计算的蒸气压同列于例表 4-4。

活度系数 γ_i 由 Wilson 模型计算，由于给定了 Wilson 模型参数 $\Lambda_{12}=0.43738$，$\Lambda_{21}=1.11598$，由式(4-105) 计算二元系统在 $T=308.15\text{K}$ 和 $x_1=0.3603$，$x_2=1-x_1=0.6397$ 时两组分的活度系数分别是

例表 4-4　甲醇和水的 Antoine 常数和蒸气压

组 分 i	A_i	B_i	C_i	$p_i^s = \exp\left(A_i - \dfrac{B_i}{308.15+C_i}\right)/\text{kPa}$
甲醇（1）	9.4138	3477.90	-40.53	27.824
水（2）	9.3876	3826.36	-45.47	5.634

$$\ln\gamma_1 = -\ln(x_1 + \Lambda_{12}x_2) + x_2\left(\frac{\Lambda_{12}}{x_1 + \Lambda_{12}x_2} - \frac{\Lambda_{21}}{x_2 + \Lambda_{21}x_1}\right)$$

$$= -\ln(0.3603 + 0.43738\times0.6397) + 0.6397\times$$

$$\left(\frac{0.43738}{0.3603 + 0.43738\times0.6397} - \frac{1.11598}{0.6397 + 1.11598\times0.3603}\right)$$

$$= -\ln0.64009 + 0.6397\times\left(\frac{0.43738}{0.64009} - \frac{1.11598}{1.04179}\right) = 0.1980$$

$$\gamma_1 = 1.2190$$

$$\ln\gamma_2 = -\ln(x_2 + \Lambda_{21}x_1) + x_1\left(\frac{\Lambda_{21}}{x_2 + \Lambda_{21}x_1} - \frac{\Lambda_{12}}{x_1 + \Lambda_{12}x_2}\right)$$

$$= -\ln(0.6397 + 1.11598\times0.3603) +$$

$$0.3603\times\left(\frac{1.11598}{0.6397 + 1.11598\times0.3603} - \frac{0.43738}{0.3603 + 0.43738\times0.6397}\right)$$

$$= -\ln1.04179 + 0.3603\times\left(\frac{1.11598}{1.04179} - \frac{0.43738}{0.64009}\right) = 0.09872$$

$$\gamma_2 = 1.1038$$

所以，液相的组分逸度分别是

$$\hat{f}_1^l = p_1^s\gamma_1 x_1 = 27.824\times1.2190\times0.3603 = 12.220\ (\text{kPa})$$

$$\hat{f}_2^l = p_2^s\gamma_2 x_2 = 5.634\times1.1038\times0.6397 = 3.978\ (\text{kPa})$$

液相的总逸度可由式(4-66)来计算

$$\ln f^l = \sum_{i=1}^N x_i\ln\frac{\hat{f}_i^l}{x_i} = 0.3603\times\ln\frac{12.220}{0.3603} + 0.6397\times\ln\frac{3.978}{0.6397} = 2.4387$$

$$f^l = 11.4585\text{kPa}$$

应该注意：

① 在计算液相组分逸度时，并没有用到总压 p 这个独立变量，原因是在低压条件下，压力对液相的影响很小，可以不考虑。

② 本题给定了 Wilson 模型参数 Λ_{ij}，故不需要纯液体的摩尔体积数据，一般用于等温条件下活度系数的计算。若给定能量参数 $\lambda_{ij} - \lambda_{ii}$ 时，则还需要用到纯液体的摩尔体积数据，可以查有关手册或用关联式（如修正的 Rackett 方程，见附录 A-3）估算。

③ 比较气、液两相的组分逸度数据可知，有 $\hat{f}_1^v \approx \hat{f}_1^l$ 和 $\hat{f}_2^v \approx \hat{f}_2^l$，基本符合汽-液平衡条件，故本例题中的气相和液相基本上互成汽-液平衡。但对于混合物，即使在汽-液平衡时，$f^l \neq f^v$。

【例题 4-10】 在 25℃和 2MPa 时二元混合物的 $\hat{f}_1 = 5x_1 - 8x_1^2 + 4x_1^3$（MPa）。试求：(a) f_1、φ_1、$H_{1,2}$、γ_1、γ_1^*；(b) 能否得到 $\hat{f}_2$、f？

解：(a) 由式(4-73)和式(4-75)得

$$f_1 = \lim_{x_1 \to 1} \hat{f}_1 = \lim_{x_1 \to 1} (5 - 8x_1 + 4x_1^2) = 1(\text{MPa}), \quad \varphi_1 = \frac{f_1}{p} = 0.5$$

$$H_{1,2} = \lim_{x_1 \to 0} \left(\frac{\hat{f}_1}{x_1} \right) = \lim_{x_1 \to 0} (5 - 8x_1 + 4x_1^2) = 5(\text{MPa})$$

$$\gamma_1 = \frac{\hat{f}_1}{f_1 x_1} = \frac{5x_1 - 8x_1^2 + 4x_1^3}{1 \times x_1} = 5 - 8x_1 + 4x_1^2$$

$$\gamma_1^* = \frac{\hat{f}_1}{H_{1,2} x_1} = \frac{5x_1 - 8x_1^2 + 4x_1^3}{5x_1} = \frac{5 - 8x_1 + 4x_1^2}{5}$$

由此说明式(4-88)，$\ln\gamma_1^* = \ln\gamma_1 - \ln\gamma_1^\infty$，其中，$\ln\gamma_1^\infty = \ln 5$。

（b）在等温、等压条件下，由 Gibbs-Duhem 方程得，$x_1 \mathrm{dln} \dfrac{\hat{f}_1}{x_1} + x_2 \mathrm{dln} \dfrac{\hat{f}_2}{x_2} = 0$，考虑到

$x_1 \mathrm{dln} x_1 + x_2 \mathrm{dln} x_2 = 0$，则 $x_1 \mathrm{dln} \hat{f}_1 + x_2 \mathrm{dln} \hat{f}_2 = 0$，故

$$\mathrm{dln} \hat{f}_2 = -\frac{x_1}{x_2} \mathrm{dln} \hat{f}_1 = -\frac{x_1}{x_2} \frac{5 - 16x_1 + 12x_1^2}{(5x_1 - 8x_1^2 + 4x_1^3)} \mathrm{d}x_1 = -\frac{5 - 16x_1 + 12x_1^2}{(1 - x_1)(5 - 8x_1 + 4x_1^2)} \mathrm{d}x_1$$

积分

$$\int_{f_2}^{\hat{f}_2} \mathrm{dln} \hat{f}_2 = -\int_0^{x_1} \frac{5 - 16x_1 + 12x_1^2}{(1 - x_1)(5 - 8x_1 + 4x_1^2)} \mathrm{d}x_1$$

得到

$$\ln \hat{f}_2 = \ln f_2 - \int_0^{x_1} \frac{5 - 16x_1 + 12x_1^2}{(1 - x_1)(5 - 8x_1 + 4x_1^2)} \mathrm{d}x_1$$

和

$$\ln f = x_1 \ln \frac{\hat{f}_1}{x_1} + x_2 \ln \frac{\hat{f}_2}{x_2} = x_1 \ln \frac{\hat{f}_1}{x_1} + (1 - x_1) \ln \frac{\hat{f}_2}{1 - x_1}$$

要得到 $\ln \hat{f}_2$ 和 $\ln f$，必须给定 f_2，即系统 T、p 条件下的纯组分 2 的逸度。请思考：f_2 如何计算？

最后，让我们来比较一下化工热力学中几个重要概念之间的关系。

均相封闭系统过程的摩尔性质的变化值可以用偏离性质来表示。

从均相敞开系统的角度看，混合物的摩尔性质（或混合过程性质变化、或超额性质）则能用偏摩尔性质来表示。无论是偏离性质还是偏摩尔性质都必须从一定模型来得到（也能从实验数据得到）——状态方程模型和 G^E 模型。

非均相系统相平衡问题的解决，需要计算各均相系统的逸度或组分逸度，故又引入了逸度系数、组分逸度系数和活度系数概念。它们的计算同样离不开状态方程和 G^E 模型。

均相系统的摩尔性质与逸度系数和活度系数之间紧密相连，特别是通过吉氏函数 G。

偏离吉氏函数则与逸度系数关系是

$$G(T, p, \{x\}) - G^{ig}(T, p, \{x\}) = RT \ln \frac{f}{p} = \ln \varphi$$

其参考态为与研究态同温、同压、同组成的理想气体混合物。

类似地有偏摩尔吉氏函数与组分逸度系数间的关系

$$\bar{G}_i(T,p,\{x\}) - \bar{G}_i^{ig}(T,p,\{x\}) = RT\ln\left(\frac{\hat{f}_i}{px_i}\right) = RT\ln\hat{\varphi}_i$$

其参考态也应该是与研究态同温、同压、同组成的理想气体混合物；

混合过程性质变化

$$\Delta M = M - \sum x_i M_i = \sum x_i(\bar{M}_i - M_i)$$

的参考态是 $\sum x_i M_i$（与研究态同温、同压的纯组分性质的组合）。

超额性质

$$\begin{cases} M^E = M - M^{is} = \sum x_i(\bar{M}_i - \bar{M}_i^{is}) \\ M^{E^*} = M - M^{is^*} = \sum x_i(\bar{M}_i - \bar{M}_i^{is^*}) \end{cases}$$

的参考态是 Mis 或 M^{is^*}，分别是与研究态同温、同压、同组成的理想溶液或理想稀溶液的性质。

特别对混合过程吉氏函数变化 ΔG 与活度系数的关系是

$$\Delta G = \sum x_i(\bar{G}_i - G_i) = RT\sum x_i\ln\frac{\hat{f}_i}{f_i} = RT\sum x_i\ln\left(\frac{\hat{f}_i}{f_i x_i}\right)x_i = RT\sum x_i\ln(\gamma_i x_i)$$

超额吉氏函数与活度系数的关系是

$$G^E = \sum x_i(\bar{G}_i - \bar{G}_i^{is}) = RT\sum x_i\ln\frac{\hat{f}_i}{\hat{f}_i^{is}} = RT\sum x_i\ln\gamma_i$$

或

$$G^{E^*} = \sum x_i(\bar{G}_i - \bar{G}_i^{is^*}) = RT\sum x_i\ln\frac{\hat{f}_i}{\hat{f}_i^{is^*}} = RT\sum x_i\ln\gamma_i^*$$

混合过程性质变化与超额性质有时是相同的，有时是不同的，如对称归一化的超额性质 M^E

当 $M = V, U, H, C_p, C_V$ 时，因为 $\bar{M}_i^{is} = M_i$，故

$$\Delta M = M^E$$

当 $M = S, A, G$ 时，因为 $\bar{M}_i^{is} \neq M_i$，故

$$\Delta M \neq M^E$$

从计算所用的模型看：

偏离性质和逸度系数常用状态方程模型，由于它们的参考态是理想气体，所以，在计算液相性质时，要求状态方程能同时适用于气、液两相；

活度系数常用 G^E 模型其参考态是理想溶液，主要用于液相；

混合过程性质变化的计算既可以用状态方程模型，也能用 G^E 模型。因为混合过程性质变化可以用偏离性质来表达，以混合焓为例有

$$\Delta H = H(T,p,\{x\}) - \sum x_i H_i(T,p)$$

$$= [H(T,p,\{x\}) - H^{ig}(T,\{x\})] - [\sum x_i H_i(T,p) - H^{ig}(T,\{x\})]$$

$$= [H(T,p,\{x\}) - H^{ig}(T,\{x\})] - [\sum x_i H_i(T,p) - \sum x_i H_i^{ig}(T)]$$

$$= [H(T,p,\{x\}) - H^{ig}(T,\{x\})] - \sum x_i[H_i(T,p) - H_i^{ig}(T)]$$

也可以用活度系数表示混合焓,见式(4-96)。

由此也能看到,理想气体和理想溶液是化工热力学中重要的参考态,它们的比较见表4-4。

表 4-4   理想气体与理想溶液模型

模型	理想气体		理想溶液	
理想状态	分子间相互作用为零,分子体积为零		分子间相互作用相同,分子体积相同	
真实状态	$T \to \infty$ 或 $p \to 0$		$x_i \to 1$ 或 $x_i \to 0$	
分类	理想气体	理想气体混合物	理想溶液	理想稀溶液
重要宏观性质	$G^{ig} = G_0^{ig} + RT\ln \dfrac{p}{p_0}$ $f^{ig} = p$ $\varphi^{ig} = 1$ $V^{ig} = \dfrac{RT}{p}$ $H^{ig}(T) = H^{ig}(T_0) + \displaystyle\int_{T_0}^{T} C_p^{ig} dT$	$\overline{G}_i^{ig} = G_i^{ig} + RT\ln y_i$ $\hat{f}_i^{ig} = p y_i$ $\hat{\varphi}_i^{ig} = 1$ $\overline{V}_i^{ig} = V_i$ $\overline{H}_i^{ig} = H_i$	$\overline{G}_i^{is} - G_i = RT\ln x_i$ $\hat{f}_i^{is} = f_i x_i$ $\gamma_i^{is} = 1$ $\overline{V}_i^{is} = V_i$ $\overline{H}_i^{is} = H_i$	$\overline{G}_i^{is\,*} - G_i = RT \times$ $\ln \dfrac{H_{i,\text{Solvent}} x_i}{f_i}$ $\hat{f}_i^{is\,*} = H_{i,\text{Solvent}} x_i$ $\gamma_i^{is\,*} = 1$ $\overline{V}_i^{is\,*} = \overline{V}_i^{\infty}$ $\overline{H}_i^{is\,*} = \overline{H}_i^{\infty}$
作为参考态	偏离性质 $M - M_0^{ig} =$ $M(T, p) - M^{ig}(T, p_0)$	偏离性质 $M - M^{ig} =$ $\sum y_i [\overline{M}_i - \overline{M}_i^{ig}]$	超额性质 $M^{E} = M - M^{is} =$ $\sum x_i [\overline{M}_i - \overline{M}_i^{is}]$	超额性质 $M^{is\,*} = M -$ $M^{is\,*} = \sum x_i [\overline{M} - \overline{M}_i^{is\,*}]$
	逸度系数 $G - G_{p_0 = p}^{ig} = RT\ln \dfrac{f}{p}$	组分逸度系数 $\overline{G}_i -$ $\overline{G}_i^{ig} = RT\ln \dfrac{\hat{f}_i}{p y_i}$	活度系数 γ_i $\overline{G}_i - \overline{G}_i^{is} = RT\ln \gamma_i$	活度系数 γ_i^{*} $\overline{G}_i - \overline{G}_i^{is\,*} = RT\ln \gamma_i^{*}$

【重点归纳】

掌握非均相系统性质计算的内容和思路。非均相封闭系统包含了若干均相敞开系统,各均相敞开系统之间的物质和能量交换,使其达到相平衡状态。均相敞开系统的热力学基本关系式是确定相平衡的基础。非均相系统的物性计算,首先要确定相平衡,然后计算平衡状态下的各相的性质。

掌握非均相系统相平衡准则的不同表达形式。

理解均相混合物性质计算有两种方法:一是将其视为均相封闭系统(即定组成混合物),基于均相封闭系统的热力学原理来推算性质,一般采用状态方程模型及其混合法则;二是将其视为均相敞开系统,由均相敞开系统的热力学原理获得混合物性质随组成的变化关系,一般采用溶液模型(如偏摩尔性质模型、超额吉氏函数模型等)。两种方法得到的结果应是一致的。

掌握表达均相敞开系统与环境之间的物质、能量交换规律的热力学基本关系式,化学势的定义和种类,偏摩尔性质的定义及其与化学势的关系,摩尔性质和偏摩尔性质之间的关系,Gibbs-Duhem的不同表达形式及其应用,混合过程性质变化的定义。

掌握混合物的组分逸度和组分逸度系数的定义与性质，从状态方程及混合法则计算组分逸度系数和组分逸度。了解计算液体混合物逸度系数时对状态方程的要求。

　　重点掌握理想溶液和理想稀溶液的 Lewis-Randall 规则和 Henry 规则，稀溶液的溶剂与溶质分别所遵守的理想溶液规则。

　　重点掌握对称归一化和不对称归一化活度系数、超额性质的定义及其相互关系。清楚混合过程性质变化、超额性质之间的区别和联系。了解 Margules、van Laar、Wilson、NRTL、UNIFAC 等活度系数模型及其特点，清楚在应用时所要输入的信息。掌握用活度系数计算混合物组分逸度的方法。

习　题

一、是否题

1. 偏摩尔体积的定义可表示为 $\overline{V}_i = \left(\dfrac{\partial nV}{\partial n_i}\right)_{T,p,\{n\}_{\neq i}} = \left(\dfrac{\partial V}{\partial x_i}\right)_{T,p,\{x\}_{\neq i}}$。

2. 对于理想溶液，所有的混合过程性质变化均为零。

3. 对于理想溶液所有的超额性质均为零。

4. 系统混合过程的性质变化与该系统相应的超额性质是相同的。

5. 理想气体有 $f = p$，而理想溶液有 $\hat{\varphi}_i = \varphi_i$。

6. 温度和压力相同的两种理想气体混合后，则温度和压力不变，总体积为原来两气体体积之和，总内能为原两气体热力学能之和，总熵为原来两气体熵之和。

7. 因为 G^E（或活度系数）模型是温度和组成的函数，故理论上 γ_i 与压力无关。

8. 纯流体的汽-液平衡准则为 $f^v = f^l$。

9. 混合物系统达到汽-液平衡时，总是有 $\hat{f}_i^v = \hat{f}_i^l$，$f^v = f^l$，$f_i^v = f_i^l$。

10. 理想溶液一定符合 Lewis-Randall 规则和 Henry 规则。

二、选择题

1. 由混合物的逸度表达式 $\overline{G}_i = G_i^{ig} + RT\ln\hat{f}_i$，知 G_i^{ig} 的状态为（　　　　）。

A. 系统温度，$p = 1$ 的纯组分 i 的理想气体状态

B. 系统温度，系统压力的纯组分 i 的理想气体状态

C. 系统温度，$p = 1$ 的纯组分 i

D. 系统温度，系统压力，系统组成的理想混合物

2. 已知某二元系统的 $\dfrac{G^E}{RT} = \dfrac{x_1 x_2 A_{12} A_{21}}{x_1 A_{12} + x_2 A_{21}}$，$A_{12}$，$A_{21}$ 是常数，则对称归一化的活度系数 $\ln\gamma_1$ 是（　　　　）。

A. $A_{12}\left(\dfrac{A_{21} x_2}{A_{12} x_1 + A_{21} x_2}\right)^2$　　B. $A_{21}\left(\dfrac{A_{12} x_1}{A_{12} x_1 + A_{21} x_2}\right)^2$　　C. $A_{12} A_{21} x_1^2$　　D. $A_{21} A_{12} x_2^2$

三、填空题

1. 填表

偏摩尔性质（$\overline{M}_i$）	溶液摩尔性质（M）	关系式（$M = \sum x_i \overline{M}_i$）
	$\ln f$	
	$\ln\varphi$	
$\ln\gamma_i$		

2. 有人提出了一定温度和压力下二元液体混合物的偏摩尔体积的模型是 $\overline{V}_1 = V_1(1 + ax_2)$，$\overline{V}_2 = V_2(1 + bx_1)$，其中 V_1、V_2 为纯组分的摩尔体积，a、b 为常数，问所提出的模型是否有问题？_____。若模型改为 $\overline{V}_1 = V_1(1 + ax_2^2)$，$\overline{V}_2 = V_2(1 + bx_1^2)$，情况又如何？_____。

3. 常温、常压条件下二元液相系统的溶剂组分的活度系数为 $\ln\gamma_1 = \alpha x_2^2 + \beta x_2^3$（$\alpha$，$\beta$ 是常数），则溶质组分的活度系数表达式是 $\ln\gamma_2 = $ _____。

四、计算题

1. 298.15K，若干 NaCl（B）溶解于 1kg 水（A）中形成的溶液的总体积的关系为 $V_t = 1001.38 + 16.625n_B + 1.773n_B^{3/2} + 0.119n_B^2$（$cm^3$）。求 $n_B = 0.5$mol 时，水和 NaCl 的偏摩尔体积 $\overline{V}_A$、$\overline{V}_B$。

2. 用 PR 方程计算 2026.5kPa 和 344.05K 的下列丙烯（1）-异丁烷（2）系统的摩尔体积、组分逸度和总逸度。（a）$x_1 = 0.5$ 的液相；（b）$y_1 = 0.6553$ 的气相（设 $k_{12} = 0$）。

3. 常压下的三元气体混合物的 $\ln\varphi = 0.2y_1y_2 - 0.3y_1y_3 + 0.15y_2y_3$，求等物质的量混合物的 $\hat{f}_1$、$\hat{f}_2$、$\hat{f}_3$。

4. 三元混合物的各组分摩尔分数分别为 0.25、0.3 和 0.45，在 6.585MPa 和 348K 下的各组分的逸度系数分别是 0.72、0.65 和 0.91，求混合物的逸度。

5. 利用【例题 4-9】给定的有关数据和 Wilson 方程，计算下列甲醇（1）-水（2）系统的组分逸度（a）$p = 101325$Pa，$T = 81.48℃$，$y_1 = 0.582$ 的气相；（b）$p = 101325$Pa，$T = 81.48℃$，$x_1 = 0.2$ 的液相。

6. 已知环己烷（1）-苯（2）系统在 40℃时的超额吉氏函数是 $\dfrac{G^E}{RT} = 0.458x_1x_2$ 和 $p_1^s = 24.6$kPa，$p_2^s = 24.3$kPa，求（a）γ_1、γ_2、$\hat{f}_1^l$、$\hat{f}_2^l$；（b）$H_{1,2}$；（c）γ_1^*、γ_2^*。

7. 已知苯（1）-环己烷（2）液体混合物在 303K 和 101.3kPa 下的摩尔体积是 $V = 109.4 - 16.8x_1 - 2.64x_1^2$（$cm^3 \cdot mol^{-1}$），试求此条件下的（a）$\overline{V}_1$、$\overline{V}_2$；（b）$\Delta V$。

五、图示题

一定 T、p 下的二元溶液的超额吉氏函数模型为 $\dfrac{G^E}{RT} = 0.5x_1x_2$，试定性作出：（1）$\dfrac{G^E}{RT}$-$x_1$ 图；（2）在 $\dfrac{G^E}{RT}$-x_1 图、在 $\dfrac{G^E}{RT}$-x_1 图上确定 $\ln\gamma_1$（$x_1 = 0.25$）和 $\ln\gamma_2$（$x_1 = 0.25$）。

六、证明题

1. 对于二元系统，证明不同归一化的活度系数之间的关系 $\gamma_1^* = \dfrac{\gamma_1}{\gamma_1^\infty}$ 和 $\gamma_1 = \dfrac{\gamma_1^*}{\gamma_{1(x_1 \to 1)}^*}$。

2. 试证明式（4-62）。

参考文献

[1] Wilson G M. J Am Chem Soc，1964，86：127.

[2] Renon H，Prausnitz J M. AIChE J，1968，14：135.

[3] Abrams D S，Prausnitz J M. AIChE J，1975，21：116.

[4] Fredenslund A，Gmehling J，Rasmussen P. Vapor-liquid Equilibria using UNIFAC，a Group-Contribution Method. Amsterdam：Elsevier，1977.

[5] Kojima K，Tochigi K. Predition of Vapor-Liquid Equilibria by the ASOG Method. Tokyo：Kodansha Ltd，1979.

[6] Gmehling J，Rasmussen P，Fredenslund A. Ind Eng Chem Proc Des Dev，1982，21：118.

[7] Gmehling J，Weidlich U. Fluid Phase Equilibria，1986，27：171.

[8] Larsen B L，Rasmussen P，Fredenslund A. Ind Eng Chem Res，1987，26：2274.

[9] Oishi T，Prausnitz J M. Ind Eng Chem Proc Des Dev，1978，17：333.

[10] Sander B，Skjold-Jorgensen S，Rasmussen P. Fluid Phase Equilibria，1983，11：105.

[11] Dang D，Tassios D. Ind Eng Chem Proc Des Dev，1986，25：22.

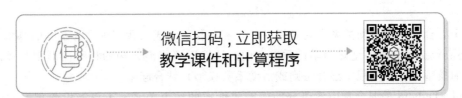
微信扫码，立即获取
教学课件和计算程序

第 **5** 章

非均相系统的热力学性质计算

【内容提示】 ▪▪▪

1. 相平衡计算的内容、方法和类型；
2. 二元多相共存系统相图的规律及相关概念；
3. 汽-液平衡、气-液平衡、汽-液-液、液-液、固-液相平衡的计算方法；
4. 溶液相分裂的判据；
5. 二元系统汽-液平衡实验数据质量的检验方法；
6. 由相平衡数据确定模型参数的方法。

5.1 引言

在第 3 章中，我们已经掌握了均相性质的计算原理和方法，在第 4 章中，又基于均相敞开系统讨论了相平衡原理，在这些原理的基础上，结合第 2 章介绍的状态方程模型和第 4 章介绍的活度系数模型，就能完成非均相系统的热力学性质计算了。

由第 1 章的图 1-2 知，一个非均相系统可以分解成为若干个均相敞开系统，当达到相平衡状态时，这若干个敞开系统能视为均相封闭系统。所以，非均相系统的热力学性质计算包括两个部分：确定平衡状态和计算互成平衡的各个相的性质。

本章最主要的工作是确定相平衡，一旦平衡状态确定后，就得到了系统的基本强度性质，各相的性质计算就属于均相性质的范畴。

不同的非均相系统包含了不同的相平衡，典型的有汽-液平衡（VLE）、液-液平衡（LLE）、固-液平衡（SLE）等，虽然相平衡的类型不同，但计算的原理和方法是类似的，学习中应注意灵活掌握，触类旁通。本章以汽-液平衡系统的热力学性质计算为重点，并对其他类型的相平衡进行适当讨论。

纯物质的汽-液平衡已经在第 3 章中讨论，纯物质的相变化过程属于均相封闭系统变化过程。

对于混合物，相平衡关系主要是指 T、p 和各相的组成（我们称之为系统的基本强度性质），还应包括各相的其他热力学性质，它们的计算需要将混合物的相平衡准则与反映混合物特性的模型（状态方程＋混合法则或活度系数模型）结合起来。

Gibbs-Duhem 是混合物中各组分的偏摩尔性质的约束关系，不仅能检验偏摩尔性质的模型，而且，由于有些偏摩尔性质（如 $\ln\gamma_i$）与混合物的相平衡数据相联系，所以，在相平衡数据的检验和推算中也有重要作用。本章的内容主要有：

① 混合物的相图和相平衡计算；

② 汽-液平衡数据的一致性检验；

③ 热力学性质的推算和预测。

<h2>5.2 混合物的汽-液平衡</h2>

混合物的汽-液平衡是本章的重点，汽-液平衡是实际应用中涉及最多的相平衡类型，也是研究得最多、最成熟的一类相平衡。其他类型的相平衡（如液-液平衡、气体在溶剂中的溶解平衡、固-液平衡等）的原理与汽-液平衡有一定的相似性。

一个由 N 个组分组成的两相（如气相 V 和液相 L，见图 5-1）系统，在一定 T、p 下达到汽-液平衡。该两相平衡系统的基本强度性质是 T，p，气相组成 y_1，y_2，$\cdots$，y_{N-1}（因为 $\sum y_i = 1$）和液相组成 x_1，x_2，$\cdots$，x_{N-1}（因为 $\sum x_i = 1$），共有 $2 + (N-1) + (N-1) = 2N$ 个。

由相律知，N 元的两相平衡系统的自由度是 $f = N - 2 + 2 = N$，给定 N 个强度性质作为独立变量，确定其余的 N 个强度性质是汽-液平衡计算的任务。一旦完成

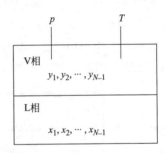

图 5-1　混合物的汽-液平衡系统

了汽-液平衡计算，那么，该非均相系统中的任何一个相的热力学性质就很容易计算了，因为平衡状态下的非均相系统中的各个相都可以作为均相封闭系统处理。

在介绍相平衡计算之前，有必要先来讨论一下汽-液相图。相图的内容不仅有重要的实际意义，而且有助于理解相平衡及计算。

5.2.1　混合物的气-液相图

第 2 章介绍的 p-T 图或 p-V 图就包含了纯物质的气-液相图。混合物的气-液相图中，由于增加了组成变量，故要复杂一些。

相律提供了确定系统所需要的强度性质数目。以二元气、液相混合物为例，其基本的强度性质是（T、p、x_1、y_1），系统的自由度为 $f = 2 - M + 2 = 4 - M$（M 是相数），系统的最小相数为 $M = 1$，故最大自由度是 $f = 3$，表明最多需要 3 个强度性质来确定系统。这样，二元气-液相图就要表达成三维立体曲面形式。

为了便于用二维相图来研究问题，习惯上，增加一个对强度性质限制条件（常有等温条件或等压条件，有时也用定组成相图），此时系统的自由度为 $f = 3 - M$。在单相区，$M = 1$，$f = 2$，系统状态可以表示在二维平面上；在气、液共存时，$M = 2$，$f = 1$，故汽-液平衡关系就能表示成曲线。

在固定压力条件下，单相区的状态可以表示在温度-组成的平面上，汽-液平衡关系可以表示成温度-组成（T-x_1 和 T-y_1）的曲线［图 5-2（a）中所示的是等压二元相图，T-x-y 图］。

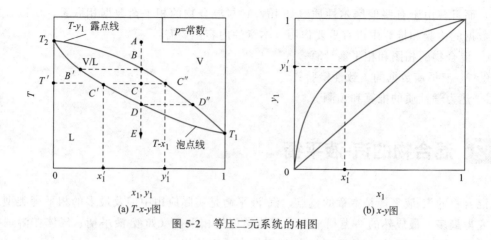

(a) T-x-y图   (b) x-y图

图 5-2　等压二元系统的相图

在固定温度条件下，单相区的状态可以表示在压力-组成的平面上，汽-液平衡关系可以表示成压力-组成（p-x_1 和 p-y_1）的曲线［如图 5-3(a) 中所示的是等温二元相图，p-x-y 图］。

另外，在应用中无论是等压力条件还是等温条件下，二元汽-液平衡关系还可以表示成 x_1-y_1 曲线［如图 5-2(b)、图 5-3(b) 所示的 x-y 图］。

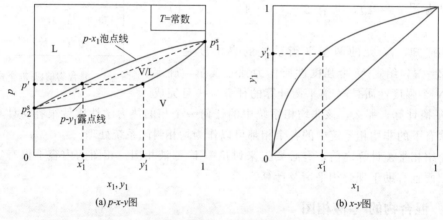

(a)p-x-y图   (b) x-y图

图 5-3　等温二元系统的相图

在图 5-2～图 5-4 中，按照习惯，常将二元系统中的低沸（高挥发性）组分作组分 1，而高沸（低挥发性）组分作组分 2。

由图 5-2 知，T_1 和 T_2 是纯组分在给定压力 p 下的沸点。连接 T_1，T_2 的两条曲线中，上面的称为露点线，表示了平衡温度与气相组成的关系 T-y_1；而下面的曲线是泡点线，表示平衡温度与液相组成的关系 T-x_1。可以认为，露点线上的任何一点都是代表该点气相混合物刚开始平衡冷凝（形象地说，刚产生第一个与气相成平衡的小液滴，又不至于引起气相组成改变）的状态；而泡点线上的任何一点是代表了该点的液相混合刚开始平衡汽化（形象地说，刚产生第一个与液相成平衡的小气泡，又不至于引起液相组成的变化）的状态。

图 5-2(a) 的 T-x-y 图被露点线和泡点线划分成了气相区 V、液相区 L 和气液共存区 V/L。图中的虚线 $A \to B \to C \to D \to E$ 是表示处于气相区的定组成混合物 A 在等压条件下降温的过程，该封闭系统状态沿虚线向下与露点线相交时（交点 B 是露点），产生的平衡液相是 B' 点；当降温至 C 点时，产生的平衡气、液相分别是 C''、C' 点（但系统的总组成是不变

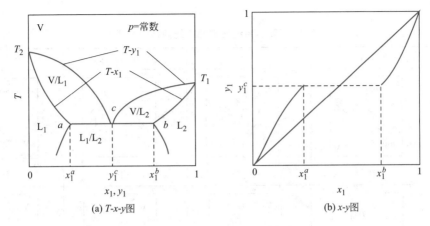

图 5-4　二元部分互溶系统的等压相图

的，C、C''、C' 点的量和组成符合杠杆规则）；当所有的气相全部冷凝时（即泡点 D），与此成平衡的气相是 D''；此后系统将在液相区继续降温至 E 点。同样，也可以对混合液相的加热过程进行描述。

要注意的是，混合物的相变过程与纯物质的情形有所不同，如在等压条件下，混合物的相变过程一般是变温过程，而纯物质是等温过程。

图 5-2(b) 的 x-y 曲线是汽-液平衡的另一种表达形式，曲线上的每一点的温度都是不同的，但是 x-y 图不能给出温度的数据。x-y 图虽然比 T-x-y 图的信息少，但在平衡级分离中被广泛采用。由上面的相图知，平衡的气、液相的组成是有差异的，多数情况下，混合物的汽化使得轻组分在气相得到富集，重组分在液相得到富集（但不是所有的系统都是这样），所以，汽-液平衡是蒸馏平衡级分离的基础。

在图 5-3(a) 中，同样表示出了纯组分蒸气压、泡点线、露点线、气相区、液相区、气液共存区等，可以自行对照图 5-2(a) 进行一一讨论。相图的内容是相当丰富的，这里所介绍的是一些常见的气-液相图。

值得指出的是，在图 5-3(a) 中，连接 p_2^s 和 p_1^s 的斜虚线实际上代表了理想系统（气相是理想气体混合物，液相是理想溶液）的泡点线，因为理想系统的泡点线方程为：

$$p = py_1 + py_2 = p_1^s x_1 + p_2^s x_2 = p_2^s + (p_1^s - p_2^s)x_1$$

分子间的相互作用使实际系统与理想系统产生了偏差，如图 5-3(a) 所示的泡点线位于理想系统的泡点线上方，但没有产生极大值，我们称之为一般正偏差系统；有些系统的泡点线可能位于理想系统的泡点线下方而又没有产生极小值，称为一般负偏差系统；随着分子间相互作用的增强，真实系统偏离理想系统的程度增大，以至于在泡点线上产生极值点，称为共沸点。在共沸点，泡点线与露点线相切，气相组成与液相组成相等，并称为共沸组成，即 $x_i^{az} = y_i^{az}$，由此可见，不能通过简单蒸馏方法来提纯共沸混合物。

共沸点液相的性质与纯液体有一点相似，如能在等温等压下汽化，但又有区别，如共沸点不是纯物质，而是混合物，共沸组成会随着 T 或 p 而变化。

共沸点分为两种，即最高压力共沸点和最低压力共沸点。对于 p-x-y 图上的最高压力共沸点，一般也会表现为 T-x-y 图上的最低温度共沸点。同样，p-x-y 图上的最低压力共沸点，一般也会表现为 T-x-y 图上的最高温度共沸点。

根据真实系统与理想系统偏差的不同，液相互溶系统的泡点线和露点线常分为四类，分别见表 5-1。

表 5-1　真实系统与理想系统偏差的分类

偏差类型	一般正偏差	一般负偏差	最高压力共沸点	最低压力共沸点
p-x-y 图				
T-x-y 图				
x-y 图				
p-x-y 图上的特征	泡点线位于理想系统泡点线之上，但没有极值 $p > \sum p_i^s x_i$ $\gamma_i > 1$	泡点线位于理想系统泡点线之下，但没有极值 $p < \sum p_i^s x_i$ $\gamma_i < 1$	泡点线位于理想系统泡点线之上，并有极大值 $p > \sum p_i^s x_i$ $p^{az} = p_{max}$ $x_1^{az} = y_1^{az}$	泡点线位于理想系统泡点线之下，并有极小值 $p < \sum p_i^s x_i$ $p^{az} = p_{min}$ $x_1^{az} = y_1^{az}$

　　若同种分子间的相互作用大大超过异种分子间的相互作用，汽-液平衡系统中的液相可能出现部分互溶（即分层为两个液相）的情况，此时，系统呈现出汽-液-液三相平衡，如常压下的丁醇（1）-水（2）系统就是一例。由于汽-液-液平衡时 $M=3$，在等温或等压条件下 $f=0$，相图上的汽-液-液平衡关系是一个三相点。如图 5-4(a) 就是液相部分互溶系统的相图。其中，a-c-b 的直线代表是汽-液-液三相平衡温度，在此温度之上，存在着两个局部范围的汽-液平衡，在此温度之下，是液-液平衡。图 5-4(b) 是汽-液-液平衡的 x-y 曲线（注意：在 $x_1^a < x_1 < x_1^b$ 范围内，液相组成没有物理意义，因为在该范围内是非均相的液相系统）。

5.2.2　汽-液平衡的准则和计算方法

　　解决相平衡问题的基础是平衡准则，对于含 N 个组分的气液混合物系统，从式(4-63)得到如下的混合物汽-液平衡准则

$$\hat{f}_i^v = \hat{f}_i^l \quad (i=1,2,\cdots,N) \tag{5-1}$$

并在第 4 章中，我们已经掌握了组分逸度 $\hat{f}_i$ 的计算方法。

　　若气、液相的组分逸度都是用组分逸度系数来计算，即 $\hat{f}_i^v = p y_i \hat{\varphi}_i^v$ 和 $\hat{f}_i^l = p x_i \hat{\varphi}_i^l$ ［见

式(4-61)]，则式(5-1) 的汽-液平衡准则转化为以组分逸度系数来表示

$$\hat{\varphi}_i^{\text{v}} y_i = \hat{\varphi}_i^{\text{l}} x_i \quad (i=1,2,\cdots,N) \tag{5-2}$$

其中，气、液相的组分逸度系数可以用一个适合于气、液两相的状态方程及其混合法则来计算，人们将这种基于一个状态方程模型来描述汽-液平衡的方法称为状态方程法，或简称 EOS 法。EOS 法要求状态方程能同时适用于气、液两相。

我们还介绍了另一种用活度系数计算组分逸度的方法，这种方法特别适用于液相，即 $\hat{f}_i^{\text{l}} = f_i^{\text{l}} x_i \gamma_i$ [见式(4-81)]。在处理汽-液平衡时，若气相的组分逸度用状态方程和混合法则计算（这时只要求气体状态方程），而液相的组分逸度用活度系数计算，则平衡关系式(5-1)可以表示为

$$p \hat{\varphi}_i^{\text{v}} y_i = f_i^{\text{l}} x_i \gamma_i \quad (i=1,2,\cdots,N) \tag{5-3}$$

这种用状态方程和活度系数两个模型来处理汽-液平衡的方法称为状态方程＋活度系数法，或简称 EOS＋γ 法。

有些情况下，例如含有超临界组分 i，需要采用不对称归一化的活度系数，即 $\hat{f}_i^{\text{l}} = H_{i,\text{Solvent}} x_i \gamma_i^*$ [见式(4-86)]，这时，汽-液平衡关系为 $p \hat{\varphi}_i^{\text{v}} y_i = H_{i,\text{Solvent}} x_i \gamma_i^* (i=1,2,\cdots,N)$。

采用何种模型来计算混合物的组分逸度，主要由系统的特征决定。

式(5-2) 和式(5-3) 都是混合物的汽-液平衡的表达形式，另外，还可用汽-液平衡常数 K_i 来表示，对混合物汽-液平衡系统的任一个组分 i，K_i 的定义是

$$K_i = \frac{y_i}{x_i} \quad (i=1,2,\cdots,N) \tag{5-4}$$

若将式(5-2) 与式(5-4) 结合，得

$$K_i = \frac{\hat{\varphi}_i^{\text{l}}}{\hat{\varphi}_i^{\text{v}}} \quad (i=1,2,\cdots,N) \tag{5-5}$$

若将式(5-3) 与式(5-4) 结合，得

$$K_i = \frac{f_i \gamma_i}{p \hat{\varphi}_i^{\text{v}}} \quad (i=1,2,\cdots,N) \tag{5-6}$$

汽-液平衡常数其实并不是一个常数，而一般是 T、p 和组成的函数，但对于近理想系统，汽-液平衡常数近似地视为 T、p 的函数，如【例题 5-1】。

5.2.3 汽-液平衡计算类型

5.2.2 中已经指出，N 元汽-液平衡系统的自由度是 N，指定 N 个强度性质作为独立变量后，系统将被唯一地确定下来。汽-液平衡计算的目的是从指定的 N 个强度性质，确定其余基本的强度性质。

指定 N 个强度性质的方案不同，构成了不同的汽-液平衡计算类型。常见的汽-液平衡计算类型见表 5-2，并且，我们可以从定组成混合物的 $p\text{-}T$ 相图（见图 5-5）上来分析不同的汽-液

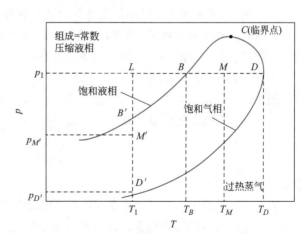

图 5-5　定组成混合物的 $p\text{-}T$ 相图

表 5-2 常见的汽-液平衡计算类型

计算类型	指定的 N 个强度性质	待确定的 $N+1$ 个基本的强度性质
等温泡点计算	$T, x_1, x_2, \cdots, x_{N-1}$	$p, y_1, y_2, \cdots, y_N$
等压泡点计算	$p, x_1, x_2, \cdots, x_{N-1}$	$T, y_1, y_2, \cdots, y_N$
等温露点计算	$T, y_1, y_2, \cdots, y_{N-1}$	$p, x_1, x_2, \cdots, x_N$
等压露点计算	$p, y_1, y_2, \cdots, y_{N-1}$	$T, x_1, x_2, \cdots, x_N$
闪蒸计算	$T, p, z_1, z_2, \cdots, z_{N-1}$	$x_1, x_2, \cdots, x_N; y_1, y_2, \cdots, y_N$ 和 η

平衡计算类型之间的关系。

图 5-5 是定组成混合物的 p-T 相图。两条倾斜的曲线在混合物的临界点 C 点平滑连接。上方的曲线代表了饱和液相（即泡点轨迹），曲线的上方是压缩液体 L；下方的曲线代表了饱和气相（即露点轨迹），曲线的下方是过热蒸气 V。

❖ **注意**：图 5-5 中的泡点线和露点并没有互成相平衡的关系，只是分别表示定组成的液相区或气相区及其饱和状态随着 T、p 的变化。

压缩液相区的任一点液体 L，在等压 p_1 下加热时，其状态以水平方向右移，当到达饱和液相点 $B(p_1, T_B)$，将开始汽化，但当刚产生第一个小气泡时，液相组成几乎没有变化，此时气泡与液相成汽-液平衡，求等压条件下与已知液相成平衡的小气泡的组成和平衡温度就是等压泡点计算。若在等压条件下继续升温（随着汽化过程的进行，系统温度不断上升，这与纯物质的汽化不同），状态仍按水平右移，如到达 M 点（p_1, T_M），此过程中液体逐渐汽化成为气相，不但气、液相的量，而且气、液相的组成都是在不断地变化（但系统的总组成不变）。当汽化到只剩最后一小滴液体时，即到达 D 点（p_1, T_D），气相（即饱和气相）的组成将等于原来液相的组成，且气相的量也是等于原来液相的量，但最后一小滴液体的组成已经与原来液相的组成完全不同了，此时气相与小液滴成汽-液平衡，求在等压条件下与已知气相成平衡的小液滴的组成和平衡温度就是等压露点计算。若饱和气体继续升温，则进入过热蒸气区，液相将消失。

同样，若 L 点液体沿等温条件进行减压操作，B' 点的汽-液平衡就是等温泡点计算问题，D' 点的汽-液平衡就是等温露点计算问题。请自行分析。

原则上，对于混合物系统的同一状态点，以上的四种汽-液平衡计算的结果是等价的，因为它们都满足同样的平衡准则，所不同的是给定了不同的强度性质作为独立变量。

表 5-2 中的五种汽-液平衡计算类型中，第一、二类型是泡点计算。即确定某一组成的液体混合物在一定压力的沸点（泡点）或一定温度下的蒸气压，以及平衡气相组成。表 5-2 所示的 $N+1$ 个基本的强度性质可以从式(5-1)（N 个方程）和气相组成的归一化方程

$$\sum_{i=1}^{N} y_i = 1 \tag{5-7}$$

联立求解出来。

表 5-2 中的第三、四类型是露点计算，即确定某一组成的气体混合物在一温度下的露点压力或一定压力下的露点温度，以及平衡液相组成。表 5-2 所示的 $N+1$ 个强度性质也是从式(5-1) 与液相组成的归一化方程

$$\sum_{i=1}^{N} x_i = 1 \tag{5-8}$$

联立求解得到。

第五类型是闪蒸计算。闪蒸的名词来源于：液体流过阀门等装置，由于压力突然降低而引起急骤蒸发，产生部分汽化，形成互成平衡的气、液两相（也可以是气相产生部分冷凝）。点线之间的状态点，如 $M(p_1, T_M)$ 或 $M'(p_{M'}, T_1)$，就是某定组成的混合物，在一定的温度、压力下，部分汽化（或部分冷凝的情况），闪蒸计算的目的是确定汽化（或冷凝）分数和平衡气、液相组成。

在 T、p 条件下，总组成为 z_i 的混合物分为相互成平衡的气、液两相，闪蒸计算的目的是确定气、液相组成（x_i, y_i）及气相分数$\left(\eta = \dfrac{V}{V+L} \right)$。

比较泡点计算、露点计算和闪蒸计算可知，在泡点时，液相组成等于总组成，气相分数等于 0；在露点时，气相组成等于总组成，气相分数等于 1；闪蒸时，气、液组成与总组成均不相等，气相分数在 0 和 1 之间。

由表 5-2 知，闪蒸计算输入了 $N+1$ 个强度性质，较相律所规定的独立变量数多了一个，输出结果中，除了两相组成之外，还有另外一个性质，即气相分数 η，共有 $2N+1$ 个未知量，它们是从汽-液平衡准则式（5-1）和物料平衡方程

$$z_i = x_i(1-\eta) + y_i\eta \quad (i=1,2,\cdots,N) \tag{5-9}$$

及归一化方程

$$\sum_{i=1}^{N} x_i = 1 \quad \text{或} \quad \sum_{i=1}^{N} y_i = 1 \tag{5-10}$$

组成的 $2N+1$ 个方程组联立求解。

【例题 5-1】 一个总组成分别是 $z_1=0.45$，$z_2=0.35$，$z_3=0.20$ 的苯（1）-甲苯（2）-乙苯（3）的压缩液体混合物，经闪蒸后在 373.15K、0.09521MPa 下达到平衡，求闪蒸后平衡的气相分数和气、液组成。

解：由于三个组分的分子大小和极性差别不是很大，可以将液相作为理想溶液处理。又因为系统的压力不高，故又将气相看作理想气体混合物。所以，这是一个近似的理想系统。故汽-液平衡准则可以简化为

$$\hat{f}_i^{\,\mathrm{v}} = p y_i \quad \text{和} \quad \hat{f}_i^{\,\mathrm{l}} = f_i x_i = p_i^{\mathrm{s}} x_i$$

由式（5-1）得到汽-液平衡常数

$$K_i = \frac{y_i}{x_i} = \frac{p_i^{\mathrm{s}}}{p}$$

查附录 A-2 的 Antoine 方程常数，并由 Antoine 方程计算出各组分在 373.15K 时的饱和蒸气压（MPa）分别是

$$p_1^{\mathrm{s}}=0.18005, \quad p_2^{\mathrm{s}}=0.07417, \quad p_3^{\mathrm{s}}=0.03426$$

计算出在 373.15K、0.09521MPa 下各组分的汽-液平衡常数分别是

$$K_1=1.8911, \quad K_2=0.7790, \quad K_3=0.3598$$

由物料平衡式（5-9）与汽-液平衡关系 $y_i = K_i x_i$ 结合，消除变量 x_i，得

$$y_i = \frac{z_i K_i}{1 + \eta(K_i - 1)} \quad (i=1,2,3)$$

代入式(5-10) 的气相组成的归一化方程，得到仅含未知数 η 的方程式

$$\sum_{i=1}^{3} \frac{z_i K_i}{1 + \eta(K_i - 1)} = 1$$

代入有关数据得

$$\frac{0.45 \times 1.8911}{1 + 0.8911\eta} + \frac{0.35 \times 0.779}{1 - 0.221\eta} + \frac{0.20 \times 0.3598}{1 - 0.6402\eta} = 1$$

由试差法求出气相分数为 $\eta \approx 0.505$，并代入上面的 y_i 的表达式得到

$$y_1 = 0.587, \quad y_2 = 0.307, \quad y_3 = 0.106$$

再由 $x_i = \dfrac{y_i}{K_i}$ 得 $\qquad x_1 = 0.31, \quad x_2 = 0.394, \quad x_3 = 0.296$

由于本题是近似的理想系统，才使得平衡常数 K_i 的计算简化，且仅与 T、p 有关，而与组成无关。对于非理想系统，其 K_i 是 T、p 和组成的函数，需要用更真实的模型来计算，如 EOS 法或 EOS+γ 法等都是计算 K_i 的有效方法。

5.2.4 状态方程法（EOS 法）计算混合物的汽-液平衡

基于 EOS 法的汽-液平衡准则是式(5-2)。由于逸度系数 $\hat{\varphi}_i^{\mathrm{v}}$ 是 T、p 和 y_i 的函数，而 $\hat{\varphi}_i^{\mathrm{l}}$ 是 T、p 和 x_i 的函数。对于 N 元混合物，有 T、p、x_i 和 $y_i(i=1,2,\cdots,N-1)$ 共 $2N$ 个基本的强度性质，指定其中 N 个作为独立变量时，其余的 N 个强度性质通过求解式(5-2) 的 N 个方程得到。非线性方程组求解必须采用借助于计算机由数值方法完成。其中，$\hat{\varphi}_i^{\mathrm{v}}$ 和 $\hat{\varphi}_i^{\mathrm{l}}$ 可用 SRK、PR、MH-81 等状态方程及其混合法则计算，其表达式见第 4 章的表 4-2。

状态方程法计算混合物汽-液平衡的主要步骤如下：

① 选定的一个能适用于气、液两相的状态方程，并结合混合法则推导出组分逸度系数 $\hat{\varphi}_i$ 的表达式（它能用于气、液两相的组分逸度的计算）；

② 由纯组分的有关参数得到各纯组分的状态方程常数，并获得混合法则中的相互作用参数；

③ 由迭代法求解汽-液平衡准则方程组。

在迭代过程中，涉及各组分状态方程的常数计算、混合物的常数计算、体积根的求取、组分逸度系数的计算和汽-液平衡方程组的迭代等计算单元，这些单元计算往往要重复进行，通常将它们编写成为子程序，供反复调用。在热力学性质计算软件 ThermalCal 中，包含了 PR 方程计算汽-液平衡内容，供解题和其他应用。

现以表 5-1 中第一类型的等温泡点计算为例说明，所用模型是 PR 方程，计算过程见框图 5-6。

实际上，汽-液平衡的计算过程就是求由式(5-2) 和式(5-7) 组成的方程组的解。以上框图中有两个迭代循环，当内循环的条件满足时，使式(5-2) 的等逸度相平衡准则近似成立；当外循环满足条件时，使式(5-7) 的气相组成归一化条件近似成立。当两个循环的条件同时满足时的 T 和 y_i，才是方程组式(5-2) 和式(5-7) 的解。

在等温泡点计算中，首先要估计 p 和 y_i 的初值，如有可能，可以采用实验值作为初值，也可从理想系统汽-液平衡关系来估计

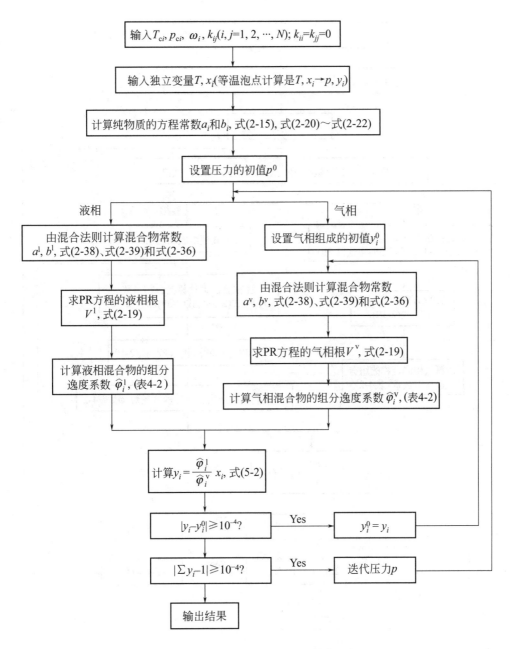

图 5-6　用 PR 方程进行等温泡点计算的框图

$$p^0 = \sum_{i=1}^{N} x_i p_i^s \quad \text{和} \quad y_i^0 = \frac{x_i p_i^s}{\sum_{j=1}^{N} x_j p_j^s} \tag{5-11}$$

另外，y_i 的迭代采用最新的计算值，p 的迭代式用下列经验递推式

$$p_{(n+1)} = p_{(n)} \sum_{i=1}^{N} y_{i(n)} \tag{5-12}$$

对于汽-液平衡的其他三种计算类型，有类似的迭代过程，本质上是要求解平衡准则和组成归一化方程组。如图 5-7 中给出了用 PR 方程进行等压露点计算的框图。其余两种计算

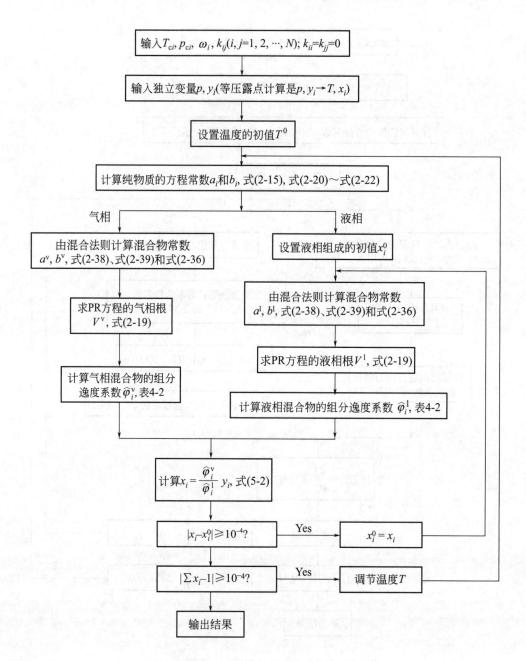

图 5-7 用 PR 方程进行等压露点计算的框图

类型可试着自行设计。在具体计算中还涉及许多实际经验，只有应用，才能掌握。在热力学性质计算软件中，编写了用 PR 方程进行四种类型的汽-液平衡计算。

5.2.5 关于相互作用参数

混合法则中的相互作用参数 k_{ij} 一般是从混合物的实验数据拟合得到（以上框图中的 k_{ij} 是预先给定的）。如已知 N 元混合物的 Np 点汽-液平衡数据，通过求下列目标函数（OB）之一的极小值，就能得到 k_{ij} 的值。目标函数是关于相互作用参数的非线性方程，用数学上的最优化方法获得其极小时的相互作用参数值，具体内容不在本课程中介绍。

逸度
$$OB_1 = \sum_{j=1}^{Np} \sum_{i=1}^{N} |\ln \hat{f}_i^{\,\mathrm{v}} - \ln \hat{f}_i^{\,\mathrm{l}}|_j = \sum_{j=1}^{Np} \sum_{i=1}^{N} \left| \ln \frac{\hat{\varphi}_i^{\,\mathrm{v}} y_{i\exp}}{\hat{\varphi}_i^{\,\mathrm{l}} x_{i\exp}} \right|_j$$

组成
$$OB_2 = \sum_{j=1}^{Np} \sum_{i=1}^{N} |y_{i\mathrm{cal}} - y_{i\exp}|_j$$

压力或沸点
$$OB_3 = \sum_{j=1}^{Np} \left| 1 - \frac{p_{\mathrm{cal}}}{p_{\exp}} \right|_j \quad \text{或} \quad \sum_{j=1}^{Np} |T_{\mathrm{cal}} - T_{\exp}|_j$$

组合
$$OB_4 = \lambda \cdot OB_2 + OB_3 \quad (\lambda \text{ 是加权因子})$$

目标函数的选取一般要考虑计算目的和计算上的方便，如用 OB_1，计算目标函数时，不必进行平衡组成、T 或 p 的迭代，故计算简单迅速；采用 OB_2 是以得到与实验的气相组成最吻合的结果为目的；OB_3 是以得到与实验压力或沸点最吻合的计算值为目的；OB_4 则同时考虑了组成、压力或沸点的准确性。

多数的状态方程和混合法则，如 PR 方程及式(2-36)、式(2-38) 和式(2-39) 的混合法则，适用于多元系统，原则上能从二元相互作用参数推算多元系统的汽-液平衡，但有时会使推算的精确度有所下降。主要原因是状态方程和混合法则还不十分完善。

【例题 5-2】 试用 PR 方程计算例表 5-1 所列的 $CO_2(1)$-正丁烷（2）液体混合物平衡的泡点压力和气相组成。并比较相互作用参数 $k_{12}=0.12$ 和 $k_{12}=0$ 两种情况的结果。

例表 5-1　$CO_2(1)$-正丁烷(2)液体混合物

$T=273.15K$ 时的组成 x_1											
0.000	0.030	0.057	0.094	0.200	0.334	0.398	0.469	0.681	0.804	0.911	1.000

解：二元系统的汽-液平衡系统的自由度是 2，给定了两个独立变量 T，x_1，系统的状态就确定下来了。这是一个等温泡点计算问题。由式(5-2)的二元形式和气相组成归一化方程得

$$\begin{cases} \hat{\varphi}_1^{\,\mathrm{v}} y_1 = \hat{\varphi}_1^{\,\mathrm{l}} x_1 \\ \hat{\varphi}_2^{\,\mathrm{v}} y_2 = \hat{\varphi}_2^{\,\mathrm{l}} x_2 \\ y_1 + y_2 = 1 \end{cases} \xrightarrow{\text{或}} \begin{cases} y_1 = \dfrac{\hat{\varphi}_1^{\,\mathrm{l}} x_1}{\hat{\varphi}_1^{\,\mathrm{v}}} \\ y_2 = \dfrac{\hat{\varphi}_2^{\,\mathrm{l}} x_2}{\hat{\varphi}_2^{\,\mathrm{v}}} \\ y_1 + y_2 = 1 \end{cases}$$

由此可以解出一定 T、x_1 下的 p、y_1、y_2（由 T、p、x_1、x_2、y_1、y_2 就能计算气、液两相的所有热力学性质了）。

在 EOS 法中，需要输入纯组分的临界温度、临界压力、偏心因子，以计算各组分的 PR 方程常数，查附录 A-2，并将有关数据列于例表 5-2（数值同于例表 3-6）。

例表 5-2　纯组分的临界温度、临界压力、偏心因子

组分(i)	T_{ci}/K	p_{ci}/MPa	ω_i
$CO_2(1)$	304.19	7.398	0.228
正丁烷(2)	425.18	3.797	0.193

状态方程计算混合物性质时需要相互作用参数，如对于 PR 方程

$$p = \frac{RT}{V-b} - \frac{a}{V(V+b)+b(V-b)} \tag{2-19}$$

及混合法则（以液相为例，对于气相的混合法则，将 x 换成 y）

$$a = \sum_{i=1}^{2} \sum_{j=1}^{2} x_i x_j \sqrt{a_i a_j}\,(1-k_{ij}) = x_1^2 a_1 + 2x_1 x_2 a_{12} + x_2^2 a_2$$

$$a_{12} = a_{21} = \sqrt{a_1 a_2}\,(1-k_{12})$$

$$b = \sum_{i=1}^{2} x_i b_i = x_1 b_1 + x_2 b_2$$

和组分逸度系数（以液相为例，对于气相的逸度系数，将 x 换成 y，并采用气相的 V、a、b）

$$\ln \hat{\varphi}_1^{\,l} = \frac{b_1}{b}\left(\frac{pV}{RT}-1\right) - \ln \frac{p(V-b)}{RT} + \frac{a}{2\sqrt{2}\,bRT}\left[\frac{b_1}{b} - \frac{2}{a}(x_1 a_1 + x_2 a_{12})\right] \ln\left[\frac{V+(\sqrt{2}+1)b}{V-(\sqrt{2}-1)b}\right]$$

$$\ln \hat{\varphi}_2^{\,l} = \frac{b_2}{b}\left(\frac{pV}{RT}-1\right) - \ln \frac{p(V-b)}{RT} + \frac{a}{2\sqrt{2}\,bRT}\left[\frac{b_2}{b} - \frac{2}{a}(x_1 a_{21} + x_2 a_2)\right] \ln\left[\frac{V+(\sqrt{2}+1)b}{V-(\sqrt{2}-1)b}\right]$$

都与 k_{12} 有关，本例题中已给定了 k_{12} 的值。

计算过程按照图 5-6，需要借助计算机才能完成，用软件 ThermalCal 计算时，首先要输入独立变量 T、x_1、临界参数 T_{ci}、p_{ci}、ω_i 和相互作用参数 k_{12}，便立即得到结果。

现以 $T = 273.15\text{K}$，$x_1 = 0.2$ 这一点和 $k_{12} = 0.12$ 为例说明计算过程。

先计算纯物质的 PR 常数

$$a_1 = 426419.3\,\text{MPa} \cdot \text{cm}^6 \cdot \text{mol}^{-2}, \qquad a_2 = 1927554\,\text{MPa} \cdot \text{cm}^6 \cdot \text{mol}^{-2}$$

$$b_1 = 26.65612\,\text{cm}^3 \cdot \text{mol}^{-1}, \qquad b_2 = 72.42683\,\text{cm}^3 \cdot \text{mol}^{-1}$$

由于 T、x_1 已经给定，故液相混合物的 PR 常数 a_i^l、b_i^l 就确定了（见例表 5-3）。

在求解方程组时，涉及液相的组分逸度系数 $\hat{\varphi}_i^{\,l}(T,p,x_i)$，气相组分的逸度系数 $\hat{\varphi}_i^{\,v}(T,p,y_i)$，但它们又与一系列的中间变量联系着（见例表 5-3），由于泡点压力 p 和气相组成 y_1、y_2 暂时未知，故必须赋予它们合适的初值，才能开始迭代求解。

如用理想系统的汽-液平衡关系来估计初值

$$p = p_1^s x_1 + p_2^s x_2$$

$$y_1 = \frac{p_1^s x_1}{p}, \qquad y_2 = \frac{p_2^s x_2}{p}$$

其中纯组分蒸气压 p_1^s，p_2^s 的估算式已在 3.9.2 中给出。

这样，就能从组成初值计算气相混合物的 PR 常数 a^v、b^v，从泡点压力初值，得到气相混合物的 V^v、$\hat{\varphi}_1^{\,v}$、$\hat{\varphi}_2^{\,v}$，再从汽-液平衡准则得到新的气相组成，从式（5-12）得到新的泡点压力。若计算结果尚未同时满足 $\begin{cases} \Delta y = |\,y_{1(n+1)} - y_{1(n)}\,| < 10^{-4} \\ \Delta p = |\,[y_{1(n+1)} + y_{2(n+1)}] - 1\,| < 10^{-4} \end{cases}$ 的收敛条件，再重复气相组成和泡点压力的迭代计算，直到收敛。

现将 $x_1 = 0.2$ 这一点的迭代收敛时的结果和相关中间变量值列于例表 5-3 中。

该迭代过程与图 5-6 是一致的，其他点的气相组成和泡点压力结果总结在例表 5-4 中，并与文献数据进行了比较。

例表 5-3 　等温泡点迭代 n 次后收敛时的相关变量值

$a^1 = 1505993\,\text{MPa}\cdot\text{cm}^6\cdot\text{mol}^{-2}$, $b^1 = 63.27269\,\text{cm}^3\cdot\text{mol}^{-1}$			
$p_{(n)}$	1.0606	$b_{(n)}^\text{v}$	31.40974
$V_{(n)}^\text{l}$	83.48	$V_{(n)}^\text{v}$	1934.80
$\hat{\varphi}_{1(n)}^\text{l}$	4.1570	$\hat{\varphi}_{1(n)}^\text{v}$	0.9276
$\hat{\varphi}_{2(n)}^\text{l}$	0.1010	$\hat{\varphi}_{2(n)}^\text{v}$	0.7787
$y_{1(n)}$	0.8963	$\Delta y(n)$	0.0001
$y_{2(n)}$	0.1039	$\Delta p(n)$	0.0000
$a_{(n)}^\text{v}$	511771.0	$\sum y_{i(n+1)}$	1.0000

值得注意：

① 在例表 5-4 中，两端点的数据（即纯物质的汽-液平衡）与【例题 3-7】的结果是一致的，可见混合物汽-液平衡计算，实际上包含了纯物质的蒸气压或沸点计算。

例表 5-4 　PR 方程计算 $CO_2(1)$-正丁烷(2) 系统 273.15K 的汽-液平衡，
并与实验数据比较，$k_{12} = 0.12$

文　献　数　据[①]			计　算　结　果		误　　差[②]	
x_1	$y_{1\text{exp}}$	$p_{\text{exp}}/\text{MPa}$	$y_{1\text{cal}}$	$p_{\text{cal}}/\text{MPa}$	$y_{1\text{dev}}$	$p_{\text{dev}}/\%$
0.000	0.000	0.1054	0.0000	0.1051	0.0000	0.28
0.030	0.588	0.2432	0.5831	0.2560	−0.0049	5.26
0.057	0.741	0.3952	0.7241	0.3890	−0.0169	−1.57
0.094	0.826	0.5877	0.8098	0.5700	−0.0162	−3.01
0.200	0.916	1.0740	0.8962	1.0610	−0.0198	−1.21
0.334	0.920	1.5502	0.9317	1.6169	0.0117	4.30
0.398	0.932	1.8036	0.9407	1.8512	0.0087	2.64
0.469	0.942	2.0265	0.9480	2.0870	0.0060	2.99
0.681	0.963	2.6040	0.9631	2.6510	0.0001	1.80
0.804	0.974	2.8978	0.9710	2.9200	−0.0030	0.77
0.911	0.983	3.1917	0.9814	3.1795	−0.0016	−0.38
1.000	1.000	3.4855	1.0000	3.4642	0.0000	−0.61
平　　均　　值					0.0074	1.92

① 实验数据摘自：Nabahama K，Konishi H，Hoshino D，Hirata M．J Chem Eng Japan，1974，7(5)：323-329.

② $y_{1\text{dev}} = y_{1\text{cal}} - y_{1\text{exp}}$，$p_{\text{dev}}/\% = \left(\dfrac{p_{\text{cal}}}{p_{\text{exp}}} - 1\right) \times 100\%$。

② 例表 5-4 的计算结果是根据 $k_{12} = 0.12$ 计算得到的，该相互作用参数的数值是从实验数据得到的，故计算结果与实验值符合较好。当用 $k_{12} = 0$ 也能预测出汽-液平衡，但结果不一定满意（对于一些简单的系统，在得不到 k_{12} 的情况下，可以这样来预测），现将两种不同 k_{12} 值的计算结果绘于例图 5-1 中，可见计算结果对 k_{12} 值非常敏感。

③ 另外，随着数值方法和计算机软件的发展，可能会简化汽-液平衡及其他热力学性质的计算过程，如 MATLAB 语言，将一些方程或方程组的求根过程进行了模块化处理，用单个语句便能完成求非线性方程或非线性方程组的根。

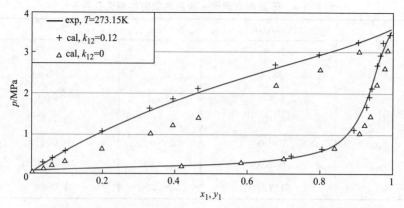

例图 5-1 PR 方程计算 CO_2（1）-正丁烷（2）体系的汽-液平衡

5.2.6 状态方程+活度系数法（EOS+γ 法）计算混合物的汽-液平衡

EOS 法中计算组分逸度，要求状态方程必须同时适用于气、液两相，这是一个不低的要求。从活度系数模型计算液相组分逸度是一种解决方案。EOS+γ 法计算汽-液平衡的准则是式(5-3)，分别采用两个模型来计算气相和液相的组分逸度。在式(5-3) 中，f_i^l 是系统温度 T 和压力 p 下的纯组分的逸度，由等温条件下纯组分逸度随压力变化的关系，式(3-80)，得

$$\ln\frac{f_i^l}{f_i^{sl}} = \int_{p_i^s}^{p}\frac{V_i^l}{RT}\mathrm{d}p \approx \frac{V_i^l(p-p_i^s)}{RT} \qquad (5\text{-}13)$$

若 p_i^s 不是很高时，有 $f_i^{sl}=p_i^s\varphi_i^s\approx p_i^s$，所以

$$f_i^l \approx p_i^s\exp\left[\frac{V_i^l(p-p_i^s)}{RT}\right] \overset{\diamondsuit}{=} p_i^s\Phi_i \qquad (5\text{-}14)$$

其中，$\Phi_i = \exp\left[\dfrac{V_i^l(p-p_i^s)}{RT}\right]$ 称为 **Poynting** 因子。通常条件下 Poynting 因子较接近于 1，只有在压力很高和温度很低的条件下，才偏离 1 较多。将式(5-14) 代入平衡准则式(5-3)，得

$$y_i\hat{\varphi}_i^v p = p_i^s x_i\gamma_i\Phi_i \qquad (i=1,2,\cdots,N) \qquad (5\text{-}15)$$

式(5-15) 可以用到压力较高的场合，但由于用到了状态方程和活度系数两个模型，还需要用 Poynting 因子进行校正，故不方便。实际应用中，通常根据系统的条件对式(5-15) 进行合理简化。

在低压下，气相可以作为理想气体混合物处理，即 $\hat{\varphi}_i^v=1$。若分子大小和分子间相互作用又较接近，液相近似符合理想溶液，$\gamma_i=1$，即成为理想系统，其汽-液平衡准则简化成

$$y_i p = x_i p_i^s \qquad (i=1,2,\cdots,N) \qquad (5\text{-}16)$$

由于式(5-16) 计算简单且需要的信息少，因此经常用于汽-液平衡计算中从属变量的初值估计。

在中等压力条件下，可近似取 Poynting 因子 $\Phi_i=1$，式(5-15) 转化为下列常用的 EOS+γ 法的相平衡准则

$$y_i\hat{\varphi}_i^v p = x_i\gamma_i p_i^s \qquad (i=1,2,\cdots,N) \qquad (5\text{-}17)$$

该式能用于中等压力下的非理想气体和非理想溶液组成的汽-液平衡系统。气相混合物

的组分逸度系数用气体状态方程计算，如混合物的 virial 方程等。

常减压条件下的汽-液平衡是一类最常见的汽-液平衡，人们通常将气相作为理想气体，液相作为非理想溶液处理，此时式(5-17) 简化成

$$py_i = p_i^s x_i \gamma_i \quad (i = 1, 2, \cdots, N) \tag{5-18}$$

的形式。

由于式(5-18) 中只涉及一个活度系数模型和计算 p_i^s 的蒸气压方程，而不再需要状态方程，所以在常压、减压汽-液平衡计算中广泛使用。在计算软件 ThermalCal 中，包括了用式(5-18) 进行汽-液平衡计算的内容，其中所有的活度系数模型是 Wilson 方程，p_i^s 用 Antoine 方程计算。

用 EOS+γ 法计算汽-液平衡时也是要联立求解平衡准则和组成归一化方程。故迭代过程与 EOS 法有一定的类似性。但一般情况较 EOS 法更简单。以式(5-18) 为平衡准则的等压泡点计算的框图见图 5-8，其中，γ_i 和 p_i^s 分别用式(4-103) 的 Wilson 模型和 Antoine 方程（见附录 A-2）计算，Wilson 方程计算 γ_i 时需要用到纯液体的饱和摩尔体积 V_i^l 和能量参数 $\left(\lambda_{ij} - \lambda_{ii} \right)$，$V_i^l$ 可以采用实验数据或由关联式计算，如 Rackett 方程（见附录 A-3）等。

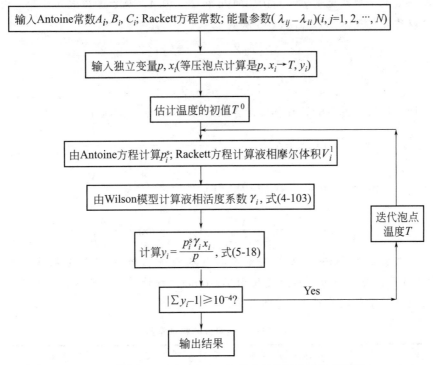

图 5-8 用式(5-18) 和 Wilson 方程进行等压泡点计算框图

在图 5-8 中，只有一个迭代泡点温度 T 的循环❶，而没有迭代组成的循环。原因是由于采用了简化的平衡准则式(5-18)，使得在给定 T、p 和 x_i 的条件下，可以解析地表达出

$y_i = \dfrac{p_i^s x_i \gamma_i}{p}$，故不需要迭代 y_i [若用式(5-17) 的平衡准则，则 $y_i = \dfrac{p_i^s x_i \gamma_i}{p \hat{\varphi}_i^v}$，显然，计算

---

❶ 迭代泡点温度的经验式 $T_{(n+1)} = T_{(n)} + 0.1(1 - \sum y_i(n)) T_{(n)}$。

$\hat{\varphi}_i^{\mathrm{v}}$ 时，需要预先给出 y_i 的初值，这时就需要迭代 y_i 了]。

如果采用平衡准则式(5-18)进行等温泡点计算（即从 T、x_i 计算 p、y_i）时，则计算更简单，因为给定 T、x_i 时，液相的 p_i^{s}、γ_i 都能确定了，故能解析地求出气相组成和泡点压力

$$y_i = \frac{p_i^{\mathrm{s}} \gamma_i x_i}{p} \quad (i = 1, 2, \cdots, N)$$

$$p = \sum_{i=1}^{N} p_i^{\mathrm{s}} x_i \gamma_i \tag{5-19}$$

用 EOS+γ 法进行露点计算，可以根据平衡准则和液相组成归一化方程自行设计方案。

Wilson、NRTL 等活度系数模型都能适用于多元系统，原则上，能从二元系统的能量参数（或模型参数）来计算多元系统的活度系数，进而推算多元系统的汽-液平衡。这是一项有意义的工作，但是，由于活度系数模型本身的不完善，在推算时可能使误差放大。

【例题 5-3】 试用 Wilson 方程确定 0.1013MPa 下，$x_1 = 0.4$ 的甲醇(1)-水(2)液体混合物的泡点温度和气相组成。已知 $\lambda_{12} - \lambda_{11} = 1085.13\mathrm{J} \cdot \mathrm{mol}^{-1}$ 和 $\lambda_{21} - \lambda_{22} = 1631.04\mathrm{J} \cdot \mathrm{mol}^{-1}$。

解：本题给定了独立变量 $p = 0.1013\mathrm{MPa}$ 和 $x_1 = 0.4$，属于等压泡点计算，由于压力较低，气相可以作理想气体。T、y_1、y_2 可以从

$$y_1 = \frac{p_1^{\mathrm{s}} x_1 \gamma_1}{p}, \quad y_2 = \frac{p_2^{\mathrm{s}} x_2 \gamma_2}{p}$$

$$p = p_1^{\mathrm{s}} x_1 \gamma_1 + p_2^{\mathrm{s}} x_2 \gamma_2$$

迭代求解（计算步骤见图 5-8），计算活度系数的 Wilson 方程式(4-105)：

$$\ln \gamma_1 = -\ln(x_1 + \Lambda_{12} x_2) + x_2 \left[\frac{\Lambda_{12}}{x_1 + \Lambda_{12} x_2} - \frac{\Lambda_{21}}{x_2 + \Lambda_{21} x_1} \right]$$

$$\ln \gamma_2 = -\ln(x_2 + \Lambda_{21} x_1) + x_1 \left[\frac{\Lambda_{21}}{x_2 + \Lambda_{21} x_1} - \frac{\Lambda_{12}}{x_1 + \Lambda_{12} x_2} \right]$$

其中
$$\Lambda_{12} = \frac{V_2^{\mathrm{l}}}{V_1^{\mathrm{l}}} \exp\left[\frac{-(\lambda_{12} - \lambda_{11})}{RT} \right], \quad \Lambda_{21} = \frac{V_1^{\mathrm{l}}}{V_2^{\mathrm{l}}} \exp\left[\frac{-(\lambda_{21} - \lambda_{22})}{RT} \right]$$

计算中，需要输入 Wilson 方程能量参数（本例题已知）；纯组分的液体摩尔体积由 Rackett 方程计算；纯组分的饱和蒸气压由 Antoine 方程计算。查附录 A-1、附录 A-2 和附录 A-3 得有关物性常数，并列于例表 5-5 中。

例表 5-5 纯组分的物性常数

纯组分 (i)	Rackett 方程参数				Antoine 常数		
	T_{ci}/K	p_{ci}/MPa	α_i	β_i	A_i	B_i	C_i
甲醇(1)	512.58	8.097	0.2273	0.0219	9.4138	3477.90	−40.53
水(2)	647.30	22.064	0.2251	0.0321	9.3876	3826.36	−45.47

用软件 ThermalCal 来计算。输入独立变量、Wilson 能量参数和例表 5-5 中的物性常数，即可得到结果：$T = 349.31\mathrm{K}$ 和 $y_1 = 0.7234$。

另外，还能得到一些中间结果，如 $V_1^{\mathrm{l}} = 43.47\mathrm{cm}^3 \cdot \mathrm{mol}^{-1}$，$V_2^{\mathrm{l}} = 18.60\mathrm{cm}^3 \mathrm{mol}^{-1}$ 和 $\gamma_1 = 1.1630$，$\gamma_2 = 1.1516$ 等。

【例题 5-4】 现有总组成为 $z_1=0.25$，$z_2=0.25$，$z_3=0.5$ 的丙酮(1)-醋酸乙酯(2)-甲醇(3)混合物在 50℃时进入某设备进行分离，问设备的最小操作压力应为多少才能保持液相进料？已知 50℃时纯组分的蒸气压分别是 $p_1^s=0.08182$，$p_2^s=0.07805$，$p_3^s=0.05558$MPa；有关二元系统的 Wilson 模型参数分别是 $\Lambda_{12}=0.7189$，$\Lambda_{21}=1.1816$，$\Lambda_{13}=0.5088$，$\Lambda_{31}=0.9751$，$\Lambda_{23}=0.5229$，$\Lambda_{32}=0.5793$。

解：根据题意，对于一个总组成一定的混合物，能以液相存在的最小压力应是泡点压力（可以用图 5-5 来分析），所以，本题实际上是属于 $x_i=z_i$ 和 $T=323.15$K 的等温泡点计算。Wilson 方程式(4-103)的三元形式是

$$\ln\gamma_1=1-\ln(x_1+x_2\Lambda_{12}+x_3\Lambda_{13})-$$
$$\left[\frac{x_1}{x_1+x_2\Lambda_{12}+x_3\Lambda_{13}}+\frac{x_2\Lambda_{21}}{x_1\Lambda_{21}+x_2+x_3\Lambda_{23}}+\frac{x_3\Lambda_{31}}{x_1\Lambda_{31}+x_2\Lambda_{32}+x_3}\right]$$

$$\ln\gamma_2=1-\ln(x_1\Lambda_{21}+x_2+x_3\Lambda_{23})-$$
$$\left[\frac{x_1\Lambda_{12}}{x_1+x_2\Lambda_{12}+x_3\Lambda_{13}}+\frac{x_2}{x_1\Lambda_{21}+x_2+x_3\Lambda_{23}}+\frac{x_3\Lambda_{32}}{x_1\Lambda_{31}+x_2\Lambda_{32}+x_3}\right]$$

$$\ln\gamma_3=1-\ln(x_1\Lambda_{31}+x_2\Lambda_{32}+x_3)-$$
$$\left[\frac{x_1\Lambda_{13}}{x_1+x_2\Lambda_{12}+x_3\Lambda_{13}}+\frac{x_2\Lambda_{23}}{x_1\Lambda_{21}+x_2+x_3\Lambda_{23}}+\frac{x_3}{x_1\Lambda_{31}+x_2\Lambda_{32}+x_3}\right]$$

代入给定的相关二元系统模型参数 Λ_{ij} 和液相组成得到各组分的活度系数

$$\gamma_1=1.0301,\gamma_2=1.2020,\gamma_3=1.4207$$

根据平衡准则式(5-18)和气相组成的归一化条件，能直接得到等温泡点压力（即最小操作压力）

$$p=\sum p_i^s x_i\gamma_i=0.08560\text{MPa}$$

◆ 注意：
本题中给定的是模型参数 Λ_{ij}，在【例题 5-3】中给定的是能量参数 $\lambda_{ij}-\lambda_{ii}$，前者一般用于等温系统，计算活度系数时不必输入纯组分的液体摩尔体积，而后者可以用到变温系统，计算活度系数时需要输入纯组分的液体摩尔体积。

5.2.7 气体在液体中的溶解度

气体在液体中的溶解度属于汽-液平衡的一种特殊情况。由于在溶液状态下，混合物中的轻组分不能以纯液态存在，故将这种溶解平衡称为气-液平衡（GLE）。如常温时的 $H_2(1)$-$H_2O(2)$、$CO_2(1)$-苯(2)等系统都是属于这种情况。由于轻组分处于超临界状态，故在液相的溶解度很低（常称为溶质），采用不对称归一化的活度系数表达超临界组分的平衡关系更合理，所以溶质组分（1）的气-液平衡准则为

$$p\hat{\varphi}_1^v y_1=H_{1,2}x_1\gamma_1^* \tag{5-20}$$

而溶剂组分（2）并没有超临界，仍采用对称归一化的活度系数，其汽-液平衡准则

$$p\hat{\varphi}_2^v y_2=p_2^s x_2\gamma_2 \tag{5-21}$$

实际应用中，通常根据系统的特征对式(5-20)和式(5-21)进行简化。当系统的压力较低时，气相可近似为理想气体，所以 $\hat{\varphi}_1^v=\hat{\varphi}_2^v=1$；并且，液相中主要是溶剂组分（2），溶

质组分（1）的含量很低，即 $x_1 \rightarrow 0$，$x_2 \rightarrow 1$，由两种活度系数的归一化条件知

$$\lim_{x_1 \rightarrow 0} \gamma_1^* = 1, \quad \lim_{x_2 \rightarrow 1} \gamma_2 = 1$$

引入这些假设后，气相符合 Dalton 分压规则，液相作为稀溶液处理，其溶质和溶剂的组分逸度分别符合 Henry 规则和 Lewis-Randall 规则，式(5-20) 和式(5-21) 简化成

$$p y_1 = H_{1,2} x_1, \quad p y_2 = p_2^s x_2 \tag{5-22}$$

容易解出液相组成、气相组成和气相分压

$$x_1 = \frac{p - p_2^s}{H_{1,2} - p_2^s}, \quad y_1 = \frac{H_{1,2}}{p} x_1 \left.\begin{array}{c} \\ \\ \\ \end{array}\right\}$$
$$p_1 = H_{1,2} x_1, \quad p_2 = p_2^s (1 - x_1) \tag{5-23}$$

又对于 Henry 常数很大的情况，以上结果再简化成

$$x_1 = \frac{p - p_2^s}{H_{1,2}}, \quad y_1 = 1 - \frac{p_2^s}{p}, \quad p_1 = p - p_2^s$$

【例题 5-5】 在 293.2K 和 0.1MPa 时，CO_2(1) 在苯(2) 中的溶解度为 $x_1 = 0.00095$。估计：(a) CO_2 在苯中的 Henry 常数；(b) 293.2K、0.2MPa 时 CO_2 的溶解度。

解：作为估算，在本题的压力条件下，气相近视为理想气体。查附录 A-2 并由 Antoine 方程计算得溶剂的蒸气压

$$p_2^s = \exp\left(A_2 - \frac{B_2}{T + C_2}\right) = \exp\left(6.9419 - \frac{2769.42}{293.15 - 53.26}\right) = 0.01 (\text{MPa})$$

$$p_1 = p - p_2^s = 0.1 - 0.01 = 0.09 (\text{MPa})$$

对于液相，由于溶质的溶解度很小，故 $\gamma_1^* \approx 1$。

将上两式代入式(5-22) 得到 $p_1 \approx H_{1,2} x_1$。

（a）CO_2 在苯中的 Henry 常数

$$H_{1,2} \approx \frac{p_1}{x_1} = \frac{0.09}{0.00095} = 94.73 (\text{MPa})$$

（b）当 $p' = 0.2\text{MPa}$ 时

$$p_1' = p' - p_2^s = 0.2 - 0.01 = 0.19 (\text{MPa})$$

因为二元系统在压力变化不大的条件下，Henry 常数取决于 T，故溶解度

$$x_1' = \frac{p_1'}{H_{1,2}} = \frac{0.19}{94.73} = 0.002$$

由于压力仍不是很高，且溶解度仍很小，故以上的理想气体和 $\gamma_1^* \approx 1$ 的假设仍成立。

一般情况下，气体在液体中的溶解度都较小，但随着压力的增加而明显增加。

5.2.8 固体在流体中的溶解度

值得一提的是另一种情况，即固体在流体中的溶解度问题。我们知道，常温常压条件下，固体在气体中的溶解度很小，但固体在高压的超临界流体中溶解度有时就相当可观。工业上就有用超临界流体来提取固体产物的过程。

考虑在一定的 T、p 条件下，某一固体组分(2)溶解在流体组分(1)中，由于流体在固体中的溶解度很小可以忽略不计，即固相接近于纯物质，即 $x_2 \rightarrow 1$，故 $\gamma_2 \rightarrow 1$。由汽-液平衡关系式(5-15)得到组分(2)的相平衡关系

$$py_2\hat{\varphi}_2^{\text{v}} = p_2^{\text{s}}\varphi_2^{\text{s}}\varPhi_2 \qquad (5\text{-}24)$$

式中，y_2 就是固体（2）在流体（1）中的溶解度，Poynting 因子 $\varPhi_2 = \exp\left[\dfrac{V_2(p - p_2^{\text{s}})}{RT}\right]$，$V_2$，$p_2^{\text{s}}$ 是纯固相的摩尔体积和蒸气压。若令

$$E = \frac{\varphi_2^{\text{s}}}{\hat{\varphi}_2^{\text{v}}}\varPhi_2 \qquad (5\text{-}25)$$

则固体在流体相中的溶解度为

$$y_2 = \frac{p_2^{\text{s}}}{p}E \qquad (5\text{-}26)$$

式（5-26）中，$\dfrac{p_2^{\text{s}}}{p}$ 实际上是低压下固体在气体中的溶解度，其值是很小的（因为 p_2^{s} 的值很小），但实验表明，当系统状态接近或超过组分（1）的临界点时，E 的值快速增大，使得固体在超临界流体中的溶解度 y_2 也突然增加。故 E 称为溶解度的增强因子。超临界状态下流体的这一特性在工业中有重要的应用前景。

5.2.9 活度系数模型参数的估算

与状态方程的相互作用参数一样，活度系数模型参数也常用汽-液平衡实验数据拟合，如二元的 van Laar 方程（4-102）可以写成如下的直线方程形式

$$\frac{x_1}{x_1\ln\gamma_1 + x_2\ln\gamma_2} = \frac{1}{A_{21}}\cdot\frac{x_1}{x_2} + \frac{1}{A_{12}}$$
$$\frac{x_2}{x_1\ln\gamma_1 + x_2\ln\gamma_2} = \frac{1}{A_{12}}\cdot\frac{x_2}{x_1} + \frac{1}{A_{21}} \qquad (5\text{-}27)$$

将汽-液平衡实验数据制成一定的图，式（5-27）即成为两条直线，由斜率和截距就能求出 van Laar 常数。

从汽-液平衡数据计算活度系数时，应根据系统的条件，采用合适的平衡准则，如由式（5-17）可以得到下列活度系数计算式

$$\gamma_i = \frac{py_i\hat{\varphi}_i^{\text{v}}}{p_i^{\text{s}}x_i} \qquad (i = 1, 2, \cdots, N) \qquad (5\text{-}28)$$

对于 Wilson 或 NRTL 等模型参数，除了可采用优化目标函数 OB 的方法得到（OB 的选取可以参考 5.2.5）外，还能从共沸点数据、无限稀活度系数等来估计[1]。

5.2.9.1 用共沸点的汽-液平衡数据

我们知道，一些非理想性较大的系统可以表现出共沸现象。混合物的共沸数据（二元系统有 T^{az}，p^{az}，$x_1^{\text{az}} = y_1^{\text{az}}$）反映了系统的非理想性，是汽-液平衡数据的重要特殊点，故在测定上也尤为仔细，准确度较高，经常被用于求解活度系数的模型参数。特别是常减压条件下的共沸点数据已有较多的积累。

如将常减压下的非理想溶液的汽-液平衡关系式（5-18）应用于二元系统的共沸点，由于 $x_1^{\text{az}} = y_1^{\text{az}}$，于是有

$$\gamma_1^{\text{az}} = \frac{p^{\text{az}}}{p_1^{\text{s}}} \quad \text{和} \quad \gamma_2^{\text{az}} = \frac{p^{\text{az}}}{p_2^{\text{s}}} \qquad (5\text{-}29)$$

则可以根据共沸点的汽-液平衡数据 x_1^{az}、y_1^{az}、T^{az}、p^{az} 计算出 γ_1^{az} 和 γ_2^{az} 的值，再结合具体的活度系数模型解出两个模型参数来。这种方法得到的模型参数的可靠性取决于共沸点

数据的准确性，故希望共沸组成在 $0.25\sim0.75$ 范围内，在此范围之外，其测定组成的准确度将受到影响。

【例题 5-6】 根据汽-液平衡原理，填充例表 5-6 中缺少的数据。假设气相为理想气体，液相是非理想溶液并符合 van Laar 方程。

例表 5-6　正丙醇(1)-水(2)系统在 87.8℃时的汽-液平衡

x_1	y_1	p/kPa	x_1	y_1	p/kPa
0.000		64.39	0.700		
0.300			1.000		69.86
0.432	0.432	101.325			

解：例表 5-6 的数据给出系统温度下的两个纯组分的饱和蒸气压

$$p_1^{\text{s}}=p(x_1=1)=69.86\text{kPa}, \quad p_2^{\text{s}}=p(x_1=0)=64.39\text{kPa}$$

和共沸点数据

$$T^{\text{az}}=87.8℃, \quad p^{\text{az}}=101.33\text{kPa}, \quad x_1^{\text{az}}=y_1^{\text{az}}=0.432$$

其中，饱和蒸气压是汽-液平衡计算中所必需的，而共沸点数据用于求解 van Laar 方程常数，这样，全浓度范围的汽-液平衡数据即可以计算出来了。

由式(5-29) 得

$$\gamma_1^{\text{az}}=\frac{101.33}{69.86}=1.451, \quad \gamma_2^{\text{az}}=\frac{101.33}{64.39}=1.575$$

由 van Laar 方程式(4-102)，得

$$A_{12}=\ln\gamma_1^{\text{az}}\left(1+\frac{x_2\ln\gamma_2^{\text{az}}}{x_1\ln\gamma_1^{\text{az}}}\right)^2=\ln1.451\times\left(1+\frac{0.568\ln1.575}{0.432\ln1.451}\right)^2=2.525$$

$$A_{21}=\ln\gamma_2^{\text{az}}\left(1+\frac{x_1\ln\gamma_1^{\text{az}}}{x_2\ln\gamma_2^{\text{az}}}\right)^2=\ln1.575\times\left(1+\frac{0.432\ln1.451}{0.568\ln1.575}\right)^2=1.197$$

得到了液相的 van Laar 方程

$$\ln\gamma_1=\frac{2.525}{\left(1+\frac{2.525x_1}{1.197x_2}\right)^2}=\frac{2.525}{\left(1+2.1094\,\frac{x_1}{x_2}\right)^2}$$

$$\ln\gamma_2=\frac{1.197}{\left(1+\frac{1.197x_2}{2.525x_1}\right)^2}=\frac{1.197}{\left(1+0.4741\,\frac{x_2}{x_1}\right)^2}$$

由于表格中已知了 T、x_1 求 p、y_1，属于等温泡点计算，前面已经指出，基于式(5-18)的等温泡点计算有解析结果，由式(5-19) 得

$$p=p_1^{\text{s}}x_1\gamma_1+p_2^{\text{s}}x_2\gamma_2, \quad y_1=\frac{p_1^{\text{s}}x_1\gamma_1}{p}$$

当 $x_1=0.3$ 时，计算出活度系数为 $\gamma_1=2.00$，$\gamma_2=1.31$，故

$$p=69.86\times0.3\times2.00+64.39\times0.7\times1.31=41.92+59.05=100.97\ (\text{kPa})$$

$$y_1=\frac{41.92}{100.97}=0.4152$$

当 $x_1=0.7$ 时，计算出活度系数为 $\gamma_1=1.07$，$\gamma_2=2.29$

$$p = 69.86 \times 0.7 \times 1.07 + 64.39 \times 0.3 \times 2.29 = 52.33 + 44.24 = 96.57 \text{ (kPa)}$$

$$y_1 = \frac{52.33}{96.57} = 0.5419$$

所以，填充后的表格如例表 5-7 所示。

例表 5-7 正丙醇(1)-水(2)系统在 87.8℃时的汽-液平衡

x_1	y_1	p/kPa	x_1	y_1	p/kPa
0.000	0.000	64.39	0.700	0.542	96.57
0.300	0.415	100.97	1.000	1.000	69.86
0.432	0.432	101.325			

5.2.9.2 无限稀释活度系数数据

无限稀释活度系数是指混合物中的组分 i 在无限稀释条件下的活度系数，若用 γ_i^∞ 表示，显然有

$$\gamma_i^\infty = \lim_{x_i \to 0} \gamma_i \tag{5-30}$$

γ_i^∞ 的数据可以由一定的理论或实验手段得到，如用气相色谱、沸点仪等测定稀溶液中组分 i 的活度系数 γ_i，再外推得到 γ_i^∞。也能从关联式估算 γ_i^∞，γ_i^∞ 在确定活度系数模型参数时很有用。

对式(4-102) 的 van Laar 方程求极限，再与式(5-30)结合，得

$$A_{12} = \ln \gamma_1^\infty \quad \text{和} \quad A_{21} = \ln \gamma_2^\infty \tag{5-31}$$

同样，对于式(4-105) 的二元系统 Wilson 方程求极限，也能得到模型参数与 γ_i^∞ 之间的关系

$$\ln \gamma_1^\infty = 1 - \ln \Lambda_{12} - \Lambda_{21} \quad \text{和} \quad \ln \gamma_2^\infty = 1 - \ln \Lambda_{21} - \Lambda_{12} \tag{5-32}$$

NRTL 模型参数也能从无限稀释活度系数来估算（请自己推导二元系统的公式）。

【例题 5-7】 由 A-B 组成的汽-液平衡系统，若气相为理想气体，液相的超额吉氏函数符合 $\dfrac{G^E}{RT} = \beta x_A x_B$，测定了 80℃时的两组分的无限稀释活度系数是 $\gamma_A^\infty = \gamma_B^\infty = 1.648$，两个纯组分的饱和蒸气压分别是 $p_A^s = 120 \text{kPa}$ 和 $p_B^s = 80 \text{kPa}$。试问该系统 80℃时是否有共沸点存在？若有，请计算共沸组成和共沸压力。

解：由本题意知，本题可以采用式(5-18) 的汽-液平衡准则，如有共沸点存在，则在共沸点时，有

$$p^{az} = \gamma_A^{az} p_A^s = \gamma_B^{az} p_B^s$$

为了方便，改写成

$$\ln \gamma_A^{az} - \ln \gamma_B^{az} = -(\ln p_A^s - \ln p_B^s)$$

根据【例题 4-8】，可以直接得到 $\dfrac{G^E}{RT} = \beta x_A x_B$ 的活度系数表达式为

$$\ln \gamma_A = \beta x_B^2 \quad \text{和} \quad \ln \gamma_B = \beta x_A^2$$

结合给定的无限稀释活度系数，可以得到模型参数 $\beta = \ln 1.684 \approx 0.5$，所以在共沸点上，有

$$\begin{cases} 0.5 \left(x_B^{az} \right)^2 - 0.5 \left(x_A^{az} \right)^2 = \ln \dfrac{80}{120} \\ x_B^{az} + x_A^{az} = 1 \end{cases}$$

求解得共沸组成 $\qquad\qquad x_A^{az}=0.905,\ x_B^{az}=0.095$

和共沸压力 $\qquad p^{az}=\gamma_A^{az}p_A^s=\exp(0.5\times0.095^2)\times120=120.5\ (kPa)$

【例题 5-8】 测得甲醇(1)-水(2)系统的无限稀释活度系数分别是 $\gamma_1^\infty=2.04$ 和 $\gamma_2^\infty=1.57$，试问与 $x_1=0.3603$、$T=308.15K$ 的液体混合物成平衡的气相组成是多少？系统的压力为多少。液相的活度系数用 Wilson 模型计算。

解：本题属于等温泡点计算，即 $(T,x_1)\rightarrow(p,y_1)$。由于系统的压力暂不了解，先假设气相为理想气体，再根据结果判别假设是否合理，故汽-液平衡关系可以用式(5-18)，泡点压力和气相组成能从式(5-19)直接得到。

用 Wilson 模型计算时需要得到下列信息：

纯组分的蒸气压，由 Antoine 方程计算得

$$p_1^s=27.824kPa,\ p_2^s=5.634kPa$$

Wilson 方程模型参数，将 $\gamma_1^\infty=2.04$ 和 $\gamma_2^\infty=1.57$ 代入式(5-32)得

$$\ln2.04=1-\ln\Lambda_{12}-\Lambda_{21},\qquad \ln1.57=1-\ln\Lambda_{21}-\Lambda_{12}$$

解方程组得 $\Lambda_{12}=0.43738$，$\Lambda_{21}=1.11598$（该模型参数已在【例题 4-9】中使用过）

已知 $T=308.15K$，$x_1=0.3603$，$x_2=1-x_1=0.6397$，可以从式(4-105)计算出二元液相的活度系数 $\gamma_1=1.2190$ 和 $\gamma_2=1.1038$。（已经在[例题 4-9]计算过，故直接得到结果。）

由式(5-18)得

$$\begin{cases} py_1=p_1^s\gamma_1x_1=27.824\times1.2190\times0.3603=12.220 \\ py_2=p_2^s\gamma_2x_2=5.634\times1.1038\times0.6397=3.978 \end{cases}$$

由气相组成的归一化条件 $y_1+y_2=1$，得

$$p=py_1+py_2=16.21(kPa)$$

由于总压力很低，故以上假设气相是理想气体是合理的，进而得到气相组成

$$y_1=\frac{py_1}{p}=\frac{12.22}{16.21}=0.7538$$

实验结果是 $p_{exp}=16.39kPa$，$y_{1exp}=0.7559$，可见，计算结果与实验值符合得很好！

由上可知，EOS 法和 EOS+γ 法都是研究汽-液平衡的重要方法。不仅在汽-液平衡中，而且在其他类型的相平衡计算中也很有用。它们各有特色，现将两种方法的特点简列在表 5-3 中。

表 5-3　EOS 法和 EOS+γ 法计算混合物相平衡的特点

方法	EOS 法	EOS+γ 法
优点	一个模型适用于不同的相态；计算严格；适合于从低压至高压及含有超临界组分的系统，没有活度系数的归一化问题；除了进行汽-液平衡计算之外，还能获得其他的热力学性质的信息；一般有一个相互作用参数需要从混合物的相平衡数据得到，且规律性较好	计算过程相对简单；对于液相是高度非理想的系统，能获得满意的效果；容易推广到液液平衡和固液平衡计算中；在没有实验数据时，能用基团贡献法估算
缺点	对状态方程的要求较高；计算相对复杂；对于高度非理想系统，状态方程和混合法则有待于进一步完善	对于高压系统需要校正，系统中的超临界组分要采用不对称归一化的活度系数和 Henry 常数，且需要较多的模型和信息；获取相平衡之外的性质的能力不如 EOS 法

方法	EOS 法	EOS+γ 法
趋势	发展状态方程和混合法则,扩大应用范围。提高在高度非理想系统中的准确性和用一个状态方程表达多种热力学性质的能力	从溶液理论发展和完善活度系数模型;应用于其他领域,如高分子溶液、电解质系统、生物系统等

*5.2.10　无模型法(NM法)简介

我们已经知道,热力学原理与反映系统特性的模型结合,才能解决物性计算问题。这里所谓的无模型法计算汽-液平衡,是不采用模型,而是采用一定的强度性质数据(多于自由度个数)来表征系统的特性。

Gibbs-Duhem 方程是混合物中各组分偏摩尔性质间的相互依赖关系。我们知道,$\ln\dfrac{\hat{f}_i}{x_i}$,$\ln\hat{\varphi}_i$,$\ln\gamma_i$ 等性质都是偏摩尔量,且与汽-液平衡数据密切相关,所以,通过 Gibbs-Duhem 方程也就能将汽-液平衡数据(如 T-p-x_i-y_i)联系起来。

用 Gibbs-Duhem 方程来研究相平衡具有重要的意义,如:

① 当我们通过实验获得了混合物系统的全部或部分的相平衡数据时,可以根据数据与 Gibbs-Duhem 方程的符合程度来检验实验数据质量——热力学性质的一致性校验(在下一节讨论);

② 有可能从测定的部分性质,来推算其他的性质(即 NM 法);

③ 模型的一致性检验(见【例题 4-2】和【例题 4-7】)。

我们已经指出,经典热力学是研究宏观性质之间的关系,其作用是从一些容易获得的性质推算另一些难获得的性质,以节省实验工作量、提高数据质量和充分发挥已有数据的作用。本节将介绍一种基于 Gibbs-Duhem 方程,直接从 T-p-x_i 数据计算 y_i 的方法——称为直接法,由于篇幅所限,只介绍一种简化的形式,欲知更全面的内容,可以参考文献 [1]。

回忆一下前面已学过的内容便知道,Gibbs-Duhem 方程适用于均相敞开系统,如对于液相,由表 4-2 中关于摩尔性质($\ln f$)与偏摩尔性质$\left(\ln\dfrac{\hat{f}_i}{x_i}\right)$的 Gibbs-Duhem 方程式为

$$\sum x_i \mathrm{d}\ln\frac{\hat{f}_i}{x_i} = -\frac{(H-H^{\mathrm{ig}})^{\mathrm{l}}}{RT^2}\mathrm{d}T + \frac{V^{\mathrm{l}}}{RT}\mathrm{d}p$$

其中

$$\sum x_i \mathrm{d}\ln\frac{\hat{f}_i^{\mathrm{l}}}{x_i} = \sum x_i \mathrm{d}\ln\hat{f}_i^{\mathrm{l}} - \sum x_i \mathrm{d}\ln x_i$$

因为,$\sum x_i \mathrm{d}\ln x_i = 0$,所以

$$\sum x_i \mathrm{d}\ln\hat{f}_i^{\mathrm{l}} = -\frac{(H-H^{\mathrm{ig}})^{\mathrm{l}}}{RT^2}\mathrm{d}T + \frac{V^{\mathrm{l}}}{RT}\mathrm{d}p \tag{5-33}$$

对于低压条件下的汽-液平衡,气相可作为理想气体,则 $\hat{f}_i^{\mathrm{l}} = \hat{f}_i^{\mathrm{v}} = py_i$。若是等温系统,则式(5-33)右边的第一项为零,又因 $\dfrac{V^{\mathrm{l}}}{RT}$ 的值很小,则第二项也能近似作零处理。对低压下的等温二元系统,式(5-33)可以转化为

$$x_1 \mathrm{dln}(py_1) + x_2 \mathrm{dln}(py_2) \approx 0 \tag{5-34}$$

式（5-34）是二元汽-液平衡系统基本的强度性质（T-p-x_1-y_1）之间的关系，并容易转化为下列形式的微分方程

$$\frac{\mathrm{d}y_1}{\mathrm{d}p} = \frac{y_1(1-y_1)}{p(y_1-x_1)} \tag{5-35}$$

如果实验提供了二元系统给定温条件下的 p-x_1 数据，即 p 成了 x_1 的函数，$p = p(x_1)$，因此式（5-35）就变成了 y_1 关于 x_1 的常微分方程，并满足 $y_1(x_1=0)=0$ 和 $y_1(x_1=1)=1$ 的边界条件，就能用一定的数学方法求解出对应于任何一对（p,x_1）的 y_1 来，这就是直接法的基本思路。

由 T-p-x_i 数据推算 y_i，除了基于 Gibbs-Duhem 方程的直接法外，还有一种方法是，首先得到超额吉氏函数，再计算气相组成，称为间接法。同样以低压下的二元等温系统来说明间接法的原理，因气相为理想气体，故符合式（5-18）的平衡准则，系统的总压表示为

$$p = py_1 + py_2 = p_1^s x_1 \gamma_1 + p_2^s x_2 \gamma_2 \tag{5-36}$$

因为 $\ln\gamma_1$ 和 $\ln\gamma_2$ 是 $\dfrac{G^{\mathrm{E}}}{RT}\left(\overset{\text{令}}{=}Q\right)$ 的偏摩尔性质，由偏摩尔性质与摩尔性质之间的关系式（4-39）得

$$\ln\gamma_1 = Q + (1-x_1)\left(\frac{\partial Q}{\partial x_1}\right)_{T,p}, \quad \ln\gamma_2 = Q - x_1\left(\frac{\partial Q}{\partial x_1}\right)_{T,p} \tag{5-37}$$

将式（5-37）代入式（5-36）得

$$p = p_1^s x_1 \exp\left[Q + (1-x_1)\left(\frac{\partial Q}{\partial x_1}\right)_{T,p}\right] + p_2^s x_2 \exp\left[Q - x_1\left(\frac{\partial Q}{\partial x_1}\right)_{T,p}\right] \tag{5-38}$$

若将式（5-38）中的 Q 表示成一定的解析式（即活度系数模型），就成为了前面的 EOS+γ 法。若不采用模型来表示 Q，而用一定温度下的 p-x_1 数据，也能从方程式（5-38）得到 Q，再由式（5-37）得到活度系数 γ_1、γ_2，进而得到气相组成 $y_1 = \dfrac{p_1^s \gamma_1 x_1}{p}$。这就是从等温的 p-x_1 数据推算 y_1 的间接法的基本思路。

为了通俗易懂，讨论间接法和直接法时，均引入了简化，如限于低压条件下的等温系统。我国学者胡英等研究了更严格、更普遍的从 T-p-x 数据推算 y 的方法，虽然计算过程要复杂得多，但计算准确性更好，适用性更广。

实验测定 T、p、x、y 四种数据时，一般认为，气相组成 y 的误差较大，故由 T-p-x 数据确定 y 是一项有意义的工作。但某些特殊的情况下，也从 T-p-y 数据推算 x，如挥发性很高的系统，轻组分的液相组成数值很小而不易测准。

5.2.11　汽-液平衡数据的一致性检验

推算汽-液平衡的无模型法表明，基于 Gibbs-Duhem 方程，能从 T-p-x 数据推算 y。若实验测定了完整的 T-p-x-y 数据，也一定能通过分析实验数据与 Gibbs-Duhem 方程的符合程度，来检验实验数据的质量，这种方法称为汽-液平衡数据的热力学一致性检验[2]。

将式（4-92）写成二元形式

$$x_1 \mathrm{dln}\gamma_1 + x_2 \mathrm{dln}\gamma_2 = -\frac{H^{\mathrm{E}}}{RT^2}\mathrm{d}T + \frac{V^{\mathrm{E}}}{RT}\mathrm{d}p \tag{5-39}$$

由于实验测定汽-液平衡数据时往往控制在等温或等压条件下，汽-液平衡数据的一致性

检验也分为等温和等压两种情况。

5.2.11.1　等温汽-液平衡数据

在等温条件下，式(5-39)中右边第一项等于零，又对于液相，$\dfrac{V^{\mathrm{E}}}{RT}$ 的数值很小，近似作零处理，故可以得到

$$x_1 \mathrm{d}\ln\gamma_1 + x_2 \mathrm{d}\ln\gamma_2 \approx 0 \tag{5-40}$$

等式两边除以 $\mathrm{d}x_1$，得

$$x_1 \frac{\mathrm{d}\ln\gamma_1}{\mathrm{d}x_1} + x_2 \frac{\mathrm{d}\ln\gamma_2}{\mathrm{d}x_1} \approx 0 \tag{5-41}$$

由于活度系数 γ_1 和 γ_2 可以由汽-液平衡数据来表示。例如，由平衡准则式(5-17)得

$$\gamma_1 = \frac{p y_1 \hat{\varphi}_1^{\mathrm{v}}}{p_1^{\mathrm{s}} x_1} \quad \text{和} \quad \gamma_2 = \frac{p y_2 \hat{\varphi}_2^{\mathrm{v}}}{p_2^{\mathrm{s}} x_2} \tag{5-42}$$

所以，式(5-41)实际上就是汽-液平衡数据之间的相互约束关系，这种约束关系可以用于检验汽-液平衡数据的质量，由于只能用于局部浓度范围，故称点检验法，又由于用式(5-41)检验时，需要用到曲线 $\ln\gamma_1\text{-}x_1$ 和 $\ln\gamma_2\text{-}x_1$ 的导数，故也称微分检验法。

用微分检验时，计算导数有一定的困难。Herington 发展了下列方法。

从 $x_1=0$ 至 $x_1=1$ 对式(5-40) 左边积分

$$\int_{x_1=0}^{x_1=1} x_1 \mathrm{d}\ln\gamma_1 + \int_{x_1=0}^{x_1=1} x_2 \mathrm{d}\ln\gamma_2 = \int_{x_1=0}^{x_1=1} [\mathrm{d}(x_1\ln\gamma_1) - \ln\gamma_1 \mathrm{d}x_1] + \int_{x_1=0}^{x_1=1} [\mathrm{d}(x_2\ln\gamma_2) - \ln\gamma_2 \mathrm{d}x_2]$$

$$= \int_{x_1=0}^{x_1=1} (-\ln\gamma_1 \mathrm{d}x_1 - \ln\gamma_2 \mathrm{d}x_2) = -\int_{x_1=0}^{x_1=1} \ln\frac{\gamma_1}{\gamma_2} \mathrm{d}x_1$$

所以

$$\int_{x_1=0}^{x_1=1} \ln\frac{\gamma_1}{\gamma_2} \mathrm{d}x_1 = 0 \tag{5-43}$$

用式(5-43)检验热力学一致性称为积分检验法（或面积检验法）。积分检验法只适用于全浓度的汽-液平衡数据检验。式(5-43) 可以表示在图 5-9 的 $\ln\dfrac{\gamma_1}{\gamma_2}\text{-}x_1$ 图上，曲线与坐标轴所包含的面积的代数和应等于零（或面积 $S_A = S_B$），当然，由于存在着实验误差，严格地等于零是不可能的。Herington 给出了经验的检验标准（和等压汽-液平衡数据列在一起）。

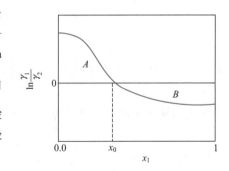

图 5-9　汽-液平衡数据的面积检验法

5.2.11.2　等压汽-液平衡数据

对于等压条件，式(5-39)的右边和第二项为 0，再从 $x_1=0$ 至 $x_1=1$ 对式(5-39)的两边积分，得

$$\int_{x_1=0}^{x_1=1} \ln\frac{\gamma_1}{\gamma_2} \mathrm{d}x_1 = \int_{x_1=0}^{x_1=1} \frac{H^{\mathrm{E}}}{RT^2} \mathrm{d}T \tag{5-44}$$

由于不便于得到 H^{E} 数据，Herington 在总结大量实验数据的基础上，推荐了一个半经验的方法，由实验数据得到图 5-9，计算出 A，B 的面积 S_A 和 S_B，并计算

$$D = 100 \times \left| \frac{S_A - S_B}{S_A + S_B} \right| \text{ 和 } J = 150 \times \frac{T_{max} - T_{min}}{T_{min}} \tag{5-45}$$

式中，T_{max} 和 T_{min} 分别是系统的最高温度和最低温度。Herington 认为，$D < J$ 的等温汽-液平衡数据，$D - J < 10$（或更严格地 $D - J < 0$）的等压汽-液平衡数据，可以认为满足热力学一致性。

在计算面积 S_A 和 S_B 时，既可以用图解积分，也可以先将 $\ln \frac{\gamma_1}{\gamma_2} - x_1$ 关系拟合成解析式，再积分求面积。

应当注意，热力学一致性只是检验实验数据质量的必要条件，并非充分条件；另外，Herington 推荐的热力学一致性标准也是相对的。

检验汽-液平衡数据的热力学一致性还有其他的方法，但它们的基础离不开 Gibbs-Duhem 方程。

【例题 5-9】 测定了 1.013×10^5 Pa 下异丙醇(1)-水(2)系统的汽-液平衡数据（见例表 5-8），试用 Herington 方法检验实验数据的热力学一致性。

例表 5-8　1.013×10^5 Pa 下异丙醇（1）-水（2）系统的汽-液平衡数据

x_1	0	0.0160	0.0570	0.1000	0.1655	0.2450	0.2980	0.3835	0.4460
y_1	0	0.2115	0.4546	0.5015	0.5215	0.5390	0.5510	0.5700	0.5920
$T/℃$	100	93.40	84.57	82.70	81.99	81.62	81.28	80.90	80.67

x_1	0.5145	0.5590	0.6605	0.6955	0.7650	0.8090	0.8725	0.9535	1
y_1	0.6075	0.6255	0.6715	0.6915	0.7370	0.7745	0.8340	0.9325	1
$T/℃$	80.38	80.31	80.16	80.11	80.23	80.37	80.70	81.48	82.25

解：全浓度范围内的汽-液平衡数据，一般用面积法检验。为了得到如图 5-9 所示的面积 S_A 和 S_B，首先要计算 $\ln \frac{\gamma_2}{\gamma_1}$。若选择式(5-17)的汽-液平衡关系，则活度系数的计算式为

$$\gamma_i = \frac{p y_i \hat{\varphi}_i^v}{p_i^s x_i} \qquad (i = 1, 2)$$

故有

$$\ln \frac{\gamma_1}{\gamma_2} = \ln \frac{y_1}{1 - y_1} + \ln \frac{\hat{\varphi}_1^v}{\hat{\varphi}_2^v} - \ln \frac{p_1^s}{p_2^s} - \ln \frac{x_1}{1 - x_1}$$

由于本例题的压力较低，为了方便，近似取 $\ln \frac{\hat{\varphi}_1^v}{\hat{\varphi}_2^v} = 0$，$\ln \frac{p_1^s}{p_2^s}$ 由 Antoine 方程计算

$$\ln \frac{p_1^s}{p_2^s} = (A_1 - A_2) - \left(\frac{B_1}{C_1 + T + 273.15} - \frac{B_2}{C_1 + T + 273.15} \right)$$

其 Antoine 常数可从附录 A-2 查到

$$A_1 = 9.7702, \quad B_1 = 3640.20, \quad C_1 = -53.54$$
$$A_2 = 9.3876, \quad B_2 = 3826.36, \quad C_2 = -45.47$$

计算的结果列于例表 5-9 中。

为了方便计算面积 S_A 和 S_B，将例表 5-9 的 $\ln \frac{\gamma_1}{\gamma_2} - x_1$ 关系拟合为如下的解析函数

$$\ln \frac{\gamma_1}{\gamma_2} = 1.809044 - 5.52353 x_1 + 2.728114 x_1^2$$

例表 5-9　异丙醇(1)-水(2)系统的 $\ln \dfrac{\gamma_1}{\gamma_2}$-$x_1$ 数据

x_1	0	0.0160	0.0570	0.1000	0.1655	0.2450	0.2980	0.3835	0.4460
$\ln \dfrac{\gamma_1}{\gamma_2}$	—	2.134	1.965	1.538	1.013	0.617	0.397	0.092	−0.112
x_1	0.5145	0.5590	0.6605	0.6955	0.7650	0.8090	0.8725	0.9535	1
$\ln \dfrac{\gamma_1}{\gamma_2}$	−0.286	−0.389	−0.616	−0.684	−0.814	−0.874	−0.973	−1.060	—

令 $\ln \dfrac{\gamma_1}{\gamma_2}=0$，解以上的一元二次方程得 $x^0 \approx 0.4109$（x^0 的含义见图 5-9）积分求面积

$$S_A = \left| \int_0^{x^0} \ln \frac{\gamma_1}{\gamma_2} \mathrm{d}x_1 \right| = \left| \int_0^{0.4109} (1.809044 - 5.52353x_1 + 2.728114x_1^2)\mathrm{d}x_1 \right|$$

$$= \left| \left[1.809044x_1 - \frac{5.52353}{2}x_1^2 + \frac{2.728114}{3}x_1^3 \right]_0^{0.4109} \right| = 0.3402$$

$$S_B = \left| \int_{x^0}^1 \ln \frac{\gamma_1}{\gamma_2} \mathrm{d}x_1 \right| = \left| \int_{0.4109}^1 (1.809044 - 5.52353x_1 + 2.728114x_1^2)\mathrm{d}x_1 \right|$$

$$= \left| \left[1.809044x_1 - \frac{5.52353}{2}x_1^2 + \frac{2.728114}{3}x_1^3 \right]_{0.4109}^1 \right|$$

$$= |-0.043 - 0.3402| = 0.3832$$

所以

$$D = 100 \left| \frac{S_A - S_B}{S_A + S_B} \right| = 100 \times \left| \frac{0.3403 - 0.3832}{0.3403 + 0.3832} \right| = 5.94$$

$$J = 150 \frac{T_{\max} - T_{\min}}{T_{\min}} = 150 \times \frac{100 - 80.11}{80.11 + 273.15} = 8.5$$

根据 $D - J = 5.94 - 8.5 = -2.56 < 10$，本套汽-液平衡数据满足 Hering!on 的热力学一致性要求。

◆ 注意：

① Herington 的一致性判据是根据大多数系统的结果总结出的一个相对标准，而且 Gibbs-Duhem 方程只是一个约束偏摩尔性质的必要条件，所以，符合热力学一致性条件的热力学数据也不一定准确性就很高。但一般情况，不能满足热力学一致性的汽-液平衡数据，则数据质量就值得怀疑了。

② 应用中为了准确起见，要用状态方程和混合法则（如 virial）计算 $\ln \dfrac{\hat{\varphi}_1^{\mathrm{v}}}{\hat{\varphi}_2^{\mathrm{v}}}$ 项，并应采用准确度更高的 $\ln \dfrac{\gamma_1}{\gamma_2}$-$x_1$ 表达式。

5.3 其他类型的相平衡计算

除了以上所讨论的汽-液平衡外，还有其他类型的相平衡，常见的有液-液平衡、固-液平

衡等，虽然相平衡的类型不同，但是相平衡的准则有相似之处。

5.3.1 液-液平衡

我们一定有这样的经历，有些液体在特定的温度、压力下按一定比例混合时，不能形成均相溶液，即出现两个不同组成的液相分层现象，当系统达到热力学平衡状态时，即是液-液平衡（LLE），系统的温度、压力和各相的组成数据就称为液-液平衡数据。液-液平衡数据是液-液萃取分离的基础。

① 液-液平衡准则　其实，液-液平衡与汽-液平衡的准则是类似的，即平衡两相中的温度相等、压力相等、各组分逸度相等。若有两个液相（用 α 和 β 表示）成平衡，除两相的 T，p 相等外，还有

$$\hat{f}_i^{\alpha} = \hat{f}_i^{\beta} \qquad (i=1,2,\cdots,N) \qquad (5\text{-}46)$$

我们知道，组分逸度既能用组分逸度系数计算，也能用活度系数计算，这将意味着可以采用不同的模型来计算液液平衡。

传统上，对于液体混合物的组分逸度更多地采用活度系数来计算，但随着状态方程的不断发展和完善，EOS 法计算液液平衡也进展很快，EOS 法的液液平衡准则是 $x_i^{\alpha}\hat{\varphi}_i^{\alpha} = x_i^{\beta}\hat{\varphi}_i^{\beta}$ $(i=1,2,\cdots,N)$。

在用 γ 法计算液液平衡时，考虑到液液平衡系统中，纯组分大都能以纯液态形式存在（即系统温度小于各组分的临界温度），故采用基于 Lewis-Randall 规则的对称归一化活度系数，式(5-46) 即成为

$$f_i x_i^{\alpha} \gamma_i^{\alpha} = f_i x_i^{\beta} \gamma_i^{\beta} \qquad (i=1,2,\cdots,N)$$

或简化为

$$x_i^{\alpha} \gamma_i^{\alpha} = x_i^{\beta} \gamma_i^{\beta} \qquad (i=1,2,\cdots,N) \qquad (5\text{-}47)$$

式(5-47) 就是 γ 法计算液-液平衡的准则。

原则上 $\gamma_i^{\alpha} = \gamma_i\left(x_1^{\alpha},x_2^{\alpha},\cdots,x_{N-1}^{\alpha},T,p\right)$ 和 $\gamma_i^{\beta} = \gamma_i\left(x_1^{\beta},x_2^{\beta},\cdots,x_{N-1}^{\beta},T,p\right)$。式(5-47) 的 N 个方程关联了 $2(N-1)+2=2N$ 个强度性质，由相律知，系统的自由度是 N，液-液平衡计算的目的是在预先指定 N 个强度性质作为独立变量的条件下，确定其余的 N 个从属变量。

以上是一般的情况，这里将讨论一种简单（但又很重要）的场合。对二元液-液平衡系统，式(5-47) 变成

$$x_1^{\alpha} \gamma_1^{\alpha} = x_1^{\beta} \gamma_1^{\beta}, \quad (1-x_1^{\alpha})\gamma_2^{\alpha} = (1-x_1^{\beta})\gamma_2^{\beta} \qquad (5\text{-}48)$$

由于活度系数模型总是以 $\ln\gamma_i$ 形式表示，式(5-48) 也可转化为对数形式

$$\ln\left(\frac{\gamma_1^{\alpha}}{\gamma_1^{\beta}}\right) = \ln\left(\frac{x_1^{\beta}}{x_1^{\alpha}}\right), \quad \ln\left(\frac{\gamma_2^{\alpha}}{\gamma_2^{\beta}}\right) = \ln\left(\frac{1-x_1^{\beta}}{1-x_1^{\alpha}}\right) \qquad (5\text{-}49)$$

由于在压力不是很高的条件下，压力对液相活度系数的影响可以不计，故有 $\ln\gamma_i^{\alpha} = \gamma_i(x_1^{\alpha},T)$ 和 $\ln\gamma_i^{\beta} = \gamma_i(x_1^{\beta},T)$，式(5-49) 的两个方程关联了三个未知数 $(x_1^{\alpha},x_1^{\beta},T)$，若给定其中之一（如取系统温度 T 为独立变量），其余两个从属变量 $(x_1^{\alpha},x_1^{\beta})$ 就能从式(5-49) 求解出来。但由于式(5-49) 是非线性方程组，一般需要迭代求解。

【例题 5-10】　已测定了某二元系统在 25℃时某一点液-液平衡数据 $x_1^{\alpha}=0.2$，$x_1^{\beta}=0.9$。(a) 试由此估计出该温度下的 Margules 活度系数方程 [见式(4-101)] 常数；(b) 若该点正

好是汽-液-液平衡的三相点［如图 5-4(a) 中的 a-c-b］，如何确定平衡气相组成和系统压力？还要输入哪些数据？

解：

（a）由 Margules 活度系数方程

$$\ln\gamma_1=[A_{12}+2(A_{21}-A_{12})x_1]x_2^2, \quad \ln\gamma_2=[A_{21}+2(A_{12}-A_{21})x_2]x_1^2 \quad (4\text{-}101)$$

代入式 (5-49) 得

$$\begin{cases} \ln\dfrac{\gamma_1^\alpha}{\gamma_1^\beta}=[(x_2^\alpha)^2(x_2^\alpha-x_1^\alpha)-(x_2^\beta)^2(x_2^\beta-x_1^\beta)]A_{12}+2[x_1^\alpha(x_2^\alpha)^2-x_1^\beta(x_2^\beta)^2]A_{21}=\ln\dfrac{x_1^\beta}{x_1^\alpha} \\[3mm] \ln\dfrac{\gamma_2^\alpha}{\gamma_2^\beta}=[(x_1^\alpha)^2(x_1^\alpha-x_2^\alpha)-(x_1^\beta)^2(x_1^\beta-x_2^\beta)]A_{21}+2[x_2^\alpha(x_1^\alpha)^2-x_2^\beta(x_1^\beta)^2]A_{12}=\ln\dfrac{1-x_1^\beta}{1-x_1^\alpha} \end{cases}$$

因为 $x_1^\alpha=0.2$，$x_1^\beta=0.9$，所以 $x_2^\alpha=0.8$，$x_2^\beta=0.1$，代入上式，经过整理后得

$$\begin{cases} 0.392A_{12}+0.238A_{21}=1.5040773 \\ -0.672A_{21}-0.0098A_{12}=-2.0794415 \end{cases}$$

解线性方程组得

$$A_{12}=2.1484, \quad A_{21}=2.7811$$

（b）由于 25℃ 正好是汽-液-液三相平衡点，故气相将与其中的任一个液相成汽-液平衡，由气相与 α 液相的平衡准则，得到平衡压力和气相组成（属于等温泡点计算）

$$p=p_1^s x_1^\alpha\gamma_1^\alpha+p_2^s x_2^\alpha\gamma_2^\alpha \quad 或 \quad p=p_1^s x_1^\beta\gamma_1^\beta+p_2^s x_2^\beta\gamma_2^\beta$$

$$y_1^c=\frac{p_1^s x_1^\alpha\gamma_1^\alpha}{p} \quad 或 \quad y_1^c=\frac{p_1^s x_1^\beta\gamma_1^\beta}{p}$$

式中，γ_1^α、γ_2^α（或 γ_1^β、γ_2^β）可以从 Margules 方程计算得到，要确定系统压力和平衡气相组成，还需要输入两个纯组分的蒸气压数据。

◆ **注意：**

从液-液平衡数据所得到的活度系数模型参数，有时可用于推算三相点之上的互溶液相区的汽-液平衡。推算结果的可靠性取决于模型的优劣、系统的复杂性以及推算的幅度。

② 液-液相图　我们有必要讨论一下液-液相图。对于二元液-液系统，最大的自由度是 3，但是，若忽略压力对液相的影响（即作为等压条件来处理），则系统的最大自由度是 2，故可以将系统表示在 T-x_1 图上，图 5-10 就是典型的二元系统液-液相图。在单一液相区的自由度是 2，系统的状态表现为温度-组成平面；在液-液共存区，自由度是 1，其系统的状态表现为温度-组成的曲线。

图 5-10 表明，温度对溶解度的影响较大，温度的上升或降低不但引起溶解度的变化，而且可能导致部分互溶和完全溶解之间的转化。图 5-10(a) 中的岛形曲线所包围的是两液相共存区，其中，左侧曲线 UAL 表示富含组分 2 的 α 液相，即组分 1 在组分 2 中的溶解度；而右侧曲线 UBL 代表富含组分 1 的 β 液相，即组 2 在组分 1 中的溶解度，UAL 和 UBL 称为双结点曲线（Binodal Curves，也称互溶度曲线）。在特定温度 T 时，水平线与双结点曲线的割线 AB 称为结线（Tie Lines），A 和 B 所对应的组成 x_1^α 和 x_1^β 分别为两个平衡液相的

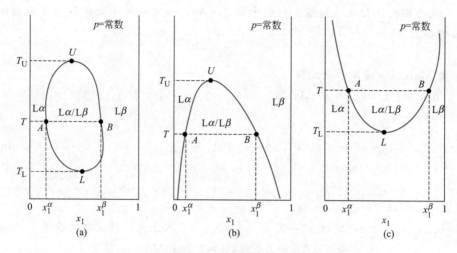

图 5-10 典型的二元系统液-液相图

组成。温度 T_L 和 T_U 分别称为下临界溶解温度（LCST）和上临界溶解温度（UCST）。在 $T_U > T > T_L$ 的温度范围内，才可能出现液-液平衡；当 $T > T_U$ 或 $T < T_L$ 时，在全浓度范围内都是完全互溶的均相，不存在液-液平衡。临界溶解点有点类似于纯流体的汽-液临界点，它们都是相平衡的极限状态，在此点成平衡的两相的性质变得不可区分。

随着系统的不同，双结点曲线还有其他的形状，因为有些系统随着温度的变化，会出现液-液两相区与其他类型的相区相交。若系统在降温时，双结点曲线与固相区相交，则没有 LCST，如图 5-10（b）所示；若系统在升温时，双结点曲线与气相区相交，则没有 UCST，如图 5-10（c）所示；也有些系统既没有 UCST，也没有 LCST，这就是二元液-液平衡的第四种类型（没有画出相图）。

③ 相分裂的热力学条件 不同的液体混合时，有些完全互溶（如水与乙醇），有些则部分互溶（如水与苯），有些则完全不溶（如汞与环己烷的互溶度就很低）。我们将不同液体混合时的不互溶现象称为相分裂（Phase Splitting）。讨论相分裂的热力学条件对于研究液-液平衡（如液-液平衡能否存在、临界溶解温度及所用的模型能否描述液-液平衡等）很有意义。在第 4 章讨论活度系数模型时，我们曾指出，Wilson 模型不能用于液相部分互溶的场合，其原因就是 Wilson 的 G^E 模型不能满足相分裂的条件。

我们知道，等温、等压的封闭系统中自发过程的判据是 $\Delta G < 0$。对于等温、等压条件下，二元液体混合物的吉氏函数仅是组成的函数。随着二元系统的差异，有三种典型的 $G\text{-}x_1$ 的曲线，见图 5-11，两条虚线是表示已发生相分裂的多相稳定系统。直线 $G_1 G_2$ 上方的一条曲线表示的是两组分完全不相溶的系统，即分裂成为两个纯液相；直线 $G_1 G_2$ 下面的一条曲线表示两液体分部互溶，当总组成处于曲线 $G_2 \alpha$ 和 βG_1 段，则是完全互溶的稳定混合物，但当总组成处在曲线段 $\alpha\beta$ 时，则要发生相分裂，形成两个平衡液相 α 和 β，其组成分别是 x_1^α 和 x_1^β，其平衡状态的

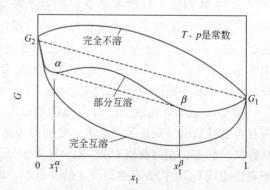

图 5-11 等温、等压条件下二元液体
的 $G\text{-}x_1$ 曲线与相分裂情况

G-x_1 是直线 $\alpha\beta$；最下方的一条实的曲线是表示全浓度范围内完全互溶的稳定系统。

早在"物理化学"中就知道，等温、等压条件下的封闭系统，平衡的判据是吉氏函数最小。若两个液相混合时，混合过程的吉氏函数变化 $\Delta G > 0$，则形成的液体混合物是一个不稳定系统，即将要发生相分裂；相反，若混合过程的吉氏函数变化 $\Delta G < 0$，则形成的液体混合物是一个稳定系统，即成均相溶液，不会有液-液平衡存在。由二元系统的混合过程性质变化的定义

$$\Delta G = G(T, p, \{x\}) - [x_1 G_1(T, p) + x_2 G_2(T, p)]$$

再结合图 5-11 知，曲线至对应虚线的垂直距离代表了 ΔG。凸拱形曲线部分，曲线位于虚线上方，其 $\Delta G > 0$，系统将发生相分裂；凹陷形曲线部分，曲线位于虚线下方，其 $\Delta G < 0$，系统形成均相溶液。不稳定系统的 G-x_1 曲线的特点是至少有一个极大值和两个极小值，或曲线的凹口向下，其数学上的必要条件是

$$\left(\frac{\partial^2 G}{\partial x_1^2}\right)_{T, p} < 0 \tag{5-50}$$

我们知道，二元混合物的吉氏函数可以表示成

$$G = G^{is} + G^E = G_1 x_1 + G_2 x_2 + RT(x_1 \ln x_1 + x_2 \ln x_2) + G^E \tag{5-51}$$

式(5-51) 代入式(5-50) 得到相分裂条件是

$$\left(\frac{\partial^2 G^E}{\partial x_1^2}\right)_{T, p} + \frac{RT}{x_1 x_2} < 0 \tag{5-52}$$

【例题 5-11】 试问符合 $G^E = A x_1 x_2$（其中，$A = 7000 \text{J} \cdot \text{mol}^{-1}$）的二元混合液体在 $300K$ 时是否有液-液分层现象存在？若有，两相区的组成范围怎样？

解：由于

$$\left(\frac{\partial^2 G^E}{\partial x_1^2}\right)_{T, p} = 7000 \times (-2) = -14000 (\text{J} \cdot \text{mol}^{-1})$$

代入相分裂条件式(5-52) 得 $\quad -14000 + \dfrac{8.314 \times 3000}{x_1(1 - x_1)} < 0$

解不等式得 $0.092 < x_1 < 0.908$。在此范围内，为液-液分层区，而 $0 < x_1 < 0.092$ 和 $0.908 < x_1 < 1$ 是互溶区。

请考虑：当 $A = 0$ 时（即理想溶液），是否能描述液相分裂；另外，Wilson 模型的情况又怎么样（用二元系统讨论）？

【例题 5-12】 已知某二元液体的 G^E 模型是 $G^E = RT\left(\dfrac{-975}{T} + 22.4 - 3\ln T\right) x_1 x_2$，问：

(a) 该系统是否有 UCST 和 LCST 存在？(b) 若有，试求这两点的温度。

解：我们知道，UCST 和 LCST 是液相分裂的极限温度，即在 $T_L < T < T_U$ 内满足式(5-52)，在 $T = T_U$ 和 $T = T_L$ 时，有

$$\left(\frac{\partial^2 G^E}{\partial x_1^2}\right)_{T, p} + \frac{RT}{x_1 x_2} = 0$$

因为 $\quad\left(\dfrac{\partial^2 G^E}{\partial x_1^2}\right)_{T, p} = RT\left(\dfrac{-975}{T} + 22.4 - 3\ln T\right) \times (-2)$

代入上式得
$$\left(\frac{-975}{T}+22.4-3\ln T\right)\times(-2)+\frac{1}{x_1 x_2}=0$$

由于 $x_1+x_2=1$，所以，当 $x_1=x_2=0.5$ 时，$\frac{1}{x_1 x_2}$ 有极小值 4，即 $\frac{1}{x_1 x_2}\geqslant 4$，代入上式得

$$\left(\frac{-975}{T}+22.4-3\ln T\right)\times(-2)+4\leqslant 0$$

或
$$\frac{325}{T}+\ln T\leqslant 6.8$$

数值求解不等式，得解为 $372.9\text{K}\leqslant T\leqslant 391.2\text{K}$

所以 $T_L=372.9\text{K}$，$T_U=391.2\text{K}$

5.3.2 汽-液-液平衡

前面已经指出，有些液-液平衡系统没有 UCST［如图 5-10(c)所示］，因为随着温度的升高，液-液互溶度曲线（双结点曲线）与汽-液平衡的泡点曲线相交，就产生了汽-液-液三相平衡（VLLE）。图 5-12 就是一种常见的汽-液-液相图。

图 5-12 中的 C 点具有互溶液相汽-液平衡中的最低温度共沸点的特性。严格地讲 C 点并不是一个共沸点，因为组成是 y_1^* 的气相同时与两相液（组成是 $x_1^{\alpha*}$ 和 $x_1^{\beta*}$）成汽-液平衡，但是有一个平衡温度 T^*。

汽-液-液三相平衡的准则是：除各相的温度、压力相等外，各相的组分逸度也相等，即

$$\hat{f}_i^{\alpha*}=\hat{f}_i^{\beta*}=\hat{f}_i^{v*}\qquad(i=1,2,\cdots,N)$$

对于低压下的二元系统，上式的汽-液-液平衡准则可以转化为下列四元方程组

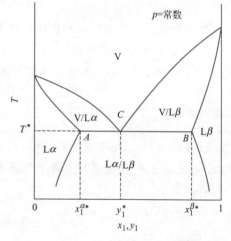

图 5-12 二元等压汽-液-液平衡相图

$$\left.\begin{array}{ll} p_1^{s*}x_1^{\alpha*}\gamma_1^{\alpha*}=py_1^*, & p_1^{s*}x_1^{\beta*}\gamma_1^{\beta*}=py_1^* \\ p_2^{s*}(1-x_1^{\alpha*})\gamma_2^{\alpha*}=p(1-y_1^*), & p_2^{s*}(1-x_1^{\beta*})\gamma_2^{\beta*}=p(1-y_1^*) \end{array}\right\} \qquad(5\text{-}53)$$

二元汽-液-液平衡系统的自由度为 1，指定某一个强度性质作为独立变量（如压力 p），从式(5-53)就能求解出其余四个从属变量 T^*、y_1^*、$x_1^{\alpha*}$、$x_1^{\beta*}$（图 5-12）。

对于较高压力的系统，气相的组分逸度需要用状态方程模型计算，或气、液相的组分逸度均采用状态方程来计算。

【例题 5-13】 对于互溶度很小的两个液体形成的汽-液-液系统，若近似地认为在液相中两组分互不相溶（即形成纯的液相），这种系统的汽-液-液相图如例图 5-2 所示。(a) 试分析相图上重要的点、线、面，并指出汽-液平衡的泡点线和露点线，液-液平衡的双结点曲线；(b) 讨论相平衡关系；(c) 决定 E 点。

解：(a) 图中的 T_{b1}，T_{b2} 分别是两纯组分在压力 p 下的沸点。标有 V 的区域是气相区；区域 $AECA$ 和 $BEDB$ 是两个汽-液共存区。汽-液平衡的露点线分别是曲线 AE 和 BE，由于认为两液相几乎完全不相溶，故对应于它们的泡点线实际上是 AC（即 $x_2\approx 1$）和 BD（即 $x_1\approx 1$）。

E 点是一个温度最低共沸点，与液相互溶系统所不同的是，E 是一个汽-液-液三相共存点，尽管气相组成与液相的总组成是相等的，即 $x^E = y^E$，但这里的液相总组成没有意义，因为液相是非均相混合物。

相图的下部分是 L_2/L_1 的两液相共存区，代表了两个几乎是纯物质的液-液平衡，故其双结点曲线就是 $C0$（即 $x_2 \approx 1$）和 $D1$（即 $x_1 \approx 1$）。

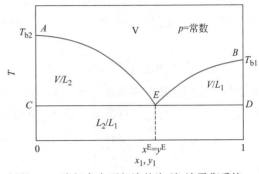

例图 5-2 液相完全不相溶的汽-液-液平衡系统

（b）在低压条件下，设气相作为理想气体，$AECA$ 区相的汽-液平衡关系是

$$py_2 = p_2^s x_2 \gamma_2$$

因为 $x_2 \to 1$，由对称归一化知，$\gamma_2 \to 1$，代入上式得

$$y_2 = \frac{p_2^s}{p}$$

对于 $BEDB$ 区，同样存在下列汽-液平衡关系

$$y_1 = \frac{p_1^s}{p}$$

（c）当系统温度下降到 E 点，$y_1^E + y_2^E = 1$，故有

$$p = p_1^s + p_2^s, \qquad y^E = \frac{p_1^s}{p_1^s + p_2^s}$$

由于纯物质的蒸气压仅是温度的函数，故从 $p = p_1^s + p_2^s$ 可以得到一定压力 p 下的平衡温度 T^E，进而得到 y^E。

由此可见，液相互不相溶系统的平衡气相组成只与系统的总压力（或平衡温度）有关，与液相的总组成（即两组分的相对含量）无关。

在许多与水溶解度很小的有机物的分离中，常用水蒸气蒸馏的方法，其原理就是这样。通过水蒸气将液相中的有机物带出，气相经过冷凝后分层得到较纯的有机相，其蒸馏带出的平衡气相组成只决定于系统的总压，而与液相中水和有机物的相对量没有关系。

*5.3.3 固-液平衡

有些液-液平衡系统没有 LCST［如图 5-10（b）所示］，因为随着温度的下降，液-液互溶度曲线与凝固点曲线相交。

固-液平衡也是一类重要的相平衡，如在冶金学领域中，固-液平衡的数据和模型受到重视，在有机物的结晶分离中，固体在溶剂中的溶解度数据也十分有用。

液体与固体之间的平衡分为溶解平衡和熔化平衡，我们讨论的重点是固体在溶剂中的溶解度问题（因为溶剂在固相中的溶解度极小，即认为是纯固相），所得到的方程同样适用于熔化平衡中的某些场合（如生成不互溶固相的系统，即纯固相）。

另外，与研究液-液平衡一样，由于压力不是很高，也不必考虑压力对固-液平衡的影响。

若以下标"2"来表示固体溶质,以下标"1"表示液体溶剂。当在一定温度条件达到固-液平衡时,除固、液两相的 T,p 相等外,组分逸度也是相等的,对于溶质组分 2,有

$$\hat{f}_2^{\,l}=\hat{f}_2^{\,s} \tag{5-54}$$

液相中溶质的组分逸度用活度系数计算,即 $\hat{f}_2^{\,l}=f_2^{\,l}\gamma_2 x_2$($f_2^{\,l}$ 是纯液体溶质的逸度);由于溶剂在固相中的溶解度很小,即固相接近于纯溶质,故 $\hat{f}_2^{\,s}=f_2^{\,s}$($f_2^{\,s}$ 是纯固体溶质的逸度)。代入式(5-54)得溶质在液相中的溶解度

$$x_2=\frac{1}{\gamma_2}\left(\frac{f_2^{\,s}}{f_2^{\,l}}\right) \tag{5-55}$$

因不考虑压力对凝聚态(液相、固相)逸度的影响,则 $f_2^{\,s}$ 和 $f_2^{\,l}$ 分别是系统温度下固相和液相的逸度。将热力学关系式(3-81)

$$\left(\frac{\partial \ln f}{\partial T}\right)_p=-\frac{H-H^{ig}}{RT^2} \tag{3-81}$$

应用于纯物质的熔化相变过程,有

$$d\ln \frac{f_2^{\,s}}{f_2^{\,l}}=-\frac{H_2^{\,s}-H_2^{\,l}}{RT^2}dT=-\frac{\Delta H_2^{\,fus}}{RT^2}dT \tag{5-56}$$

为了方便,假设熔化焓 $\Delta H_2^{\,fus}$ 是常数,从溶质的熔点 T_{m2} 至系统温度 T,积分式(5-56),得

$$\ln \frac{f_2^{\,s}}{f_2^{\,l}}=\frac{\Delta H_2^{\,fus}}{R}\left(\frac{1}{T_{m2}}-\frac{1}{T}\right) \tag{5-57}$$

将式(5-57)代入式(5-55),得到溶质 2 在溶剂 1 中的溶解度(也可以理解为熔点下降)

$$x_2=\frac{1}{\gamma_2}\exp\left[\frac{\Delta H_2^{\,fus}}{R}\left(\frac{1}{T_{m2}}-\frac{1}{T}\right)\right] \tag{5-58}$$

其中,液相中溶质的活度系数 γ_2 可以由活度系数模型计算。

对于混合溶剂场合,溶解度的计算式与式(5-58)是一样的,只是式中的 γ_2 是多元系统的活度系数,而不再是二元系统。

前面已经指出,溶解平衡与一种简单的熔化平衡是等价的,即生成纯固相(或完全不互溶的固相)的系统,如图 5-13 所示,是不互溶固相的溶解度曲线(是液-固-固相图,非常类似于例图 5-2 的液相完全不互溶的气-液-液相图)。

相图分为四个区,上方为液相区(L),下方是互不相溶的固相区(S_1/S_2),左边和右边分别是液相与两纯固体的共存区(L/S_2 和 L/S_1)。

相图中有一点 E,表示液相与两个固相共存的最低温度,称为最低共熔点,该点的温度称为最低共熔温度(T^E)。这种系统是在有机物的结晶过程中最常见的。

很明显,相图中的左边曲线($T_{m2}E$)实际上就是纯固体 2(溶质)在溶剂 1 中的溶解度曲线,其方程式是(5-58),当 $x_1<x^E$ 的溶液冷却结晶时,析出纯的固体 2,直到至 T^E;右边的曲线($T_{m1}E$)

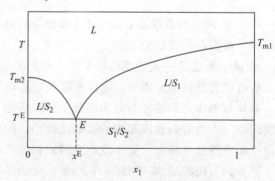

图 5-13 固相不互溶系统的固-液平衡

是纯固体1（溶质）在溶剂2中的溶解度曲线，其方程式是下式(5-59)，当 $x_1 > x^E$ 的溶液冷却结晶时，析出纯的固体1，直至 T^E。

$$x_1 = \frac{1}{\gamma_1} \exp\left[\frac{\Delta H_1^{fus}}{R}\left(\frac{1}{T_{m1}} - \frac{1}{T}\right)\right] \tag{5-59}$$

最低共熔点 E 就是两条溶解度曲线的交点，故可以联立求解方程组式(5-58)和式(5-59)得到。

【例题5-14】 苯(1)和萘(2)的熔点分别为 $T_{m1} = 5.5℃$，$T_{m2} = 79.9℃$，其摩尔熔化焓分别是 $\Delta H_1^{fus} = 9.873 kJ \cdot mol^{-1}$，$\Delta H_2^{fus} = 19.08 kJ \cdot mol^{-1}$。若苯和萘形成的液相混合物可以视为理想溶液，而它们的固相互不相容，并形成最低共熔点。求：(a)固体苯在萘中的溶解度随温度的变化曲线；固体萘在苯中的溶解度随温度的变化曲线；(b)最低共熔点的温度和组成；(c)计算 $x_1 = 0.9$ 的苯(1)-萘(2)溶液的凝固点，1mol此混合物结晶后最多能得到多少纯苯？温度应降到多少？

解：(a)由于液相是理想溶液，即 $\gamma_1 = \gamma_2 = 1$，则固体苯(1)在萘(2)中的溶解度随着温度的变化曲线是式(5-59)，即

$$x_1 = \frac{1}{\gamma_1} \exp\left[\frac{\Delta H_1^{fus}}{R}\left(\frac{1}{T_{m1}} - \frac{1}{T}\right)\right] = \exp\left[\frac{9.873 \times 1000}{8.314}\left(\frac{1}{278.65} - \frac{1}{T}\right)\right] = \exp\left(4.26 - \frac{1187.52}{T}\right)$$

适用范围 $(x^E \leqslant x_1 \leqslant 1; T^E \leqslant T \leqslant T_{m1})$

固体萘(2)在苯(1)中的溶解度随着温度的变化曲线是式(5-58)，即

$$x_2 = \frac{1}{\gamma_2} \exp\left[\frac{\Delta H_2^{fus}}{R}\left(\frac{1}{T_{m2}} - \frac{1}{T}\right)\right] = \exp\left[\frac{19.08 \times 1000}{8.314}\left(\frac{1}{353.1} - \frac{1}{T}\right)\right] = \exp\left(6.5 - \frac{2294.92}{T}\right)$$

适用范围 $(1 - x^E \leqslant x_2 \leqslant 1; T^E \leqslant T \leqslant T_{m2})$

(b)最低共熔点是以两条溶解度曲线之交点，因为 $x_1 + x_2 = 1$，试差法解出 $T^E = 270.15K$，再代入任一条溶解度曲线得到 $x^E = 0.13$。

(c)当 $x_1 = 0.9$ 时，应位于第一条曲线的范围内，代入后解得 $T = 271.93K$，也是该溶液的凝固点。

对照图5-13，$x_1 = 0.9$ 的混合物落在右侧的曲线上，降温至凝固点 $T = 271.93K$ 后，应该析纯组分(1)，即苯。当温度降低到 $T^E = 270.15K$ 时，析出了最多的纯固体苯，设为 B(mol)，由物料平衡

$$1 \times 0.9 = B \times 1 + (1 - B)x_1^E$$

$$B = \frac{1 \times 0.9 - 1 \times x_1^E}{1 - x_1^E} = \frac{0.9 - 0.13}{1 - 0.13} = 0.816(mol)$$

可以看到，由于最低共熔点的存在，溶解了溶质的溶剂的凝固点较纯溶剂的凝固点降低了。这与物理化学中的凝固点降低的原理是一样的，此处是更定量化的描述。若是非理想溶液，则活度系数可以由有关模型计算。

式(5-58)和式(5-59)是二元混合物的表达式，对于多元系统，固体 i 在混合溶剂中的溶解度是

$$x_i = \frac{1}{\gamma_i} \exp\left[\frac{\Delta H_i^{fus}}{R}\left(\frac{1}{T_{mi}} - \frac{1}{T}\right)\right]$$

式中，γ_i 必须由多元活度系数模型计算。

*5.4 混合物热力学性质的相互推算

混合物性质的推算在工程和研究中很有意义，特别是在缺少实验数据的条件下，显得更重要。性质推算是化工热力学中的重要内容。

我们已经知道，经典热力学原理给出了不同热力学性质之间的普遍化关系，与一定的模型相结合，可以实现不同性质之间的相互推算。按所采用模型的不同，推算方法也可以分为EOS 法和 γ 法。前者既能用于纯物质系统，也能用于混合物系统，并适合于几乎所有的热力学性质，后者只能用于混合物系统。

无论是混合物的状态方程还是活度系数模型，都含有与混合物性质有关的参数，如混合法则中的相互作用参数和活度系数模型中的能量参数或模型参数。它们一般是通过拟合混合物的实验数据得到，这一过程通常称为关联。相互作用参数或能量参数本质上是反映了分子间相互作用，通过关联某种热力学性质得到的参数，可以用于计算混合物的其他性质，这一过程称为推算。但是经验模型难以完全正确地反映系统的特征，所以，热力学性质之间相互推算的结果可能与实验数据有所差距。一般说来，推算结果与实际的符合程度决定于模型的正确性和系统的复杂性[3]。

5.4.1 EOS 法

一个优秀的状态方程 $+C_p^{ig}$ 的信息，可以计算出几乎所有的热力学性质。如基于状态方程计算焓、熵、饱和热力学性质等都可以认为是从 p-V-T 推算其他热力学性质。

用状态方程模型计算混合物性质时，首先从混合物的某一热力学性质关联得到相互作用参数的数值（实践表明，对于一些较简单的系统，可以用零相互作用参数来预测混合物的性质），再用所得到的相互作用参数计算其他的热力学性质。如实际应用中，由汽-液平衡数据来推算混合物的焓的数据，反过来也能进行。根据我们现在所掌握的知识，完成这些工作是没有任何问题的。现以下列实例来说明推算过程。

【例题 5-15】 已知某二元液体混合物的组成为 x_1，试用 PR 方程推导出该混合物在一定 T、p 和 x_i 下的混合焓的表达式，指出计算混合焓所需要的输入参数，并讨论与汽-液平衡的推算问题。

解：混合焓是均相定组成混合物的性质（见 *4.7 节）。在此是为了说明用状态方程进行不同热力学性质之间的相互推算。

由混合焓的定义式(4-48) 得

$$\Delta H = H - \sum_{i=1}^{N} x_i H_i = H - H^{ig} - \sum_{i=1}^{N} x_i H_i + H^{ig} = (H - H^{ig}) - \left(\sum_{i=1}^{N} x_i H_i - \sum_{i=1}^{N} x_i H_i^{ig} \right)$$

$$= (H - H^{ig}) - \sum_{i=1}^{N} x_i (H_i - H_i^{ig})$$

其中，$H - H^{ig}$ 和 $H_i - H_i^{ig}$ 分别是定组成混合物和纯组分 i 的偏离焓，由第 3 章中的表 3-1 知，PR 方程计算纯物质的偏离焓表达式是

$$\frac{H_i - H_i^{ig}}{RT} = Z_i - 1 - \frac{1}{2^{1.5} b_i RT} \left[a_i - T \left(\frac{\mathrm{d}a_i}{\mathrm{d}T} \right) \right] \ln \frac{V_i + (\sqrt{2} + 1) b_i}{V_i - (\sqrt{2} - 1) b_i}$$

其中
$$\frac{da_i}{dT}=-m\left(\frac{a_ia_{ci}}{TT_{ci}}\right)^{0.5}$$

PR 方程计算混合物的偏离焓公式与纯物质的偏离焓公式类似，仅是将纯物质的摩尔性质替换为混合物的摩尔性质，将纯组分的模型参数替换为混合物的参数，如

$$\frac{H-H^{ig}}{RT}=Z-1-\frac{1}{2^{1.5}bRT}\left[a-T\left(\frac{da}{dT}\right)\right]\ln\frac{V+(\sqrt2+1)b}{V-(\sqrt2-1)b}$$

并由 PR 方程的混合法则，式(2-57) 和式(2-58)，得到

$$\frac{da}{dT}=\frac12\sum_{j=1}^N\sum_{j=1}^Nx_ix_j(1-k_{ij})\left[\sqrt{\frac{a_j}{a_i}}\left(\frac{da_i}{dT}\right)+\sqrt{\frac{a_i}{a_j}}\left(\frac{da_j}{dT}\right)\right]$$

首先要输入各纯物质的 T_{ci}、p_{ci}、ω_i，以计算纯物质的方程常数，再由二元相互作用参数 k_{ij}，得到混合物的方程常数。PR 方程计算混合焓的过程如例图 5-3 所示。

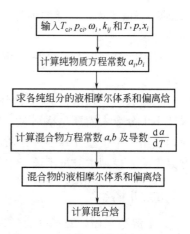

例图 5-3　PR 方程计算混合焓的过程

给定相互作用参数，原则上能从状态方程计算混合物所有的热力学性质。从状态方程计算的某一种性质与实验值的最佳符合，可以得到相互作用参数的数值，由此再用于推算其他性质或其他状态下的性质。

如从汽-液平衡数据来推算混合焓时，首先要从混合物的汽-液平衡数据得到 k_{ij}，再按照例图 5-3 推算混合焓。

5.4.2　活度系数法

基于活度系数模型也能进行混合物性质的相互计算（只限于液体混合物）。在推算时，也是先要从混合物的一种性质拟合能量参数，再由所得到的能量参数推算其他性质。下面将以 Wilson 方程为例来说明汽-液平衡与混合焓之间的推算问题。

我们已经知道，混合焓等于超额焓（对称归一化），通过式(4-96)可将混合焓与活度系数联系起来

$$\Delta H=H^E=-T^2\left[\frac{\partial\left(\frac{G^E}{T}\right)}{\partial T}\right]_{p,\{x\}}=-RT^2\sum_{i=1}^Nx_i\left(\frac{\partial\ln\gamma_i}{\partial T}\right)_{p,\{x\}} \tag{5-60}$$

将二元系统的 Wilson 活度系数模型

$$\ln\gamma_1=-\ln(x_1+\Lambda_{12}x_2)+x_2\left[\frac{\Lambda_{12}}{x_1+\Lambda_{12}x_2}-\frac{\Lambda_{21}}{x_2+\Lambda_{21}x_1}\right]$$

$$\ln\gamma_2=-\ln(x_2+\Lambda_{21}x_1)+x_1\left[\frac{\Lambda_{21}}{x_2+\Lambda_{21}x_1}-\frac{\Lambda_{12}}{x_1+\Lambda_{12}x_2}\right]$$

其中
$$\Lambda_{12}=\frac{V_2^l}{V_1^l}\exp\left(-\frac{\lambda_{12}-\lambda_{11}}{RT}\right),\quad \Lambda_{21}=\frac{V_1^l}{V_2^l}\exp\left(-\frac{\lambda_{21}-\lambda_{22}}{RT}\right)$$

代入式(5-60)，得到二元混合焓表达式

$$\frac{\Delta H}{RT}=x_1\left(\frac{\Lambda_{12}x_2}{x_1+\Lambda_{12}x_2}\right)(\lambda_{12}-\lambda_{11})+x_2\left(\frac{\Lambda_{21}x_1}{x_2+\Lambda_{21}x_1}\right)(\lambda_{21}-\lambda_{22}) \tag{5-61}$$

我们已经掌握了 Wilson 模型计算混合物汽-液平衡的方法。由汽-液平衡数据得到的 Wilson 能量参数可以从式(5-61)来推算混合焓的数据；反之，有时也可以从混合焓的数据

来推算汽-液平衡。这样的推算不仅在缺乏实验数据时有实际意义，而且对模型也提出了更高的要求。

有趣的是，Wilson 方程的混合焓模型式(5-61)与 NRTL 方程的 G^E 模型式(4-107)是一致的。

实践表明，无论用 EOS 法还是 γ 法，进行汽-液平衡与混合焓之间的相互推算，有时结果还不十分令人满意，特别对一些复杂系统。故还需要完善模型，使之更好地反映客观，从而达到用一个模型计算多种性质的目标。但模型的简单性和客观性是一对矛盾，模型的研究方兴未艾。模型本身虽不属于本课程的内容，但对我们十分重要。

【重点归纳】

了解相平衡计算的含义，非均相封闭系统的自由度和基本强度性质的含义。掌握混合物相平衡准则，了解根据所用模型的不同，混合物相平衡计算有哪些方法；根据指定强度性质的不同，混合物相平衡计算有哪些类型。

重点掌握混合物汽-液平衡准则及其不同的简化形式。借助软件 ThermalCal，能用 EOS 法、EOS+γ 法完成混合物的汽-液平衡计算。重点掌握二元汽-液相图，如 T-x-y 图、p-x-y 图、x-y 图、一般正偏差、一般负偏差、具有共沸点的汽-液相图。了解二元液-液相图、汽-液-液相图、固-液相图的特征，以及相图上重要的概念，如泡点线、露点线、三相线、双结点曲线、结点、结线、共溶温度、最低共熔温度、临界溶解温度等。掌握液-液相分裂的热力学条件及应用。

掌握用平衡准则处理气体在液体中的溶解度问题，用 Henry 常数推算气体在低压下的溶解度。掌握用合适的平衡准则和活度系数模型处理液-液平衡、低压下的汽-液-液平衡、液相不互溶系统的汽-液-液平衡、固相不互溶系统的固-液平衡。一般了解固体在流体中的溶解度随压力的变化及其处理方法。

掌握从共沸点汽-液平衡数据、无限稀活度系数等估算活度系数模型参数的方法。一般了解从汽-液平衡数据回归模型参数的方法。一般了解混合物汽-液平衡数据与混合焓数据相互推算的原理。

掌握二元体系汽-液平衡数据的热力学一致性检验原理和方法，掌握 Herington 半经验检验方法的应用。了解满足热力学一致性检验条件是其数据质量可靠的必要条件。

习 题

一、是否题

1. 在一定压力下，组成相同的混合物的露点温度和泡点温度不可能相同。

2. 在 (1)-(2) 系统的汽-液平衡中，若(1)是轻组分，(2)是重组分，则 $y_1 > x_1$，$y_2 < x_2$。

3. 纯物质的汽-液平衡常数 K 等于 1。

4. 在 (1)-(2) 系统的汽-液平衡中，若(1)是轻组分，(2)是重组分，当温度一定，则系统的压力随着 x_1 的增大而增大。

5. 下列汽-液平衡关系是错误的：$p y_i \hat{\varphi}_i^v = H_{i,\text{Solvent}} \gamma_i^* x_i$。

6. 对于理想系统，汽-液平衡常数 $K_i (= y_i / x_i)$，只与 T、p 有关，而与组成无关。

7. 对于二元负偏差系统，液相的活度系数总是小于 1。

8. 能满足热力学一致性的汽-液平衡数据就是高质量的数据。

9. EOS+γ 法既可以计算混合物的汽-液平衡，也能计算纯物质的汽-液平衡。

二、选择题

1. 欲找到活度系数与组成的关系，已有下列二元系统的活度系数等温等压下的表达式，α、β 为常数，请选择可接受性最大的一组（ ）。

A. $\gamma_1 = \alpha x_1$；$\gamma_2 = \beta x_2$ B. $\gamma_1 = 1 + \alpha x_2$；$\gamma_2 = 1 + \beta x_1$

C. $\ln\gamma_1 = \alpha x_2$；$\ln\gamma_2 = \beta x_1$ D. $\ln\gamma_1 = \alpha x_2^2$；$\ln\gamma_2 = \beta x_1^2$

E. $\ln\gamma_1 = \dfrac{\alpha\beta^2 x_2^2}{(\alpha x_1 + \beta x_2)^2}$；$\ln\gamma_2 = \dfrac{a^2\beta x_1^2}{(\alpha x_1 + \beta x_2)^2}$

2. 二元气体混合物的摩尔分数 $y_1 = 0.3$，在一定的 T、p 下，$\hat{\varphi}_1 = 0.9381$，$\hat{\varphi}_2 = 0.8812$，则此时混合物的逸度系数为（ ）。

A. 0.9097   B. 0.8979   C. 0.8982   D. 0.9092

三、填空题

1. 说出下列汽-液平衡关系适用的条件

(1) $\hat{f}_i^v = \hat{f}_i^l$ _____；

(2) $\hat{\varphi}_i^v y_i = \hat{\varphi}_i^l x_i$ _____；

(3) $p y_i = p_i^s \gamma_i x_i$ _____。

2. 丙酮（1）-甲醇（2）二元系统在 98.66kPa 时，恒沸组成 $x_1 = y_1 = 0.796$，恒沸温度为 327.6K，已知此温度下的 $p_1^s = 95.39$kPa，$p_2^s = 65.06$kPa 则 van Laar 方程常数是 $A_{12} =$ _____，$A_{21} =$ _____。

（已知 van Laar 方程为 $\dfrac{G^E}{RT} = \dfrac{A_{12}A_{21}x_1x_2}{A_{12}x_1 + A_{21}x_2}$）

3. 组成为 $x_1 = 0.2$，$x_2 = 0.8$，温度为 300K 的二元液体的泡点组成 y_1 为_____。[已知液相的 $\dfrac{G_t^E}{RT} = 0.75n_1n_2/(n_1 + n_2)$，$p_1^s = 1866$Pa，$p_2^s = 3733$Pa]。

4. 若用 EOS+γ 法来处理 300K 时的甲烷（1）-正戊烷（2）系统的汽-液平衡时，主要困难是_____。

5. EOS 法计算混合物的汽-液平衡时，需要输入的主要物性数据是_____，通常如何得到相互作用参数的值？_____。

6. 由 Wilson 方程计算常减压下的汽-液平衡时，需要输入的数据是_____，Wilson 方程的能量参数是如何得到的？_____。

四、计算题

1. 一个由丙烷(1)-异丁烷(2)-正丁烷(3)组成的混合气体，$y_1 = 0.7$，$y_2 = 0.2$，$y_3 = 0.1$，若要求在一个 30℃的冷凝器中完全冷凝后以液体流出，问冷凝器的最小操作压力为多少？（用软件计算）

2. 13930Pa、25℃时，测得 $x_1 = 0.059$ 的异丙醇(1)-苯(2)溶液的气相分压（异丙醇的）是 1720Pa。已知 25℃时异丙醇和苯的饱和蒸气压分别是 5866Pa 和 13252Pa。（a）求液相异丙醇的活度系数（对称归一化）；（b）求该溶液的 G^E。

3. 苯（1）-甲苯（2）可以作为理想系统。（a）求 90℃时，与 $x_1 = 0.3$ 的液相成平衡的气相组成和泡点压力；（b）90℃和 101.325kPa 时的平衡气、液相组成多少？（c）对于 $x_1 = 0.55$ 和 $y_1 = 0.75$ 的平衡系统的温度和压力各是多少？（d）$y_1 = 0.3$ 的混合物气体在 101.325kPa 下被冷却到 100℃时，混合物的冷凝率多少？

4. 用【例题 5-3】给定的数据和 Wilson 方程，计算甲醇(1)-水(2)系统的泡点或露点（假设气相是理想气体，可用软件计算）。（a）$p = 101325$Pa，$x_1 = 0.2$（实验值 $T = 81.48$℃，$y_1 = 0.582$）；（b）$T = 67.83$℃，$y_1 = 0.914$（实验值 $p = 101325$Pa，$x_1 = 0.8$）。

5. 测定了异丁醛(1)-水(2)系统在 30℃时的液-液平衡数据是 $x_1^\alpha = 0.8931$，$x_1^\beta = 0.0150$。（a）由此计算

van Laar 常数；（b）推算 $T=30℃$，$x_1=0.915$ 的液相互溶区的汽-液平衡（实验值：$p=29.31\text{kPa}$）。已知 $30℃$ 时，$p_1^s=28.58\text{kPa}$，$p_2^s=4.22\text{kPa}$。

6. A-B 是一个形成简单最低共熔点的系统，液相是理想溶液，并已知下列数据

组分	T_{mi}/K	$\Delta H_i^{\text{fus}}/\text{J} \cdot \text{mol}^{-1}$
A	446.0	26150
B	420.7	21485

（a）确定最低共熔点

（b）$x_A=0.865$ 的液体混合物，冷却到多少温度开始有固体析出？析出为何物？每摩尔这样的溶液，最多能析出多少该物质？此时的温度是多少？

五、图示题

1. 描述下列二元 $p\text{-}x\text{-}y$ 图中的变化过程 $A \to B \to C \to D$。

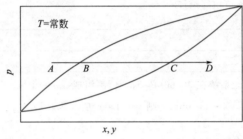

2. 将下列 $T\text{-}x\text{-}y$ 图的变化过程 $A \to B \to C \to D \to E$，$p\text{-}x\text{-}y$ 图上的变化过程 $F \to G \to H \to I \to J$ 表示在 $p\text{-}T$ 图（总组成$=0.3$）上。

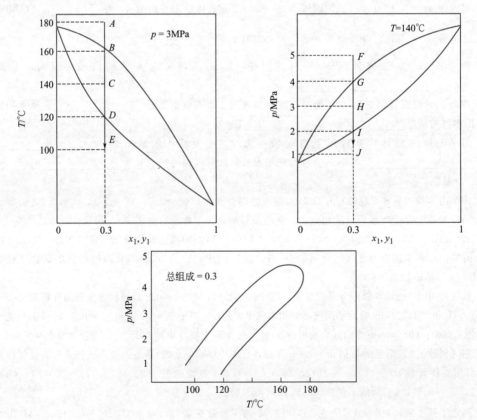

六、证明题

1. 若用积分法进行二元汽-液平衡数据的热力学一致性检验时，需要得到 $\ln\dfrac{\gamma_1}{\gamma_2}-x_1$ 数据。在由汽-液平衡数据计算 γ_1、γ_2 时，若采用 $py_i\hat{\varphi}_i^{\text{v}}=p_i^{\text{s}}\varphi_i^{\text{s}}x_i\gamma_i(i=1,2)$ 的平衡准则，此时需要计算 $\hat{\varphi}_i^{\text{v}}$，若由 virial 方程 $Z=1+\dfrac{Bp}{RT}$（其中 $B=y_1^2B_{11}+2y_1y_2B_{12}+y_2^2B_{22}$）来计算 $\hat{\varphi}_1^{\text{v}}$、$\hat{\varphi}_2^{\text{v}}$。试证明

$$\ln\gamma_1=\ln\frac{py_1}{p_1^{\text{s}}x_1}+\frac{B_{11}(p-p_1^{\text{s}})+p\delta_{12}y_2^2}{RT};\ln\gamma_2=\ln\frac{py_2}{p_2^{\text{s}}x_2}+\frac{B_{22}(p-p_2^{\text{s}})+p\delta_{12}y_1^2}{RT}$$

$$\ln\frac{\gamma_1}{\gamma_2}=\ln\frac{\dfrac{y_1}{y_2}}{\dfrac{x_1}{x_2}}-\ln\frac{p_1^{\text{s}}}{p_2^{\text{s}}}+\frac{(B_{11}-B_{22})p-(B_{11}p_1^{\text{s}}-B_{22}p_2^{\text{s}})-p\delta_{12}(y_1-y_2)}{RT}$$

其中 $\delta_{12}=2B_{12}-B_{11}-B_{22}$。

2. 对于低压的恒温二元汽-液平衡系统，用 Gibbs-Duhem 方程证明有下列关系存在

(a) $\dfrac{\text{d}p}{\text{d}y_1}=\dfrac{p(y_1-x_1)}{y_1(1-y_1)}$；　(b) $\dfrac{\text{d}y_1}{\text{d}x_1}=\dfrac{y_1(1-y_1)}{y_1-x_1}\dfrac{\text{d}\ln p}{\text{d}x_1}$；　(c) $x_1=y_1\left[1-\dfrac{(1-y_1)}{p}\dfrac{\text{d}p}{\text{d}y_1}\right]$；

(d) $\left(\dfrac{\text{d}p}{\text{d}y_1}\right)_{x_1=y_1=0}=\dfrac{1}{\dfrac{1}{p_2^{\text{s}}}+\dfrac{1}{\left(\dfrac{\text{d}p}{\text{d}x_1}\right)_{x_1=y_1=0}}}$；　(e) $\left(\dfrac{\text{d}p}{\text{d}y_1}\right)_{x_1=y_1=1}=\dfrac{1}{\dfrac{1}{\left(\dfrac{\text{d}p}{\text{d}x_1}\right)_{x_1=y_1=1}}-\dfrac{1}{p_1^{\text{s}}}}$

3. 有人说只有 $\dfrac{G^{\text{E}}}{RT}\geqslant0.5$，才可能表达二元系统的液-液相分裂。这种说法是否有道理？

参考文献

[1] 斯坦利 M. 瓦拉斯（美）. 化工相平衡. 北京：中国石化出版社，1985.
[2] Hillert M. Phase Equilibria, Phase Diagrams and Phase Transformations：Their Thermodynamic Basis. 2nd ed. Cambridge：Cambridge University Press，2007.
[3] 胡英. 近代化工热力学：应用研究的新进展. 上海：上海科学技术文献出版社，1994.

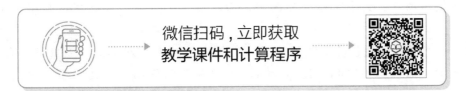

微信扫码，立即获取
教学课件和计算程序

第 6 章

流动系统的热力学原理及应用

【内容提示】

1. 稳定流动系统的热力学第一定律和第二定律；
2. 理想功、损失功、有效能及其分析；
3. 动力循环及其计算；
4. 制冷循环、应用及其计算；
5. 热泵技术及其节能。

6.1 引言

前面几章介绍了封闭系统的热力学原理，并运用于均相系统和非均相系统中热力学的物性计算。本章将重点介绍稳定流动过程及其热力学原理，其理论基础就是热力学第一定律和第二定律，对化工过程的能量转化、传递、使用和损失情况进行分析，揭示能量消耗、大小、原因和部位，为改进工艺过程，提高能量利用率指出方向和方法。

化工生产需要消耗各种形式的能量，由热力学基本原理可知，能量不仅有数量，而且有质量（品位）。例如，1kJ功和1kJ热，从热力学第一定律来看，它们数量上是相等的，但是从热力学第二定律来看，它们的质量不相当，功可以全部转化为热，而热通过热机只能部分变为功，最大的热机效率是可逆机效率，所以说功的质量高于热。

自然界的能量可分为低级能量和高级能量。理论上完全可以转化为功的能量称为高级能量，如机械能、电能、水力能和风能等；理论上不能完全转化为功的能量称为低级能量，如热能、热力学内能和焓等。在化工生产中，从高级能量贬质为低级能量的现象普遍存在，如常见的传热过程，蒸汽从高温热贬质到低温热，做功能力将有所损耗，这点是不可避免的，合理的使用方法是高压蒸汽用于高温、高压情况，并且贬质到中压蒸汽进行利用，最后减压至低压状态，作为生活用热。

因此，研究化工过程中的能量变化，既要节约用能，降低能量消耗，又要经济合理地用能，热力学的基本原理为我们指引了方向。

6.2 热力学第一定律

6.2.1 封闭系统的热力学第一定律

一切物质都具有能，能是物质固有的特性。通常，能量可分为两大类：一类是系统蓄积的能量，如动能、势能和热力学能，它们都是系统状态的函数；另一类是过程中系统和环境传递的能量，常见有功和热量，它们就不是状态函数，而与过程有关。热量是因为温度差别引起的能量传递，而做功是由势差引起的能量传递。因此，热和功是两种本质不同且与过程传递方式有关的能量形式。

能量的形式不同，但是可以相互转化或传递，在转化或传递的过程中，能量的数量是守恒的，这就是热力学第一定律，即能量转化和守恒原理。

在封闭系统非流动过程中的热力学第一定律数学表达式为

$$\Delta U = Q + W \tag{3-1}$$

上式中规定：吸热为正，放热为负；对外做功为负，向系统做功为正。

我们已经知道，热力学状态函数（有些是差值）可以借助于热力学原理，结合适当的模型和基础数据得到。热力学第一定律就建立起热和功的关系。如果我们可以得到实际过程中传递的热量，那么实际过程的做功能力就可知了。封闭系统内，克服恒定外压所做的体积功的计算公式为

$$\delta W = -p_{外}\, dV \tag{6-1}$$

对于可逆过程，则上式变为

$$W_{rev} = -\int_{V_1}^{V_2} p\, dV \tag{6-2}$$

式中，p 为系统的压力。

由此可见，只有可逆功可以采用适当的状态方程式进行积分计算，除此之外，功的计算只有通过热力学第一定律间接得到了。

化工生产中经常遇到的是稳定流动过程，下面我们要讨论稳定流动过程的能量平衡问题。

6.2.2 稳定流动系统的热力学第一定律

所谓稳定流动状态指的是：流体流动途径中所有各点的状况都不随时间而变化，即所有质量和能量的流率均恒定，系统中没有物料和能量的积累。图 6-1 为稳定流动系统示意图。

流体（液体或气体）从截面 1 通过设备流到截面 2，在截面 1 处流体进入设备所具有的状况用下标 1 表示，此处距基准面的高度为 z_1，流动平均速度 u_1，比容 V_1，压力 p_1 以及热力学内能 U_1 等。同样在截面 2 处流体流出所具有的状况用下标 2 表示。

考察的基准是单位质量的流体，带入、带

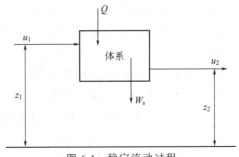

图 6-1 稳定流动过程

出能量的形式为动能 $\left(\dfrac{u^2}{2}\right)$、势能（$gz$）和热力学内能（$U$）。

稳定流动系统的热力学第一定律表达式为：

$$\Delta U + \frac{\Delta u^2}{2} + g\Delta z = Q + W \tag{6-3}$$

式中，g 为重力加速度；Q 和 W 是单位质量流体由环境吸收的热量和对系统所做的功。

式(6-3) 中的功 W 并非图 6-1 中的轴功 W_s，轴功是表示流体流经设备的运动机构时通过轴传递的功。流体流经设备时除了做轴功之外，还由于流体会随着不同截面，以及温度、压力的变化而产生膨胀或压缩所产生的流动功。

若截面 1 的面积为 A_1，作用力为 p_1A_1，流体的单位质量体积为 V_1，则作用长度为 $\dfrac{V_1}{A_1}$，所做功为

$$W_1 = p_1 A_1 \frac{V_1}{A_1} = p_1 V_1$$

同理，截面 2 的 $W_2 = p_2 V_2$，pV 通常称为"流动功"。流体所做功是轴功和净流动功之和，即

$$W = W_s - p_2 V_2 + p_1 V_1 \tag{6-4}$$

将式(6-4) 代入式(6-3)，且因为 $H = U + pV$，所以得到

$$\Delta H + g\Delta z + \frac{1}{2}\Delta u^2 = Q + W_s \tag{6-5}$$

式中，Δ 表示从截面 1 到截面 2 的变化。此式即为稳定流动过程的热力学第一定律数学表达式。按照 SI 单位制，每一项的单位是 $J\cdot kg^{-1}$。

上式写成微分形式，即

$$dH + g\,dz + u\,du = \delta Q + \delta W_s \tag{6-6}$$

在热力学的许多应用中，动能和势能与其他能量相比是较小的，若略去不计，式(6-5) 变为

$$\Delta H = Q + W_s \tag{6-7}$$

根据式(6-6) 可以推导出可逆条件下的轴功表达式为

$$W_{s,\,rev} = \int_{p_1}^{p_2} V\,dp \tag{6-8}$$

请注意，式(6-8) 与式(6-2) 是不一样的热力学变量，它们可以在 p-V 图上表示出来，见图 6-2。

【例题 6-1】 将 90℃的热水，以 $12m^3\cdot h^{-1}$ 速率从储罐 1 输送到高度为 15m 的储罐 2，热水泵的电动机功率为 1.5kW，并且热水经过一个冷却器，放出热量的速率为 $2.5\times10^6 kJ\cdot h^{-1}$，试问：储罐 2 的水温度是多少？

解：此例题是稳定流动过程式(6-5) 的应用，水在储罐的流动速度很慢，可以忽略动能变化，其他能量项单位为 $kJ\cdot kg^{-1}$。

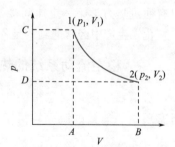

图 6-2 功在 p-V 图上的表示
1-2 为等温线

$$\int_{V_1}^{V_2} p\,dV = 面积\ A12B$$

$$-\int_{p_1}^{p_2} V\,dp = 面积\ C12D$$

从附录 C 水的性质表中可查得，90℃时水的密度为 $965.3 kg\cdot m^{-3}$，则水的质量流率为

$$965.3\times12 = 11583.6\ (kg\cdot h^{-1})$$

得到放出的热量 $Q = -\dfrac{2.5\times10^6}{11583.6} = -215.8\ (kJ\cdot kg^{-1})$

电机的轴功
$$W_s = \frac{1.5 \times 3600}{11583.6} = 0.466 \ (kJ \cdot kg^{-1})$$

势能变化
$$g \Delta z = 9.8 \times 15 \times 10^{-3} = 0.147 \ (kJ \cdot kg^{-1})$$

将上述各项代入式(6-5)，得到
$$\Delta H = Q + W_s - g \Delta z = -215.8 + 0.466 - 0.147 = -215.48 \ (kJ \cdot kg^{-1})$$

从附录 C-1 饱和水性质表中可查得 90℃时饱和液体的焓（近似为饱和液体）
$$H_1 = 376.92 \ (kJ \cdot kg^{-1})$$

则
$$H_2 = \Delta H + H_1 = -215.48 + 376.92 = 161.44 \ (kJ \cdot kg^{-1})$$

再从饱和水性质表中可内插查到此时的温度约为 38.5℃。

6.3 热力学第二定律和熵平衡

6.3.1 热力学第二定律

这里我们对热力学第二定律只做简要的介绍，"物理化学"已有详尽的叙述。常见的第二定律表述如下：

① 克劳修斯（Clausius）说法　热不可能自动从低温物体传给高温物体。

② 开尔文（Kelvin）说法　不可能从单一热源吸热使之完全变为有用的功而不引起其他变化。

上面表达的实质即是"自发过程都是不可逆的"。克劳修斯的说法说明了热传导过程的不可逆性，而开尔文说法则描述了功转化为热的过程的不可逆性。

6.3.2 熵及熵增原理

热力学第二定律揭示了热和功之间的转化规律，热机的效率 η 定义为热机循环过程中从高温热源（温度为 T_H）吸收的热量 Q_H 与所做的功 W 之比值

$$\eta = \frac{|W|}{|Q_H|} \tag{6-9}$$

按照热力学第二定律，系统从热源吸收的热只能部分转化为功，即 $|W| < |Q_H|$，所以热机的实际效率 $\eta < 1$，而只有卡诺（Carnot）循环的效率最高。

卡诺定律：所有工作于同温热源和同温冷源（温度为 T_L）之间的热机，以可逆热机效率最高。而且可以推论，工作于同温热源与同温冷源之间的可逆机，其效率相等，并与工作介质（工质）无关[1]。

卡诺热机的效率

$$\eta = \frac{|W|}{|Q_H|} = \frac{|Q_H| - |Q_L|}{|Q_H|} = \frac{T_H - T_L}{T_H} = 1 - \frac{T_L}{T_H} \tag{6-10}$$

熵的定义为可逆热温熵
$$dS = \frac{\delta Q_{rev}}{T} \tag{6-11}$$

积分上式得到熵变
$$\Delta S = S_2 - S_1 = \int_1^2 \frac{\delta Q_{rev}}{T} \tag{6-12}$$

对可逆的等温过程，$\Delta S = \dfrac{Q_{rev}}{T}$ 或 $Q_{rev} = T\Delta S$，如可逆汽化过程 $\Delta S = \dfrac{\Delta H^{vap}}{T}$；对绝热可逆过程，则 $\Delta S = 0$，常称为等熵过程；对非可逆过程，ΔS 用状态函数的性质来计算，详见第 3 章。

熵的微观物理意义是系统的混乱程度大小的度量，单位是 $\mathbf{J \cdot K^{-1}}$，可以证明封闭系统中进行任何过程，都有

$$\mathrm{d}S \geqslant \frac{\delta Q}{T} \tag{6-13}$$

这就是热力学第二定律的数学表达式。

孤立系统，$\delta Q = 0$，则上式变为

$$\mathrm{d}S_{孤立} \geqslant 0 \quad 或 \quad (\Delta S)_{孤立} \geqslant 0 \tag{6-14}$$

上式即为熵增原理的数学表达式。若我们将系统和环境看作一个大系统，它即为孤立系统，则总熵变等于封闭系统熵变 ΔS 和环境熵变 ΔS_0 之和。

$$\Delta S_t = \Delta S + \Delta S_0 \geqslant 0 \tag{6-15}$$

熵增原理 自发进行的不可逆过程只能向着总熵增加的方向进行，最终趋向平衡态。此时总熵变达到最大值，即 $\Delta S_t = 0$ 达到了过程的终点。熵增原理为我们提供了判断过程进行的方向和限度。需要注意的是，判断的依据是总熵变而不是系统的熵变。

6.3.3 封闭系统的熵平衡

由于实际过程的不可逆性引起能量品质的损耗，这是热力学第一定律无法计算的。建立熵平衡关系可以精确地衡量过程的能量利用效率。式(6-13)用于可逆过程为等号，而用于不可逆过程为大于号，即系统的熵变大于热温熵，因为不可逆过程中，有序的能量耗散为无序的热能（如摩擦等），并为系统吸收而导致系统熵的增加，这部分熵常称为熵产生，记为 $\mathrm{d}S_g$，它不是系统的性质，而是与系统的不可逆过程有关，过程的不可逆程度越大，熵产生量 ΔS_g 越大，但可逆过程则无熵产生。我们将式(6-13)改写为如下的等式，引入熵产生变量 $\mathrm{d}S_g$

$$\mathrm{d}S = \frac{\delta Q}{T} + \mathrm{d}S_g \tag{6-16}$$

其积分形式为

$$\Delta S = \int \frac{\delta Q}{T} + \Delta S_g \tag{6-17}$$

上面两式均为封闭系统的熵平衡式。

6.3.4 稳定流动系统的熵平衡

图 6-3 是敞开系统熵平衡示意图。设有 i 股物料流入系统，其质量为 m_i，流入系统的熵之和为 $\sum\limits_{i}(m_i S_i)$；同时有 j 股物料流出系统，质量为 m_j，流出系统熵之和为 $\sum\limits_{j}(m_j S_j)$。如果有热量流入或流出系统，则必定伴有相应的熵变化，即 $\int \dfrac{\delta Q}{T}$ 流入系统，该熵变常称为熵流，记为 $\mathrm{d}S_f$ 或

$$\mathrm{d}S_f = \frac{\delta Q}{T} \tag{6-18}$$

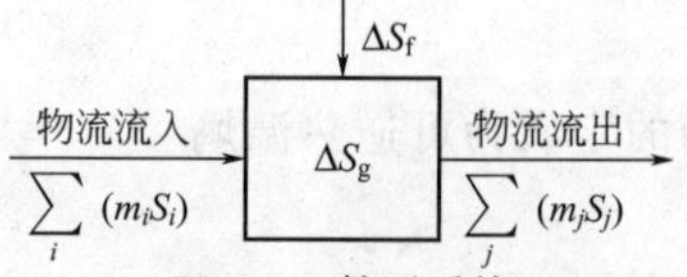

由于传递的热量可正、可负、可零，因此熵流也亦可正、可负、可零。

图 6-3 敞开系统熵平衡简图

若以环境系统表示熵流，记为

$$dS_{f,s} = \frac{|\delta Q|}{T_\sigma}$$

式中，T_σ 为环境温度。

需注意的是，功的传递不会引起熵流，这是熵的定义决定的。但是功的传递进入系统可间接引起系统的熵变。

敞开系统的熵平衡方程式为

$$S_{t+\delta t} - S_t = \Delta S_f + \Delta S_g + \sum_i (m_i S_i) - \sum_j (m_j S_j) \tag{6-19}$$

式中，左边为系统熵的累积，t 为某一时刻，对于封闭系统，上式即为式(6-17)

$$S_{t+\delta t} - S_t = \Delta S = \Delta S_f + \Delta S_g$$

对于敞开的稳流过程，由于系统状态不随时间变化，则系统熵的累积，$S_{t+\delta t} - S_t = 0$，式(6-19) 变为

$$\Delta S_f + \Delta S_g + \sum_i (m_i S_i) - \sum_j (m_j S_j) = 0 \tag{6-20}$$

工程上常用此式来计算稳流过程的熵产生 ΔS_g。对于某些特定的过程，有如下简化式：对绝热稳流过程，且只有单股流体，有 $m_i = m_j = m$，$\Delta S_f = 0$，则 $\Delta S_g = m\ (S_j - S_i)$；对可逆绝热的稳流过程，$\Delta S_g = 0$ 和 $\Delta S_f = 0$，则有 $\sum_i (m_i S_i) = \sum_j (m_j S_j)$，若单股物料，有 $S_i = S_j$，即为常见的等熵过程。

熵产生的计算见下例[2]。

【例题 6-2】 某干燥工艺需要用到 400K、0.1MPa 的干净热空气，燃烧炉产生的热空气规格为 600K、0.1MPa，流率为 224 标准 $L \cdot s^{-1}$，通过换热器将普通空气 300K、0.1MPa，流率为 224 标准 $L \cdot s^{-1}$ 加热到指定温度。假设燃烧炉热空气与空气一样，可视为理想气体，且 $C_p = \frac{7}{2} R$，$J \cdot mol^{-1} \cdot K^{-1}$，环境温度为 300K，求该稳定流动过程的传热速率和熵产生。

（标准体积定义：1 个标准大气压、0℃下的摩尔体积为 22.4L）

解：如例图 6-1 所示，对稳流过程有关系式为

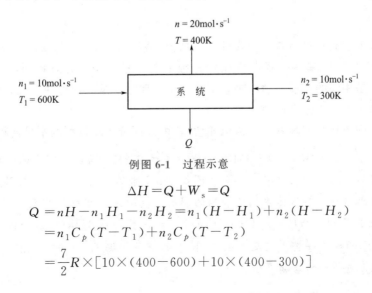

例图 6-1 过程示意

$$\Delta H = Q + W_s = Q$$

$$Q = nH - n_1 H_1 - n_2 H_2 = n_1 (H - H_1) + n_2 (H - H_2)$$
$$= n_1 C_p (T - T_1) + n_2 C_p (T - T_2)$$
$$= \frac{7}{2} R \times [10 \times (400 - 600) + 10 \times (400 - 300)]$$

$$= -\frac{7}{2} \times 8.314 \times 10 \times (-100) = -29099(\text{J} \cdot \text{s}^{-1})$$

熵产生采用关系式(6-20)

$$\Delta S_g = \sum_j (m_j S_j) - \sum_i (m_i S_i) - \Delta S_f = (n_1 + n_2)S - (n_1 S_1 + n_2 S_2) + \frac{|Q|}{T_\sigma}$$

$$= n_2(S - S_2) + n_1(S - S_1) + \frac{|Q|}{T_\sigma} = n_2 C_p \ln \frac{T}{T_2} + n_1 C_p \ln \frac{T}{T_1} + \frac{|Q|}{T_\sigma}$$

$$= 10 \times \frac{7}{2} \times 8.314 \times \left(\ln \frac{400}{600} + \ln \frac{400}{300} \right) + \frac{29099}{300}$$

$$= 62.72(\text{J} \cdot \text{K}^{-1} \cdot \text{s}^{-1})$$

说明真实过程是不可逆过程，有熵产生。

6.4 有效能与过程的热力学分析

6.4.1 理想功

系统在变化过程中，由于途径的不同，所产生（或消耗）的功是不一样的。理想功就是：系统的状态变化以完全可逆方式完成，理论上产生最大功或者消耗最小功。因此理想功是一个理想的极限值，可用来作为实际功的比较标准。所谓的完全可逆，指的是不仅系统内的所有变化是完全可逆的，而且系统和环境之间的能量交换，例如传热过程也是可逆的。环境通常是指大气温度 T_0 和压力 $p_0 = 0.1013\text{MPa}$ 的状态。

实际生产中经常遇到的是稳流过程，下面我们着重讨论稳流过程的理想功[3]。假定过程是完全可逆的，而且系统所处的环境可认为是一个温度为 T_0 的恒温热源。根据热力学第二定律，系统与环境之间的可逆传热量为

$$Q_{\text{rev}} = T_0 \Delta S$$

将上式中的 Q_{rev} 代入稳流过程热力学第一定律表达式(6-7)，可得到稳流过程理想功 W_{id} 表达式。

$$-W_{\text{id}} = T_0 \Delta S - \Delta H \tag{6-21}$$

上式忽略了动能和势能差。由式可见，稳流过程的理想功只与状态变化有关，即与初、终态以及环境温度 T_0 有关，而与变化的途径无关。只要初、终态相同，无论是否可逆过程，其理想功是相同的。理想功与轴功不同在于：理想功是完全可逆过程，它在与环境换热 Q 过程中使用卡诺热机做可逆功。

通过比较理想功与实际做功（或消耗功），可以评价实际过程的不可逆程度。

【例题 6-3】 求 298K、0.1013MPa 的水，变成 273K、同压力下冰的过程的理想功。设环境温度分别为（a）25℃；（b）-5℃。已知 273K 冰的熔化焓变为 334.7kJ·kg^{-1}。

解：如果忽略压力对液体水的焓和熵的影响。查附录C水的性质表得到 298K 时水的有关数据，状态 1 下 $H_1 \approx H_1^1 = 104.89\text{kJ} \cdot \text{kg}^{-1}$，$S_1 \approx S_1^1 = 0.367\text{kJ} \cdot \text{kg}^{-1} \cdot \text{K}^{-1}$。

由 273K 冰的熔化焓变，以及水在 273K 时的有关数据 $H_2^1 = -0.02\text{kJ} \cdot \text{kg}^{-1}$ 和 $S_2^1 \approx 0$，可推算出冰（状态 2）的焓和熵值。

$$H_2^s = -0.02 - 334.7 = -334.72 \ (\mathrm{kJ \cdot kg^{-1}})$$

$$S_2^s = 0 - \frac{334.7}{273} = -1.226 \ (\mathrm{kJ \cdot kg^{-1} \cdot K^{-1}})$$

（a）环境温度为 298K，高于冰点时

$$-W_{id} = T_0 \Delta S - \Delta H = 298 \times (-1.226 - 0.367) - (-334.72 - 104.89) = -35.10 \ (\mathrm{kJ \cdot kg^{-1}})$$

若使水变成冰，需用冰机，理论上应消耗的最小功即为 35.10kJ·kg^{-1}。

（b）环境温度为 268K，低于冰点时

$$-W_{id} = 268 \times (-1.226 - 0.367) - (-334.72 - 104.89) = 12.69 \ (\mathrm{kJ \cdot kg^{-1}})$$

当环境温度低于冰点时，水变成冰，不仅不需要消耗外功，而且理论上可以回收的最大功为 12.69kJ·kg^{-1}。

可见，理想功的计算，与环境温度有关。

6.4.2 损失功

完全可逆过程没有功的损耗，但实际过程都是不可逆的，其系统产生的理想功小于消耗的功。系统在相同的状态变化过程中，完全可逆过程所做的理想功（产生或消耗）与实际过程所做的功之差，就称为损失功。对稳定流动过程，损失功 W_L 表示为

$$W_L = W_{id} - W_s \tag{6-22}$$

式中，理想功 W_{id} 和轴功 W_s 分别以式(6-21) 和式(6-7) 代入，得

$$-W_L = T_0 \Delta S - Q \tag{6-23}$$

式中，Q 是系统与温度为 T_0 的环境所交换的热量；ΔS 是系统的熵变。上式说明，损失功是由两部分组成的：其一是由过程的不可逆性而引起的熵增加造成的；其二是由过程的热损失所造成的。而环境可视为一个极大的恒温热源，Q 相对环境而言，是可逆热量，但是用于环境时为负号，即 $-Q = T_0 \Delta S_0$。代入式(6-23) 可得

$$-W_L = T_0 \Delta S + T_0 \Delta S_0 = T_0 \Delta S_t \tag{6-24}$$

上式表示损失功与总熵变的关系，且与环境温度有关。

根据热力学第二定律（熵增原理），$\Delta S_t \geqslant 0$，等号表示可逆过程或平衡过程；不等号表示不可逆过程，也即实际过程总是有损失功的，过程的不可逆程度越大，总熵增越大，损失功也越大。损失的功转化为热，使系统做功本领下降，因此，不可逆过程都是有代价的。

【例题 6-4】 用 1.50MPa、773K 的过热蒸汽来推动透平机，并在 0.07MPa 下排出。此透平机既不是可逆的，也不是绝热的，实际输出的轴功相当于可逆绝热功的 85%。另有少量的热散入 293K 的环境，损失热为 79.4kJ·kg^{-1}。求此过程的损失功。

解： 查附录 C-2 过热水蒸气表可知，初始状态 1.50MPa，773K 时的蒸汽焓、熵值为

$$H_1 = 3473.1 \mathrm{kJ \cdot kg^{-1}}, \quad S_1 = 7.5698 \mathrm{kJ \cdot kg^{-1} \cdot K^{-1}}$$

若蒸汽按绝热可逆膨胀，则是等熵过程，当膨胀至 0.07MPa 时，熵仍为 $S_2 = 7.5698$ kJ·kg^{-1}·K^{-1}。查过热水蒸气表可知，此时状态近似为 0.07MPa、373K 的过热水蒸气，其焓值 $H_2 = 2680 \mathrm{kJ \cdot kg^{-1}}$。因可逆绝热过程，$Q=0$，则

$$-W_{s,rev} = Q - \Delta H = -\Delta H = H_1 - H_2 = 3473.1 - 2680 = 793.1 \ (\mathrm{kJ \cdot kg^{-1}})$$

此透平机实际输出轴功为 $\quad -W_s = 0.85 \times 793.1 = 674.1 \ (\mathrm{kJ \cdot kg^{-1}})$

依据稳流系统热力学第一定律，得到实际状态 2′ 的焓为

$$H_{2'} = H_1 + Q + W_s = 3473.1 - 79.4 - 674.1 = 2719.6 \ (\mathrm{kJ \cdot kg^{-1}})$$

由 0.07MPa 和 $H_{2'}$ 可查得过热水蒸气状态为 393K，$S_{2'}=7.6375\text{kJ·kg}^{-1}\text{·K}^{-1}$，则过程的损失功

$$-W_L=T_0\Delta S-Q=T_0(S_{2'}-S_1)-Q=293\times(7.6375-7.5698)+79.4=99.2\ (\text{kJ·kg}^{-1})$$

6.4.3　有效能

系统在某一状态时具有一定的能量，系统的状态发生变化时，有一部分能量以功或热的方式释放出来，由于变化过程的不同，做功能力也是不同的。因此，系统的能量既与所处的初、终状态有关，又与其经历的途径有关。衡量系统在某一状态所具有的做功能力，需要有一个基准状态，这个基态常选择与环境 T_0、p_0 达到平衡的状态，因为系统达到环境状态时已无做功能力。另外，从某一状态变到基态时，可逆过程可以获得最大功，即理想功，这是系统状态变化时最大的可用能。显然，系统的状态距离基态越远，理想功也越大，其能量的利用价值也越高。

为了度量能量的可利用程度或比较在不同状态下做功的能力大小，凯南（J. H. Keenen）提出了有效能（available energy）的概念，国内也称"有用能"等。

系统在一定状态下的有效能，就是系统从该状态变化到基态过程所做的理想功，这里用符号 B 表示。对于稳流过程，从状态 1 变到状态 2，过程的理想功可写为

$$-W_{id}=T_0\Delta S-\Delta H=T_0(S_2-S_1)-(H_2-H_1)=(H_1-T_0S_1)-(H_2-T_0S_2)$$

当系统由任意状态(T,p)变到基态(T_0,p_0)时稳流系统的有效能 B 定义为

$$B=(H-T_0S)-(H_0-T_0S_0)=(H-H_0)-T_0(S-S_0) \qquad (6\text{-}25)$$

基态的性质可视为常数，因此，系统的有效能 B 仅与系统状态有关，它是状态函数。但是它和热力学能、焓、熵等热力学性质不同，有效能的数值与所选定的环境状态有关。

$(H-H_0)$ 是系统具有的能量，而 $T_0(S-S_0)$ 不能用于做功，又称为无效能。熵是分子热运动混乱程度的度量，熵值越大，不可用能量越多。有效能表达式不同于理想功，它的终态是基态，即是环境状态，此时有效能可视为零。

由式(6-25)可知，系统状态的物理参数，如温度、压力不同，则有效能不同，此种有效能称为物理有效能；若系统的化学组成，如化学结构、浓度等不同，此种有效能称为化学有效能。由于动能和势能对有效能的贡献很小，这里暂且忽略不计。

下面主要介绍此两种有效能。

6.4.3.1　物理有效能

物理有效能是指系统的温度、压力等状态不同于环境而具有的能量。化工生产中与热量传递有关的加热、冷却、冷凝过程，以及与压力变化有关的压缩、膨胀等过程，只考虑物理有效能。

按照有效能表达式(6-25)可知，利用前面介绍的有关热力学焓和熵的计算公式，可以很方便地通过计算机及有关程序库、数据库，计算出结果。

此外，化工生产中常用的一些物质，如水蒸气、空气、氨、氟利昂（制冷剂）、氮等，其热力学性质可由图或表查到，代入上式(6-25)直接计算也可。随着技术进步，这些图表也将被录入数据库，可通过计算机方便调用。

【例题 6-5】　试求 298K、0.9MPa 状态下，压缩氮气的有效能大小。设环境温度 $T_0=$ 298K，压力 $p_0=0.1$MPa，此时氮气可作为理想气体处理。

解：由于理想气体的焓与压力无关，且 $T=T_0$，即 $H=H_0$，则

$$B=(H-H_0)-T_0(S-S_0)=-T_0(S-S_0)$$

将式(3-39)用理想气体关系式化简，可得到有效能

$$B=RT_0\ln\frac{p}{p_0}=8.314\times298\times\ln\frac{0.9}{0.1}=5443.8\ (\text{J}\cdot\text{mol}^{-1})$$

6.4.3.2 化学有效能

处于环境温度和压力下的系统，由于与环境进行物质交换或化学反应，达到与环境平衡，所做的最大功即为化学有效能。从系统的状态到环境状态需经过化学反应与物理扩散两个过程：化学反应将系统的物质转化成环境物质（基准物），物理扩散指系统反应后的物质浓度变化到与环境浓度相同的过程。

在计算化学有效能时，要求确定每一元素的环境状态，即温度、压力、组成和物态。但是元素的环境状态指定具有人为的因素，应用时要加以注明，在比较化学有效能的大小时，应保持热力学上的一致性。否则不能直接比较。

一般采用焓、熵数据来计算系统的化学有效能，表 6-1 列出了一些元素指定的环境状态。化学有效能的环境状态模型有数种，不同国家采用的标准不一样，其计算结果也有一定的差异。虽然环境状态模型与实际的环境状态有一定的偏差，但是化学有效能的计算结果相差不多。

表 6-1 元素的环境状态

元素	环境状态	元素	环境状态
Al	$Al_2O_3\cdot H_2O$，纯固体	H	H_2O，纯液体
Ar	空气，$y_{Ar}=0.01$	N	空气，$y_{N_2}=0.78$
C	CO_2，纯气体	Na	NaCl 水溶液，$m=1\text{mol}\cdot\text{kg}^{-1}$
Ca	$CaCO_3$，纯固体	O	空气，$y_{O_2}=0.21$
Cl	$CaCl_2$ 水溶液，$m=1\text{mol}\cdot\text{kg}^{-1}$	P	$Ca_3(PO_4)_2$，纯固体
Fe	Fe_2O_3，纯固体	S	$CaSO_4\cdot2H_2O$，纯固体

注：环境状态温度 $T_0=298.15\text{K}$，压力 $p_0=0.101325\text{MPa}$。

在有效能中，化学有效能与物理有效能所占比重较大，对化工过程的分析也是有重要作用的，详细的介绍请参阅有关文献专著。

【例题 6-6】 计算碳（C）的化学有效能。

解：元素 C 的指定环境状态是 CO_2 纯气体，元素 O 的环境状态是空气（$y_{O_2}=0.21$），碳（C）的化学有效能按定义即为：298.15K、0.1013MPa 条件下，碳与空气中的氧（$y_{O_2}=0.21$）完全可逆地反应转变为同温、同压下的纯 CO_2 气体过程中所能转化的功。式(6-25)中 $H-H_0$ 和 $S-S_0$ 按下述方法计算：

$$H-H_0=H_C+H_{O_2}-H_{CO_2}$$
$$S-S_0=S_C+S_{O_2}-S_{CO_2}$$

上述气体视为理想气体，则对 1mol C

$$H-H_0=H_C^\ominus+H_{O_2}^\ominus-H_{CO_2}^\ominus=-\Delta H_{f,CO_2}^\ominus$$
$$S-S_0=S_C^\ominus+(S_{O_2}^\ominus-R\ln0.21)-S_{CO_2}^\ominus$$

式中，$\Delta H_{f,CO_2}^\ominus$ 是 CO_2 的摩尔标准生成焓变，$S_C^\ominus$、$S_{O_2}^\ominus$、$S_{CO_2}^\ominus$ 分别是 C、O_2 和 CO_2 的标准摩尔熵；$R\ln0.21$ 这项因为指定环境状态是空气，其中氧气含量 $y_{O_2}=0.21$，即压力为 $0.21p_0$。查有关物理化学手册得：$\Delta H_{f,CO_2}^\ominus=-393.5\text{kJ}\cdot\text{mol}^{-1}$，$S_C^\ominus=5.740\text{J}\cdot\text{mol}^{-1}\cdot\text{K}^{-1}$，

$S_{O_2}^{\ominus}=205.04 J \cdot mol^{-1} \cdot K^{-1}$，$S_{CO_2}^{\ominus}=213.66 J \cdot mol^{-1} \cdot K^{-1}$。

将以上数值代入，得

$$H-H_0=393.5 kJ \cdot mol^{-1}$$

$$S-S_0=5.740+(205.04-8.3145 \times \ln 0.21)-213.66$$

代入式(6-25)，得碳的化学有效能为

$$B=(H-H_0)-T_0(S-S_0)=393.5-298.15 \times 10.455 \times 10^{-3}=390.4 \ (kJ \cdot mol^{-1})$$

6.4.4 有效能分析

6.4.4.1 有效能分析

从状态 **1** 变到状态 **2** 时，有效能的变化 ΔB 为

$$\Delta B=B_2-B_1=(H_2-H_1)-T_0(S_2-S_1)=\Delta H-T_0 \Delta S \tag{6-26}$$

或

$$\Delta B=W_{id} \tag{6-27}$$

当 $\Delta B<0$，即减少的有效能全部用于做可逆功，且所做功最大为 W_{id}；当 $\Delta B>0$，即增加的有效能等于外界消耗最小功（可逆功）。还可以用另一平衡方程来衡量有效能的损失，对不可逆过程则不然。

而对于不可逆过程，实际所做的功 W_s 总是小于有效能的减少，即有效能有损失情况。

将 $W_{id}=W_s+W_L$ 代入(6-27) 式中，得到

$$\Delta B=W_s+W_L=W_s-T_0 \Delta S_t \tag{6-28}$$

即

$$T_0 \Delta S_t=-W_L \tag{6-29}$$

不可逆过程中，有效能的损失等于损失功 $T_0 \Delta S_t$。

对于化工过程进行有效能分析，可以根据式(6-25) 计算有效能。其中焓差和熵差可通过第 3 章介绍的热力学的基本关系式计算，或者从有关的热力学图、表计算，下面分别通过实例来说明。

【例题 6-7】 某工厂有两种余热可资利用，其一是高温的烟道气，主要成分是二氧化碳、氮气和水汽，流量为 $500 kg \cdot h^{-1}$，温度为 $800 ℃$，其平均等压热容为 $0.8 kJ \cdot kg^{-1} \cdot K^{-1}$；其二是低温冷凝水，流量是 $1348 kg \cdot h^{-1}$，温度为 $80 ℃$，水的平均等压热容可取为 $4.18 kJ \cdot kg^{-1} \cdot K^{-1}$，假设环境温度为 $298K$。问两种余热中的有效能各为多少？

解：高温的烟道气是高温、低压气体，可作为理想气体处理，按照式(6-25)

$$B_{烟}=(H-H_0)-T_0(S-S_0)=w\left[\int_{T_0}^{T}C_p dT-T_0\int_{T_0}^{T}\frac{C_p}{T}dT\right]$$

$$=w\left[C_p(T-T_0)-T_0 C_p \ln \frac{T}{T_0}\right]$$

$$=500 \times 0.8 \times \left[(800-25)-298 \times \ln \frac{1073}{298}\right]=1.57 \times 10^5 \ (kJ \cdot h^{-1})$$

高温的烟道气从 $800 ℃$ 降低到环境温度 $25 ℃$ 放出的热量

$$Q_{烟}=wC_p(T-T_0)=500 \times 0.8 \times (800-25)=3.1 \times 10^5 \ (kJ \cdot h^{-1})$$

低温冷凝水的有效能

$$B_{水}=1348 \times 4.18 \times \left[(80-25)-298 \times \ln \frac{353}{298}\right]=2.55 \times 10^4 (kJ \cdot h^{-1})$$

低温冷凝水从 $80 ℃$ 降低到环境温度 $25 ℃$ 放出的热量

$$Q_{水} = wC_p(T - T_0) = 1348 \times 4.18 \times (80 - 25) = 3.1 \times 10^5 (kJ \cdot h^{-1})$$

由于水是液体，可以借助于水的性质表查得焓与熵值来计算其有效能。查附录C-1饱和水性质表知，80℃，$H = 334.91 kJ \cdot kg^{-1}$，$S = 1.0753 kJ \cdot kg^{-1} \cdot K^{-1}$；25℃，$H_0 = 104.89 kJ \cdot kg^{-1}$，$S_0 = 0.3674 kJ \cdot kg^{-1} \cdot K^{-1}$。

则低温冷凝水的有效能

$$B'_{水} = (H - H_0) - T_0(S - S_0) = 1348 \times [(334.91 - 104.89) - 298(1.0753 - 0.3674)]$$
$$= 2.57 \times 10^4 (kJ \cdot h^{-1})$$

低温冷凝水降到25℃放出热量

$$Q'_{水} = H - H_0 = 1348 \times (334.91 - 104.89) = 3.1 \times 10^4 (kJ \cdot h^{-1})$$

可见，对液态水的有效能不同方法计算结果几乎相同，推荐使用热力学图、表进行焓、熵等物性计算。

由例题可知，尽管低温冷凝水的余热等于高温烟道气的余热，但是其有效能只有高温烟道气的1/6左右。因此有效能才能正确评价余热资源。

【例题6-8】 设有压力为1.0MPa、6.0MPa的饱和水蒸气以及1.0MPa、553.15K的过热水蒸气，若这三种蒸汽都经过充分利用，最后排出0.1013MPa、298.15K的冷凝水。试比较1kg蒸汽的有效能（B）大小和所放出的热。

解： 蒸汽的有效能按式(6-25)为

$$B = (H - H_0) - T_0(S - S_0)$$

假设蒸汽用来加热，不做轴功，蒸汽所放出的热即 $\Delta H = H - H_0$，排出的冷凝水与环境呈平衡状态，即为 $p_0 = 0.1013 MPa$，$T_0 = 298.15 K$，H_0 和 S_0 分别为水的基态焓值和熵值，现不计压力对水的焓、熵值的影响，采用298.15K时饱和水的数据。由附录C水的饱和、过热性质表查出水和三种蒸汽的焓值和熵值，按上述公式计算，其结果列表如下：

序号	状态	压力 p/MPa	温度 T/K	熵 S/kJ·kg^{-1}·K^{-1}	焓 H/kJ·kg^{-1}	$(S-S_0)$/kJ·kg^{-1}·K^{-1}	$(H-H_0)$/kJ·kg^{-1}	B/kJ·kg^{-1}
0	饱和液体水	0.3169	298.15	0.367	105			
1	饱和蒸汽	1.0	453.06	6.587	2778	6.22	2673	818.5
2	过热蒸汽	1.0	553.15	7.047	3008	6.68	2903	911.4
3	饱和蒸汽	6.0	548.79	5.889	2784	5.52	2679	1033.2

从表中结果可以看出：①压力相同(1.0MPa)时，过热蒸汽的有效能较饱和蒸汽为大，故其做功本领也较大；②高压蒸汽的有效能较低压蒸汽为大，而且热转化为功的效率也较高。目前在大型合成氨厂中，温度在623K以上的高温热能都用于生产10.33MPa的蒸汽（过热温度753K），作为获得动力的能源，以提高热能的利用率；③温度相同（蒸汽2、3相近）时，高压蒸汽的焓值反较低压蒸汽略少，故通常总是用低压蒸汽作为工艺加热之用，以减少设备费用；④表中所列压力为1.0MPa和6.0MPa时，饱和蒸汽所放出来的热量基本相等，但高温蒸汽的有效能比低温蒸汽大。由此进一步表明，盲目地把高温高压蒸汽作加热热源就是一种浪费。故一般用来供热的大都是0.5～1.0MPa的饱和蒸汽。

6.4.4.2 能量的合理利用

合理用能总的原则是，按照用户所需要能量的数量和质量来供给它。在用能过程中要注意以下几点。

① 防止能量无偿降级　用高温热源去加热低温物料，或者将高压蒸汽节流降温、降压使用，或者设备保温不良造成的热损失（或冷损失）等情况均属能量无偿降级现象，要尽可能避免。

② 速率与节能的协调　速率等于推动力除以阻力。推动力越大，进行的速率也越大，设备投资费用可以减少，但有效能损失增大，费用增加。反之，减小推动力，可减少有效能损失，能耗费减少，但为了保证产量只有增大设备，则投资费用增大。采用最佳推动力的原则，就是确定过程最佳的推动力，谋求合理解决这一矛盾，使总费用最小。

③ 合理组织能量梯次利用　化工厂许多化学反应都是放热反应，放出的热量不仅数量大而且温度较高，这是化工过程一项宝贵的余热资源。对于温度较高的反应热应通过废热锅炉产生高压蒸汽，然后将高压蒸汽先通过蒸汽透平做功或发电，最后用低压蒸汽作为加热热源使用。即先用功后用热的原则。对热量也要按其能级高低回收使用，例如：用高温热源加热高温物料；用中温热源加热中温物料；用低温热源加热低温物料，从而达到较高的能量利用率。现代大型化工企业正是在这个概念上建立起来的综合用能体系。

6.5　流体的压缩与膨胀过程

6.5.1　流体的压缩

由于液体的不可压缩性，其热力学性质随压力变化不大，压缩过程所消耗的功和传递的热量容易进行近似计算。下面主要介绍气体压缩过程的变化规律以及能量分析。

在封闭系统中，气体的压缩和膨胀涉及体积功的计算，这在前面已经介绍过。对于稳流过程，压缩过程的理论轴功计算可用式(6-7)

$$W_s = \Delta H - Q$$

该式具有普遍意义，可用于任何介质的可逆和不可逆过程。

对可逆过程的轴功，使用合适的状态方程，代入式(6-8) 积分即可。

对于理想气体，若在等温或绝热条件下，上述计算式还可以进一步简化，这些在物理化学教材已经做了较多的介绍，这里不再叙述。

实际压缩过程都是不可逆过程，压缩所需要的功 W_s，肯定要比可逆轴功 $W_{s,rev}$ 为大（指绝对值），这部分损失功是由流体的流动过程损耗和机械传动部分的损耗所造成的。

6.5.2　流体的膨胀

膨胀过程和压缩过程热和功的计算的基本原理是一样的。下面分别介绍这两个膨胀过程。

6.5.2.1　绝热节流膨胀

当流体在管道流动时，遇到一节流元件，如阀门、孔板等，由于局部阻力，使气体压力显著降低，称为节流现象。由于过程进行得很快，可以认为是绝热的，即 $Q = 0$ 且不对外做功，即 $W_s = 0$。节流前后的速度变化也不大，动能和势能变化可以忽略不计，根据稳定流动的能量方程式(6-7)，可知，绝热节流过程

$$\Delta H = 0 \tag{6-30}$$

绝热节流过程是等焓过程。节流时存在摩擦阻力损耗，故节流过程是不可逆过程，节流后熵值一定增加。

流体节流时，由于压力变化而引起的温度变化称为节流效应，或 Joule-Thomson 效应。微小压力变化与所引起的温度变化的比值，称为微分节流效应系数，以 μ_J 表示，即

$$\mu_J = \left(\frac{\partial T}{\partial p}\right)_H \tag{6-31}$$

由热力学基本关系式可知，μ_J 可以从 p-V-T 关系和 C_p 性质来计算

$$\mu_J = \frac{T\left(\frac{\partial V}{\partial T}\right)_p - V}{C_p} \tag{6-32}$$

对于理想气体，由于 $pV = RT$，代入上式可得：$\mu_J = 0$，即理想气体绝热节流后温度不变。对于真实气体，则可能存在以下三种情况：

$\mu_J > 0$，节流后温度降低称冷效应；

$\mu_J = 0$，节流后温度不变称零效应；

$\mu_J < 0$，节流后温度升高称热效应。

同一气体在不同状态下节流，μ_J 有可能为正、为负或为零。

我们知道，零效应的状态点称为转换点，转换点的温度称为转换温度。转换点的轨迹称为转换曲线。它都可以从状态方程和 C_p^{ig} 来预测。图 6-4 所示为由实验确定的氮气转化温度曲线。大多数气体的转换温度都较高，它们可以在室温下产生制冷效应。少数气体如氦、氖、氢等的转换温度低于室温，欲使其节流后产生冷效应，必须在节流前进行预冷。表 6-2 列出某些气体的最高转换温度。

表 6-2　某些气体的最高转换温度

名称	氦	氢	氮	一氧化碳	空气	氧	甲烷
T/K	约 39	204	604	644	650	771	953

压力变化所引起的温度变化（ΔT_H），称为积分节流效应。实际节流时，多用此指标。

$$\Delta T_H = T_2 - T_1 = \int_{p_1}^{p_2} \mu_J \, \mathrm{d}p \tag{6-33}$$

将真实气体状态方程关系式代入上式即可积分求算。常见气体如空气、氨、氟利昂等，人们已经积累了一些常用的热力学性质图表，直接利用这些图表也比较便利。如图 6-5 所示

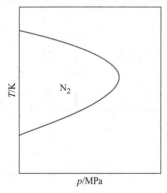

图 6-4　氮气转化温度曲线示意图

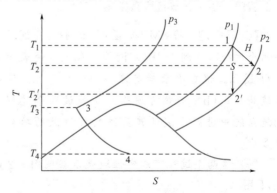

图 6-5　气体膨胀在 T-S 图上的表示

T-S 图，根据节流前状态（p_1，T_1），找出点 1，由点 1 沿等焓线交节流后压力 p_2 的等压线得点 2，点 2 对应的温度即为节流后的温度。

如果节流前压力为 p_3，可以是高压液相节流膨胀到气液两相区 4，从 T-S 图上不仅可以读出 ΔT_H，而且可以计算出产生的冷量以及液化的气体量。

6.5.2.2 绝热可逆膨胀

流体从高压向低压做绝热膨胀时，如在膨胀机中进行，则对外做轴功。如果过程是可逆的，就是等熵膨胀过程。

在等熵膨胀过程中，当压力有微小的变化时所引起的温度变化称为微分等熵效应系数，以 μ_S 表示。

$$\mu_S = \left(\frac{\partial T}{\partial p}\right)_S \tag{6-34}$$

由热力学关系式可容易导得
$$\mu_S = \frac{T\left(\frac{\partial V}{\partial T}\right)_p}{C_p} \tag{6-35}$$

式中，$C_p > 0$，$T > 0$，$\left(\frac{\partial V}{\partial T}\right)_p > 0$，因此，$\mu_S$ 永远为正值。这表明任何气体在任何条件下，进行等熵膨胀，气体温度必定是降低的，总是得到制冷效应。

压力变化所引起的温度变化称积分等熵膨胀效应 ΔT_S 为

$$\Delta T_S = T_2 - T_1 = \int_{p_1}^{p_2} \mu_S \, \mathrm{d}p \tag{6-36}$$

等熵膨胀过程也可在 T-S 图上表示出来，如图 6-5 所示，膨胀前的状态为 $1(T_1, p_1)$ 由此点沿等熵线（作垂线）与膨胀后的压力 p_2 的等压线相交，即为膨胀后的状态点 $2'$（$T_{2'}$，$p_{2'}$）。等熵膨胀的积分温度效应 $\Delta T_S = T_{2'} - T_1$，即可由 T-S 图直接读出。

等熵膨胀的冷冻量要比节流膨胀的冷冻量大，所超过的数值相当于等熵膨胀对外所做的轴功。同样的压差，产生的温度降比节流膨胀为大。

实际上对外做轴功的绝热膨胀并不是可逆的，因此不是等熵过程，而是向着熵增大的方向进行，它介于等焓和等熵膨胀之间。实际膨胀机所做的轴功小于可逆膨胀所做的轴功。

由上述讨论可知，从热力学角度出发，就其温度降、冷冻量和回收轴功来说，做外功的绝热膨胀要比节流膨胀优越。但绝热节流膨胀也有它的好处，它所需的设备很简单，只需一个节流阀，便于调节且可直接得到液体。

【例题 6-9】 将 8MPa，480℃的水蒸气通过下列两个途径降压到 1MPa。请将过程定性地表示在 p-H 图上。试查附录确定终态的温度：（a）绝热节流膨胀；（b）绝热可逆膨胀。若该两个过程在稳流系统中进行，试计算系统对外所做的功分别是多少？

解：这两个过程可以定性地表示在例图 6-2 的 p-H 图上。

在例图 6-2 中，p_1 和 p_2 是两条等压线，而

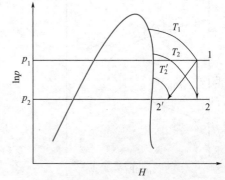

例图 6-2 等焓膨胀和等熵膨胀示意

1-2 是等焓线，1-2′是等熵线，若 1 是初态，绝热节流膨胀（即等焓过程）的终点是 2，而绝热可逆膨胀（即等熵过程）的终点是 2′。从 p-H 图可知，在初、终态的压力相同的条件下，等熵膨胀的终态温度较等焓膨胀的终态温度更低，即 $T_{2'} < T_2$。这一结论可从下列的定量计算得到证实。

查附录 C-2 水的性质表，知水蒸气初态 1 的焓和熵分别是

$$H_1 \approx 3348 \text{kJ} \cdot \text{kg}^{-1}, \quad S_1 \approx 6.66 \text{kJ} \cdot \text{g}^{-1} \cdot \text{K}^{-1}$$

（a）绝热节流膨胀是等焓过程，其终态是

$$H_2 = H_1 \approx 3348 \text{kJ} \cdot \text{kg}^{-1}, \quad p_2 = 1\text{MPa}$$

由此从附录 C-2 的水的性质表可以确定终态的温度是 $T_2 \approx 440℃$。

（b）绝热可逆膨胀是等熵过程，其终态是

$$S_{2'} = S_1 \approx 6.66 \text{kJ} \cdot \text{kg}^{-1} \cdot \text{K}^{-1} \text{ 和 } p_2 = 1\text{MPa}$$

由此从附录 C-2 的水的性质表可以确定终态的温度是

$$T_{2'} \approx 194℃$$

稳流系统绝热过程所做的膨胀功计算式为

$$W_S = H_2 - H_1$$

对绝热节流膨胀，因为 $\Delta H = 0$，所以 $W_S = 0$。

对绝热可逆膨胀，$p_2 = 1\text{MPa}$，并查得 $H_{2'} = 2813 \text{kJ} \cdot \text{kg}^{-1}$，故

$$W_S = 2813 - 3348 = -535 \text{ (kJ} \cdot \text{kg}^{-1}\text{)}$$

比较结果，可以得到如下结论（具有一定的普遍性）：

过程	降温程度(在 $\mu_J > 0$ 的区域)	做功能力
绝热节流膨胀	较小	—
绝热可逆膨胀	较大	较大

6.6 动力循环

化工生产和其他工业生产离不开动力。某些化学反应可以放出大量的反应热，经换热器产生大量的水蒸气，利用此"废热"蒸汽作为蒸汽动力循环装置的能源来产生功，可以节约能源，降低能耗。现代大型化工企业中，合理利用工艺过程产生的热能，转化为动力或蒸汽，不仅提供给本企业，而且还能向外界供电、供汽，从而大大降低生产成本，这也是现代化化学企业的先进标志。本节将简单讨论蒸汽动力循环的朗肯循环，以及改进的常用循环方式。

6.6.1 朗肯循环（Rankine Cycle）

图 6-6(a) 示意的简单蒸汽动力循环由锅炉、过热器、透平机、冷凝器和冷凝水泵所组成。液体水进入锅炉，吸收燃料燃烧时所放出的热量升温至沸点（1→2），汽化为蒸汽（2→3），为了进一步利用高温热能，提高蒸汽温度，将饱和蒸汽通入过热器变成过热蒸汽（3→4），然后进透平膨胀机做功（4→5）。为了尽可能地降低透平出口压力以产生较多的功，将膨胀后的乏气引入冷凝器中用冷却水移走热量，使其在较低的温度下冷凝（5→6），冷凝水用泵升压

（6→1）后再送回锅炉。如此不断地重复进行，构成对外连续做功的蒸汽动力装置循环，也称为朗肯循环。

若不考虑实际循环过程中的流动阻力、摩擦、涡流和散热等不可逆因素，则循环中的加热和冷凝过程在 T-S 图上可表示为等压过程，蒸汽的膨胀和冷凝水的升压可表示为等熵过程。这样的循环又称为理想朗肯循环，如图 6-6（b）所示的 1→2→3→4→5→6→1 循环。

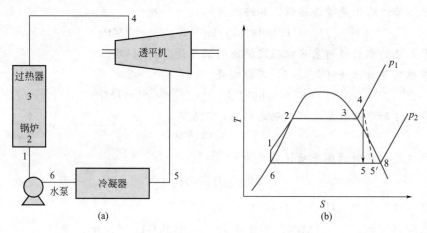

图 6-6　蒸汽动力装置示意图（a）和理想朗肯循环 T-S 图（b）

根据 T-S 图上的表示，理想朗肯循环的各个过程和流体所发生的状态变化，应用稳流系统能量平衡方程式，可以算出在各个过程中流体与外界交换的热和功。计算时忽略不计位能和动能的变化，因为这两项能量的变化与过程中的功和热的效应相比是很小的。

1→2→3→4 是流体（工质）在锅炉中被等压加热汽化成为过热蒸汽的过程，加入的热量 $Q = H_4 - H_1$（正值）；

4→5 表示过热蒸汽在透平机中的可逆绝热膨胀过程，对外所做轴功可由膨胀前后水蒸气的焓值求出，$W_S = H_5 - H_4$（负值）；

5→6 是乏气的冷凝过程放出的热量 $Q_0 = H_6 - H_5$（负值）；

6→1 是将冷凝水通过水泵由 p_2 升压至 p_1 的可逆绝热压缩（等熵压缩）过程，需要消耗的功 $W_p = \Delta H = (H_1 - H_6)$（正值）。

如把水看作是不可压缩的，则

$$W_p = (H_1 - H_6) \approx V^1_{H_2O}(p_1 - p_2)$$

液体水的比体积较小，即使压差很大，此项功耗也很小，可以忽略不计，故在 T-S 图上的 6 和 1 两点是非常接近的。

工质通过循环做出的净功 W_N 为

$$W_N = W_S + W_p = (H_5 - H_4) + (H_1 - H_6) \approx H_5 - H_4$$

所吸收的净热为 $(Q + Q_0)$，经过一次循环后，状态函数 $\Delta H = 0$，按稳流过程热力学第一定律，$Q + Q_0 = W_N$，吸收的净热和做出的净功是相等的。

循环的热效率 η，即热源供给的热量中转化为净功的分率

$$\eta = \frac{-W_N}{Q} = \frac{-(H_5 - H_4) - (H_1 - H_6)}{H_4 - H_1} \approx \frac{H_4 - H_5}{H_4 - H_1}$$

热效率的高低可以反映出不同装置输出相同功量时所消耗的能量的多少，它是评价蒸汽

动力装置的一个重要指标。

做出单位量净功所消耗的蒸汽量称为汽耗率，用 **SSC**（specific steam consumption）表示。

$$\text{SSC} = \frac{1}{-W_N} \text{kg} \cdot \text{kJ}^{-1} = \frac{3600}{-W_N} \text{kg} \cdot \text{kW}^{-1} \cdot \text{h}^{-1} \tag{6-37}$$

显然，当对外做出的净功相同时，汽耗率大的装置其尺寸相应增大。所以汽耗率的高低可用来比较装置的相对尺寸大小和过程的经济性。

以上各式计算时所需要的焓值由附录 C 水的性质表查得。

上面讨论的都是理想情况，实际装置的热效率肯定要比理想值为低，反之实际的汽耗率则较高。理想朗肯循环中，冷凝水升压过程在 T-S 图上是由等熵线 6-1 表示，但由于实际过程是不可逆的，绝热压缩时熵值增大，故 6-1 线应当是偏向右上方的斜线，而不是垂直线。不过由于点 6 和点 1 本来就非常接近，为简化计算，常将这两点看作是重合的。因此，可不考虑这种影响。

蒸汽通过透平机的绝热膨胀实际上不是等熵的，而是向着熵增加的方向偏移，用 4-5′线表示。

蒸汽通过透平机膨胀，实际做出的功应为 $H_4 - H_{5'}$，显然它小于等熵膨胀的功 $H_4 - H_5$。两者之比称为透平机的等熵膨胀效率或称相对内部效率，用 η_S 表示。

$$\eta_S = \frac{H_4 - H_{5'}}{H_4 - H_5} \tag{6-38}$$

相对内部效率反映了透平机内部所有损失（例如喷嘴损失、叶轮摩擦损失、内部漏气损失等）的大小，一般可达到 **80%～90%**。

【例题 6-10】 某一蒸汽动力循环装置，锅炉压力为 4MPa，冷凝器工作压力为 0.004MPa。进入透平机的是过热蒸汽，温度为 500℃，若此循环为理想朗肯循环，试求循环的热效率和汽耗率。若过热蒸汽通过透平机进行实际的不可逆绝热膨胀过程，排出乏汽的干度为 0.92，试求此实际朗肯循环的热效率和汽耗率。

解：该过程在 T-S 图上如例图 6-3 所示。首先由给定的条件通过附录 C 水蒸气的热力学性质表定出 T-S 图上主要点的参数。

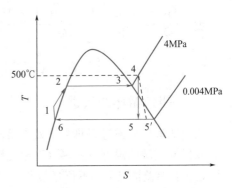

例图 6-3 动力循环 T-S 图

1 状态：高压水，4MPa，水近似不可压缩

$$H_1 - H_6 = V_{H_2O}^l \Delta p$$

$$H_1 = H_6 + 1.004 \times 10^{-3} \times (4 - 0.004) \times 10^6 \times 10^{-3}$$

4 状态：过热蒸汽，4MPa，773K。查得：$H_4 = 3445.3 \text{kJ} \cdot \text{kg}^{-1}$，$S_4 = 7.0901 \text{kJ} \cdot \text{kg}^{-1} \cdot \text{K}^{-1}$。

5 状态：乏汽，0.004MPa，$S_5 = S_4 = 7.0901 \text{kJ} \cdot \text{kg}^{-1} \cdot \text{K}^{-1}$。查得有关饱和性质：$H_5^{sv} = 2554.4 \text{kJ} \cdot \text{kg}^{-1}$，$H_5^{sl} = H_6 = 121.46 \text{kJ} \cdot \text{kg}^{-1}$，$S_5^{sv} = 8.4746 \text{kJ} \cdot \text{kg}^{-1} \cdot \text{K}^{-1}$，$S_5^{sl} = S_6 = 0.4226 \text{kJ} \cdot \text{kg}^{-1} \cdot \text{K}^{-1}$。

设状态 5 乏汽的干度为 x，则 $S_5 = S_4 = (1-x)S_5^{sl} + x S_5^{sv}$，代入数值为

$$(1-x) \times 0.4226 + x \times 8.4746 = 7.0901$$

解得 $\qquad\qquad\qquad\qquad\qquad\qquad x=0.828$

对于焓有

$$H_5=(1-x)H_5^{\text{sl}}+xH_5^{\text{sv}}=(1-0.828)\times121.46+0.828\times2554.4=2135.9\ (\text{kJ}\cdot\text{kg}^{-1})$$

6 状态：饱和水 0.004MPa，已查得 $H_6=121.46\text{kJ}\cdot\text{kg}^{-1}$，$S_6=0.4226\text{kJ}\cdot\text{kg}^{-1}\cdot\text{K}^{-1}$。

若过程为理想朗肯循环：

4→5 过热蒸汽可逆绝热膨胀过程，轴功为

$$W_S=-(H_4-H_5)=-(3445.3-2135.9)=-1309.4\ (\text{kJ}\cdot\text{kg}^{-1})$$

5→6 乏汽冷凝，放热

$$Q_0=H_6-H_5=121.46-2135.9=-2014.44\ (\text{kJ}\cdot\text{kg}^{-1})$$

6→1 饱和水升压过程（变成不饱和水），泵耗功

$$W_p=H_1-H_6=V_{\text{H}_2\text{O}}\Delta p=1.004\times10^{-3}\times(4-0.004)\times10^6$$
$$=4.012\times10^3\text{J}\cdot\text{kg}^{-1}=4.012\ (\text{kJ}\cdot\text{kg}^{-1})$$

且 $H_1=H_6+4.012=121.46+4.012=125.47\ (\text{kJ}\cdot\text{kg}^{-1})$，由于泵耗功很小，常可忽略不计。

1→4 水吸热成过热蒸汽，吸热量

$$Q=H_4-H_1=3445.3-125.47=3319.83\ (\text{kJ}\cdot\text{kg}^{-1})$$

理想循环热效率

$$\eta=\frac{-W_N}{Q}=\frac{-(W_S+W_p)}{Q}=\frac{1309.4-4.012}{3319.83}\times100\%=39\%$$

汽耗率 $\qquad\qquad\text{SSC}=\dfrac{3600}{-W_N}=\dfrac{3600}{1305.39}=2.76\ (\text{kg}\cdot\text{kW}^{-1}\cdot\text{h}^{-1})$

若过程为不可逆绝热膨胀：

蒸汽在透平机中绝热膨胀至 $5'$ 状态，由乏汽的干度可求出 $5'$ 状态焓值。

$$H_{5'}=(1-0.92)\times121.46+0.92\times2554.4=2359.76\ (\text{kJ}\cdot\text{kg}^{-1})$$

这时循环热效率为

$$\eta=\frac{-W_N}{Q}=\frac{(H_4-H_{5'})-(H_1-H_6)}{Q}=\frac{3445.3-2359.76-4.012}{3319.83}\times100\%=32.6\%$$

实际汽耗率 $\qquad\text{SSC}=\dfrac{3600}{-W_N}=\dfrac{3600}{1081.5}=3.33\ (\text{kg}\cdot\text{kW}^{-1}\cdot\text{h}^{-1})$

6.6.2 朗肯循环的改进

我们知道，可逆过程热力学效率最高。例如在卡诺循环中，工质在高温热源的温度下吸热，在低温热源的温度下放热（温差无限小），都是可逆过程。但在朗肯循环当中，吸热和排热则是在有温差情况下的不可逆过程。如朗肯循环的 $T\text{-}S$ 图所示，吸热过程（1→2→3→4）是在不同温度下分三个阶段进行的。这三个阶段的吸热温度都比锅炉高温燃气的温度低得多，其中以冷凝水加热至沸点的 1→2 阶段最为突出。由此可见，整个吸热过程的平均温度与高温燃气的温度相差很大，这是理想朗肯循环存在的最主要问题。因此要想提高朗肯循环的热效率，主要就在于减小这两者之间的温度差。此外，降低冷凝（排热）温度也能提高朗肯循环的热效率，但是这受到冷却水温度和冷凝器尺寸的限制。为使冷凝器具有合理的尺寸，只能维持一定的传热温度差。如果再想降低冷凝温度，在夏天是很难达到的。冷凝温度

和冷却水温之间这种必要的传热温差对热效率的影响，相比于平均吸热温度和高温燃气间很大温差所造成的影响，显然是次要的。

根据上述分析可知，要提高朗肯循环的热效率，必须设法提高工质在吸热过程中的温度，下面就这个问题来阐明所应采取的措施。

6.6.2.1　提高蒸汽的过热温度

在相同的蒸汽压力下，提高蒸汽的过热温度时，可使平均吸热温度相应地提高。由图 6-7 可见，功的面积随过热温度的升高而增大，循环热效率随之提高，当然汽耗率也会下降。同时乏汽的干度增加，使透平机的相对内部效率也可提高。但是蒸汽的最高温度受到金属材料性能的限制，不能无限地提高，一般过热蒸汽的最高温度以不超 873K 为宜。

6.6.2.2　提高蒸汽的压力

水的沸腾温度随着蒸汽压力的增高而升高，故在保持相同的蒸汽过热温度时，提高水蒸气压力，平均吸热温度也会相应提高。从图 6-8 可以看出，当蒸汽压力提高时，热效率提高，而汽耗率下降。但是随着压力的提高，乏汽的干度下降，即湿含量增加，因而会引起透平机相对内部效率的降低，还会使透平机中最后几级的叶片受到磨蚀，缩短寿命。乏汽的干度一般不应低于 0.88。另外，蒸汽压力的提高，不能超过水的临界压力（$p_c = 22.064\text{MPa}$），而且设备制造费用也会大幅上升。这都是不利的方面。

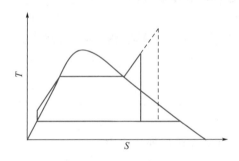

图 6-7　提高蒸汽的过热温度对
热效率和汽耗率的影响

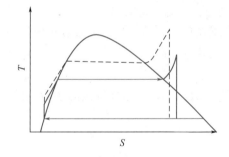

图 6-8　提高蒸汽的压力对热效率
和汽耗率的影响

6.6.2.3　采用再热循环

再热循环是使高压的过热蒸汽在高压透平机中先膨胀到某一中间压力（一般取再热压力为新汽压力的 20%～25%），然后全部引入锅炉中特设的再热器进行加热，升高了温度的蒸汽，进入低压透平机再膨胀到一定的排气压力，这样就可以避免乏汽湿含量过高的缺点。如图 6-9 所示，高压蒸汽由状态点 4 等熵膨胀到某一中间压力时的饱和状态点 4′（膨胀后的状态点也可以在过热区）做出功。饱和蒸汽在再热器中吸收热量后升高温度，其状态沿等压线由 4′变至 5（再热温度与新汽温度可以相同，也可以不同），最后再等熵膨胀到一定排气压力时的湿蒸汽状态 6，又做出功。

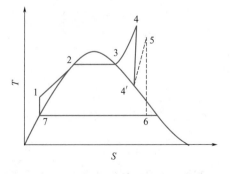

图 6-9　再热循环及其在 $T\text{-}S$ 图上的表示

6.7 制冷循环

使物系的温度降到低于周围环境物质（如大气）的温度的过程称为制冷过程。按照热力学第二定律，热不能自动地从低温物体传至高温物体，要实现此过程必须消耗外功。因此，制冷过程的实现就是利用外功将热从低温物体传给高温环境的过程。制冷广泛地应用于工业、农业生产和人们的日常生活中。本节重点介绍蒸汽压缩制冷，其他制冷原理做简要的分析介绍。

6.7.1 蒸汽压缩制冷循环

6.7.1.1 逆卡诺循环

连续的制冷过程是在低温下吸热，在高温下排热（至环境），因此制冷循环就是逆方向的热机循环。理想制冷循环（可逆制冷）即为逆卡诺循环。由四个可逆过程构成，图 6-10 是逆向卡诺循环的示意图和 T-S 图。其中

1-2：绝热可逆压缩，从 T_1 升温至 T_2，等熵过程，消耗外功；

2-3：等温可逆放热；

3-4：绝热可逆膨胀，从 T_2 降温至 T_1，等熵过程，对外做功；

4-1：等温可逆吸热。

逆卡诺循环中，功和热的关系和正向循环一样，不过符号相反，净功和净热符号都是负的。

循环放热量 $$Q_0 = T_2(S_3 - S_2)$$

循环吸热量 $$q_0 = T_1(S_1 - S_4)$$

循环的 $\Delta H = 0$，故循环所做的净功为：

$$-W_N = Q_0 + q_0 = (T_1 - T_2)(S_2 - S_3) = (T_1 - T_2)(S_1 - S_4)$$

因为 $T_1 < T_2$，$S_1 > S_4$，所以 $W_N > 0$。说明制冷循环需要消耗外功。

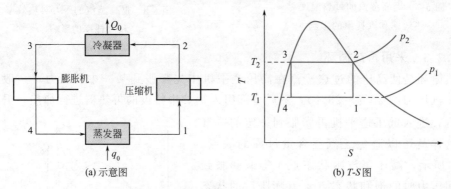

(a) 示意图　　　　　　　　　　　　(b) T-S 图

图 6-10　逆向卡诺循环示意图及 T-S 图

衡量制冷效率的参数称为制冷系数 ξ，其定义为

$$\xi = \frac{\text{从低温物体吸收的热量}}{\text{消耗的净功}} = \frac{|q|}{|W_N|} \tag{6-39}$$

ξ 是制冷循环的经济技术指标。对于逆卡诺循环，

$$\xi_{\text{卡}} = \frac{|q|}{|W_N|} = \frac{T_1(S_1 - S_4)}{-(T_1 - T_2)(S_1 - S_4)} = \frac{T_1}{T_2 - T_1} \qquad (6-40)$$

上式表明，逆卡诺循环的制冷系数仅是工质温度的函数，与工质无关。在两个温度之间操作的任何制冷循环，以逆卡诺循环的制冷系数为最大，任何实际循环的制冷系数都要比 $\xi_{\text{卡}}$ 小，它可作为一切实际循环的比较标准。

6.7.1.2 单级蒸汽压缩制冷循环

单级蒸汽压缩制冷循环的示意流程如图 6-11(a) 所示。

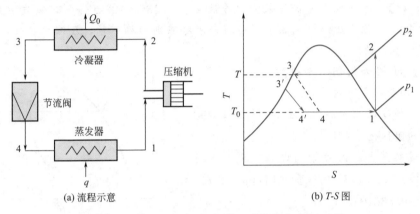

(a) 流程示意　　(b) T-S 图

图 6-11　单级蒸汽压缩制冷循环流程示意和 T-S 图

蒸汽压缩制冷循环是由低压蒸汽的压缩，高压蒸汽的冷却冷凝，高压液体的节流膨胀和湿蒸汽的定压蒸发这四步构成。制冷循环中所用的在低温下吸热和高温下排热的工作物质（简称工质）称为制冷剂。

理想的逆卡诺循环中 1→2 和 3→4 过程在实际运行中是有困难的，这是因为在湿蒸汽区域压缩和膨胀会在压缩机和膨胀机的汽缸中形成液滴，产生"液击"现象，容易损坏机器；同时在压缩机汽缸里的液滴的迅速蒸发会使压缩机的有效容积减少。

实际的冷冻循环的 T-S 图如图 6-11(b) 所示，把绝热可逆压缩过程 1→2 安排在过热蒸汽区，即等熵过程，$S_1 = S_2$；把绝热可逆膨胀过程 3→4 改为使用简单设备节流阀进行的绝热节流膨胀，即等焓过程，$H_3 = H_4$。另外，为了增加冷冻量，使冷冻剂在冷凝器中，不但全部冷凝成饱和液体，还被过冷到低于饱和温度的等压过冷过程 3→3'。

需要说明的是：3→3'过冷过程严格来说应沿着液相等压线运行，但是液体大多不可压缩，即液相等压线和饱和液相线很接近，而且过冷程度有限，3'和 3 状态点也很接近，为方便起见，状态点 3'实际是在饱和液相线上查得的。

对蒸发器应用稳定流动能量方程式就可以计算单位质量制冷剂的制冷量 $q(\text{kJ} \cdot \text{kg}^{-1})$ 为

$$q = H_1 - H_4$$

若制冷剂的"制冷能力"为 $Q_c(\text{kJ} \cdot \text{h}^{-1})$，那么，制冷剂的循环量应为

$$G = \frac{Q_c}{q} \qquad (6-41)$$

应用稳定流动能量方程式，也可以直接得出压缩每单位重量冷冻剂，压缩机所消耗的功 $(\text{kJ} \cdot \text{kg}^{-1})$ 为

$$W_N = H_2 - H_1$$

故制冷机的制冷系数为
$$\xi = \frac{q}{W_N} = \frac{H_1 - H_4}{H_2 - H_1} = \frac{H_1 - H_3}{H_2 - H_1} \qquad (6\text{-}42)$$
而制冷机所消耗的理论功率则为
$$N_T = GW_N \qquad (6\text{-}43)$$

在实际操作中，由于存在着各种损失，如克服流动阻力所造成的节流损失，克服机械摩擦力所造成的摩擦损失，所以实际消耗的功率要比理论功率大一些。

常用制冷剂的压焓图（$\ln p$-H 图）见附录D。计算中所需的各状态点的焓、熵值可直接由图查出。

【例题 6-11】 有一氨冷冻循环装置，冷冻量为 $4.186 \times 10^5 \text{kJ} \cdot \text{h}^{-1}$，蒸发温度$-26\text{℃}$，冷却冷凝为 20℃。假设压缩机绝热可逆运行，求冷冻剂的循环量，压缩机功耗，冷凝器热负荷和循环制冷系数。

解：$\ln p$-H 图如例图 6-4 所示。先由附录 D 氨的 $\ln p$-H 图查取有关数据。

1 态：-26℃氨饱和蒸气，查得 $H_1 = 1430 \text{kJ} \cdot \text{kg}^{-1}$，$S_1 = 6.0 \text{kJ} \cdot \text{kg}^{-1} \cdot \text{K}^{-1}$。

2 态：过热蒸气。因为等熵过程，$S_2 = S_1 = 6.0 \text{kJ} \cdot \text{kg}^{-1} \cdot \text{K}^{-1}$，查得 $H_2 = 1680 \text{kJ} \cdot \text{kg}^{-1}$，$t_2 = 100\text{℃}$，$p_2 = 0.86 \text{MPa}$。

3 态：20℃饱和液体，据此查得 $H_3 = 290 \text{kJ} \cdot \text{kg}^{-1}$。

4 态：由于等焓过程，知 $H_4 = H_3 = 290 \text{kJ} \cdot \text{kg}^{-1}$，查得 $S_4 = 1.4 \text{kJ} \cdot \text{kg}^{-1} \cdot \text{K}^{-1}$。

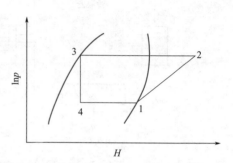

例图 6-4　氨制冷循环 $\ln p$-H 图

冷冻剂循环速率指单位时间内通过蒸发器的冷冻剂量，设为 $G(\text{kg} \cdot \text{h}^{-1})$，则
$$G = \frac{Q_c}{q} = \frac{Q_c}{H_1 - H_4} = \frac{418600}{1430 - 290} = 367.2 \text{ (kg} \cdot \text{h}^{-1})$$

压缩机功耗
$$N_T = GW_N = G(H_2 - H_1) = 367.2 \times (1680 - 1430) = 91800 (\text{kJ} \cdot \text{h}^{-1}) = 25.5 (\text{kW})$$

冷凝器热负荷
$$Q = G(H_3 - H_2) = 367.2 \times (290 - 1680) = -5.1 \times 10^5 \text{ (J} \cdot \text{h}^{-1})$$

制冷系数
$$\xi = \frac{q}{W_N} = \frac{H_1 - H_4}{H_2 - H_1} = \frac{1430 - 290}{1680 - 1430} = 4.56$$

除了借助于热力学图表方法计算外，还可以用状态方程和 C_p^{ig} 来计算焓值。

【例题 6-12】 家用电冰箱的冷却冷凝器通常是置于冰箱的背面（现在为了美观，而置于冰箱外壳里层），它与室内空气换热来冷却冷凝制冷工质。如果我们设计一个移动壁挂式冷却冷凝器，可以方便移到室内、室外，假设室内平均温度是 25℃，夏季室外平均温度为 35℃，冬季室外平均温度为 5℃。若要求冰箱冷藏室温度达到 0℃，试比较这个设计方案的功耗情况。（假设该冰箱制冷系数是逆卡诺制冷系数的 60%，仅考虑冷藏室的制冷情况。）

解：逆卡诺制冷循环的制冷系数关系式
$$\xi_\text{卡} = \frac{q_0}{W_N} = \frac{T_1}{T_2 - T_1}$$

实际制冷机效率 $\qquad\qquad \xi=\dfrac{q}{W_N}=60\% \times \dfrac{T_1}{T_2-T_1}$

冷凝器置于室内时功耗 $\qquad \dfrac{q}{W_N}=60\% \times \dfrac{273.15}{25-0}=6.56$

（1）夏季，当冷却冷凝器置于室外时功耗 $\quad \dfrac{q}{W_N'}=60\% \times \dfrac{273.15}{35-0}=4.68$

冷凝器置于室外时，传递给室内热量为制冷机的无用功 W_L，但能耗高。冷凝器置于室内时，传递给室内的热量为 $6.56W_N+$ 无用功 W_L，需要用空调再移热出去。

（2）冬季，当冷却冷凝器置于室外时功耗 $\quad \dfrac{q}{W_N''}=60\% \times \dfrac{273.15}{5-0}=32.78$

冷凝器置于室外时，传递给室内热量为 W_L，但能耗低。冷凝器置于室内时，传递给室内的热量也为 $6.56W_N+$ 无用功 W_L，使室内更温暖。

可见移动壁挂式冷凝器冬季放到室外，夏季放在室内是最好方案！不过如何设计出简便易操作的移动式冷凝器，需全面论证。

6.7.1.3 多级压缩制冷循环

如果要获得较低的温度，蒸气蒸发压力要低，则蒸气的压缩比就要增大，单级压缩显然是不经济的，采用多级压缩可以克服这个缺点。在用氨作冷冻剂时，若蒸发温度为 $248\sim208K$ 时，一般采用二级压缩制冷循环；氨蒸发温度低于 $208K$，则采用三级压缩制冷循环。

多级压缩通常与多级膨胀结合，级间用冷却水或依靠冷冻剂蒸发作为中间冷却，此时蒸气容积减小，进一步压缩蒸气所需的功也因而减小。因此，多级压缩制冷循环不仅可以节约功的消耗，并能获得多种不同的冷冻温度。每级压缩比的减小，降低了被压缩蒸气的过热温度，这就改善了压缩机的润滑和工作条件。

常用的二级蒸气压缩制冷循环的流程及 T-S 图见图 6-12（其中，a 是高压压缩机；b 是冷凝器；c 是高压节流阀；d 是中间预冷器；e 是高压蒸发器；f 是低压节流阀；g 是低压蒸发器；h 是低压压缩机；i 是水冷却器），低压蒸发器内所产生的压力为 p_{02}，温度为 T_{02}（T-S 图上状态点 1）的干饱和蒸气被低压压缩机汽缸吸入，压缩至中间压力 p_{01}（状态点 2）后，再在中间预冷器内被部分冷冻剂的蒸发至温度 T_{01}（点 3）。高压压缩机汽缸吸入的是下述三种冷冻剂蒸气的混合物：由低压压缩机来的蒸气；中间制冷时所产生的蒸气；

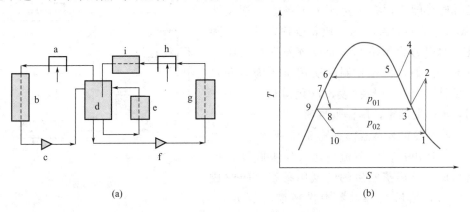

图 6-12 二级蒸气压缩制冷循环流程图及 T-S 图

通过节流阀 c 在中间预冷器内产生的蒸气。

　　混合蒸气在高压压缩机内压缩至状态点 4，此过热蒸气在冷凝器中冷却（至状态点 5）和冷凝成液态（点 6），并可过冷（至点 7）。液体制冷剂经节流阀节流到压力 p_{01} 及温度 T_{01}（点 8）进入中间预冷器。部分制冷剂在高压蒸发器制冷，另一部分经节流阀 f 节流（点 9→10）进入低压蒸发器制冷。

　　多级压缩制冷可提供多种不同温度下的制冷量，正适合生产中常需要各种温度下的冷量要求。例如，乙烯厂中对烃类物的提纯与分离通常在不同温度下进行。采用丙烯作制冷剂的多级压缩制冷可提供 3℃、−24℃、−40℃级的冷量，如用乙烯作制冷剂则可提供−55℃、−75℃、−101.4℃级的冷量，其制冷原理是类同的，只是流程复杂而已。另外，制冷循环应用于化工生产，有些制冷剂本身就是生产中的产品，如合成氨厂用氨作制冷剂，乙烯厂用乙烯、丙烯作制冷剂等。

6.7.2　吸收制冷循环原理介绍

　　前面所讲的蒸气压缩制冷循环下，虽然可采用不同的冷冻剂，但总的说来都是使液体（如液氨）在低温低压下吸收热量而蒸发，蒸气经压缩机加压后在较高温度下冷却，放出热量而液化。这样不断地将热量从低温物体传至高温物体，达到制冷的目的。这种冷冻循环需要的外功是通过压缩气体的压缩机来提供的。压缩机的压缩功是由电能提供的，而电能又可通过热机来获得。这就是说，冷冻循环所需要的功最终可来自高温蒸气的热能。这就产生了直接利用热能作为制冷循环能量来源的可能性。吸收制冷就是直接利用热能制冷的冷冻循环。

　　吸收制冷是通过吸收和精馏装置来完成循环过程的。采用液体为工质，例如氨水溶液或溴化锂溶液。前者称为氨吸收制冷，通常用于低温系统，使用温度最低可达 208K（−65℃），一般为 228K（−45℃）以上；后者称为溴化锂吸收制冷，用于大型中央空气调节系统，使用温度不低于 273K（0℃），一般在 278K（5℃）以上。

　　吸收制冷的特点是直接利用热能制冷，且所需热源温度较低，故可充分利用低品位热能。工厂中的低压蒸汽、热水、烟道气以及某些工艺气体（如合成氨厂的低温变换气等），均可作为热源。这对综合利用热能，提高企业经济效益，具有现实意义。特别是在低温热源多、供电又紧张的地方，具有明显的优点。

　　吸收制冷是利用二元溶液中各组分蒸气压不同来进行的。即使用在一定压力下各组分挥发性（或蒸气压）不同的溶液为工质，以挥发性大（蒸气压高）的组分为制冷剂，而以挥发性小的组分为吸收剂。例如，氨吸收制冷所用工质为氨和水的二元溶液，其中氨易挥发，汽化潜热大，用作制冷剂，水挥发性小，用作吸收剂。

　　氨吸收制冷循环示意图如图 6-13 所示。

　　整个循环由冷凝，节流后蒸发，吸收及精馏过程所组成。吸热蒸发后的气氨用稀氨水吸收成浓氨水溶液，然后在再生器中借精馏将氨分离，再冷凝成液氨，供循环使用。

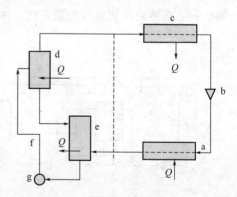

图 6-13　氨吸收制冷循环示意
a—蒸发器；b—节流阀；c—冷凝器；
d—再生器；e—吸收器；f—换热器；g—泵

图 6-11 与图 6-13 比较可以看出，不同之处在于氨吸收制冷循环中的吸收器和再生器代替了蒸气压缩制冷的压缩机。吸收器用精馏后的稀氨水溶液吸收来自蒸发器的气氨，由冷却水移出吸收时放出的热量。图 6-13 虚线左侧相当于一台热机，因为它同样是在"高温"热源吸热，向低温冷却水排出热量。

氨吸收制冷循环再生器的压力，由冷凝器中氨冷凝温度所决定，同样吸收器的压力决定于蒸发器中液氨的蒸发压力。再生器压力较吸收器压力高。因此，需要一台泵将吸收器中的浓氨水溶液送往再生器。再生器和吸收器的温度分别由所用热源与冷却水的温度所限定。由于再生器和吸收器的温度、压力均已由其他给定条件所限定，因此氨水溶液的浓度也就不能随意变动了。稀的和浓的氨水溶液，可通过换热器进行换热，以减少由热源所供给的热量和冷却水的消耗量。

吸收制冷循环的理论计算这里不做介绍，详见有关的热力学文献 [4]。

6.7.3 气体的液化

利用制冷循环获得低于 173K 的低温称为深度冷冻（深冷）。深度冷冻和气体液化密切相关。工业上常用深冷技术使低沸点气体冷到其临界温度以下，从而使之液化。然后，通过精馏或部分冷凝有效地分离混合物或提纯。氧气、氮气等就是通过空气的液化分离得到的。

林德（Linde）气体液化装置是一种典型的深度冷冻装置，工质（即被液化的气体）进行的制冷循环称为林德循环。

深度冷冻和普通冷冻（中冷或浅冷）仅有冷冻温度上有一种量的差别，工作原理是相同的。膨胀过程除使用膨胀阀外还常常使用膨胀机，此外，在膨胀以前要预冷到相当低的温度。

6.7.3.1 装置的工作原理

林德气体液化装置示意图及其循环图见图 6-14，气体从状态 1（p_1，T_1）经多级压缩而压力增加到 p_2，同时经冷却器使其温度恢复到初始温度 T_1。状态 2（p_2，T_1）的气体再经过换热器预冷到相当低的温度（状态 3），经节流阀膨胀（等焓膨胀）到蒸发温度 T_0 的湿蒸气区（状态 4），经气液分离器将液态气体（饱和液体）分离出去，分离后的干饱和蒸气则送到换热器去预冷新来的高压气体，而其本身被加热到原来状态 1，它和补充的气体再进入

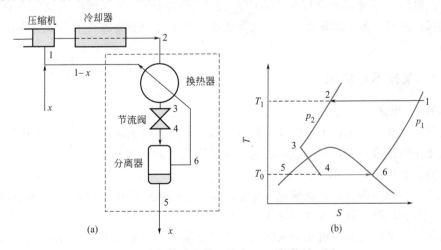

图 6-14 林德气体液化装置示意（a）及其循环图（b）

压缩机。

6.7.3.2 气体的液化量

以 1kg 气体为计算基准，设液化气体量为 $x(kg)$，则装置的冷冻量为 $q(kJ \cdot kg^{-1})$

$$q = x(H_1 - H_0) \tag{6-44}$$

式中，H_1 为在初温 T_1 及压力 p_1 下气体焓；H_0 为在液化温度 T_0 下饱和液体的焓，即 H_5。

对装置图虚线框的部分，进行热量衡算。其中进入的气体是 1kg 状态 2 的高压气体，分离出去 $x(kg)$ 状态 5 的饱和液体，另外循环返回压气机的 $(1-x)$ kg 状态 1 的低压气体，其热量平衡式如下

$$1H_2 = xH_0 + (1-x)H_1$$

得到

$$x = \frac{H_1 - H_2}{H_1 - H_0} \tag{6-45}$$

即为所要求的液化量，其中 H_2 是温度为 T_1 和压力为 p_2，即状态 2 的气体的焓，$kJ \cdot kg^{-1}$。

6.7.3.3 压缩机功耗

冷冻装置功的消耗是多级压气机的压气功 W，通常为简便起见，W 可按理想气体的等温压缩过程计算，而除以等温压缩效率 η_T，即

$$W = \frac{1}{\eta_T} R T_1 \ln \frac{p_2}{p_1} \tag{6-46}$$

式中，η_T 为等温压缩效率，一般取 0.6 左右。

6.8 化工过程的能源高效利用

近十年来，随着人们意识到化石能源最终将被消耗殆尽的事实，全球各国都在寻找替代化石能源，并且加大了对节能技术的投入与应用。中国经济四十多年的高速发展，能源消耗越来越大，原油进口量跃升全球最大，CO_2 温室气体问题、大气环境污染问题日益严重。因此节能减排降耗成为中国重要的国家战略要求。化工过程的能源利用也涉及热力学的热功转换内容。

6.8.1 热泵技术与应用

6.8.1.1 概述

在自然界，空气、水、土壤以及太阳能中蕴藏着巨大的能量，化工生产中化学反应热以及蒸汽凝水中也排放出大量的余热，但这些低品位热量的温度水平比人们所需要的低许多，因此难以直接利用。

热泵作为一种节能技术，能够提供比驱动能源多的热能，在节约能源、环境保护方面具有独特的优势，将受到越来越多的重视。

热泵的工作原理与制冷机完全相同，制冷机是制冷，热泵的工作目的是制热。热泵是一组进行热力循环的设备，它将低温热不断地输送到高温物体中。它以消耗一部分高质量的能

量（机械能、电能或高温热能等）为代价，通过热力循环，从自然环境介质（水、空气）中或生产排放的余热中吸取热量，并将它输送到人们所需要的较高温度的对象中去。

在蒸发器中循环工质吸取环境介质中的热量而蒸发，汽化后进入压缩机，经压缩后的工质在冷凝器中放出热量直接加热房间，或加热供热的用水，工质凝结成饱和液体，经节流减压降温进入蒸发器，重新蒸发吸热汽化为干饱和蒸气，从而完成一个循环。

目前在空调系统中应用的是蒸气压缩式热泵装置，既能在夏季制冷又能在冬季制热，是一种冷热源两用设备。蒸气压缩式热泵装置与蒸气压缩式制冷装置的工作原理相同，只是其运行工况参数和作用不一样。它利用环境空气夏季冷却冷凝器、冬季为蒸发器供热。它的基本流程是由常规风冷制冷机流程加上四通阀作为制冷剂流程转换和控制实现冷凝器和蒸发器的互换。热泵为大量的低品位热能的再利用提供了可能。对于环境保护、资源有效利用、工业可持续发展都很有价值，也受到了国内外广泛的重视与开发。

6.8.1.2 常见热泵的热源

几种常见低品位热源的利用原理及特点如下所述。

（1）空气

用环境空气作为热泵的低品位热源是热泵系统中一个最常见的选择，因空气是自然界存在的最普遍的物质之一。空气源热泵无论在什么条件下均可应用，对环境也不会产生有害影响，且系统运行和维护方便，因此，在热泵的应用中以空气源热泵最为普遍。但由于空气的温度随季节变化较大、单位热容量小、传热系数低，使得空气源热泵的单机容量较小、热泵性能系数低、成本高、在冬季低温环境下工作时需要定期除霜。

不过使用单级蒸气压缩制冷设备的空气热源热泵，尽管可以在低至−15～−20℃的温度下运转，但是它们的效率很低。一般在空气温度低于2℃左右的地方，很少单独用热泵供暖，要辅助一些电加热或其他形式的低品位热源。

（2）水

水的比热容大、传热系数高，水源热泵性能系数较高，成本也较低，是热泵系统的理想低品位热源。只是水虽然是自然界存在的最普遍的物质之一，水源热泵毕竟要受水源条件的限制，且以水为热泵的低品位热源在某些情况下可能产生潜在的环境问题，且不能在接近或低于零度的条件下工作。水源热泵的节能潜力很大，地下水的温度在全年只有很小的变化，比地表水更适合作热泵的低品位热源。但地下水资源有限，长期使用会造成地下水枯竭、地面下沉等不良后果。近年来发展的回灌技术减少了使用地下水对地下水资源的影响，但是否有潜在的危害还需要作评估。

（3）土壤

用土壤作为低品位热源的热泵（又称地源热泵）在国内外都有应用。地源热泵的热泵性能系数高，对环境无不良影响，也不受水源条件的限制。地源热泵系统以其高的热泵性能系数、稳定的运行工况、可使用常规冷水机组作热泵运行等优点引起了普遍的重视。它是在地下埋管利用载热介质与土壤换热来进行热力循环的。地下埋管的方法对环境影响最小。

以土壤作为热源的主要优点在于土壤温度相对稳定，不必从换热器表面除霜，也不需要可能产生噪声的风扇。由于吸取热量会引起的土壤温度的下降，但是如换热速率不过大，就不会带来任何问题。其缺点是需要有足够的地面面积、敷设在地下盘管引起的故障及成本。

（4）太阳能

从理论上说，在中低温范围可直接利用太阳能集热器收集太阳辐射能来供热。但在用作热泵的低品位热源时不需要太高的集热温度，可大大降低集热器的成本和提高集热效率，而即便是较低的太阳能热对提高热泵的能源效率也起很大作用。因太阳能的间断性现在研究的以太阳能作低品位热源的热泵系统一般采用联合运行的系统，在太阳能充足的时候可直接以太阳能供热，而太阳能不足时开启热泵运行，以保证系统的节能和稳定运行。

（5）余废热资源

在化工工业过程中存在大量的余废热，而化工过程本身又需要较高温度的热源，如干燥、蒸馏分离等，这都为热泵的应用提供了机会。用余热作低品位热源的热泵与常规热泵的主要不同是，其工作参数与化工过程紧密相关，这就需要对每个热泵系统根据其应用的场所进行特别设计，一般不具有通用性。

余废热资源数量大，品位较高，制热系数较大，产生的热源温度也较高，节能巨大，效率明显。大型化工企业都可以通过较小的工艺改造，将此部分热源利用起来。

6.8.1.3　热泵的热功计算

热泵的操作费用取决于驱动压缩机的机械能或电能的费用，因此热泵的经济性能是以消耗单位功量 W_N 所得到的供热量 Q_H 来衡量，称为制热系数 ξ_H，即

$$\xi_H = \frac{|Q_H|}{|W_N|} \tag{6-47}$$

可逆热泵（逆卡诺循环）的制热系数可以导出为

$$\xi_{H,卡} = \frac{T_H}{T_H - T_L} \tag{6-48}$$

可逆热泵的制热系数只与高温热源（温度为 T_H）和低温热源（温度为 T_L）的温度有关，与工质性质无关。

工业热泵用于工业过程废热的回收。以消耗少量机械能为代价回收利用低温热能，尤其适宜于那些温度低于 $80℃$ 的大量温热水、冷凝水热量的回收利用。民用冷暖两用空调器，也是采用热泵进行制热的，其电能耗要远低于直接电加热的取暖器。

可以导出制热系数 ξ_H 与制冷系数 ξ 的关系式，即

$$\xi_H = \frac{|Q_H|}{|W_N|} = \frac{|q_0| + |W_N|}{|W_N|} = \frac{|q_0|}{|W_N|} + 1 = \xi + 1$$

可见，制热系数大于制冷系数，供热量 Q_H 大于压缩机消耗功量 W_N。而用电加热，供热量与消耗的电量是相等的。因此，热泵是一种比较合理的供热装置。

【例题 6-13】　某冷暖空调器压缩机的功率为 1kW，冬季时环境温度为 5℃，要求供热的温度为 25℃，假设制热系数是逆卡诺循环的 80%，求此空调的供热量，以及热泵从环境吸收的热量。

解：

实际制热系数　　　　　　$$\xi_H = \frac{|Q_H|}{|W_N|} = 0.8 \times \frac{T_H}{T_H - T_L}$$

$$|Q_H| = 0.8 \times \frac{273.15 + 25}{25 - 5} \times 1.0 = 11.93(kW)$$

从环境吸收热为　　　　　$$q = |Q_H| - |W_N| = 11.93 - 1.0 = 10.93(kW)$$

可见，消耗1kW的功可以产生11.93kW的热，且10.93kW热量是由低温热源获得的。说明热泵效率远大于直接电暖器。

6.8.1.4 空气能技术应用

近几年来，空气能技术不断地见诸各种产品宣传中。空气能即空气中所蕴含的低品位热能，又称空气源。空气中的热能由空气吸收太阳光散发的能量产生。气温越高，空气能越丰富。空气能技术原理上还是热泵技术，即热泵所利用的低品位热源为空气，主要用于制热过程。

20世纪50年代，美国已经开始批量生产空气能热泵；80年代起，能源匮乏的日本开始大规模生产各种空气能热泵式空调器。同时，日本空气能热泵热水器已经取代了电热水器，占据了主导地位。

由于空气能热泵热水器具备节能、安全、安装便捷等优势，很快便普及到酒店、学校、工厂、人员集中且需要60℃以下的热水器的场合。

2008年起，空气能热泵热水器得到了国家政策的支持，各级地方政府对空气能热泵热水器等节能环保项目在资金上给予补贴支持，进一步促进了空气能热泵热水器产业的快速发展。2009年9月，《家用和类似用途热泵热水器》（GB/T 23137）国家标准正式实施执行。

近年来，由于雾霾危害加剧，"煤改电""煤改气"政策的实施，热泵技术这种消耗少量电能、获得大量热能的取热模式，受到了生产商及政府部门的高度重视。

空气能热泵热水器主要由热泵主机和大容量承压保温水箱组成，规格从1kW至100kW不等，既可以小型化用于家庭，也可以大型化用于学校、酒店，安装不受建筑物或楼层限制。不过，能耗水平与使用季节影响较大。其热效率约是电热水器的4倍，燃气热水器的4～6倍，其效率同样也高于太阳能热水器，而且不受有无太阳光的限制。

空气能热水器工作原理就是热泵原理，主要由压缩机、冷凝器、节流装置和蒸发装置四部分组成。通过让工质不断完成压缩→冷凝（放出热量加热对象）→节流→蒸发（吸取环境中的热量）的热力循环过程，从而将环境里的热量转移到热水器中，原理如图6-15所示。

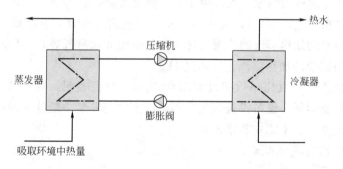

图6-15 空气能热泵装置原理

热泵工作时，把环境介质中贮存的热量Q_a在蒸发器中吸收；该过程需要消耗一部分电能，即压缩机功耗W_B；通过工质循环系统在冷凝器中进行放热Q_c，$Q_c = Q_a + W_B$。由此可以看出，热泵输出的能量为压缩机做的功W_B和热泵从环境中吸收的热量Q_a之和。特定条件下的空气能量是有差异的，如夏天的室外空气、冬天的地下空气热量是相对较高的，采用不同的流程，热泵技术可以节约大量的电能。具体应用到空气能热水器的简单流程如图6-16所示。

空气能热泵热水器由于采用了热泵技术，可将大量低品位的热能，即空气中的热量，通过压缩机和制冷工质，转变为较高品位的可利用的热能，一般能效比在3.0以上，即空气能热泵

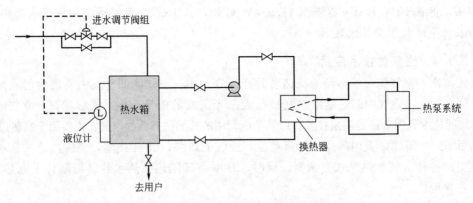

图 6-16　空气能热水器供热流程示意

热水器的压缩机每耗 1kW·h 电，可产生热水器消耗 3kW·h 电产生的热水，节能效果非常显著。

空气能热泵热水器的计算案例可参见本章末的"工程应用案例"。

6.8.2　多效蒸发

6.8.2.1　多效蒸发原理

在涉及蒸发工艺生产过程中，二次蒸汽含大量的潜热，应将其回收加以利用。若将二次蒸汽通入另一蒸发器的加热室，只要后者的操作压力和溶液沸点低于原蒸发器中的操作压力和沸点，则通入的二次蒸汽仍能起到加热作用，这种操作方式即为多效蒸发。

多效蒸发中的每一个蒸发器称为一效。凡通入加热蒸汽的蒸发器称为第一效，用第一效产生的二次蒸汽作为加热源的蒸发器称为第二效，依此类推。采用多效蒸发器的目的是为了节省加热蒸汽的消耗量。

如应用在浓缩蒸发水工艺上，理论上，1kg 加热蒸汽大约可蒸发 1kg 液体水。为了加热升温较快，常使用一定压力的水蒸气。由于有传热温度差，热力学上，被加热出来物料的蒸汽压力、温度（这里也是水蒸气），要比加热介质的水蒸气压力、温度低，这样汽化成水的汽化热要比冷凝成水的加热蒸汽的冷凝放热大（可见饱和水蒸气表）。再加上实际传热损失，这样蒸发 1kg 水所需要的加热蒸汽肯定超过 1kg。

双效蒸发的加热生蒸汽比单效蒸发要节约 50%。研究表明：双效或三效的蒸发工艺，经济性最好，操作费用低，设备投资费用也不高。多效蒸发器一般分为四种类型，分别是并流（顺流）式、逆流式、平流式和错流式。

常见三效蒸发器的流程如图 6-17～图 6-20 所示。

（1）并流（顺流）流程

并流流程的特点为：①料液可自动流入下一效，无需泵输送，节约电能；②后二效压力较低，溶液会发生闪蒸现象，自动产生更多的蒸汽；③传热推动力依次减小；④适宜处理在高浓度下为热敏性的溶液。

（2）逆流流程

逆流流程的特点：①传热推动力较为均匀；②需用泵送流体到下一效；③无闪蒸，能耗略高些；④易于处理黏度随温度和浓度变化较大的溶液。

（3）错流流程

错流流程的特点：①改善了并、逆流的缺点；②操作复杂，自动化程度要求高。

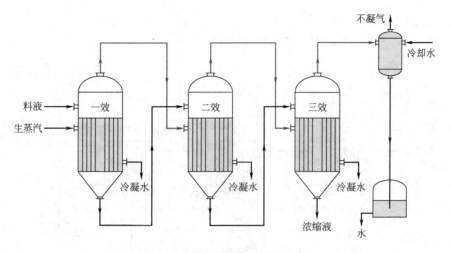

图 6-17 并流三效蒸发流程示意

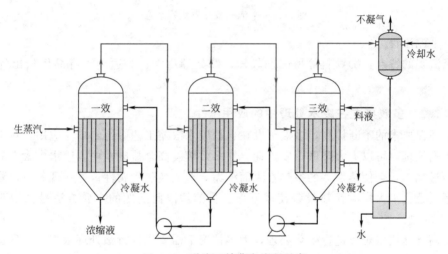

图 6-18 逆流三效蒸发流程示意

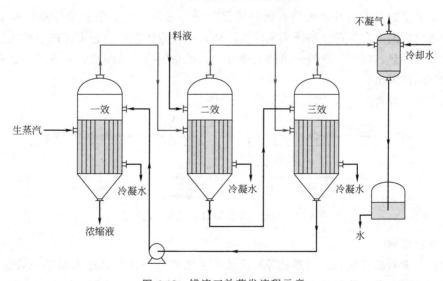

图 6-19 错流三效蒸发流程示意

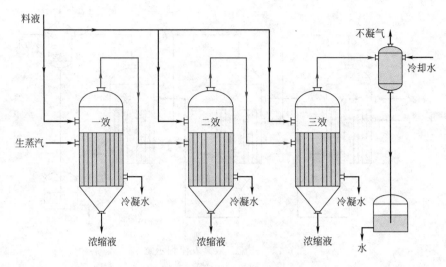

图 6-20　平流三效蒸发流程示意

（4）平流流程

平流流程的特点：①物料停留时间较短；②处理量大；③适用于有晶体析出的溶液的蒸发。

6.8.2.2　多效蒸发在废水处理中的应用

随着环保要求的不断提高，多效蒸发在含盐废水浓缩工艺中得到广泛应用，对于大量高含盐废水的处理，可以大大降低蒸发能耗。在多效蒸发高含盐废水中，废水中含有的盐及其他杂质经过加热，会使蒸发器的换热管表面结垢，造成换热管腐性。这一现象不仅降低换热器热效率，还会大大影响换热设备使用寿命。目前解决此问题的主要方法是采用双向不锈钢，即 2205 型。

由于高含盐废水难以进行生化处理，大多情况下需要先进行预处理浓缩、蒸发出水，使盐析出结晶，蒸出的水再去生化系统处理，达标排放。

高含盐废水的多效蒸发常采用双效顺流强制循环蒸发工艺。强制循环蒸发器是一种高效、抗结疤结垢的蒸发装置，系统用泵输送液体，迫使液体以较高速度流过加热元件，使流动的推动力与传热、汽化、汽液分离的功能分开，设备的换热效率高，它在真空、多效条件下操作的适用性突出。

两效蒸发处理含盐废水工艺流程如图 6-21 所示。

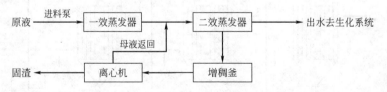

图 6-21　两效蒸发处理含盐废水工艺流程

（1）物料流向

高含盐（多数指氯化物、硫酸盐等）原液除去杂质后由进料泵送入到第一效蒸发器内，料液在第一效蒸发器中均匀地在加热管内壁由下向上流动。在加热器上端设有专门的汽液两相共存的沸腾区，沸腾区内汽液混合物的静压使下层液体的沸点升高，并使溶液在加热管中流动时只受热而不发生汽化。沸腾物料进入第一效分离器经多次强制循环后完成汽、液分离，得到的初步浓缩的料液进入第二效蒸发器。

进入第二效蒸发器内的料液以同样的原理进行蒸发浓缩，浓缩至饱和物料后通过出料泵进入增稠釜，再由离心机分离出盐晶体。分离后的母液返回原液池或直接进入蒸发系统，继续蒸发与结晶，整个过程形成一个连续循环系统。

（2）蒸汽及冷凝水流向

生蒸汽进入第一效加热器放热后冷凝成较高温度的冷凝水，为了回收余热，可以将一效生蒸汽产生的冷凝水返回锅炉房；一效分离室闪蒸的二次蒸汽进入二效加热室的壳程，作为二效蒸发器的热源；二效分离室闪蒸的二次蒸汽进入冷凝器冷凝，冷凝水进入冷凝水罐。冷凝水罐内的冷凝水被泵出再进行处理。

二效蒸发处理高含盐废水的生蒸汽消耗量约为 $0.35\sim0.5\text{t}\cdot\text{t}^{-1}$ 废水，节能效果很显著。当然，由于氯化物盐对材质腐蚀较严重，因此，即使 2205 型不锈钢的使用年限也只有 $2\sim3$ 年。

扫码阅读工程应用案例2：能量的有效应用
——空气能热泵热水器能耗计算

【重点归纳】

热力学第一定律和第二定律在封闭系统和稳定流动系统关系式及概念是不同的，而化工过程常可视为稳定流动系统来处理。

用有效能来评价能量的品质才是最科学的，我们需要通过有效能来分析化工过程的能量变化，从而指导我们对化工过程合理利用能源、节能降耗。目前阶段主要掌握物理有效能的分析计算。

动力循环是热转化为功的做功过程，制冷循环是功转化为低温的消耗功过程，主要由近似的等焓或等熵以及等温等压过程组成。一般使用稳定流动系统的热力学第一定律进行热功转换及热力学效率的计算。需要掌握使用热力学的图、表来进行计算和分析。

常用循环工质（如水蒸气、氨、氟利昂等）的温-熵图和压-焓图来计算。

有兴趣的学生可以使用热力学的专业软件来进行估算，依据是热力学关系式和合适的状态方程。

热泵及节能新技术的应用方兴未艾，我们需要掌握其基本的能量转换原理，学会针对性的应用。

习 题

一、选择题

1. 某封闭系统经历一可逆过程，系统所做的功和排出的热量分别为 0kJ 和 45kJ，则系统的熵变（　　）。

A. 为正　　B. 为负　　C. 不能判断

2. 某封闭系统经历一不可逆过程，系统所做的功和排出的热量分别为 100kJ 和 45kJ，则系统的熵变（　　）。

A. 为正　　B. 为负　　C. 不能判断

3. 某流体在稳流装置内经历一个不可逆绝热过程，则流体流入、流出系统的熵变（　　）。

A. 为正　　B. 为负　　C. 不能判断

4. 某流体在稳流装置内经历一个不可逆过程，加给装置的功为 0kJ，流体从环境吸收的热量为 10kJ，则流体流入、流出系统的熵变（　　）。

A. 为正　　B. 为负　　C. 不能判断

二、图示题

1. 蒸气压缩制冷循环装置中的膨胀过程，可用节流阀和膨胀机来完成，请在 T-S 图上标明两者的差别，并说明各自的做功能力大小。

2. 提高蒸气压缩制冷循环的制冷系数有什么办法，用 T-S 图和 p-H 图说明。

3. 将习题图 1 中单级蒸气压缩制冷循环由 T-S 图转换成 H-S 图，其中 1-2 是等熵线，2-3-4-5 是等压线，5-6 是等焓线。

三、计算题

1. 一个发明者声称，已设计出一个循环操作于热源温度为 25℃ 和 250℃ 的热机，该热机从高温热源吸取 1kJ 的热能就产生 0.45kJ 的功，问此设计可信吗？[5]

2. 求算在流动过程中温度为 540℃，压力为 5.0MPa 的 1kmol 氮气所能给出的理想功为多少？取环境温度为 15℃，环境压力为 0.1MPa。

氮气的摩尔定压热容 $C_p = 27.86 + 4.27 \times 10^{-3} T$ (kJ·kmol^{-1}·K^{-1})。

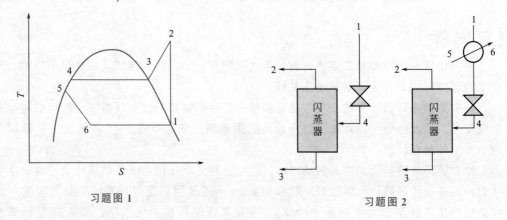

习题图 1　　　　　　　　　　　　　　习题图 2

3. 某厂有一输送 90℃ 热水的管道，由于保温不良，到使用单位时，水温已降至 70℃。试求水温降低过程的热损失与损失功。设环境温度为 25℃。

4. 有一逆流式换热器，利用废气加热空气。空气从 0.1MPa、20℃ 的状态被加热到 125℃，空气的流量为 1.5kg·s^{-1}。而废气从 0.13MPa、250℃ 的状态冷却到 95℃。空气的比定压热容为 1.04kJ·kg^{-1}·K^{-1}，废气的比定压热容为 0.84kJ·kg^{-1}·K^{-1}，比定容热容为 0.63kJ·kg^{-1}·K^{-1}。假定空气与废气通过换热器的压力与动能变化可忽略不计，而且换热器与环境无热量交换，环境状态为 0.1MPa 和 20℃。试求：换热器中不可逆传热的有效能损失 D 为多少？

5. 某制冷装置采用 R12 为制冷剂，以 25℃ 的饱和液体状态进入节流阀，离开阀的温度为 −20℃。

(1) 假设此节流过程为绝热的，其有效能损失为多少？

(2) 若节流过程中制冷剂从环境吸收 5.0kJ·kg^{-1} 热量，此时有效能的损失又为多少？设环境温度 27℃，压力 0.1MPa。

6. 某工厂的高压蒸汽系统，每小时能产生 3.5t 中压冷凝水，再经闪蒸产生低压蒸汽回收利用，试比较下列两种回收方案的有效能损失。

方案1：中压冷凝水1直接进入闪蒸器，产生低压蒸汽2和低压冷凝水3；

方案2：中压冷凝水1经锅炉给水预热器和锅炉给水5换热变为温度较低的中压过冷水4，再进入闪蒸器，仍产生低压蒸汽和低压冷凝水3。两方案如习题图2所示。各状态的状态参数及焓值和熵值如下表，假定忽略过程的热损失，环境温度298.15K。

序号	1	2	3	4	5	6
状态	中压冷凝水	低压蒸汽	低压冷凝水	中压过冷水	预热前锅炉给水	预热后锅炉给水
T/K	483	423	423	433	428	478
p/MPa	1.97	0.49	0.49	1.97	1.78	1.78
$H/kJ \cdot kg^{-1}$	897.0	2744.3	631.4	676.1	653.1	874.0
$S/kJ \cdot kg^{-1} \cdot K^{-1}$	2.4213	6.8308	1.8380	1.9384	1.8887	2.3744

7. 某气体可用如下状态方程式表示 $pV = RT + Cp$，其中 C 为常数。将该气体从25℃、20MPa状态通过绝热节流膨胀后，在什么条件下，气体的温度是上升或下降？设节流过程没有相变化发生。

8. 1.38MPa、21℃的 CO_2，通过（a）节流阀；（b）膨胀机进行绝热可逆膨胀，终点压力为0.1MPa，试确定膨胀后 CO_2 气体的温度。假定 CO_2 的平均等压热容为36.9J·mol^{-1}·K^{-1}。（1）用理想气体状态方程计算；（2）用普遍化关联式计算。[6]

9. 有一单级压缩机压缩丙烷，吸入压力为0.3MPa，排出压力为2.8MPa，进压缩机温度为20℃，处理量为20kmol·h^{-1}。如果压缩机在绝热可逆下操作，问所需功率为多少？已知丙烷的摩尔定压热容为 $C_p = 5.4 + 0.02T$（kJ·kmol^{-1}·K^{-1}）。

10. 一朗肯循环蒸汽动力装置的锅炉供应2.45MPa（绝压）、430℃的过热蒸汽给透平机，其流量为25200kg·h^{-1}。乏汽在0.0135MPa压力下排至冷凝器。冷却水温21℃。假定透平机是绝热可逆的，冷却器出口是饱和液体，循环水泵将冷凝液打回锅炉的过程也是绝热可逆过程。求：（1）透平机所做的功；（2）泵功；（3）每千克蒸汽从锅炉中吸收的热量；（4）如果一循环在锅炉的沸点223℃接受热量，在21℃冷凝排出热量，求最大功；（5）如果每小时从工艺蒸汽中抽出0.29MPa、13800kg的蒸汽作其他用途，剩余部分仍膨胀至0.0135MPa，求透平机所做的功。

11. 某沿江地区拟建一个核动力热电厂，通过热力学计算可以初步评估该核电厂对环境的影响。核动力装置总装机容量为750MW，核反应器可产生的热源温度是315℃，可利用的江水平均温度为20℃。求：

（1）该装置的最大可能循环热效率是多少，排放到江水中最小热量流率是多少？

（2）如果该装置的实际热效率是其最大值的60%，排放到江水中的热量流率又是多少？如果江水的流率为100m^3·s^{-1}，江水的温度会上升多少？

12. 水蒸气在进入绝热可逆膨胀机之前，压力为2.0MPa，温度为150℃。若要求绝热透平膨胀机的出口水不得大于5%，有人主张只要控制出口压力就可以，你认为此意见是否正确？请在 T-S 图上示意说明。

13. 从氨压缩机来的压力为1.013MPa，温度为30℃的氨按下述不同的过程膨胀到0.1013MPa，试求经过膨胀后的温度为多少？（1）绝热节流膨胀；（2）绝热可逆膨胀。

14. 某一空气调节装置的制冷能力为 4.18×10^4 kJ·h^{-1}，采用氨蒸气压缩制冷循环，氨蒸发温度为283K，冷凝温度为313K。假定氨进入压缩机时为饱和蒸气而离开冷凝器时是饱和液体，且压缩过程为可逆过程。求：（1）循环氨的流量；（2）在冷凝器中制冷剂放出的热量；（3）压缩机的理论功率；（4）理论制冷系数。

15. 有一制冷剂为氨且制冷能力为 10^4 kJ·h^{-1} 的压缩机，在下列条件下工作：蒸发温度为-15℃，冷凝温度为25℃，过冷度为5℃。假设压缩机吸入的是干饱和蒸气，试计算：（1）制冷剂循环速率；（2）压缩机理论功率；（3）制冷系数。并将以上结果与不过冷情况比较，说明什么问题？

16. 某蒸气压缩制冷循环，制冷量 $q = 4 \times 10^4$ kJ·h^{-1}，蒸发室温度为-10℃，若冷凝器用水冷却，冷却水进口温度为20℃，循环水量无限大，请设计一套功耗最小的循环装置，设计并计算制冷循环消耗的最小功。若用空气来冷却冷凝，空气平均温度为30℃，消耗的最小功又是多少？从换热器角度分析，空气冷却与水冷却两个方案的优缺点。

17. 有一制冷剂为 R12 的制冷装置，制冷剂循环流量为 $100kg \cdot h^{-1}$，在 30℃ 时冷凝，并被过冷至 25℃。膨胀后的蒸发温度为 -20℃，且蒸发器出口处蒸气过热度为 5℃。试求：(1) 装置的制冷能力和制冷循环系数；(2) 与上述同样条件下逆向卡诺循环的制冷系数相比，并说明什么问题？

18. 用一简单林德循环，使空气液化。空气初温为 300K，膨胀前的初压力 10MPa，节流后压力为 0.1MPa，空气流量（标准状态下）为 $0.015m^3 \cdot min^{-1}$。

（1）求在理想操作情况下，空气液化的百分数和每小时的液化量。

（2）若热交换器热端温差为 5℃，由外界传入热量为 $3.34kJ \cdot kg^{-1}$，问对液化量的影响如何？

19. 求用简单林德循环制 1kg 液态空气所消耗的能量，其操作条件如下：

（1）初态温度为 288K，压缩后的终压为 5.065MPa；

（2）初态温度为 288K，压缩后的终压为 20.26MPa。

上述两种情况都膨胀到 0.1013MPa，不考虑冷损失及温度损失，空气视为理想气体。

20. 一可逆热泵的制热系数为 10，从低温源吸热，传热给高温热源的温度为 25℃，问：(1) 低温源的温度为多少？(2) 若低温源温度再低，则对热泵机器的要求又是如何？(3) 若可逆热泵换成普通空调压缩机，低温源温度对机器功耗的影响又如何？

21. 热泵可用于房屋的冬季取暖和夏季降温。室外的空气在冬季用作低温热源，在夏季用作高温热源。无论夏季和冬季，透过墙壁和屋顶的传热速率是每度室内外温差下的 $0.75kJ \cdot s^{-1}$。热泵电机的功率为 1.5kW。请确定冬季室内能维持 20℃ 时最低的室外温度，夏季室内能维持 25℃ 时最高的室外温度。假设热泵的热机效率为可逆热机的 60%。

22. 某冷暖空调器热泵功率为 1kW，环境温度为 0℃，要求供热的温度为 30℃，制热系数是逆卡诺循环的 50%。求此空调的供热量，以及热泵从环境吸收的热量。

参考文献

[1] Smith J M，Van Ness H，Abbott M，et al. Introduction to Chemical Engineering Thermodynamics. 8th ed. New York：McGraw-Hill Book Co，2018.

[2] Liley P E. 2000 Solved Problems in Mechanical Engineering Thermodynamics. New York：McGraw-Hill，1989.

[3] 李恪. 化工热力学. 北京：石油工业出版社，1985.

[4] 张联科. 化工热力学. 北京：化学工业出版社，1983.

[5] 金克新，赵传钧，马沛生. 化工热力学. 天津：天津大学出版社，1990.

[6] Moran M J，et al. Fundamentals of Engineering Thermodynamics. 7th ed. New Jersey：John Wiley & Sons，2010.

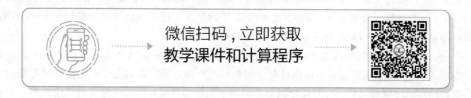

微信扫码，立即获取
教学课件和计算程序

第 **7** 章

化学反应平衡

【内容提示】

1. 掌握化学反应进行方向的判定原则及平衡准则;

2. 理解温度和压力对化学反应平衡的影响;

3. 掌握计算标准态化学反应吉氏函数变及平衡常数、利用 Van't Hoff 方程计算指定温度下单一化学反应吉氏函数变和平衡常数,及利用平衡常数计算系统组成;

4. 了解同时涉及相平衡及化学反应平衡系统热力学状态的计算,及同一系统中多重化学反应平衡的计算。

7.1 引言

本章之前所研究的所有系统均不涉及化学反应,而化学反应是多组分系统热力学所涉及的一个重要过程。化学反应可以看作是目标系统中原子的重排过程,与分子在两相之间的转移有原理上的相似之处。此外,化学反应与流体的混合过程也有共通点,比如两个过程均涉及热效应,转化不完全的化学反应正如两种液体部分混溶。化学平衡状态下,化学反应物与产物之间的相互转化速率一致,系统内所有组分的比例不再随时间变化,而这一点与相平衡状态也可相类比。基于以上,化学反应平衡热力学相关概念及公式的推导过程也与混合及相平衡过程类似。

对化学反应平衡的考量能得知转化过程将向哪个方向进行、程度是多少。在一定的温度和压力下,随着相平衡的到达,化学反应平衡的结果将由最小吉氏函数值的限定原理给出。

7.2 化学反应的化学计量

处理化学反应平衡,首先要将化学反应式配平,因为不论是化学反应物还是产物,均会以一定的化学计量比消耗或产生。如在一定温度和压力下的封闭体系里有如下反应

$$\nu_A A + \nu_B B \Longrightarrow \nu_C C + \nu_D D \qquad (7-1)$$

ν_i 代表化学计量系数,规定反应物的计量系数为负、产物计量系数为正。此化学反应各物质化学计量系数和为 $\nu = \sum \nu_i$。定义化学反应进度 (ξ) 为物质生成/消耗的物质的量与其化

学计量系数的比，即

$$\xi = \frac{n_{\text{A,gen}}}{\nu_{\text{A}}} = \frac{n_{\text{B,gen}}}{\nu_{\text{B}}} = \frac{n_{\text{C,gen}}}{\nu_{\text{C}}} = \frac{n_{\text{D,gen}}}{\nu_{\text{D}}} \tag{7-2}$$

式中，下标 gen 代表物质生成/消耗。

化学反应进度的定义式适用于单一或多重化学反应。当化学反应进度为正值时，化学反应从左到右（正化学反应）进行占优势；反之，当化学反应进度为负值时，化学反应从右到左（逆化学反应）进行占优势。在单一化学反应存在的系统中，物质 i 在系统中的摩尔分数为

$$x_i = \frac{n_i}{n} = \frac{n_{i0} + \xi \nu_i}{n_0 + \xi \nu} \tag{7-3}$$

ξ 与 n_i 的微分关系为
$$\nu_i \, \mathrm{d}\xi = \mathrm{d}n_i \tag{7-4}$$

式(7-3) 和式(7-4) 体现出了化学反应进度的作用：系统里参与同一化学反应物质的变化通过化学反应进度相互关联。在化学反应进度已知的条件下，可以计算得到所有组分的摩尔量。

7.3　化学反应平衡准则

在化学反应工程相关的课程里已涉及化学反应平衡常数的计算及应用，比如对式(7-1) 的化学反应而言，其平衡常数可以表达为

$$K = \frac{[\text{C}]^{\nu_\text{C}} [\text{D}]^{\nu_\text{D}}}{[\text{A}]^{\nu_\text{A}} [\text{B}]^{\nu_\text{B}}} \tag{7-5}$$

式中，[A]、[B]、[C] 和 [D] 为化学反应物/产物的浓度，对于理想气体或者理想溶液状态下的化学反应，它们分别可用气相分压或者摩尔浓度等表示。然而，真实系统中的化学反应与理想气/液态中的化学反应偏差较大。在第 4、5 章节中讲述了描述真实状态下热力学性质的原理与模型。在此，将用同样的方法去描述真实系统式(7-4) 中的 [A]、[B]、[C]、[D] 等衡量量，建立起描述真实系统化学反应平衡的模型。

7.3.1　化学反应进行方向与平衡常数

化学反应总是向着系统总吉氏函数值（G_t）变小的方向进行，在平衡状态达到最小，此时 $\mathrm{d}G_\text{t} = 0$。第 4 章中讲到，系统总吉氏函数值变化可由下式表示

$$\mathrm{d}G_\text{t} = -S_\text{t}\mathrm{d}T + V_\text{t}\mathrm{d}p + \sum_i \left(\frac{\partial G_\text{t}}{\partial n_i} \right)_{T,p,\{n\}_{\neq i}} \mathrm{d}n_i \tag{4-13}$$

此式在第 4 章中用于敞开系统，而本章用于由于化学反应引起的变组成封闭系统。在温度和压力不变的条件下，有

$$\mathrm{d}G_\text{t} = \sum_i \left(\frac{\partial G_\text{t}}{\partial n_i} \right)_{T,p,\{n\}_{\neq i}} \mathrm{d}n_i = \sum_i \overline{G}_i \, \mathrm{d}n_i \tag{7-6}$$

结合式(7-4) 和式(7-6) 得在平衡态下

$$\frac{\mathrm{d}G_\text{t}}{\mathrm{d}\xi} = \sum_i \overline{G}_i \nu_i = 0 \tag{7-7}$$

由组分逸度的定义可知，化学反应系统中组分 i 的偏摩尔吉氏函数 $\overline{G}_i(T, p, x_i)$ 与其同

温、压力为 $p^{\ominus}$ 的纯组分 i 参考态的吉氏函数 $G_i(T,p^{\ominus})$ 的关系如下

$$\overline{G}_i(T,p,x_i)-G_i(T,p^{\ominus})=RT\ln\left[\frac{\hat{f}_i(T,p,x_i)}{f_i(T,p^{\ominus})}\right] \tag{7-8}$$

式中，$\hat{f}_i(T,p,x_i)$ 和 $f_i(T,p^{\ominus})$ 分别为化学反应系统中 i 组分的组分逸度和其同温、压力为 $p^{\ominus}$ 的纯组分 i 的参考态逸度。

对于化学反应系统，又特别规定一个标准状态（简称标准态）：即 25℃、1 大气压下纯组分 i 的状态，因为已积累了较丰富的标准态下的热力学数据，例如，附表 A-5 中列取了部分物质的标准生成焓、标准生成吉氏函数及标准态熵，在化学平衡常数计算中特别有用。本教材中 $T^{\ominus}=25℃$，$p^{\ominus}=1\text{atm}$。

结合式(7-7) 和式(7-8) 得

$$\sum_i \overline{G}_i(T,p,x_i)\nu_i=\sum_i \nu_i G_i(T,p^{\ominus})+\sum_i \nu_i\left\{RT\ln\left[\frac{\hat{f}_i(T,p,x_i)}{f_i(T,p^{\ominus})}\right]\right\}=0 \tag{7-9}$$

经指数化处理得

$$\exp\left[\frac{-\Delta G(T,p^{\ominus})}{RT}\right]=\prod_i\left[\frac{\hat{f}_i(T,p,x_i)}{f_i(T,p^{\ominus})}\right]^{\nu_i} \tag{7-10}$$

式中，$\Delta G(T,p^{\ominus})=\sum_i \nu_i G_i(T,p^{\ominus})$，为参考态反应吉氏函数变化。由此可定义系统温度下反应的平衡常数 $K(T)$

$$K(T)=\exp\left[\frac{-\Delta G(T,p^{\ominus})}{RT}\right]=\prod_i\left[\frac{\hat{f}_i(T,p,x_i)}{f_i(T,p^{\ominus})}\right]^{\nu_i} \tag{7-11}$$

由均相封闭系统的热力学原理，容易将参考态下性质 $M_i(T,p^{\ominus})$ 与标准态性质 $M_i(T^{\ominus},p^{\ominus})$ 关系起来，从而从 $M_i(T^{\ominus},p^{\ominus})$ 推算 $M_i(T,p^{\ominus})$。

通常，容易获得标准态下化学反应平衡系统中的纯组分标准热力学数据 $G_i(T^{\ominus},p^{\ominus})$、$H_i(T^{\ominus},p^{\ominus})$ 与 $S_i(T^{\ominus},p^{\ominus})$，根据均相封闭系统的热力学原理可由其中已知项推算未知项；计算 $K(T)$ 时需要得到反应平衡系统温度下的参考态热力学数据 $G_i(T,p^{\ominus})$，可根据 Gibbs-Helmholtz 关系式、$H_i(T^{\ominus},p^{\ominus})$ 及各物质等压摩尔热容推算得到[1]。

【例题 7-1】 对 25℃、1atm 下进行的乙烷脱氢制乙烯的化学反应 $C_2H_6 \Longrightarrow C_2H_4 + H_2$，试求其平衡常数，并采用合理的假设将该平衡常数表达成组分摩尔分数的形式。

解：以上化学反应中各物质在温度 25℃、1atm 下的摩尔生成吉氏函数值即为标准态摩尔生成吉氏函数值，可通过查附表 A-5 得到。对于目标化学反应有

$$\Delta G(T^{\ominus},p^{\ominus})=\sum_i \nu_i G_i(T^{\ominus},p^{\ominus})=100\text{kJ/mol}$$

由式(7-11) 得 25℃、1atm 下（标准态）下此化学反应平衡常数为

$$K(T^{\ominus})=\exp\left[\frac{-\Delta G(T^{\ominus},p^{\ominus})}{RT}\right]=2.69\text{e}^{-18}$$

假设化学反应系统为理想气体组成的理想混合物，则 $\hat{f}_i(T,p,y_i)=py_i\hat{\varphi}_i=py_i\varphi_i=py_i$；相应的各组分参考态为 25℃、1atm 下的理想气体纯组分，则 $f_i(T,p^{\ominus})=p^{\ominus}\varphi_i=p^{\ominus}$。根

据式(7-11)，此例题的化学反应平衡表达式为

$$K(T^{\ominus})=\frac{\left[\dfrac{\hat{f}_{C_3H_6}(T^{\ominus},p^{\ominus},y_{C_3H_6})}{f_{C_3H_6}(T^{\ominus},p^{\ominus})}\right]\left[\dfrac{\hat{f}_{H_2}(T^{\ominus},p^{\ominus},y_{H_2})}{f_{H_2}(T^{\ominus},p^{\ominus})}\right]}{\left[\dfrac{\hat{f}_{C_3H_8}(T^{\ominus},p^{\ominus},y_{C_3H_8})}{f_{C_3H_8}(T^{\ominus},p^{\ominus})}\right]}=\frac{\left(\dfrac{p^{\ominus}y_{C_3H_6}}{p^{\ominus}}\right)\left(\dfrac{p^{\ominus}y_{H_2}}{p^{\ominus}}\right)}{\left(\dfrac{p^{\ominus}y_{C_3H_8}}{p^{\ominus}}\right)}$$

上式可最终简化为

$$K(T^{\ominus})=\frac{(y_{C_3H_6})(y_{H_2})}{(y_{C_3H_8})}=2.69e^{-18}$$

7.3.2 压力对平衡的影响

根据式(7-11)，化学反应平衡常数仅是温度的函数；但在计算平衡组成时，应考虑压力对混合物中的组分逸度 $\hat{f}_i$ 的影响，这在第 4 章已清楚。通常情况下，压力对气相化学反应影响较液相化学反应更明显。

（1）压力对气相化学反应平衡的影响

将真实混合物组分逸度用逸度系数和系统压力表示，式(7-11) 可转化为

$$K(T)\left(\frac{p^{\ominus}}{p}\right)^{\Sigma\nu_i}=\prod_i\left[\frac{y_i\hat{\varphi}_i(T,p,y_i)}{\varphi_i(T,p^{\ominus})}\right]^{\nu_i} \tag{7-12}$$

式(7-12) 中，等号左边压力的指数项 $\Sigma\nu_i$ 的值决定了压力对平衡的影响：当 $\Sigma\nu_i$ 为正，反应后物质的量增加，此时增加压力可使平衡向反应物方向移动；相反，如果反应物物质的量大于产物，则 $\Sigma\nu_i$ 为负，增加压力可使平衡向产物方向移动。所以，无论哪种情况，增加压力会使化学反应向着总物质的量减小的方向移动。同时，式(7-12) 表明，系统中的惰性组分同样对化学反应平衡有影响，因为虽然它们不参与化学反应，但会影响系统总压力 p。但这里存在例外情况，即当 $\Sigma\nu_i$ 为 0 时，$p^{-\Sigma\nu_i}$ 一项等于 1，此时压力改变对平衡转化率没有影响。

（2）压力对液相化学反应平衡的影响

对于液相化学反应，式(7-11) 同样适用，而液体混合物中的组分逸度可用活度系数表达，即 $\hat{f}_i(T,p,x_i)=\gamma_i x_i f_i(T,p)$，则式(7-11) 可转化为

$$K(T)=\prod_i\left[\frac{x_i\gamma_i f_i(T,p)}{f_i(T,p^{\ominus})}\right]^{\nu_i} \tag{7-13}$$

纯液体 i 的逸度 $f_i(T,p)$ 可根据第 3 章中掌握的液体逸度与压力的关系 $\left(\dfrac{\partial\ln f}{\partial p}\right)_T=\dfrac{V}{RT}$ ［式(3-80)］计算。液体的摩尔体积可近似看作不随压力变化，由式(3-80) 积分可得 $f_i(T,p)$ 与参考态逸度 $f_i(T,p^{\ominus})$ 之间的关系为

$$\frac{f_i(T,p)}{f^{\ominus}(T,p^{\ominus})}=\exp\left[\frac{V_i^l(p-p^{\ominus})}{RT}\right] \tag{7-14}$$

将式(7-14) 代入式(7-13) 得 $\qquad K(T)=\prod_i\left\{x_i\gamma_i\exp\left[\frac{V_i^l(p-p^{\ominus})}{RT}\right]\right\}^{\nu_i} \tag{7-15}$

由第 5 章可知 $\exp\left[\dfrac{V_i^{\mathrm{l}}(p-p^{\ominus})}{RT}\right]$ 一项为 Poynting 因子，在压力不是很高时，Poynting 因子通常接近于 1。对于化学反应系统而言，即使化学反应物和产物的 Poynting 因子较大，它们在化学反应平衡表达式中通常也可能相互消除。相应地，压力对液相化学反应的影响可以被忽略，据此，式(7-15) 可简化为

$$K(T)=\prod_i (x_i\gamma_i)^{\nu_i} \tag{7-16}$$

（3）压力固相化学反应平衡的影响

也可据式(7-11)类似地进行计算。

【例题 7-2】 对丁烷裂解生成丙烯和甲烷的反应 $C_4H_{10} \rightleftharpoons C_3H_6 + CH_4$，假设丁烷以 $10\,\mathrm{mol\cdot s^{-1}}$ 的速率进入一个温度为 500K、压力为 25bar（$1\mathrm{bar}=10^5\,\mathrm{Pa}$）的稳态化学反应器，且物料流出反应器时反应已达到平衡，求在以下两种条件下丙烯的出料速率：

（1）物料可看作理想气体的理想混合物；

（2）混合物中各组分逸度可由合适的状态方程求得。

已知 500K 下此化学反应的平衡常数为 0.931。

解：在此化学反应中，丁烷、丙烯、甲烷的化学反应系数分别是 -1、1、1，首先建立一个化学计量表，如下所示：

项目	C_4H_{10}	C_3H_6	CH_4	总物质的量/mol·s^{-1}
$\dot{n}_{\mathrm{in}}$	10	0	0	10
$\dot{n}_{\mathrm{gen}}$	$-\dot{\xi}$	$+\dot{\xi}$	$+\dot{\xi}$	$+\dot{\xi}$
$\dot{n}_{\mathrm{out}}$	$10-\dot{\xi}$	$+\dot{\xi}$	$+\dot{\xi}$	$10+\dot{\xi}$
y	$\dfrac{10-\dot{\xi}}{10+\dot{\xi}}$	$\dfrac{\dot{\xi}}{10+\dot{\xi}}$	$\dfrac{\dot{\xi}}{10+\dot{\xi}}$	

下一步，建立化学反应平衡式。

（1）当采用理想气体的理想混合物模型时，$\hat{\varphi}_i(T,p,y_i)=\varphi_i(T,p)=1$ 且 $\varphi_i(T,p^{\ominus})=1$。根据式(7-12)，此时化学反应平衡式为

$$K(T)\left(\frac{p^{\ominus}}{p}\right)^{\Sigma\nu_i}=\prod_i(y_i)^{\nu_i}=\frac{(y_{C_3H_6})(y_{CH_4})}{(y_{C_4H_{10}})}$$

代入化学计量表中所得表达式得

$$0.931\times(25)^{-1}=\frac{\left(\dfrac{\dot{\xi}}{10+\dot{\xi}}\right)\left(\dfrac{\dot{\xi}}{10+\dot{\xi}}\right)}{\left(\dfrac{10-\dot{\xi}}{10+\dot{\xi}}\right)}$$

解得 $\dot{\xi}=1.89\,\mathrm{mol\cdot s^{-1}}$。

（2）当把混合物料看作理想溶液，但各组分非理想气体时，$\hat{\varphi}_i(T,p,y_i)=\varphi_i(T,p)$，由式(7-12)得此条件下的化学反应平衡式为

$$K(T)\left(\frac{p^{\ominus}}{p}\right)^{\Sigma\nu_i} = \prod_i \left[\frac{y_i\varphi_i(T,p)}{\varphi_i(T,p^{\ominus})}\right]^{\nu_i} = \frac{\left[\dfrac{y_{C_3H_6}\varphi_{C_3H_6}(T,p)}{\varphi_{C_3H_6}(T,p^{\ominus})}\right]\left[\dfrac{y_{CH_4}\varphi_{CH_4}(T,p)}{\varphi_{CH_4}(T,p^{\ominus})}\right]}{\left[\dfrac{y_{C_4H_{10}}\varphi_{C_4H_{10}}(T,p)}{\varphi_{C_4H_{10}}(T,p^{\ominus})}\right]}$$

利用状态方程参数及表 3-1 中不同方程对应的 $\ln\left(\dfrac{f}{p}\right)$ 表达式可手动求得相对应的各组分 $\ln\varphi_i(T,p)$ 与 $\ln\varphi_i(T,p^{\ominus})$ 值（如附表 A-3 中列出了三个物质修正的 Rackett 方程参数）。这里采取更加便捷的计算方法，利用 **ThermalCal** 软件辅助计算。选择"均相性质计算"，将各组分的临界参数、偏心因子及独立变量 T、p 和相态输入后，即可得到结果，如下所示

名称	$\ln\varphi_i(T,p)$	$\ln\varphi_i(T,p^{\ominus})$
丁烷	-0.1519	-0.0061
丙烯	-0.0748	-0.0031
甲烷	-0.0040	-0.0002

将以上各组分逸度系数值代入化学反应平衡式得

$$0.931\times(25)^{-1} = \frac{\left(\dfrac{\dot{\xi}}{10+\dot{\xi}}\right)(0.931)\left(\dfrac{\dot{\xi}}{10+\dot{\xi}}\right)(0.996)}{\left(\dfrac{10-\dot{\xi}}{10+\dot{\xi}}\right)(0.864)}$$

解上式得 $\dot{\xi}=1.96\text{mol}\cdot\text{s}^{-1}$。

7.3.3 温度对平衡的影响

已知化学反应平衡常数和参考态反应吉氏函数变中的任意一项值便可由式(7-11)计算得到另一项值。然而，通常除了标准态 $\Delta G(T^{\ominus},p^{\ominus})$ 可查文献得到外，系统温度参考态 $\Delta G(T,p^{\ominus})$ 需要利用标准态数据和合适的等压摩尔热容模型计算得到[2]。

根据 Gibbs-Helmholtz 关系式 $\left[\dfrac{\partial(G/T)}{\partial T}\right]_T = -\dfrac{H}{T^2}$，$\dfrac{-\Delta G(T,p^{\ominus})}{RT}$ 可以表达为

$$\frac{d\left[\dfrac{\Delta G(T,p^{\ominus})}{RT}\right]}{dT} = -\left[\frac{\Delta H(T,p^{\ominus})}{RT^2}\right] \tag{7-17}$$

式中，$\Delta H(T,p^{\ominus})$ 为参考态反应焓变，$\Delta H(T,p^{\ominus})=\sum_i\nu_i H_i(T,p^{\ominus})$。根据 $dH=C_p dT$ 有

$$\Delta H(T,p^{\ominus})=\Delta H(T^{\ominus},p^{\ominus})+\int_{T^{\ominus}}^{T}\sum_i\nu_i C_{p,i}dT \tag{7-18}$$

令 $\Delta C_p=\sum_i\nu_i C_{p,i}$，则上式转化为

$$\Delta H(T,p^{\ominus})=\Delta H(T^{\ominus},p^{\ominus})+\int_{T^{\ominus}}^{T}\Delta C_p dT \tag{7-19}$$

利用式(7-19)即可求得反应系统温度下参考态 $\Delta H(T,p^{\ominus})$。通常，化学反应的反应物

和产物的热容在相当宽泛的温度范围内比较接近。粗略估计化学反应平衡常数时，通常采用以下近似

$$\Delta C_p = \sum_i \nu_i C_{p,i} = 0 \tag{7-20}$$

则 $\Delta H(T, p^\ominus)$ 可近似认为不随温度而改变，等于 $\Delta H(T^\ominus, p^\ominus)$；在此近似基础上，式 (7-17) 两边积分可得

$$\frac{\Delta G(T, p^\ominus)}{RT} = \frac{\Delta G(T^\ominus, p^\ominus)}{RT^\ominus} + \frac{\Delta H(T^\ominus, p^\ominus)}{R}\left(\frac{1}{T} - \frac{1}{T^\ominus}\right) \tag{7-21}$$

此式即为 van't Hoff 方程的截断式。根据此式，利用标准态反应吉氏函数变 $\Delta G(T^\ominus, p^\ominus)$ 和焓变 $\Delta H(T^\ominus, p^\ominus)$ 可以计算系统温度参考态下的反应吉氏函数变 $\Delta G(T, p^\ominus)$，再结合式 (7-11) 与式 (7-21)，可得化学反应参考态平衡常数的普适性计算公式

$$K(T) = \exp\left[-\frac{\Delta G(T, p^\ominus)}{RT}\right] = \exp\left[-\frac{\Delta G(T^\ominus, p^\ominus)}{RT^\ominus} - \frac{\Delta H(T^\ominus, p^\ominus)}{R}\left(\frac{1}{T} - \frac{1}{T^\ominus}\right)\right]$$

$$\tag{7-22}$$

令 $K(T^\ominus) = \exp\left[-\dfrac{\Delta G(T^\ominus, p^\ominus)}{RT^\ominus}\right]$，代入式 (7-22) 得

$$K(T) = K(T^\ominus)\exp\left[-\frac{\Delta H(T^\ominus, p^\ominus)}{R}\left(\frac{1}{T} - \frac{1}{T^\ominus}\right)\right] \tag{7-23}$$

【例题 7-3】 对丁烷裂解为丙烯和甲烷的化学反应 $C_4H_{10} \rightleftharpoons C_3H_6 + CH_4$：(1) 计算标准态平衡常数；(2) 利用理想气体等压摩尔热容 $\left(\dfrac{C_p}{R} = A + BT + CT^2 + DT^3 + ET^4\right)$ 计算 1000K 下的平衡常数；(3) 考查由于采用理想气体等压摩尔热容模型计算平衡常数产生的偏差。各物质的标准态摩尔生成焓与摩尔生成吉氏函数见附表 A-5，理想气体等压摩尔热容参数如下 [单位：J/(mol·K)]：

项目	ν	A	B	C	D	E
丁烷	-1	46.12	0.04603	$6.699\mathrm{e}^{-4}$	$-8.789\mathrm{e}^{-7}$	$3.437\mathrm{e}^{-10}$
丙烯	1	31.88	0.03237	$3.898\mathrm{e}^{-4}$	$-4.999\mathrm{e}^{-7}$	$1.898\mathrm{e}^{-10}$
甲烷	1	37.98	-0.07462	$3.019\mathrm{e}^{-4}$	$-2.833\mathrm{e}^{-7}$	$9.071\mathrm{e}^{-11}$
ΔC_p		23.74	-0.08828	$2.178\mathrm{e}^{-5}$	$9.569\mathrm{e}^{-8}$	$-6.319\mathrm{e}^{-11}$

解：(1) 查表可得此反应的标准态化学反应吉氏函数变为

$$\Delta G(T^\ominus, p^\ominus) = \sum_i \nu_i G_i(T^\ominus, p^\ominus) = 29.43 \text{kJ/mol}$$

相应的标准态平衡常数为

$$K(T^\ominus) = \exp\left[-\frac{\Delta G(T^\ominus, p^\ominus)}{RT^\ominus}\right] = 6.94\mathrm{e}^{-6}$$

(2) 根据式 (7-19) 得

$$\Delta H(T, p^\ominus) = \Delta H(T^\ominus, p^\ominus) + \int_{T^\ominus}^{T} \Delta C_p \mathrm{d}T$$

$$= \Delta H(T^\ominus, p^\ominus) + \Delta A(T - T^\ominus) + \frac{\Delta B}{2}(T^2 - T^{2\ominus}) + \frac{\Delta C}{3}(T^3 - T^{3\ominus}) +$$

$$\frac{\Delta D}{4}(T^4-T^{4\ominus})+\frac{\Delta E}{5}(T^5-T^{5\ominus})$$

令 $J=\Delta H(T^{\ominus},p^{\ominus})-\Delta AT^{\ominus}-\dfrac{\Delta B}{2}T^{2\ominus}-\dfrac{\Delta C}{3}T^{3\ominus}-\dfrac{\Delta D}{4}T^{4\ominus}-\dfrac{\Delta E}{5}T^{5\ominus}$，则上式转化为

$$\Delta H(T,p^{\ominus})=J+\Delta AT+\frac{\Delta B}{2}T^2+\frac{\Delta C}{3}T^3+\frac{\Delta D}{4}T^4+\frac{\Delta E}{5}T^5$$

将上式代入式(7-17)中，并对等式两边积分得

$$\frac{\Delta G(T,p^{\ominus})}{RT}=\frac{\Delta G(T^{\ominus},p^{\ominus})}{RT^{\ominus}}+\frac{J}{R}\left(\frac{1}{T}-\frac{1}{T^{\ominus}}\right)-\frac{\Delta A}{R}\ln\left(\frac{T}{T^{\ominus}}\right)-\frac{\Delta B}{2R}(T-T^{\ominus})-$$

$$\frac{\Delta C}{6R}(T^2-T^{2\ominus})-\frac{\Delta D}{12R}(T^3-T^{3\ominus})-\frac{\Delta E}{20R}(T^4-T^{4\ominus})$$

代入相关数值得

$$J=\Delta H(T^{\ominus},p^{\ominus})-\Delta AT^{\ominus}-\frac{\Delta B}{2}T^{2\ominus}-\frac{\Delta C}{3}T^{3\ominus}-\frac{\Delta D}{4}T^{4\ominus}-\frac{\Delta E}{5}T^{5\ominus}$$

$$=72060\,\mathrm{J\cdot mol^{-1}}-23.74\,\mathrm{J\cdot mol^{-1}\cdot K^{-1}}\times298.15\mathrm{K}-\frac{-0.08288\,\mathrm{J\cdot mol^{-1}\cdot K^{-2}}}{2}$$

$$\times(298.15\mathrm{K})^2-\frac{2.718e^{-5}\,\mathrm{J\cdot mol^{-1}\cdot K^{-3}}}{3}\times(298.15\mathrm{K})^3-\frac{9.569e^{-8}\,\mathrm{J\cdot mol^{-1}\cdot K^{-4}}}{4}$$

$$\times(298.15\mathrm{K})^4-\frac{-6.319e^{-11}\,\mathrm{J\cdot mol^{-1}\cdot K^{-5}}}{5}\times(298.15\mathrm{K})^5=70025\,\mathrm{J\cdot mol^{-1}}$$

$$\Delta G(T_1,p^{\ominus})=\Delta G(T^{\ominus},p^{\ominus})\frac{1000\mathrm{K}}{T^{\ominus}}+J\left(1-\frac{1000\mathrm{K}}{T^{\ominus}}\right)-(1000\mathrm{K})\Delta A\ln\left(\frac{1000\mathrm{K}}{T^{\ominus}}\right)-$$

$$\frac{(1000\mathrm{K})\Delta B}{2}(1000\mathrm{K}-T^{\ominus})-\frac{(1000\mathrm{K})\Delta C}{6}[(1000\mathrm{K})^2-T^{2\ominus}]-$$

$$\frac{(1000\mathrm{K})\Delta D}{12}[(1000\mathrm{K})^3-T^{3\ominus}]-\frac{(1000\mathrm{K})\Delta E}{20}[(1000\mathrm{K})^4-T^{4\ominus}]$$

$$=-55674(\mathrm{J\cdot mol^{-1}})$$

相对应的 1000K 下的化学反应平衡常数为 $K(T_1)=812(T_1=1000\mathrm{K})$。

（3）考查（2）中计算结果与真实值的偏差，可以利用 **ThermalCal** 软件辅助进行。首先根据 $G=H-TS$ 得

$$\Delta G^r(T_1,p^{\ominus})=\Delta H^r(T_1,p^{\ominus})-T\Delta S^r(T_1,p^{\ominus})$$

$$=\sum_i\nu_i\{[H_i(T_1,p^{\ominus})-H_i^{ig}(T_1,p^{\ominus})]-[H_i(T^{\ominus},p^{\ominus})-H_i^{ig}(T^{\ominus},p^{\ominus})]+[H_i^{ig}(T_1,p^{\ominus})-$$

$$H_i^{ig}(T^{\ominus},p^{\ominus})]\}+\Delta H(T^{\ominus},p^{\ominus})-\sum_i\nu_i\{T_1[S_i(T_1,p^{\ominus})-S_i^{ig}(T_1,p^{\ominus})]-$$

$$T^{\ominus}[S_i(T^{\ominus},p^{\ominus})-S_i^{ig}(T^{\ominus},p^{\ominus})]+[T_1S_i^{ig}(T_1,p^{\ominus})-T^{\ominus}S_i^{ig}(T^{\ominus},p^{\ominus})]\}-T^{\ominus}\Delta S(T^{\ominus},p^{\ominus})$$

$$=\sum_i\nu_i\{[H_i(T_1,p^{\ominus})-H_i^{ig}(T_1,p^{\ominus})]-[H_i(T^{\ominus},p^{\ominus})-H_i^{ig}(T^{\ominus},p^{\ominus})]+[H_i^{ig}(T_1,p^{\ominus})-$$

$$H_i^{ig}(T^{\ominus},p^{\ominus})]\}-\sum_i\nu_i\{T_1[S_i(T_1,p^{\ominus})-S_i^{ig}(T_1,p^{\ominus})]-$$

$$T^{\ominus}[S_i(T^{\ominus},p^{\ominus})-S_i^{ig}(T^{\ominus},p^{\ominus})]+[T_1S_i^{ig}(T_1,p^{\ominus})-T^{\ominus}S_i^{ig}(T^{\ominus},p^{\ominus})]\}+\Delta G(T^{\ominus},p^{\ominus})$$

$$=\sum_i\nu_i\{[H_i(T_1,p^{\ominus})-H_i^{ig}(T_1,p^{\ominus})]-[H_i(T^{\ominus},p^{\ominus})-H_i^{ig}(T^{\ominus},p^{\ominus})]\}-$$

$$\sum_i \nu_i \{T_1 [S_i(T_1, p^\ominus) - S_i^{ig}(T_1, p^\ominus)] - T^\ominus [S_i(T^\ominus, p^\ominus) - S_i^{ig}(T^\ominus, p^\ominus)]\} +$$

$$\Delta G(T^\ominus, p^\ominus) + [\Delta G^{ig}(T_1, p^\ominus) - \Delta G^{ig}(T^\ominus, p^\ominus)]$$

这里为区分真实热力学性质与 (2) 中利用理想气体等压摩尔热容计算得到的值，参考态反应真实吉氏函数变、焓变、熵变分别用 $\Delta G^r(T_1, p^\ominus)$、$\Delta H^r(T_1, p^\ominus)$、$\Delta S^r(T_1, p^\ominus)$ 表示。其中 $[\Delta G^{ig}(T_1, p^\ominus) - \Delta G^{ig}(T^\ominus, p^\ominus)]$ 一项为化学反应吉氏函数变随温度变化按理想气体性质而改变的量。由于 $\Delta G(T_1, p^\ominus)$ 基于 $\Delta G(T^\ominus, p^\ominus)$ 与理想气体等压热容求得，因此 $[\Delta G^{ig}(T_1, p^\ominus) - \Delta G^{ig}(T^\ominus, p^\ominus)]$ 与 $[\Delta G(T_1, p^\ominus) - \Delta G(T^\ominus, p^\ominus)]$ 相等，而上式则转化为

$$\Delta G^r(T_1, p^\ominus) = \Delta H^r(T_1, p^\ominus) - T \Delta S^r(T_1, p^\ominus)$$

$$= \sum_i \nu_i \{[H_i(T_1, p^\ominus) - H_i^{ig}(T_1, p^\ominus)] - [H_i(T^\ominus, p^\ominus) - H_i^{ig}(T^\ominus, p^\ominus)]\} -$$

$$\sum_i \nu_i \{T_1 [S_i(T_1, p^\ominus) - S_i^{ig}(T^\ominus, p^\ominus)] - T^\ominus [S_i(T^\ominus, p^\ominus) -$$

$$S_i^{ig}(T^\ominus, p^\ominus)]\} + \Delta G(T_1, p^\ominus)$$

将各组分的临界参数、偏心因子及独立变量 T、p 和相态输入后，即可得到的结果如下所示：

名称	$\dfrac{H_i(T_1, p^\ominus) - H_i^{ig}(T_1, p^\ominus)}{RT}$	$\dfrac{H_i(T^\ominus, p^\ominus) - H_i^{ig}(T^\ominus, p^\ominus)}{RT}$	$\dfrac{S_i(T_1, p^\ominus) - S_i^{ig}(T_1, p^\ominus)}{R}$	$\dfrac{S_i(T^\ominus, p^\ominus) - S_i^{ig}(T^\ominus, p^\ominus)}{R}$
丁烷	-0.0024	-0.0741	-0.0023	-0.0463
丙烯	-0.0013	-0.0402	-0.0014	-0.0254
甲烷	-0.0003	-0.0074	-0.0005	-0.0052

结合以上所得数据，最终计算得 $\Delta G^r(T_1, p^\ominus) = -55697 \text{J} \cdot \text{mol}^{-1}$，相对应的化学反应平衡常数为 $K(T_1) = 814$。

由此可看出，在计算气相平衡常数时将化学反应物和产物看作理想气体处理与真实值偏差并不大，同时证明了化学反应物和产物的理想气体等压摩尔热容参数能相互消除。

7.4 相平衡与化学反应平衡

对一个系统而言，每一个化学反应都会将系统的自由度降低 1。系统的自由度可通过数已知和未知的等式来确定。对一个含有 N 个组分、分配在 M 个相里的系统而言，未知数为每个相 $(N-1)$ 个摩尔分数再加上压力和温度，共计 $(N-1)M + 2$ 未知。已知的等式有：每个组分在各相中的相平衡条件共计 $(M-1)N$ 个；每个化学反应一个平衡条件，共计 R 个。这样，系统的自由度可以表达为

$$F = N + 2 - M - R \tag{7-24}$$

上式给出了计算一个有化学反应存在的系统热力学状态所需要确定的变量数目。比如，在氮气与氢气化学反应合成氨的气相系统中存在 3 个组分、1 相及 1 个化学反应，相应的系统的自由度为 3，即除温度、压力外还需要得到某一组分的摩尔分数才能确定混合物系统的平衡状态；但如果化学反应物形成了两相系统，已知压力和温度两个强度性质已经足够将系统的热力

学状态确定。下面将通过一个具体实例说明同时涉及化学平衡和相平衡系统的计算。

【例题 7-4】 乙醇脱水化学反应 $C_2H_5OH \rightleftharpoons C_2H_4 + H_2O$ 是生产乙烯的途径之一,同样也可以用于乙烯水合生成乙醇,已知化学反应在温度 120℃、压力 7bar 下的密闭容器中进行,求平衡状态下三个组分的组成。

解:在 120℃、7bar 下乙醇和水均为液态,但乙烯是气态,因此系统为两相。根据式(7-24),$N=3$,$M=2$,$R=1$,系统自由度为 $F=3+2-2-1=2$。这样,此系统的热力学状态便可由温度和压力来确定。假设化学反应体系为理想混合物,根据式(7-12),平衡表达式为

$$\left(\frac{y_2 y_3}{y_1}\right)\left(\frac{\varphi_2 \varphi_3}{\varphi_1}\right)\left(\frac{p}{p^{\ominus}}\right) = K(T)$$

其中下标 1、2 和 3 分别代表乙醇、乙烯和水。三个组分的汽-液平衡式如下:

$$y_1 \varphi_1 p = \gamma_1 x_1 f_1, \qquad y_2 \varphi_2 p = H_2 x_2, \qquad y_3 \varphi_3 p = \gamma_3 x_3 f_3$$

这里,对乙醇和水使用 Lewis-Randle 定律,对乙烯使用 Henry's 定律。此外,已知以下两个条件:

$$x_1 + x_2 + x_3 = 1, \qquad y_1 + y_2 + y_3 = 1$$

结合以上 6 个方程,便可解出 6 个位知数,即三个组分分别在两相中的摩尔分数。为了简化计算,进一步进行以下近似:

① 气相看作理想气体,即所有逸度系数为 1;

② 忽略 Poynting 因子影响,则乙醇和水的纯组分逸度等于其饱和蒸气压;

③ 忽略乙烯在液相中的溶解度,即 $x_2 = 0$。

注意:近似条件③并不意味着 $y_2 = 0$;因为 $H_2 = \infty$,所以 $H_2 x_2$ 是一有限的值,与气相逸度相等。基于以上近似,需要求解的六个方程简化为:

$$\left(\frac{y_2 y_3}{y_1}\right)\left(\frac{p}{p^{\ominus}}\right) = K(T) \tag{1}$$

$$y_1 p = \gamma_1 x_1 p_1^s \tag{2}$$

$$y_3 p = \gamma_3 x_3 p_3^s \tag{3}$$

$$x_1 + x_3 = 1 \tag{4}$$

$$y_1 + y_2 + y_3 = 1 \tag{5}$$

查附表 A-5 可得,此反应的标准态摩尔生成吉氏函数变及焓变分别为 $\Delta G(T^{\ominus}, p^{\ominus}) = 7790 \text{J} \cdot \text{mol}^{-1}$,$\Delta H(T^{\ominus}, p^{\ominus}) = 45640 \text{J} \cdot \text{mol}^{-1}$,相应的标准态平衡常数为 $K(T^{\ominus}) = 0.04092$。计算 120℃ 下的平衡常数,将用到截断式(7-21),即假设参考态反应焓变不随温度变化。则 120℃ 下的平衡常数等于

$$K(T) = 0.04092 \exp\left[-\frac{45640}{8.314} \times \left(\frac{1}{393.15} - \frac{1}{298}\right)\right] = 3.5407$$

除此之外,还将用到乙醇和水在此温度下的饱和蒸气压,分别为 $p_1^s = 4.325 \text{bar}$,$p_2^s = 1.917 \text{bar}$。

剩下的工作通过迭代法完成。首先给乙醇和水的活度系数一个初值,为 1,根据式(1)~式(5)可以计算得到:$y_1 = 0.21$,$y_2 = 0.61$,$y_3 = 0.18$,$x_1 = 0.34$,$x_2 = 0$,$x_3 = 0.66$。通过基团贡献法,利用组分在液相中的分率可计算得到相对应的活度系数:$\gamma_1 = 1.55$,$\gamma_3 = 1.26$。利用算得的活度系数可计算得到各组分分率新一轮迭代值。如此反复,经过约 20 次

迭代，最终各组分组成及相应活度系数便可得到，如下：$y_1=0.24$，$y_2=0.51$，$y_3=0.25$，$x_1=0.14$，$x_2=0$，$x_3=0.86$，$\gamma_1=2.73$，$\gamma_3=1.06$。

此题解答过程中采用了较多的理想条件近似，所得结果与系统真实热力学状态有一定偏差，扫描工程应用案例 **3** 二维码可获得更接近真实值的计算方法。

扫码阅读工程应用案例3：乙烯生产过程中
相关热力学系统的模拟计算

7.5 多重化学反应平衡

当多个化学反应在同一系统中存在时，每个化学反应均提供一个平衡条件，可以用于最终平衡组成的计算；但系统热力学自由度的降低数目是由独立化学反应数目决定的。确定了独立化学反应数目 R 之后，便可建立起 R 个化学反应平衡方程，在得到 $F=N+2-M-R$ 个系统的强度性质之后，便可确定系统的热力学状态。因此多化学反应平衡计算过程中的难点及关键点就在于独立化学反应数目的统计。此节同样以一个实例来对具体计算过程进行说明。

【**例题 7-5**】 在甲烷湿式重整过程中，同时存在以下四个化学反应

$$CH_4+H_2O \Longrightarrow CO+3H_2 \qquad (1)$$
$$CH_4+2H_2O \Longrightarrow CO_2+4H_2 \qquad (2)$$
$$CH_4+CO_2 \Longrightarrow 2CO+2H_2 \qquad (3)$$
$$CO+H_2O \Longrightarrow CO_2+H_2 \qquad (4)$$

假设反应温度为 600K、压力 2bar，化学反应进料混合物组成为甲烷-水的摩尔比为 1:2，求平衡态下系统的组成。相关物质标准态摩尔生成焓及摩尔生成吉氏函数见附表 A-5。

解：化学反应（4）可由化学反应（1）和反应（2）消除得到，这就意味着这个系统中至少有一个化学反应不是独立存在的。系统性地确定独立化学反应数目的方法之一是将所有组分在各个化学反应中的计量系数用矩阵处理，然后将不同行用线性变换方法进行结合，以此将化学计量系数进行消除，每次一个系数。当不能再消除时，包含有非零项行的数目即为独立化学反应数目[3,4]。详细过程如下：

首先建立四个化学反应不同组分化学计量系数的矩阵

CH_4	H_2O	CO	CO_2	H_2
-1	-1	1	0	3
-1	-2	0	1	4
-1	0	2	-1	2
0	-1	-1	1	1

上表中每一行代表一个化学反应，每一排代表每一组分在不同化学反应中的化学计量系数。

下一步，将第 i 排的项替换为第 i 排与第 j 排项的线性组合，即

$$r_i' = ar_i + br_j$$

a 和 b 的选择根据消除第 i 排的化学计量系数而定。

将 r_1 替换为 $r_1 - r_2$，得

CH₄	H₂O	CO	CO₂	H₂
0	1	1	−1	−1
−1	−2	0	1	4
−1	0	2	−1	2
0	−1	−1	1	1

然后将 r_2 替换为 $r_2 - r_3$，得

CH₄	H₂O	CO	CO₂	H₂
0	1	1	−1	−1
0	−2	−2	2	2
−1	0	2	−1	2
0	−1	−1	1	1

再将 r_1 替换为 $2r_1 + r_2$，得

CH₄	H₂O	CO	CO₂	H₂
0	0	0	0	0
0	−1	−1	1	1
−1	0	2	−1	2
0	−1	−1	1	1

最后将 r_2 替换为 $r_2 + r_4$，得

CH₄	H₂O	CO	CO₂	H₂
0	0	0	0	0
0	0	0	0	0
−1	0	2	−1	2
0	−1	−1	1	1

至此，进一步消除已再无可能，最后的矩阵中还剩下两行包含不为零的项，所以系统含有的独立化学反应数目为 2。

在确立了独立化学反应数目为 2 之后，可以选择四个化学反应中的任意两个进行平衡常数的计算，这里选择化学反应(1)和反应(2)。化学计算表如下：

项目	CH₄	H₂O	CO	CO₂	H₂
$H_f^{\ominus}/\text{kJ·mol}^{-1}$	−74.52	−241.81	−110.53	−393.51	0
$G_f^{\ominus}/\text{kJ·mol}^{-1}$	−50.45	−228.42	−137.16	−394.38	0
ν_1	−1	−1	1	0	3
ν_2	−1	−2	0	1	4
n_{i0}	1	2	0	0	0
n_i	$1-\xi_1-\xi_2$	$2-\xi_1-2\xi_2$	ξ_1	ξ_2	$3\xi_1+4\xi_2$

组分 i 在平衡混合物的摩尔分数为

$$y_i = \frac{n_i}{n_t} = \frac{n_i}{3 + 2\xi_1 + 2\xi_2}$$

在忽略逸度系数的影响下，两个化学反应的平衡式为

$$K_1(T) = \frac{\xi_1(3\xi_1 + 4\xi_2)^3}{(2 - \xi_1 - 2\xi_2)(1 - \xi_1 - \xi_2)(3 + 2\xi_1 + 2\xi_2)^2}\left(\frac{p}{p^\ominus}\right)^2$$

$$K_2(T) = \frac{\xi_2(3\xi_1 + 4\xi_2)^4}{(2 - \xi_1 - 2\xi_2)^2(1 - \xi_1 - \xi_2)(3 + 2\xi_1 + 2\xi_2)^2}\left(\frac{p}{p^\ominus}\right)^2$$

待解的未知项为 ξ_1 和 ξ_2。

利用截断式(7-21) 计算可得在 600K 下的化学反应(1) 和反应(2) 的平衡常数分别为 $K_1 = 0.20306$，$K_2 = 0.28466$。当 $p = 2\text{bar}$ 时，计算得到两个化学反应的进行程度分别为 $\xi_1 = 0.182$，$\xi_2 = 0.233$，在平衡状态下各组分的摩尔分数分别为

组分	CH_4	H_2O	CO	CO_2	H_2
n_i	0.5848	1.3516	0.1820	0.2332	1.4789
y_i	0.1527	0.3529	0.0475	0.0609	0.3861

【重点归纳】

掌握平衡准则及化学反应进行方向的判定原则。当系统总吉氏函数值到达最小时，正、逆化学反应方向转化速率相等，化学反应到达平衡。

理解由参考态化学反应吉氏函数变定义的平衡常数与压力无关、只与温度相关，因此压力的改变只影响平衡态各组分的组成；而温度既影响化学反应平衡常数，也影响参与化学反应各物质的组分逸度和逸度系数。掌握计算标准态平衡常数的方法，及由标准态平衡常数和标准态化学反应焓变计算不同温度下平衡常数的方法。掌握用平衡常数计算系统组成时进行合理近似/假设、以相对少的偏差获取快速计算系统组成的方法。

了解同时涉及化学反应平衡与相平衡的系统、多重化学反应共存系统热力学状态的确定原则及方法。理解反应平衡存在对系统总自由度降低的数目由独立反应数目决定。

习 题

1. 向化学反应器中进料相等摩尔量的氢气、氮气、氨和氩气。如果发生以下化学反应：$3H_2 + N_2 \Longrightarrow 2NH_3$，那么：(1) 计算最小和最大化学反应进度 ξ；(2) 当氨的摩尔分数为 0.3 时，计算其他组分的摩尔分数和氢的转化率。

2. 对以下两个化学反应建立化学计量表：(1) $2NO_2 \Longrightarrow 2NO + O_2$；(2) $2NO \Longrightarrow N_2 + O_2$。所有组分均为气态，其中 NO_2 以 100mol·min^{-1} 速率进入一个稳态化学反应器。在表中将每一组分的分率 y_i 用化学反应进度 $\dot{\xi}_1$ 和 $\dot{\xi}_2$ 表达。

3. 对于丁烷气相脱氢生成丁二烯的化学反应 $C_4H_{10} \longrightarrow C_4H_6 + 2H_2$，(a) 计算 25℃反的平衡常数；(b) 若丁烷以 1000mol·h^{-1} 的速度进入一个稳态化学反应器，温度为 25℃，压力为 1bar，假设出料时化学反应已经平衡，求出料组成；(c) 在一个间歇化学反应器中含有 1mol 丁二烯和 1mol 氢气，保持压力为

1bar，保持一恒定温度，使此压力下化学反应平衡常数为50，求平衡状态下物料组成。

4. 对于化学反应 $2A(g)+3B(g)\rightleftharpoons 2C(g)$，其平衡常数可表示为 $K=ae^{b/T}$，其中 $b=1200K$，$a=10^{-5}$。求：（a）25℃下化学反应的 $\Delta G(T^\theta,p^\theta)$、$\Delta H(T^\theta,p^\theta)$、$\Delta S(T^\theta,p^\theta)$，判断化学反应的吸放热性；（b）向一定容化学反应器中进料等物质的量的 A、B 和 C，此时压力为12bar，化学反应在恒温下进行并达到平衡，此时压力为15bar。由于温度计失灵，求此时化学反应温度。

5. 对于习题1中的化学反应 $3H_2+N_2\rightleftharpoons 2NH_3$，（a）计算化学反应在1000℃下的平衡常数；（b）若化学反应可实施条件为1～20bar、25～1000℃，若要得到最大收率，需要选择什么条件进行化学反应？

已知：氢、氮、氨气的理想气体等压摩尔热容分别为（J·mol^{-1}·K^{-1}）：29.52，30.58，45.4。

6. 对于酯化化学反应 $CH_3COOH(l)+CH_3CH_2OH(l)\rightleftharpoons CH_3COOCH_2CH_3(l)+H_2O(l)$，（a）计算25℃下化学反应的平衡常数；（b）一个化学反应器中装有乙酸和乙醇摩尔比4∶1的混合液，化学反应在恒温25℃下达到平衡。假设混合物为理想溶液，计算平衡状态下混合物组成。

7. 在一个化学反应器中放入起始物乙醇10mol，若化学反应器内可能发生如下化学反应

$$C_2H_5OH\rightleftharpoons C_2H_4+H_2O$$
$$C_2H_5OH\rightleftharpoons CH_3CHO+H_2$$
$$C_2H_4+CH_3CHO\rightleftharpoons C_4H_6+H_2O$$

分别求 500K、1bar 下和 500K、5bar 下化学反应器内混合组成，将所作假设描述清楚。

参考文献

［1］ Matsoukas T. Fundamentals of Chemical Engineering Thermodynamics. Michigan：Prentice Hall，2012.

［2］ Dahm K D，Visco Jr D P. Fundamentals of Chemical Engineering Thermodynamics. Stamford：Cengage Learning，2014.

［3］ Elliott J R，Lira C T. Introductory Chemical Engineering Thermodynamics. 2nd ed. Stamford：Cengage Learning，2012.

［4］ Moran M J，et al. Fundamentals of Engineering Thermodynamics. 7th ed. New Jersey：John Wiley & Sons，2010.

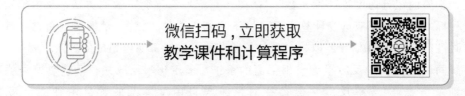

微信扫码，立即获取
教学课件和计算程序

第 **8** 章

常用热力学基础数据

【内容提示】

1. 热力学数据获取的途径;
2. 热力学数据估算的方法。

8.1 引言

化工数据包括热力学数据、传递性质数据、反应速率数据、微观性质数据以及其他与安全、环境等相关的数据。而热力学数据主要由以下几部分组成:①三相点、沸点、临界点等数据;②p-V-T 性质、维里系数、热容、焓、熵等;③相平衡数据,包括气体在液体中的溶解度、固体在流体中的溶解度等。热力学数据在科研、过程开发和生产中有广泛的用途。例如,在能量交换过程中,热容、焓、熵等数据是得到正确的能量负荷的前提;蒸气压、活度系数、相平衡数据、沸点等数据是平衡分离过程计算的基础。

热力学数据经过长时间的测定和积累,比起化学其他领域的数据来说要丰富得多。现在常见物质的热力学数据,可以从手册或文献中查到,但是,随着化学化工学科的发展,科学研究和工程应用过程涉及的物质迅速增加,其混合物更是难以计数,实验数据难以满足要求,故在现有的实验数据的基础上,采用一定方法估算热力学数据,具有重要的意义。

在本章中,将简要地介绍热力学数据的查阅与估算。

8.2 热力学数据查阅方法与工具

8.2.1 数据手册

化工数据手册是目前用户获得热力学数据的最主要途径之一,数据手册主要以图表的形式提供数据,近年来,关联式的使用频率也越来越高。早期数据手册常以数据图的形式编纂,但由于数据图使用不便、误差较大,已逐渐被数据表形式所取代。常用的化学化工数据手册简介如下[1]。

① "International Critical Tables of Numerical Data, Physics, Chemistry & Technology"

《国际物理、化学及工艺学数据判定表》），简称 ICT。这是一本专门收集各种数据的大型手册，全书 7 卷，另有总索引 1 卷，在 1926～1933 年间陆续出版。ICT 收集了 1924 年前发表的数据，按主题内容分为 300 个部分，包括元素、化合物、工业产品、天然产物等的物理性质以及有关物理、化学方面的定律、方程式和各项数据，并介绍了相关的实验数据。ICT 因出版年代久远，数据资料比较陈旧，但是有些在其他工具书中查不到的数据可以在本书中查到，仍有参考价值。

② "Landolt-Börnsten's Zahlenwerte und Funktionen aus Physik，Chemie，Astronomie，Geophysik，und Technik"（《Landolt-Börnsten 物理学、化学、天文学、地球物理学和技术中的数据和函数关系》），简称 LBT。这是一套国际上享有盛名的数据汇编，于 1883 年出第 1 版。从 1961 年开始，同时出版新编，并改名为 "Landolt-Börnsten's Zahlenwerte und Funktionen aus Naturwissenschaften und Technik"（《Landolt-Börnsten 自然科学和技术中的数据和函数关系》）。

③ "CRC Handbook of Chemistry & Physics"（《CRC 化学和物理手册》）。本书是美国化学橡胶公司（Chemical Rubber Co.）出版的一部著名的化学和物理学科的实用手册，初版于 1913 年，以后逐年改版，最近的新版每两年出版一次，每版都要修订，内容不断更新，书末附有主题索引。

④ "Lange's Handbook of Chemistry"（《兰格化学手册》）。本书是一本著名的化学手册，1934 年出第 1 版，正文以表格形式为主，共分为十一个部分，热力学性质位于第 9 部分，书末有主题索引。

⑤ "Solubilities of Inorganic & Organic Compounds"（《无机和有机化合物的溶解度》）。本书收集了元素、无机化合物、金属有机化合物与有机化合物在二元体系、三元体系和多元体系中溶解度的实验数据。

⑥ "Chemical Engineer's Handbook"（《化学工程师手册》）。本手册是一部权威性的化工参考书，1934 年出第 1 版。书中大量数据来源于 ICT，但这些数据根据化学工程师们的实际使用的单位，重新进行了整理和换算，并完全重写了蒸馏、萃取和吸收作用部分，增加了新兴的生物工程和三废处理两部分。

⑦ "Selected values of Properties of Hydrocarbons & Related Compounds"（《烃类和相关化合物性质的选择值》）。本书由美国得克萨斯农工大学化学系热力学研究中心编辑出版，汇编了石油中碳氢化合物和含硫化合物的物理性质和热力学性质的数据。

⑧ "Vapor Pressure of Organic Compounds"（《有机化合物的蒸气压》）。本书收集了 1942 个有机化合物在不同温度下的蒸气压，书后附化合物索引。

除了上述介绍的 8 种常用的国外化工数据手册之外，国内的主要数据手册有《化学工程手册（第三版）》袁渭康、王静康、费维扬、欧阳平凯主编，化学工业出版社，2019）、《化工工艺设计手册（第五版）》（中石化上海工程有限公司编，化学工业出版社，2018）、《化工工艺算图手册》（刘光启、马连湘主编，化学工业出版社，2002）、《化工物性算图手册》（刘光启、马连湘主编，化学工业出版社，2002）等。其他还有一些专业性的手册，如《石油化工基础数据手册》（卢焕章等编著，化学工业出版社，1993）、《无机盐工业手册》（周连江、乐志强等编著，化学工业出版社，1996）、《氮肥工艺设计手册》（石油化学工业部化工设计院主编，化学工业出版社）等。

8.2.2 数据库

随着互联网的迅速发展，现在人们方便于在 Internet 上搜索数据，在化学化工专业化资源导航网站和检索工具中都列举了大量的数据资源（如 ChemFinder、ChemExper 等），简介如下[2]。

① Thermodex（http://thermodex.lib.utexas.edu）是 Texas 大学图书馆维护的热力学数据手册索引。该数据库包含 120 种印刷型手册的记录和汇编了许多化合物和其他物质的热力学和热物理数据。通过物质类型和物性进行检索，可以返回包含这些数据的手册列表，整个记录包括标题、简要的文摘、包含的性质、包含的化合物类型等。

② DataGuide Online-Thermochemical Data Catalog Program（http://gttserv.lth.rwth-aachen.de/~sp/tt/dguide/dgonline.html），利用 DataGuide Online 可以部分免费搜索或浏览多个热力学数据，这些数据可借助 ChemSage 和 ChemApp 进行使用。

③ 中国科学院过程工程研究所的工程化学数据库 ECDB（Engineering Chemistry Database，http://www.enginchem.csdb.cn）包含多个物性数据库和估算系统，每个数据库可独立使用，也可进行在线数据检索和性质预测。

④ Thermodynamics Research Laboratory 的网页（http://eigger.uic.edu/~mansoori/Thermodynamic.Data.and.Property_html）中列出了若干物性数据库及物性计算方法，感兴趣的读者可以进一步挖掘其中的资源。

8.3 热力学数据的估算

热力学数据主要来源于实验，即使在编纂数据手册、建立数据库过程中对实验数据进行了评价、筛选，采用了外推、内插、数据回归和建立关联式等工作，但参照物仍是实验数据。可是，在使用者面对数万种物质的各种热力学数据需求时，实验方法显然难以满足要求，因为实验测定需要耗费大量的人力、物力和时间，苛刻条件下的数据测定有困难，实验数据仅是物性数据的局部信息，有时不能满足使用要求。所以，有必要在理论指导下结合实验数据对所需的热力学数据进行估算。

一般来说，热力学数据的估算方法可分为两种。一是经验法，就是将实验所得的数据整理成方程式。经验法要求方程式的使用范围不能超出用于拟合该方程式的实验数据范围，并要求原始实验数据有足够的数量和可靠性。二是半经验半理论法，这种方法是先在理论基础上推导出方程式，再通过实验数据求解出方程式中的常数。相对而言，半经验半理论法的可靠性更好。

本节中介绍了利用对应态原理和基团贡献法估算纯物质沸点、凝固点、临界参数、蒸气压、饱和液体摩尔体积、焓和熵的方法；以及估算混合物相关热力学数据 Henry 常数、无限稀释活度系数、辛醇/水分配系数和大气/水分配系数的方法。

8.3.1 对应态原理

由第 2 章的相关知识，若以对比参数 $T_r = T/T_c$、$p_r = p/p_c$、$V_r = V/V_c$ 来表示，vdW 方程就可以得到其对比态形式

$$p_r = \frac{8}{3} \frac{T_r}{V_r - 1/3} - \frac{3}{V_r^2} \tag{8-1}$$

由于式（7-1）只含有纯数值和对比参数，即 $V_r = V_r(T_r, p_r)$ 或 $Z = Z(T_r, p_r)$，表明了在相

同对比温度、对比压力下，任何气体或液体的对比体积（或压缩因子）是相同的。其他对比热力学性质之间也存在着较简单的对应态关系。两参数对应态原理虽然不够准确，只能适合于简单的球形流体，但对应态原理的概念，使流体性质在对比状态下便于比较，并统一到较好的程度，也给状态方程的研究以重要启示。

对应态原理是一种特别的状态方程，也是预测流体性质最有效的方法之一。目前最实用的就是三参数对应态原理。

Lydersen 等[3] 引入 Z_c 作为第三参数，将压缩因子表示为

$$Z = Z(T_r, p_r, Z_c) \tag{8-2}$$

Pitzer[4] 研究了蒸气压数据，提出了偏心因子 ω 的概念

$$\omega = [\lg p_r^s(简单流体) - \lg p_r^s(该流体)]_{T_r=0.7} = -1 - \lg p_r^s|_{T_r=0.7} \tag{8-3}$$

显然，简单流体的偏心因子应为零，而其他流体的偏心因子则大于零（除 H_2 和 He 外）。偏心因子是表达了一般流体与简单流体分子间相互作用的差异。

Pitzer 用偏心因子作为对应态原理的第三参数，在 T_r、p_r 不变的条件下，将任一研究流体（其偏心因子是 ω）的压缩因子关于简单流体（其偏心因子 $\omega = 0$）展开成幂级数，在通常的 ω 值的范围内，只考虑一阶偏导数项，即

$$Z = Z^{(0)} + \omega\left(\frac{\partial Z}{\partial \omega}\right)_{T_r, p_r} + \cdots \approx Z^{(0)} + \omega Z^{(1)} \tag{8-4}$$

在式(8-4)中，$Z^{(0)}$ 是简单流体的压缩因子，第二项的偏导数项 $\left(\frac{\partial Z}{\partial \omega}\right)_{T_r, p_r}$ 代表了研究流体相对于简单流体的偏差，用 $Z^{(1)}$ 表示。$Z^{(0)}$ 和 $Z^{(1)}$ 都视为两个对比状态参数 T_r 和 p_r 的函数，而偏心因子 ω 是第三参数。在 Pitzer 的三参数对应态原理中，$Z^{(0)}$ 和 $Z^{(1)}$ 均是以图或表的形式给出的，并在后续的研究中又给出了其他对比热力学性质（如焓、熵和逸度系数）的图表[5]。附录 B 中给了它们的数据表格。

Pitzer 的三参数对应态原理以图表形式给出，使用上不太方便。1975 年，Lee 和 Kesler[6] 提出了三参数对应态原理的解析形式。除简单流体外，又选择正辛烷作为参考流体（r），其偏心因子 $\omega^{(r)} = 0.3978$。用参考流体（r）相对于简单流体（0）的差分，$\frac{Z^{(r)} - Z^{(0)}}{\omega^{(r)} - \omega^{(0)}} = \frac{Z^{(r)} - Z^{(0)}}{\omega^{(r)}}$ 代替方程式(8-4)中的偏导数 $\left(\frac{\partial Z}{\partial \omega}\right)$，故方程式(8-4)可以转化为 Lee-Kesler 方程

$$Z = Z^{(0)} + \frac{\omega}{\omega^{(r)}}[Z^{(r)} - Z^{(0)}] \tag{8-5}$$

式(8-5)简称为 L-K 方程。其中，$Z^{(0)}$ 和 $Z^{(r)}$ 分别代表简单流体和参考流体的压缩因子。

在 L-K 方程中，简单流体（0）和参考流体（r）的状态方程均是采用了修正的 BWR 方程。简单流体的方程常数由一类 $\omega^{(0)} \cong 0$ 的简单流体的压缩因子和焓的数据拟合得到，参考流体的方程常数由正辛烷的数据得到。

值得指出的是，以上的对应态原理的表达式都是针对压缩因子 Z 来讨论的，因为它就是状态方程，是最基本的 p-V-T 关系。经过第 3 章、第 4 章的热力学原理研究，完全能获得其他热力学性质的对应态关系，如 virial 系数、蒸气压、热容、焓、熵、逸度系数等。

8.3.1.1 偏离函数和逸度系数的估算

偏离函数对于热力学性质的计算十分有用，状态方程是计算偏离函数的重要模型之一，

另一种计算偏离函数的模型是对应态原理。

首先应得到偏离函数的对应态关系，由 $V=ZRT/p$ 得

$$V-T\left(\frac{\partial V}{\partial T}\right)_p=-\frac{RT^2}{p}\left(\frac{\partial Z}{\partial T}\right)_p=-\left(\frac{T_c}{p_c}\right)\frac{RT_r^2}{p_r}\left(\frac{\partial Z}{\partial T_r}\right)_{p_r} \tag{8-6}$$

将式(8-6) 代入式(3-43)，可以将偏离焓表示为下列的对应态形式

$$-\frac{H-H^{ig}}{RT_c}=T_r^2\int_0^{p_r}\left(\frac{\partial Z}{\partial T_r}\right)_{p_r}d(\ln p_r) \tag{8-7}$$

在一定的 T_r，p_r 条件下，由 Pitzer 关于 Z 的三参数对应态关系 $Z=Z^{(0)}+\omega Z^{(1)}$ ［见式(8-5)］可以得到

$$T_r^2\int_0^{p_r}\left(\frac{\partial Z}{\partial T_r}\right)_{p_r}d(\ln p_r)=T_r^2\int_0^{p_r}\left(\frac{\partial Z^{(0)}}{\partial T_r}\right)_{p_r}d(\ln p_r)+\omega T_r^2\int_0^{p_r}\left(\frac{\partial Z^{(1)}}{\partial T_r}\right)_{p_r}d(\ln p_r)$$

结合式(8-7)，就能得到偏离焓的 Pitzer 对应态关系式

$$-\left(\frac{H-H^{ig}}{RT_c}\right)=-\left(\frac{H-H^{ig}}{RT_c}\right)^{(0)}-\omega\left(\frac{H-H^{ig}}{RT_c}\right)^{(1)} \tag{8-8}$$

类似地，也能从式(8-9) 得到偏离熵的 Pitzer 对应态关系式

$$-\left(\frac{S-S^{ig}_{p_0=p}}{R}\right)=-\left(\frac{S-S^{ig}_{p_0=p}}{R}\right)^{(0)}-\omega\left(\frac{S-S^{ig}_{p_0=p}}{R}\right)^{(1)} \tag{8-9}$$

从式(3-77) 和式(3-46) 也能分别得到逸度系数和偏离等压热容的 Pitzer 对应态关系式

$$\ln\left(\frac{f}{p}\right)=\ln\left(\frac{f}{p}\right)^{(0)}+\omega\ln\left(\frac{f}{p}\right)^{(1)} 或 \lg\left(\frac{f}{p}\right)=\lg\left(\frac{f}{p}\right)^{(0)}+\omega\lg\left(\frac{f}{p}\right)^{(1)} \tag{8-10}$$

和

$$-\left(\frac{C_p-C_p^{ig}}{R}\right)=-\left(\frac{C_p-C_p^{ig}}{R}\right)^{(0)}-\omega\left(\frac{C_p-C_p^{ig}}{R}\right)^{(1)} \tag{8-11}$$

若用 Ω 分别表示 $\dfrac{H-H^{ig}}{RT}$、$\dfrac{S-S^{ig}_{p_0=p}}{R}$、$\lg\dfrac{f}{p}$、$\dfrac{C_p-C_p^{ig}}{R}$，则这些性质的 Pitzer 对应态原理可以统一地表示成

$$\Omega=\Omega^{(0)}+\omega\Omega^{(1)} \tag{8-12}$$

像附表 B-1 的普遍化压缩因子表一样，现已制作了普遍化的焓表（见附表 B-2），普遍化的熵表（见附表 B-3），普遍化的逸度系数表（见附表 B-4）和普遍化的等压热容表（见附表 B-5）。由附表可以查出一定 T_r 和 p_r 下的 $\Omega^{(0)}$、$\Omega^{(1)}$ 数据，再由式(8-12) 计算出 Ω，进而计算出有关的热力学性质。

【例题 8-1】 估计正丁烷在 425.2K 和 4.4586MPa 时的压缩因子（实验值为 0.2095）。

解：查附录 A-1 得到 $T_c=425.40$K，$p_c=3.797$MPa，$\omega=0.193$。计算得 $T_r=1$，$p_r=1.175$。用三参数的普遍化压缩因子图来计算，查附表 B-1 得 $Z^{(0)}=0.23$，$Z^{(1)}=-0.06$，并计算出

$$Z=Z^{(0)}+\omega Z^{(1)}=0.23-0.193\times0.06=0.2184$$

与实验数据的偏差为 4.2%。

由于所计算的状态点是在临界点附近，故在查表时应仔细。用三参数普遍化性质表计算其他热力学性质的方法也是类似的。

8.3.1.2　蒸气压的估算

纯物质在一定温度（$<T_c$）下，能使气液共存的压力即为蒸气压（p^s）。在 p-T 图上，表达汽-液平衡的蒸气压曲线始于三相点而终止于临界点。蒸气压是温度的一元函数，这种函数解析式即为蒸气压方程。目前尚未见到有两个纯物质有着完全相同的蒸气压曲线，可见蒸气压表达物性的唯一性。现大部分常见的物质的蒸气压已经得到了广泛测定。蒸气压是物质的基础热力学数据。纯物质的蒸气压取决于物质的本性和温度，且随着温度的升高而迅速上升。

不同蒸气压方程，其准确性和使用范围差别较大。几乎所有纯物质的蒸气压数据都是以 Clapeyron 方程为基础建立的，Clapeyron 方程表达式如下

$$\frac{\mathrm{d}p^s}{\mathrm{d}T}=\frac{\Delta H^{\mathrm{vap}}}{T\Delta V^{\mathrm{vap}}}=\frac{\Delta H^{\mathrm{vap}}}{\left(\dfrac{RT^2}{p^s}\right)\Delta Z^{\mathrm{vap}}} \tag{8-13}$$

或

$$\frac{\mathrm{d}\ln p^s}{\mathrm{d}\left(\dfrac{1}{T}\right)}=-\frac{\Delta H^{\mathrm{vap}}}{R\Delta Z^{\mathrm{vap}}} \tag{8-14}$$

式中，ΔH^{vap} 和 ΔZ^{vap} 分别为饱和气体与饱和液体之间的焓差（汽化焓）和压缩因子差；R 为通用气体常数。

若假定在一定温度范围内 $\dfrac{\Delta H^{\mathrm{vap}}}{\Delta Z^{\mathrm{vap}}}$ 为一常数，即与温度无关，则式(8-14)积分可得：

$$\ln p^s=A-\frac{B}{T} \tag{8-15}$$

式中，$B=\dfrac{\Delta H^{\mathrm{vap}}}{R\Delta Z^{\mathrm{vap}}}$。

Antoine 提出了一个由式(8-15)作简单改进的方程式：

$$\ln p^s=A-\frac{B}{T+C} \tag{8-16}$$

此式称为 Antoine 方程，其中，A、B、C 为常数。

Antoine 常数 A、B、C 的数值是由实验数据回归而得，许多资料中都提供了物质的 Antoine 常数，Antoine 方程是使用最广泛的蒸气压方程，附录 A-2 中选列了部分物质的 Antoine 方程常数，使用中应注意适用的温度范围和变量的单位。

若物质在正常沸点以下，ΔZ^{vap} 随温度的变化较小（近似于常数），而 ΔH^{vap} 近似于温度的一次函数，即

$$\Delta H^{\mathrm{vap}}=a+bT \tag{8-17}$$

将式(8-17)代入式(8-14)并积分

$$\ln p^s=A+\frac{B}{T}+C\ln T \tag{8-18}$$

得到 Ranking 方程[7]，其中，A、B、C 为常数，可利用实验数据回归确定。

Riedel 在式(8-18)的基础上提出了一个蒸气压方程[8]

$$\ln p^s=A+\frac{B}{T}+C\ln T+DT^6 \tag{8-19}$$

式(8-19)与式(8-18)相比，增加了右边最后一项，这是因为考虑到在高温下 ΔH^{vap} 不是温

度的一次函数，而 ΔZ^{vap} 也不是常数。使用中，更多的是采用式(8-19)的对比态形式[8]：

$$\ln p_{\mathrm{r}}^{\mathrm{s}} = A^+ - \frac{B^+}{T_{\mathrm{r}}} + C^+ \ln T_{\mathrm{r}} + D^+ T_{\mathrm{r}}^6 \tag{8-20}$$

其中

$$A^+ = -35Q, \quad B^+ = -36Q, \quad C^+ = 42Q + a_{\mathrm{c}}, \quad D^+ = -Q \tag{8-21}$$

且

$$Q = 0.0838(3.758 - a_{\mathrm{c}}) \tag{8-22}$$

其中，a_{c} 称为 Riedel 常数，其定义为

$$a_{\mathrm{c}} = \left(\frac{\mathrm{d}\ln p_{\mathrm{r}}}{\mathrm{d}\ln T_{\mathrm{r}}}\right)_{T=T_{\mathrm{c}}} \tag{8-23}$$

式(8-23)中，p_{r} 为对比饱和蒸气压，由于由临界点定义的方程来确定 a_{c} 比较困难，其通常是用计算式

$$a_{\mathrm{c}} = \frac{0.315\psi_{\mathrm{b}} + \ln(0.9869 p_{\mathrm{c}})}{0.0838\psi_{\mathrm{b}} - \ln T_{\mathrm{br}}} \tag{8-24}$$

$$\psi_{\mathrm{b}} = -35 + \frac{36}{T_{\mathrm{br}}} + 42\ln T_{\mathrm{br}} - T_{\mathrm{br}}^6 \tag{8-25}$$

式中，p_{c} 的单位是 bar；T 的单位是 K；Riedel 方程的适用范围可达临界压力。

如果不知道临界参数，而只有正常沸点和正常沸点下的汽化焓数据，可由 Erpenbeck-Miller 蒸气压方程计算蒸气压[9]，如下

$$\ln(0.9869 p^{\mathrm{s}}) = \frac{B(T - T_{\mathrm{b}})}{T} + \ln\left(\frac{1 - \dfrac{CT}{T_{\mathrm{b}}}}{1 - C}\right) \tag{8-26}$$

其中

$$B = \frac{1.03\Delta H_{\mathrm{b}}^{\mathrm{vap}}}{RT_{\mathrm{b}}} + \frac{C}{1 - C} \tag{8-27}$$

对有机物，$C = 0.512 + 4.13 \times 10^{-4} T_{\mathrm{b}}$，对无机物，$C = 0.59$。

式中，p 的单位是 bar，T 的单位是 K。由于仅使用正常沸点数据，故 Erpenbeck-Miller 方程的适用范围不是很宽，多在 $10 \sim 1500 \mathrm{mmHg}(1\mathrm{mmHg} = 133.322\mathrm{Pa})$ 之间。

在缺乏蒸气压数据或蒸气压方程常数的条件下，也可以用经验方法估计。如下列三参数对应态关联式就可以从 T_{c} 和 p_{c} 来估算蒸气压

$$\ln\left(\frac{p^{\mathrm{s}}}{p_{\mathrm{c}}}\right) = f^{(0)} + \omega f^{(1)} \tag{8-28}$$

其中

$$f^{(0)} = 5.92714 - \frac{6.09648}{T_{\mathrm{r}}} - 1.28862\ln T_{\mathrm{r}} + 0.169347 T_{\mathrm{r}}^6$$

$$f^{(1)} = 15.2518 - \frac{15.6875}{T_{\mathrm{r}}} - 13.4721\ln T_{\mathrm{r}} + 0.43577 T_{\mathrm{r}}^6$$

【例题 8-2】 使用 Riedel 关联式计算呋喃在 309.429K 时的蒸气压。文献值为 1.20798bar。

解：对呋喃而言，$T_{\mathrm{b}} = 304.44\mathrm{K}$，$T_{\mathrm{c}} = 490.15\mathrm{K}$，$p_{\mathrm{c}} = 55.00\mathrm{bar}$。因此，$T_{\mathrm{br}} = 304.44/490.15 = 0.621$，由式(8-25)

$$\psi_{\mathrm{b}} = -35 + \frac{36}{T_{\mathrm{br}}} + 42\ln T_{\mathrm{br}} - T_{\mathrm{br}}^6 = -35 + \frac{36}{0.621} + 42\ln 0.621 - 0.621^6 = 2.9038$$

由式(8-24)

$$a_{\mathrm{c}} = \frac{0.315\psi_{\mathrm{b}} + \ln(0.9869 p_{\mathrm{c}})}{0.0838\psi_{\mathrm{b}} - \ln T_{\mathrm{br}}} = \frac{0.315 \times 2.9038 + \ln(0.9869 \times 55.00)}{0.0838 \times 2.9038 - \ln 0.621} = 6.8201$$

式(8-22)、式(8-21) 中的常数为

$$Q = 0.0838(3.758 - a_c) = 0.0838 \times (3.758 - 6.8201) = -0.2566$$

$$A^+ = -35Q = -35 \times (-0.2566) = 8.981$$

$$B^+ = -36Q = -36 \times (-0.2566) = 9.2376$$

$$C^+ = 42Q + a_c = 42 \times (-0.2566) + 6.8201 = -3.9571$$

$$D^+ = -Q = 0.2566$$

当在 309.429K 时，$T_r = 309.429/490.15 = 0.6313$，则式(8-20) 变为

$$\ln p_r^s = A^+ - \frac{B^+}{T_r} + C^+ \ln T_r + D^+ T_r^6$$

$$= 8.981 - \frac{9.2376}{0.6313} - 3.9571 \times \ln 0.6313 + 0.2566 \times 0.6313^6 = -3.8153$$

所以，$p^s = 1.21168 \text{bar}$

8.3.1.3　汽化焓和汽化熵的估算

汽化焓（ΔH^{vap}）和汽化熵（ΔS_b^{vap}）是纯物质在汽化过程的焓变化和熵变化，有重要的用途。蒸气压方程可以用来估算汽化焓。由式(8-15)，定义一个无量纲常数 Ψ，表达式如下：

$$\Psi = \frac{\Delta H^{vap}}{RT_c \Delta Z^{vap}} = \frac{-\text{d}\ln p_r^s}{\text{d}\left(\dfrac{1}{T_r}\right)} \tag{8-29}$$

对各种蒸气压方程进行微分后代入上式，可以得到 Ψ 的各种表达式，见表 8-1。应该注意的是，表 8-1 中的参数定义同第 8.3.1.2 节中所述。

表 8-1　各种蒸气压方程 Ψ 的表达式

蒸气压方程	Ψ 的表达式
Clapeyron 方程	$T_{br} \dfrac{\ln\left(\dfrac{p_c}{1.01325}\right)}{1 - T_{br}}$
Antoine 方程	$\dfrac{2.303B}{T_c}\left[\dfrac{T_r}{T_r + (C - 273.15)/T_c}\right]$
Riedel 方程	$B^+ + C^+ T_r + 6D^+ T_r^7$

正常沸点下的汽化焓（ΔH_b^{vap}）可以通过式(8-29)，令 $T = T_b$，$p = 1.01325 \text{bar}$ 得到。

当用 Clapeyron 方程计算 Ψ 时，由式(8-29) 和表 8-1，可得：

$$\Delta H_b^{vap} = RT_c \Delta Z_b^{vap} T_{br} \frac{\ln\left(\dfrac{p_c}{1.01325}\right)}{1 - T_{br}} \tag{8-30}$$

式中，p_c 的单位是 bar；T 的单位是 K；ΔH_b^{vap} 的单位视 R 而定。在应用此式时，通常将 ΔZ_b^{vap} 设定为 1，可以快速地估算 ΔH_b^{vap}，这种形式被称为 Giacalone 方程[10]，该方程通常会将 ΔH_b^{vap} 高估几个百分点。

Riedel 对 Giacalone 方程做了改动[8]，提出如下方程：

$$\Delta H_b^{vap} = 1.093 RT_c T_{br} \frac{\ln\left(\dfrac{p_c}{1.01325}\right) - 1}{0.930 - T_{br}} \tag{8-31}$$

式中，p_c 的单位是 bar；T 的单位是 K；ΔH_b^{vap} 的单位视 R 而定。此式的误差一般小于 2%。

Chen 也得到了一个类似的表达式[11] 来关联 ΔH^{vap}、p_r^s 与 T_r，当用于标准沸点时

$$\Delta H_b^{vap} = RT_c T_{br} \frac{3.978T_{br} - 3.938 + 1.555\ln(p_c/1.01325)}{1.07 - T_{br}} \tag{8-32}$$

式中，p_c 的单位是 bar；T 的单位是 K；ΔH_b^{vap} 的单位视 R 而定。此式的误差一般小于 2%。

Vetere 也提出了一个与 Chen 所提出的类似的关联式[12]，当用于标准沸点时

$$\Delta H_b^{vap} = RT_c T_{br} \frac{0.89584T_{br} - 0.68859 + 0.4343\ln(p_c/1.01325)}{0.37691 - 0.37306T_{br} + 0.14878(1.01325/p_c)(1/T_{br}^2)} \tag{8-33}$$

式中，p_c 的单位是 bar；T 的单位是 K；ΔH_b^{vap} 的单位视 R 而定。此式的误差一般小于 2%。

当对于得到其 p_c 和 T_c 比较困难的物质，可以采用一个不用临界性质求取 ΔH^{vap} 的方程。根据正常沸点下的汽化熵 ΔS_b^{vap} 来求取 ΔH_b^{vap}，如下

$$\frac{\Delta H_b^{vap}}{T} = \Delta S_b^{vap} = 36.61 + \ln T_b \tag{8-34}$$

此式称为 Kistiakowsky 方程[13]。式中，T 的单位是 K；ΔS_b^{vap} 的单位是 J·mol^{-1}·K^{-1}。

汽化焓随温度的上升而稳定地下降，在临界温度时为零，一个广泛采用的 ΔH^{vap} 与 T_r 的关联式为 Watson 方程[14]

$$\Delta H_2^{vap} = \Delta H_1^{vap} \left(\frac{1 - T_{r2}}{1 - T_{r1}}\right)^n \tag{8-35}$$

式中，n 的值与物质的性质有关，通常取 0.375 或 0.38。

除了采用蒸气压方程，也可以用对应态原理来估算 ΔH^{vap}，Pitzer 等给出了当 $0.6 < T_r < 1.0$ 时的近似表达式[15]

$$\frac{\Delta H^{vap}}{RT_c} = 7.08(1 - T_r)^{0.354} + 10.95\omega(1 - T_r)^{0.456} \tag{8-36}$$

8.3.1.4 饱和液体摩尔体积的估算

第 2.6 节中讨论的 SRK、PR、BWR、MH-81 等状态方程可用于气、液相性质计算。但是，一般情况下，液相误差大于气相。

实际中若仅是为了计算饱和液体体积，用饱和液体摩尔体积方程既准确又简单。近几十年来，已经出现了很多这样的方程。如 Yen-Woods 方程[16]，Rackett 方程[17] 都是用临界参数来预测饱和液体体积。Rackett 方程形式如下

$$V^{sl} = V_c Z_c^{(1-T_r)^{2/7}} \tag{8-37}$$

对大多数物质的计算误差在 2% 左右。后来有许多关于 Rackett 方程的改进，以提高其准确度和适用范围，Spancer 和 Danner[18] 修正的 Rackett 方程式为

$$V^{sl} = (RT_c/p_c)Z_{RA}^{1+(1-T_r)^{2/7}} \tag{8-38}$$

引入的 Rackett 常数 Z_{RA}，一般需要从实验数据拟合，由于与 Z_c 的差别不是很大，在无 Z_{RA} 数据时，可用 Z_c 代替，这时式(8-38) 就转变成原始的 Rackett 方程。但对于存在缔合的物质，结果仍不满意。Campbell 等[19] 将 Z_{RA} 改为下列温度的函数后，准确度有很大

的改善

$$Z_{RA} = \alpha + \beta(1 - T_r) \tag{8-39}$$

在附录 A-3 中给出了部分物质的 α 和 β 的数值。

在等温条件下，液体的摩尔体积随压力的增加而减小，但只有在高压下才会明显。著名的 Tait 方程就描述这种变化规律，形式为

$$V = V_0 - D\ln\frac{p+E}{p_0+E} \tag{8-40}$$

式中，p_0 和 V_0 是给定温度下，某一已知的参考状态的压力和摩尔体积。D 和 E 是两个与温度有关的常数。式(8-40)表达了等温线上的液体的 V-p 关系。

8.3.2 基团贡献法

基团贡献法建立在分子性质具有加和性的基础之上。所谓加和性，是指分子的某一性质等于组成分子的各个结构单元的元贡献值之和，而这些元贡献在不同的分子中保持同值。这里所说的结构单元，并不只限于原子团，除原子团之外，原子、化学键一级某种结构等对分子性质有影响的因素都可以被选作结构单元。有时通过基团贡献法计算所得的贡献总和并不一定代表性质本身，而是作为对由某一简化理论或经验规则计算的性质的一个修正。

8.3.2.1 沸点和凝固点的估算

沸点一般指"常压沸点"（T_b），即纯物质蒸气压是 **101.325kPa** 所对应的汽-液平衡温度，而纯物质的凝固点（T_f）是指由液体冷却至晶体的平衡温度，与由晶体加热至液体的平衡温度，即熔点（T_m）相同。T_b 和 T_f 值的实验数据相当丰富，可靠性也较高，但仍有一些物质的 T_b 和 T_f 值有待估算。

T_b 值的估算比较困难，虽然有一些估算方法，但是有实用价值的只有基团贡献法。早期用于沸点估算的基团贡献法使用面有限，对大部分有支链的有机物都不适用，误差也较大，如 Ogata 和 Tsuchida 法[20] 及 Somayajulu 和 Palit 法[21]，这里要介绍的是 20 世纪 80 年代、90 年代提出的两种常用方法，Joback 法[22] 和 Constantinous-Gani（C-G）法[23]。

Joback 法提出的可估算各种有机物 T_b 值的基本关系式如下

$$T_b = 198 + \sum n_i \Delta T_{bi} \tag{8-41}$$

式中，T_b 的单位是 K；基团贡献值 ΔT_{bi} 见表 8-2。上式以 438 个有机物 T_b 值作基础，平均误差为 12.9K（3.6%）。

于 1994 年提出的 C-G 法的估算公式为

$$T_b = 204.359\ln(\sum n_i \Delta T_{bi} + \sum n_j \Delta T_{bj}) \tag{8-42}$$

式中，T_b 的单位是 K；ΔT_{bi} 是一级基团贡献值（表 8-3）；ΔT_{bj} 是二级基团贡献值（表 8-4）。上式用 392 个实验点考核，若不考虑二级基团 ΔT_{bj} 的影响，平均误差为 2.04%，加上 ΔT_{bj} 后，平均误差为 1.42%。

比较好的估算凝固点的方法也是基团贡献法，估算公式也与沸点估算公式相似，如下

Joback 法 $$T_f = 122 + \sum n_i \Delta T_{fi} \tag{8-43}$$

C-G 法 $$T_f = 102.425\ln(\sum n_i \Delta T_{fi} + \sum n_j \Delta T_{fj}) \tag{8-44}$$

T_f 的单位是 K，式中相应基团贡献值见表 8-2～表 8-4。其中 Joback 法的平均绝对误差为 23K，平均相对误差为 11%；C-G 法若只考虑一级基团贡献值，平均相对误差为 8.90%，若考虑二级基团贡献值，则平均相对误差为 7.23%。

表 8-2　Joback 法基团贡献值

基团	ΔT_{ci}	Δp_{ci}	ΔV_{ci}	ΔT_{bi}	ΔT_{fi}
非环增量					
—CH₃	0.0141	−0.0012	65	23.58	−5.10
—CH₂—	0.0189	0	56	22.88	11.27
＼CH— ／	0.0164	0.0020	41	21.74	12.64
＼C／	0.0067	0.0043	27	18.25	46.43
=CH₂	0.0113	−0.0028	56	18.18	−4.32
=CH—	0.0129	−0.0006	46	24.96	8.73
=C=	0.0026	0.0028	36	26.15	17.78
=C／	0.0117	0.0011	38	24.14	11.14
≡CH	0.0027	−0.0008	46	9.20	−11.18
≡C—	0.0020	0.0016	37	27.38	64.32
环增量					
—CH₂—	0.0100	0.0025	48	27.15	7.75
＼CH—	0.0122	0.0004	38	21.78	19.88
＼C／	0.0042	0.0061	27	21.32	60.15
=CH—	0.0082	0.0011	41	26.73	8.13
=C／	0.0143	0.0008	32	31.01	37.02
卤素增量					
—F	0.0111	−0.0057	27	−0.03	−15.78
—Cl	0.0105	−0.0049	58	38.13	13.55
—Br	0.0133	0.0057	71	66.86	43.43
—I	0.0068	−0.0034	97	93.84	41.69
氧增量					
—OH(醇)	0.0741	0.0112	28	92.88	45.45
—OH(酚)	0.0240	0.0184	−25	76.34	82.83
—O—(非环)	0.0168	0.0015	18	22.42	22.23
—O—(环状)	0.0098	0.0048	13	31.22	23.05
＼C=O（非环）	0.0380	0.0031	62	76.75	61.20
＼C=O（环状）	0.0284	0.0028	55	94.97	75.97
—CHO(醛)	0.0379	0.0030	82	72.24	36.90
—COOH(酸)	0.0791	0.0077	89	169.09	155.50
—COO—(酯)	0.0481	0.0005	82	81.10	53.60
=O(上述以外)	0.0143	0.0101	36	−10.50	2.08
氮增量					
—NH₂	0.0243	0.0109	38	73.23	66.89
＼NH（非环）	0.0295	0.0077	35	50.17	52.66
＼NH（环状）	0.0130	0.0114	29	52.28	101.51
＼N—（非环） ／	0.0169	0.0074	9	11.74	48.84
—N =(非环)	0.0255	−0.0099		74.60	
—N =(环状)	0.0085	0.0076	34	57.55	68.40
—CN	0.0496	−0.0101	91	125.66	59.89
—NO₂	0.0437	0.0064	91	152.54	127.24
硫增量					
—SH	0.0031	0.0084	63	63.56	20.09
—S—(非环)	0.0119	0.0049	54	68.78	34.40
—S—(环状)	0.0019	0.0051	38	52.10	79.93

表 8-3 **C-G 法一级基团贡献值**

基团	ΔT_{ci}	Δp_{ci}	ΔV_{ci}	ΔT_{bi}	ΔT_{fi}
—CH₃	1.6781	0.019904	75.04	0.8894	0.4640
—CH₂—	3.4920	0.010558	55.76	0.9225	0.9246
＼CH—	4.0330	0.001315	31.53	0.6033	0.3557
＼C／	4.8823	−0.010404	−0.34	0.2878	1.6497
CH₂＝CH—	5.0146	0.025014	116.48	1.7827	1.6472
—CH＝CH—	7.3691	0.017865	95.41	1.8433	1.6322
CH₂＝C＜	6.5081	0.022319	91.83	1.7117	1.7899
—CH＝C＜	8.9582	0.012590	73.27	1.7957	2.0018
＞C＝C＜	11.3764	0.002044	76.18	1.8881	5.1175
CH≡C—	7.5433	0.014827	93.31	2.3678	3.9106
—C≡C—	11.4501	0.004115	76.27	2.5645	9.5793
CH₂＝C＝CH—	9.9318	0.031270	148.31	3.1243	3.3439
(＝CH—)ₐ	3.7337	0.007542	42.15	0.9297	1.4669
(＝C＜)ₐ	14.6409	0.002136	39.85	1.6254	0.2098
(＝C)ₐCH₃	8.213	0.01936	103.64	1.9669	1.8635
(＝C)ₐCH₂—	10.3239	0.01220	100.99	1.9478	0.4177
(＝C)ₐCH＜	10.4664	0.002769	71.20	1.7444	−1.7567
—CF₃	2.4778	0.044232	114.80	1.2880	3.2411
—CF₂—	1.7399	0.012884	95.19	0.6115	
＼CF—	3.5192	0.004673		1.1739	
(＝C)ₐF	2.8977	0.013027	56.72	0.9442	2.5015
—CCl₃	18.5875	0.034935	210.31	4.5797	10.2337
—CCl₂—				3.56	
＼CCl／	11.3959	0.003086	79.22	2.2073	9.8409
—CH₂Cl	11.0752	0.019789	115.64	2.9637	3.3376
—CHCl—	10.8632	0.011360	103.50	2.6948	2.9933
—CHCl₂	16.3945	0.026808	169.51	3.9330	5.1638
(＝C)ₐCl	14.1565	0.013135	101.58	2.6293	2.7336
(＞C＝C)Cl	5.4334	0.016004	56.78	1.7824	1.5598
—Br	10.5371	−0.001771	82.81	2.6495	3.7442
—I	17.3947	0.002753	108.14	3.6650	4.6089
—CCl₂F	9.8408	0.035446	182.12	2.8881	7.4756

基团	ΔT_{ci}	Δp_{ci}	ΔV_{ci}	ΔT_{bi}	ΔT_{fi}
—CClF$_2$	4.8923	0.039004	147.53	1.9163	2.7523
—HCClF				2.3086	
—F(除上述外)	1.5974	0.014434	37.83	1.0081	1.9623
—OH	9.7292	0.005148	38.97	3.2152	3.5979
(=C)$_{\overline{A}}$OH	25.9145	−0.007444	31.62	4.4014	13.7349
—CHO	10.1986	0.014091	86.35	2.8526	4.2927
CH$_3$CO—	13.2896	0.025073	133.96	3.5668	4.8776
—CH$_2$CO—	14.6273	0.017841	111.95	3.8967	5.6622
—COOH	23.7593	0.011507	101.88	5.8337	11.5630
—COO—	12.1084	0.011294	85.88	2.6446	3.4448
HCOO—	11.6057	0.013797	105.65	3.1459	4.2250
CH$_3$COO—	12.5965	0.029020	158.90	3.6360	4.0823
—CH$_2$COO—	3.8116	0.021836	136.49	3.3950	3.5572
CH$_3$O—	6.4737	0.020440	87.46	2.2536	2.9248
—CH$_2$O—	6.0723	0.015135	72.86	1.6249	2.0695
\CHO—	5.0663	0.009857	58.65	1.1557	4.0352
FCH$_2$O—	9.5059	0.009011	68.58	2.5892	4.5047
—C$_2$H$_5$O$_2$	17.9668	0.025435	167.54	5.5566	
\C$_2$H$_4$O$_2$				5.4248	
—CH$_2$NH$_2$	12.1726	0.012558	131.28	3.1656	6.7684
\CHNH$_2$	10.2075	0.010694	75.27	2.5983	4.1187
CH$_3$NH—	9.8544	0.012589	121.52	3.1376	4.5341
—CH$_2$NH—	10.4677	0.010390	99.56	2.6127	6.0609
\CHNH—	7.2121	−0.000462	91.65	1.5780	3.4100
CH$_3$N<	7.6924	0.015874	125.98	2.1647	4.0580
—CH$_2$N<	5.5172	0.004917	67.05	1.2171	0.9544
(=C)$_{\overline{A}}$NH$_2$	28.7570	0.001120	63.58	5.4736	10.1031
—CH$_2$CN	20.3781	0.036133	158.31	5.0525	4.1859
—C$_6$H$_4$N	29.1528	0.029565	248.31	6.2800	
\C$_6$H$_3$N	27.9464	0.025653	170.27	5.9234	12.6275
—CH$_2$NO$_2$	24.7359	0.020974	165.31	5.7619	5.5424
\CHNO$_2$	23.2050	0.012241	142.27	5.0767	4.9738
(=C)$_{\overline{A}}$NO$_2$	34.5870	0.015050	142.58	6.0837	8.4724
HCON<\begin{smallmatrix}CH_2—\\CH_2—\end{smallmatrix}				7.2644	

基团	ΔT_{ci}	Δp_{ci}	ΔV_{ci}	ΔT_{bi}	ΔT_{fi}
—CONH$_2$	65.1053	0.004266	144.31	10.3428	31.2786
—CON(CH$_3$)$_2$	36.1403	0.040419	250.31	7.6904	11.3770
$-\text{CON}\begin{smallmatrix}\text{CH}_2-\\ \text{CH}_2-\end{smallmatrix}$				6.7822	
—CH$_2$SH	13.8058	0.013572	102.52	3.2914	3.0044
CH$_3$S—	14.3969	0.016048	130.21	3.6796	5.0506
—CH$_2$S—	17.7916	0.011105	116.50	3.6763	3.1468
$\backslash$CHS—				2.6812	
—C$_4$H$_3$S				5.7093	
$\backslash$C$_4$H$_2$S				5.8260	

表 8-4　C-G 法二级基团贡献值

基团	ΔT_{cj}	Δp_{cj}	ΔV_{cj}	ΔT_{bj}	ΔT_{fj}
(CH$_3$)$_2$CH—	−0.5334	0.000488	4.00	−0.1157	0.0381
(CH$_3$)$_3$C—	−0.5143	0.001410	5.72	−0.0489	−0.2355
—CH(CH$_3$)CH(CH$_3$)—	1.0699	−0.001849	−3.98	0.1798	0.4401
—CH(CH$_3$)C(CH$_3$)$_2$—	1.9886	−0.005198	−10.81	0.3189	−0.4923
—C(CH$_3$)$_2$C(CH$_3$)$_2$—	5.8254	−0.013230	−23.00	0.7273	6.0650
CH$_n$=CH$_m$—CH$_p$=CH$_k$ $k,m,n,p\in(0,2)$	0.4402	0.004186	−7.81	0.1589	1.9913
CH$_3$—CH$_m$=CH$_n$ $m,n\in(0,2)$	0.0167	−0.000183	−0.98	0.0668	0.2476
—CH$_2$—CH$_m$=CH$_n$ $m,n\in(0,2)$	−0.5231	0.003538	2.81	−0.1406	−0.5870
$\backslash$CH—CH$_m$=CH$_n$ 或 $-\overset{\vert}{\underset{\vert}{C}}$—CH$_m$=CH$_n$ $m,n\in(0,2)$	−0.3850	0.005675	8.26	−0.0900	−0.2361
←C→C$_m$ $m>1$	2.1160	−0.002546	−17.55	0.0511	−2.8298
三元环	−2.3305	0.003714	−0.14	0.4745	1.3772
四元环	−1.2978	0.001171	−8.51	0.3563	
五元环	−0.6785	0.000424	−8.66	0.1919	0.6824
六元环	0.8479	0.002257	16.36	0.1957	1.5656
七元环	3.6714	−0.009799	−27.00	0.3489	6.9707
CH$_m$=CH$_n$F $m,n\in(0,2)$	−0.4996	0.000319	−5.96	−0.1168	−0.0514
CH$_m$=CH$_n$Br $n,m\in(0,2)$	−1.9334	−0.004305	5.07	−0.3201	−1.6425
CH$_m$=CH$_n$I $n,m\in(0,2)$				−0.4453	

基团	ΔT_{cj}	Δp_{cj}	ΔV_{cj}	ΔT_{bj}	ΔT_{fj}
$-\!\!+\!\!\!C\!\!\!+_{\!A}\!Br$	-2.2974	0.009027	-8.23	-0.6776	2.5832
$-\!\!+\!\!\!C\!\!\!+_{\!A}\!I$	2.8907	0.008247	-3.41	-0.3678	-1.5511
$\diagdown CHOH$	-2.8035	-0.004393	-7.77	-0.5385	-0.5480
$-COH$	-3.5442	0.000178	15.11	-0.6331	0.3189
$-\!\!+\!CH_m\!+_{\!R}\!OH$ $m \in (0,1)$	0.3233	0.006917	-22.97	-0.0690	9.5209
$CH_m(OH)CH_n(OH)$ $m,n \in (0,2)$	5.4941	0.005052	3.97	1.4108	0.9124
$\diagdown CHCHO$ 或 $-CCHO$	-1.5826	0.003659	-6.64	-0.1074	2.0547
$-\!\!+\!\!\!C\!\!\!+_{\!A}\!CHO$	1.1696	-0.002481	6.64	0.0735	-0.6697
CH_3COCH_2-	0.2996	0.001474	-5.10	0.0224	-0.2951
$CH_3COCH\diagdown$ 或 CH_3COC-	0.5018	-0.002303	-1.22	0.0920	-0.2986
$-\!\!+\!\!\!C\!\!\!+_{\!R}\!O$	2.9571	0.003818	-19.66	0.5580	0.7143
$\diagdown CHCOOH$ 或 $-CCOOH$	-1.7493	0.004920	5.59	-0.1552	-3.1034
$-\!\!+\!\!\!C\!\!\!+_{\!A}\!COOH$	6.1279	0.000344	-4.15	0.7801	28.4324
$-CO-O-CO-$	-2.7617	-0.004877	-1.44	-0.1977	-2.3598
CH_3COOCH 或 CH_3COOC-	-1.3406	0.000659	-2.93	-0.2383	0.4838
$-COCH_3COO\diagdown$ 或 $-COCHCOO-$ 或 $-COCCOO-$	2.5413	0.001067	-5.91	0.4456	0.0127
$-\!\!+\!\!\!C\!\!\!+_{\!A}\!COO$	-3.4235	-0.000541	26.05	0.0835	-2.0198
$CH_m-O-CH_n=CH_p$ $m,n,p \in (0,2)$	1.0159	-0.000878	2.97	0.1134	0.2476
$-\!\!+\!\!\!C\!\!\!+_{\!A}\!O-CH_m$ $m \in (0,3)$	-5.3307	-0.002249	-0.45	-0.2596	0.1175
$CH_m(NH_2)CH_n(NH_2)$ $m,n \in (0,2)$	2.0699	0.002148	5.80	0.4247	2.5114

基团	ΔT_{cj}	Δp_{cj}	ΔV_{cj}	ΔT_{bj}	ΔT_{fj}
$(CH_m)_R NH_p (CH_n)_R$ $m,n,p \in (0,2)$	2.1345	0.005947	−13.80	0.2499	1.0729
$CH_m(OH)CH_n(NH_p)$ $n,m,p \in (0,2)$	5.4864	0.001408	4.33	1.0682	2.7826
$(CH_m)_R S(CH_n)_R$ $m,n \in (0,2)$	4.4847			0.4408	−0.2914

【例题 8-3】 估算 2,2-二甲基丙硫醇的正常沸点，文献值 376.812K。

解：（1）使用 Joback 法

基团	基团数	ΔT_{bi}
—CH_3	3	23.58×3
—CH_2—	1	22.88
＞C＜	1	18.25
—SH	1	63.56
合计		175.43

$$T_b = 198 + \sum n_i \Delta T_{bi} = 198 + 175.43 = 373.43(K)$$

（2）使用 C-G 法

一级基团	基团数	ΔT_{bi}	二级基团	基团数	ΔT_{bj}
—CH_3	3	0.8894×3	$(CH_3)_3C$	1	−0.0489
—CH_2—	1	0.9225			
＞C＜	1	0.2878			
—CH_2SH	1	3.2914			
合计		7.1699			−0.0489

$$T_b = 204.359 \ln(\sum n_i \Delta T_{bi} + \sum n_j \Delta T_{bj}) = 204.359 \times \ln(7.1699 - 0.0489) = 401.17(K)$$

【例题 8-4】 估算 2-碘戊烷的凝固点，文献值为 223.15K。

解：（1）使用 Joback 法

基团	基团数	ΔT_{fi}
—CH_3	2	−5.10×2
—CH_2—	2	11.27×2
＞CH—	1	12.64
—I	1	41.69
合计		66.67

$$T_f = 122 + \sum n_i \Delta T_{fi} = 122 + 66.67 = 188.67 (K)$$

（2）使用 C-G 法

一级基团	基团数	ΔT_{fi}
—CH₃	2	0.4640×2
—CH₂—	2	0.9246×2
\CH—	1	0.3557
—I	1	4.6089
合计		7.7418

无二级基团

$$T_f = 102.425\ln(\sum n_i \Delta T_{fi} + \sum n_j \Delta T_{fj}) = 102.425 \times \ln 7.7418 = 209.63 (K)$$

8.3.2.2 临界参数的估算

临界参数包括临界温度（T_c）、临界压力（p_c）、临界体积（V_c）等，是最重要的热力学参数之一。目前有较多的临界参数的估算方法，基团贡献法是重要的方法之一。

Lydersen 基团贡献法[24] 是简单而较可靠的方法，Joback 在实验数据及基团划分上都对 Lydersen 做了补充和改进，新增了若干个基团，并确定了基团贡献的数值，所使用的公式[22] 如下

$$T_c = \frac{T_b}{0.584 + 0.965\sum n_i \Delta T_{ci} - (\sum n_i \Delta T_{ci})^2} \tag{8-45}$$

$$p_c = (0.113 + 0.0032 n_A - \sum n_i \Delta p_{ci})^{-2} \tag{8-46}$$

$$V_c = 17.5 + \sum n_i \Delta V_{ci} \tag{8-47}$$

式中，T_c 为临界温度，K；p_c 为临界压力，bar；V_c 为临界体积，cm³·mol⁻¹；T_b 为正常沸点，K；ΔT_{ci}、Δp_{ci}、ΔV_{ci} 为基团贡献值，其值见表 8-2；n_i 为基团数；n_A 为分子中的原子数。

C-G 法的估算公式[23] 为

$$T_c = 181.728\ln(\sum n_i \Delta T_{ci} + \sum n_j \Delta T_{cj}) \tag{8-48}$$

$$p_c = 1.3705 + (0.100220 + \sum n_i \Delta p_{ci} + \sum n_j \Delta p_{cj})^{-2} \tag{8-49}$$

$$V_c = -4.350 + (\sum n_i \Delta V_{ci} + \sum n_j \Delta V_{cj}) \tag{8-50}$$

式中，临界参数的单位与 Joback 法相同，ΔT_{ci}、Δp_{ci}、ΔV_{ci} 是一级基团贡献值（表 8-3），ΔT_{cj}、Δp_{cj}、ΔV_{cj} 是二级基团贡献值（表 8-4）。作者用 285 个实验点处理 T_c，只用一级基团的平均误差为 1.62%，加上二级基团后的平均误差为 0.85%；用 269 个实验点处理 p_c，平均误差分别为 3.72% 和 2.89%；用 251 个实验点处理 V_c，平均误差分别为 2.04% 和 1.42%。

对于沸点前就要分解的物质，缺乏 T_b 值，Ma 等提出了两个用 d_4^{20} 代替沸点的方法[25]，其中最简单的关系式如下

$$T_c = \frac{d_4^{20}}{0.001753 + \sum n_i \Delta T_{ci}} \tag{8-51}$$

式中，T_c 为临界温度，K；基团值 ΔT_{ci} 见表 8-5，用 93 个实验点处理，平均误差 0.88%。

表 8-5　Ma 法基团贡献值

基团	ΔT_{ci}（单基团）	ΔT_{ci}（一水平）	基团	ΔT_{ci}（单基团）	ΔT_{ci}（一水平）
—CH$_3$	-0.1366×10^{-3}	-7.3159	—CCl$_2$—	0.3072×10^{-3}	
—CH$_2$—	-0.4132×10^{-4}	-0.3182	CCl—	-0.4064×10^{-3}	
CH	0.6120×10^{-4}	6.8066	—CH$_2$Cl		-4.5905
C	0.1580×10^{-3}	13.9163	—CHCl$_2$		-1.8081
=CH$_2$	-0.1224×10^{-3}	-7.1858	—CHCl—		3.4859
=CH	-0.3136×10^{-4}	-0.0164	=CHCl		-4.2019
=C	0.6511×10^{-4}	7.3443	(=CCl—)$_A$		-5.3658
=C=		0.7645	(—Cl)$_{AC}$	0.5917×10^{-4}	
(—CH$_2$—)$_R$	-0.5886×10^{-4}	-2.1922	—Br		-12.9200
(CH—)$_R$	-0.1335×10^{-3}	0.8171	—CH$_2$Br		0.2799
(=CH—)$_R$	-0.3564×10^{-4}	-2.0276	(=CBr—)$_A$		2.2171
(=C)$_R$	-0.1276×10^{-3}		(=Cl—)$_A$		3.3653
(—CH$_3$)$_{RC}$	0.2058×10^{-4}	-6.5266	—CF$_2$Cl	0.8605×10^{-3}	-2.9832
(—CH$_2$—)$_{RC}$	0.9852×10^{-4}	0.5437	—CCl$_2$F	0.5938×10^{-3}	-3.1514
≡CH		-7.8263	—CHFCl		-3.3720
≡C—		1.1333	=CFCl		-2.7515
(=CH—)$_A$	-0.3435×10^{-4}	-2.2837	(H)$_{Cl}$	0.3228×10^{-3}	
(=C)$_A$	-0.8431×10^{-4}	4.4963	—OH	0.3613×10^{-4}	-6.0013
(—CH$_3$)$_{AC}$	-0.1884×10^{-4}	-7.2683	(—OH)$_{RC}$	0.1506×10^{-3}	-5.4789
(—CH$_2$—)$_{AC}$	0.3938×10^{-4}	-0.4067	(—OH)$_{AC}$	0.7762×10^{-3}	-7.1986
(CH)$_{AC}$		6.4822	C=O	0.6040×10^{-4}	0.9832
—CF$_3$	0.1206×10^{-2}	-2.6376	—COOH		-5.7593
—CF$_2$—	-0.1004×10^{-3}	0.0931	HCOO—		-4.2561
CF—	-0.5840×10^{-4}		—COO—	0.2893×10^{-3}	2.5678
—CHF$_2$		-3.1462	—O—	0.1432×10^{-3}	1.8086
—CH$_2$F		-2.9473	(—O—)$_R$	0.1183×10^{-3}	
—CHF—		5.2817	(—O—)$_{AC}$	0.1824×10^{-3}	
=CHF		-3.3114	—NH$_2$	-0.9674×10^{-4}	-6.3020
=CF$_2$		-3.1985	—NH—	0.1858×10^{-4}	0.5922
(—CF$_2$—)$_R$		-0.9025	N—	-0.1852×10^{-4}	7.8600
(CF—)$_R$		18.9216	(—NH—)$_R$	-0.1901×10^{-4}	-11.9553
(—CHF—)$_R$		-0.5752	(=N—)$_R$	-0.9040×10^{-5}	-10.9352
(—CF$_3$)$_{RC}$		-24.0831	(=N—)$_A$		-1.9106
(=CF—)$_A$		-0.9583	(N—)$_{AC}$		6.7481
(—F)$_{AC}$	0.3118×10^{-3}		—CN	-0.1761×10^{-3}	-7.2804
(—CF$_3$)$_{AC}$	0.3110×10^{-3}		NO$_2$		-3.3278
—CCl$_3$	0.6908×10^{-3}	-1.0254	—SH		-4.5898
			—S—	0.1552×10^{-3}	0.9836
			(—S—)$_R$		-9.5439
			S=O		17.4246

注：下标 A—芳环；下标 AC—与芳环相连的基团；下标 R—非芳环；下标 RC—与非芳环相连的基团；(H)$_{Cl}$—与氯在同一碳原子上的氢。

还有一些是以易于测量、数据量又充分的 T_b 计算临界参数的方法，如 Gubldberg[26] 在 1890 年提出了式(8-52)及其改进式(8-53)：

$$T_c = 1.5 T_b \tag{8-52}$$

$$T_c = \frac{T_b}{0.635} \tag{8-53}$$

除了上述的几种方法外，还有其他计算临界参数的方法，如利用临界参数之间的相互计算、从等张比容计算临界参数等，由于适用范围较小，精度不高，在这里不再详细介绍。

【例题 8-5】 估算两种丙醇的临界参数。文献值为 1-丙醇：536.78K，51.75bar，219.00cm^3 • mol^{-1}；2-丙醇：508.30K，47.62bar，220.00cm^3 • mol^{-1}。已知 1-丙醇的 T_b = 370.93K，2-丙醇的 T_b = 355.39K，两者的 M = 60.096。

解：（1）使用 Joback 法

化合物	基团	基团数	ΔT_{ci}	Δp_{ci}	ΔV_{ci}
1-丙醇	—CH$_3$	1	0.0141	-0.0012	65
	—CH$_2$—	2	0.0189×2	0	56×2
	—OH	1	0.0741	0.0112	28
	合计		0.1260	0.0100	205
2-丙醇	—CH$_3$	2	0.0141×2	-0.0012×2	65×2
	$\diagdown$CH—	1	0.0164	0.0020	41
	—OH	1	0.0741	0.0112	28
	合计		0.1187	0.0108	199

1-丙醇

$$T_c = \frac{T_b}{0.584 + 0.965 \sum n_i \Delta T_{ci} - (\sum n_i \Delta T_{ci})^2} = \frac{370.93}{0.584 + 0.965 \times 0.1260 - 0.1260^2}$$
$$= 537.80 \ (K)$$

$$p_c = (0.113 + 0.0032 n_A - \sum n_i \Delta p_{ci})^{-2} = (0.113 + 0.0032 \times 12 - 0.0100)^{-2}$$
$$= 50.02 \ (bar)$$

$$V_c = 17.5 + \sum n_i \Delta V_{ci} = 17.5 + 205 = 222.5 \ (cm^3 \cdot mol^{-1})$$

2-丙醇

$$T_c = \frac{T_b}{0.584 + 0.965 \sum n_i \Delta T_{ci} - (\sum n_i \Delta T_{ci})^2} = \frac{355.39}{0.584 + 0.965 \times 0.1187 - 0.1187^2}$$
$$= 519.23 \ (K)$$

$$p_c = (0.113 + 0.0032 n_A - \sum n_i \Delta p_{ci})^{-2} = (0.113 + 0.0032 \times 12 - 0.0108)^{-2}$$
$$= 50.59 \ (bar)$$

$$V_c = 17.5 + \sum n_i \Delta V_{ci} = 17.5 + 199 = 216.5 \ (cm^3 \cdot mol^{-1})$$

（2）使用 C-G 法

化合物	一级基团	基团数	ΔT_{ci}	Δp_{ci}	ΔV_{ci}	二级基团	基团数	ΔT_{cj}	Δp_{cj}	ΔV_{cj}
1-丙醇	—CH₃	1	1.6781	0.019904	75.04	1-丙醇没有二级基团				
	—CH₂—	2	3.4920×2	0.010558×2	55.76×2					
	—OH	1	9.7292	0.005148	38.97					
	合计		18.3913	0.046168	225.53					
2-丙醇	—CH₃	2	1.6781×2	0.019904×2	75.04×2	(CH₃)₂CH	1	−0.5334	0.000488	4.00
	＼CH— ／	1	4.0330	0.001315	31.53	CHOH	1	−2.8035	−0.004393	−7.77
	—OH	1	9.7292	0.005148	38.97					
	合计		17.1184	0.046271	220.58			−3.3369	−0.003905	−3.77

1-丙醇
$$T_c = 181.728\ln\left(\sum n_i \Delta T_{ci} + \sum n_j \Delta T_{cj}\right)$$
$$= 181.728 \times \ln 18.3913 = 529.17 \ (\text{K})$$
$$p_c = 1.3705 + \left(0.100220 + \sum n_i \Delta p_{ci} + \sum n_j \Delta p_{cj}\right)^{-2}$$
$$= 1.3705 + (0.100220 + 0.046168)^{-2} = 48.04 \ (\text{bar})$$
$$V_c = -4.350 + \left(\sum n_i \Delta V_{ci} + \sum n_j \Delta V_{cj}\right)$$
$$= -4.350 + 225.53 = 221.18 \ (\text{cm}^3 \cdot \text{mol}^{-1})$$

2-丙醇
$$T_c = 181.728\ln\left(\sum n_i \Delta T_{ci} + \sum n_j \Delta T_{cj}\right)$$
$$= 181.728 \times \ln(17.1184 - 3.3369) = 476.73 \ (\text{K})$$
$$p_c = 1.3705 + \left(0.100220 + \sum n_i \Delta p_{ci} + \sum n_j \Delta p_{cj}\right)^{-2}$$
$$= 1.3705 + (0.100220 + 0.046271 - 0.003905)^{-2} = 50.56 \ (\text{bar})$$
$$V_c = -4.350 + \left(\sum n_i \Delta V_{ci} + \sum n_j \Delta V_{cj}\right)$$
$$= -4.350 + (220.58 - 3.77) = 212.46 \ (\text{cm}^3 \cdot \text{mol}^{-1})$$

8.3.2.3 理想气体的标准生成焓、标准熵和定压热容的估算

标准状态下由稳定的单质直接化合生成 1mol 某化合物的热效应称为标准生成焓（$\Delta H_{f298}^{\ominus}$），单位是 $\text{kJ} \cdot \text{mol}^{-1}$。如果纯物质处于其标准态，相应的熵就称为标准熵（$S_{298}^{\ominus}$），单位是 $\text{J} \cdot \text{mol}^{-1} \cdot \text{K}^{-1}$。而定压热容（$C_p$）是 1mol 物质在恒压、非体积功为零的条件下因温度升高 1K 所需的热量，单位是 $\text{J} \cdot \text{mol}^{-1} \cdot \text{K}^{-1}$。标准生成焓、标准熵和定压热容都是重要的热力学数据，下面介绍一些可用于估算理想气体标准生成焓 $\Delta H_{f298}^{\ominus}$，理想气体标准熵 $S_{298}^{\ominus}$ 和定压热容 $C_p^{\ominus}$ 这三种性质的基团贡献法。

Benson 法[27,28] 是估算有机物 $\Delta H_{f298}^{\ominus}$、$S_{298}^{\ominus}$ 和 $C_p^{\ominus}$ 的最有效的方法之一，其特点是考虑了邻近基团的影响，但是此法比较复杂，而且只给出了 6 个温度点的值，因而难于内插或外推使用。Benson 法的计算公式为

$$\Delta H_{f298}^{\ominus} = \sum_i n_i \Delta H_{f298,i}^{\ominus} \tag{8-54}$$

$$S_{298}^{\ominus} = \sum_i n_i S_{298,i}^{\ominus} - R\ln\sigma + R\ln\eta \tag{8-55}$$

$$C_p^{\ominus} = \sum_i n_i C_{p,i}^{\ominus} \tag{8-56}$$

式中，i 代表 i 型基团，也包含本法所规定的修正项；n_i 是 i 型基团的数目；$\Delta H_{f298,i}^{\ominus}$ $S_{298,i}^{\ominus}$ 和 $C_{p,i}^{\ominus}$ 各为相应的 i 型基团的基团贡献值，其值见表 8-6；σ 为分子的对称数，$\sigma = \sigma_{\text{ext}}\sigma_{\text{int}}$，$\sigma_{\text{ext}}$ 为整体分子的转动对称数，σ_{int} 为分子内部的转动对称数，表 8-7 给出了部分物质的 σ 值实例；η 是可能的光学异构体数。

表 8-6　Benson 法的基团贡献值

基团	$\Delta H_{f298,i}^{\ominus}$ /kJ·mol^{-1}	$S_{298,i}^{\ominus}$ /J·mol^{-1}	$C_{p,i}^{\ominus}$/J·mol^{-1}·K^{-1}					
			300K	400K	500K	600K	800K	1000K
碳氢化合物								
C—(C)(H)$_3$	−42.20	127.32	25.92	32.82	39.36	45.18	54.51	61.84
C—(C)$_2$(H)$_2$	−20.72	39.44	23.03	29.10	34.54	39.15	46.35	51.67
C—(C)$_3$(H)	−7.95	−50.53	19.01	25.12	30.02	33.70	38.98	42.08
C—(C)$_4$	2.09	−146.96	18.30	25.67	30.81	34.00	36.72	36.68
C$_d$—(H)$_2$	26.21	115.60	21.35	26.63	31.44	35.59	42.16	47.19
C$_d$—(C)(H)	35.96	33.37	17.42	21.06	24.33	27.21	32.03	35.38
C$_d$—(C)$_2$	43.29	−53.17	17.17	19.30	20.89	22.02	24.28	25.46
C$_d$—(C$_d$)(H)	28.39	26.71	18.67	24.24	28.26	31.07	34.96	37.64
C$_d$—(C$_d$)(C)	37.18	−61.13	(18.42)	(22.48)	(24.83)	(25.87)	(27.21)	(27.72)
C$_d$—(C$_d$)$_2$	19.26							
C$_d$—(C$_B$)(H)	28.39	26.80	18.67	24.24	28.26	31.07	34.96	37.64
C$_d$—(C$_B$)(C)	36.17	(−61.13)	(18.42)	(22.48)	(24.83)	(25.87)	(27.21)	(27.72)
C$_d$—(C$_B$)$_2$	33.49							
C$_d$—(C$_t$)(H)	28.39	26.80	18.67	24.24	28.26	31.07	34.96	37.64
C$_d$—(C$_t$)(C)	35.71		18.42	22.48	24.83	25.87	27.21	27.72
C—(C$_d$)(H)$_3$	−42.20	127.32	25.92	32.82	39.36	45.18	54.51	61.84
C—(C$_d$)$_2$(H)$_2$	−17.96	(42.71)	(19.68)	(28.47)	(35.17)	(40.14)	(47.31)	(52.75)
C—(C$_d$)$_2$(C)$_2$	4.86		14.95	25.04	31.44	35.04	37.68	37.76
C—(C$_d$)(C)$_3$	7.03	(−145.37)	(16.71)	(25.29)	(31.10)	(34.58)	(37.35)	(37.51)
C—(C$_d$)(C)(H)$_2$	−19.93	41.03	22.69	28.72	34.83	39.73	46.98	52.25
C—(C$_d$)(C)$_2$(H)	−6.20	(−48.99)	(17.42)	(24.74)	(30.73)	(34.29)	(39.61)	(42.66)
C—(C$_d$)$_2$(C)(H)	−5.19		15.66	24.49	30.65	34.75	39.94	43.17
C—(C$_t$)(H)$_3$	−42.20	127.32	25.92	32.82	39.36	45.18	54.51	61.84
C—(C$_t$)(C)(H)$_2$	−19.80	43.12	20.72	27.47	33.20	38.02	45.47	51.04
C—(C$_t$)(C)$_2$(H)	−7.20	(−46.89)	(16.71)	(23.49)	(28.68)	(32.57)	(38.10)	(41.45)
C—(C$_B$)(H)$_3$	−42.20	127.32	25.92	32.82	39.36	45.18	54.51	61.84
C—(C$_B$)(C)(H)$_3$	−20.35	38.94	24.45	31.86	37.60	41.91	48.11	52.50
C—(C$_B$)(C)$_2$(H)	−4.10	(−51.08)	(20.43)	(27.88)	(33.08)	(36.63)	(40.74)	(42.91)
C—(C$_B$)(C)$_3$	11.76	(−147.29)	(18.30)	(28.43)	(33.87)	(36.76)	(38.48)	(37.51)
C—(C$_B$)$_2$(C)(H)	−5.19		15.66	24.49	30.65	34.75	39.94	43.17
C—(C$_B$)$_2$(C)$_2$	−4.86		14.95	25.04	31.44	35.04	37.68	37.76
C—(C$_B$)(C$_d$)(H)$_2$	−17.96	(42.71)	(19.68)	(28.47)	(35.17)	(40.19)	(47.31)	(52.75)
C$_t$—(H)	112.75	103.41	22.06	25.08	27.17	28.76	31.28	33.33
C$_t$—(C)	115.35	26.59	13.10	14.57	15.95	17.12	19.26	20.60
C$_t$—(C$_d$)	122.25	(26.92)	(10.76)	(14.82)	(14.65)	(20.60)	(22.36)	(23.03)
C$_t$—(C$_B$)	(122.25)	26.92	10.76	14.82	14.65	20.60	22.36	23.03
C$_B$—(H)	13.82	48.72	13.57	18.59	22.86	26.38	31.57	35.21
C$_B$—(C)	23.07	−32.20	11.18	13.15	15.41	17.38	20.77	22.78
C$_B$—(C$_d$)	23.78	−32.66	15.03	16.62	18.34	19.76	22.11	23.49
C$_B$—(C$_t$)	23.86	−32.66	15.03	16.62	18.34	19.76	22.11	23.49
C$_B$—(C$_B$)	20.77	−36.17	13.94	17.67	20.47	22.06	24.12	24.91
C$_3$	143.19	25.12	16.33	18.42	19.68	20.93	22.19	23.03
C$_{BF}$—(C$_B$)$_2$(C$_{BF}$)	20.10	−20.93	12.52	15.32	17.67	19.43	21.90	23.24
C$_{BF}$—(C$_B$)(C$_{BF}$)$_2$	15.49	−20.93	12.52	15.32	17.67	19.43	21.90	23.24
C$_{BF}$—(C$_{BF}$)$_3$	6.07	7.63	8.71	11.93	14.65	16.87	19.89	21.52
次邻位修正								
烷烃歪曲作用	3.35							
烯烃歪曲作用	2.09							
顺式修正	4.19		−5.61	−4.56	−3.39	−2.55	−1.63	−1.09
邻位修正	2.39	−6.74	−4.69	5.65	5.44	4.90	3.68	2.76

続表

基团	$\Delta H_{f298,i}^{\ominus}$ /kJ·mol^{-1}	$S_{298,i}^{\ominus}$ /J·mol^{-1}	$C_{p,i}^{\ominus}$ /J·mol^{-1}·K^{-1}					
			300K	400K	500K	600K	800K	1000K
环化物修正值								
环丙烷	115.48	134.40(6)	−12.77	−10.59	−8.79	−7.95	7.41	−6.78
环丙烯	224.83	140.68(2)						
环丁烷	109.69	124.77(8)	−19.30	−16.29	−13.15	−11.05	−7.87	−5.78
环丁烯	124.77	121.42(2)	−10.59	−9.17	−7.91	−7.03	−6.20	−5.57
环戊烷	26.38	114.22(10)	−27.21	−23.03	−18.84	−15.91	−11.72	−7.95
环戊烯	24.70	108.02(2)	−25.04	−22.40	−20.47	−17.33	−12.27	−9.46
环戊二烯	25.12	−117.23	−18.00					
环己烷	0	78.71(6)	−24.28	−17.17	−12.14	−5.44	−4.61	−9.21
环己烯	5.86	90.02(2)	−17.92	−12.73	−8.29	5.99	−1.21	−0.33
环庚烷	26.80	66.57(1)						
环辛烷	41.45	69.08(8)						
萘		33.91						
含氧化合物								
CO—(CO)(H)	−108.86		28.14	32.78	37.26	41.41	47.86	50.74
CO—(CO)(C)	−122.25		22.86	26.46	29.98	32.95	37.68	40.86
CO—(O)(C$_d$)	−136.07		25.00	28.05	31.02	33.58	37.14	39.19
CO—(O)(C$_B$)	−136.07		9.13	11.51	16.66	21.06	26.33	29.56
CO—(O)(C)	−146.86	20.01	25.00	28.05	30.98	33.58	37.14	39.19
CO—(O)(H)	−134.40	146.24	29.43	32.95	36.93	40.53	46.72	51.08
CO—(C$_d$)(H)	−132.72		29.43	32.95	36.93	40.53	46.72	51.08
CO—(C$_B$)$_2$	−159.52		22.02	28.32	32.24	35.50	40.28	41.24
CO—(C$_B$)(C)	−129.37		23.78	28.97	32.24	35.00	39.29	40.84
CO—(C$_B$)(H)	−144.86		26.80	32.32	37.30	41.24	48.11	50.62
CO—(C)$_2$	−131.47	62.84	23.40	26.46	29.68	32.49	37.22	40.24
CO—(C)(H)	−121.84	146.24	29.43	32.95	36.93	40.53	46.72	51.08
CO—(H)$_2$	−108.86	224.71	35.4	39.27	43.79	48.23	55.98	62.01
O—(C$_B$)(CO)	−136.07		8.62	11.30	13.02	14.32	16.24	17.50
O—(CO)$_2$	−213.11		−1.72	7.45	13.40	16.75	21.48	24.49
O—(CO)(O)	−79.55		15.49	15.49	15.49	15.49	17.58	17.58
O—(CO)(C$_d$)	−196.36		6.03	12.48	16.66	18.70	20.81	21.77
O—(CO)(C)	−185.48	35.13	16.33	15.11	17.54	19.34	20.89	20.18
O—(CO)(H)	−243.25	102.66	15.95	20.85	24.28	26.54	30.10	32.45
O—(O)(C)	(−18.84)	(39.36)	(15.49)	(15.49)	(15.49)	(15.49)	(17.58)	(17.58)
O—(O)$_2$	(−79.55)	(39.36)	(15.49)	(15.49)	(15.49)	(15.49)	(17.58)	(17.58)
O—(O)(H)	−68.12	116.60	21.65	24.24	26.29	27.88	29.94	31.44
O—(C$_d$)$_2$	−137.33	42.29	14.24	15.49	15.49	15.91	18.42	19.26
O—(C$_d$)(C)	−133.56	40.61	14.24	15.49	15.48	15.91	18.42	19.26
O—(C$_B$)$_2$	−88.34		4.56	5.11	6.28	8.33	11.93	14.70
O—(C$_B$)(C)	−94.62		14.24	15.49	15.49	15.91	18.42	19.26
O—(C$_B$)(H)	−158.68	121.84	17.99	18.84	20.10	21.77	25.12	27.63
O—(C)$_3$	−99.23	36.34	14.24	15.49	15.49	15.91	18.42	19.26
O—(C)(H)	−158.68	121.71	18.13	18.63	20.18	21.90	25.20	27.67
C$_d$—(CO)(O)	37.68		23.40	29.31	31.32	32.45	33.58	34.04
C$_d$—(CO)(C)	39.36		15.62	18.76	21.02	22.61	24.91	26.67
C$_d$—(CO)(H)	35.59		15.87	20.52	24.45	27.80	32.66	36.59
C$_d$—(O)(C$_B$)	37.26		(18.42)	(22.48)	(24.83)	(25.87)	(27.21)	(27.22)

基团	$\Delta H_{f298,i}^{\ominus}$ /kJ·mol⁻¹	$S_{298,i}^{\ominus}$ /J·mol⁻¹	$C_{p,i}^{\ominus}$/J·mol⁻¹·K⁻¹					
			300K	400K	500K	600K	800K	1000K
含氧化合物								
C_a—(O)(C)	43.12		17.17	19.30	20.89	22.02	24.28	25.46
C_d—(O)(H)	36.01		17.42	21.06	24.33	27.21	32.03	35.38
C_B—(CO)	46.61		11.18	13.15	15.41	17.38	20.77	22.78
C_B—(O)	−3.77	−42.71	16.33	22.19	25.96	27.63	28.89	28.89
C—(CO)₂(H)₂	−31.82		23.45	29.52	35.13	40.53	48.48	53.88
C—(CO)(C)₂(H)	−7.54	−50.24	26.00	31.65	33.49	34.37	38.43	40.32
C—(CO)(C)(H)₂	−21.77	40.19	25.96	32.24	36.43	39.77	46.47	51.08
C—(CO)(C)₃	6.70		21.23	28.81	32.70	34.62	36.84	36.09
C—(CO)(H)₃	−42.29	127.32	25.96	32.24	39.36	45.18	54.51	61.84
C—(O)₂(C)₂	−77.87		6.66	16.54	25.96	30.94	31.90	35.50
C—(O)₂(C)(H)	−68.24		21.19	30.48	37.81	39.40	43.17	45.01
C—(O)₂(H)₂	63.22		11.84	21.195	31.46	38.18	43.23	47.27
C—(O)(C_B)(H)₂	−33.91	40.61	15.53	26.25	34.67	40.99	49.36	55.27
C—(O)(C_B)(C)(H)	−25.46		21.52	30.56	36.97	39.48	42.83	44.38
C—(O)(C_d)(H)₂	−28.89		19.51	29.18	36.22	41.37	48.32	53.30
C—(O)(C)₃	−27.63	−140.51	18.13	25.92	30.35	32.24	34.33	34.50
C—(O)(C)₂(H)	−30.14	−46.05	20.10	27.80	33.91	36.55	41.07	43.54
C—(O)(C)(H)₂	−33.91	41.03	20.89	28.68	34.75	39.48	46.52	51.62
C—(O)(H)₃	−42.29	127.32	25.92	32.82	39.36	45.18	54.55	61.84
含氧化合物张力及环修正值								
氧醚歪曲作用	1.30		−0.42	−3.73	−4.61	−3.06	−2.51	−0.96
二叔醚	32.7		−16.50	−23.61	−29.94	−36.97	−50.41	−62.38
环氧乙烷	115.6	131.5	−8.4	−11.7	−12.6	−10.9	−9.6	−9.6
1,3-环氧丙烷	110.5	116.0	−19.3	−18.8	−17.6	−14.7	−10.9	0.8
四氢呋喃	28.1		−17.8	−19.01	−17.04	−14.86	−12.94	−10.92
四氢吡喃	9.2		−17.92	−12.73	−8.29	−5.99	−1.21	0.33
1,3-二杂氧环己烷	3.8		−10.51	−12.06	−9.55	−6.24	−1.09	2.34
含氧化合物张力及环修正值								
1,4-二杂氧环己烷	22.6		−17.42	−19.13	−13.02	−7.87	−4.56	−1.97
1,3,5-三氧杂环己烷	21.4		7.49	2.34	−2.55	−2.72	−5.02	−10.17
呋喃	−24.3		−17.54	−15.20	−12.23	−10.01	−8.33	−7.20
二氢吡喃	5.0		−18.59	−13.40	−6.53	−1.88	−1.76	−2.76
环戊酮	21.8		−35.71	−30.10	−22.23	−15.57	−9.46	−5.11
环己酮	9.2		−33.91	−27.51	−17.75	−8.00	−2.93	−8.25
丁二酸酐	18.8		−33.08	−25.20	−18.80	−14.99	−14.02	−12.81
戊二酸酐	3.3		−33.20	−25.29	−18.84	−15.03	−14.02	−12.85
顺丁烯二酸酐	15.1		−21.44	−14.15	−8.46	−9.17	−1.55	−0.04
含氮化合物								
C—(N)(H)₃	−42.20	127.32	25.92	32.82	39.36	45.18	54.51	61.84
C—(N)(C)(H)₂	−27.6	41.00	21.98	28.89	34.57	39.31	46.43	51.67
C—(N)(C)₂(H)	−21.8	−49.0	19.55	26.46	31.99	35.13	40.03	42.83
C—(N)(C)₃	−13.4	−142.8	18.21	25.79	30.61	33.12	35.55	35.59
N—(C)(H)₂	20.1	124.4	23.95	27.26	30.65	33.79	39.40	43.84
N—(C)₂(H)	64.5	37.40	17.58	21.81	25.67	28.61	33.08	36.22
N—(C)₃	102.2	−56.4	14.57	19.09	22.73	25.00	27.47	27.93
N—(N)(H)₂	47.70	122.0	25.54	30.90	35.29	38.81	44.13	48.23
N—(N)(C)(H)	87.5	40.2	20.18	24.28	27.21	29.31	32.66	34.75

基团	$\Delta H_{f298,i}^{\ominus}$ /kJ·mol^{-1}	$S_{298,i}^{\ominus}$ /J·mol^{-1}	$C_{p,i}^{\ominus}$/J·mol^{-1}·K^{-1}					
			300K	400K	500K	600K	800K	1000K
含氮化合物								
N—(N)(C)$_2$	122.3	−57.8	6.53	10.47	13.86	16.20	19.34	20.89
N—(N)(C$_B$)(H)	92.5		13.73	16.96	19.89	22.23	26.29	28.93
N$_I$—(H)	(68.20)	(51.5)	12.34	19.18	27.00	32.86	38.23	41.53
N$_I$—(C)	89.2		10.38	13.98	16.54	17.96	19.22	19.26
N$_I$—(C$_B$)	69.8		10.89	13.48	15.95	17.67	20.05	21.44
N$_A$—(H)	105.1	112.2	18.34	20.47	22.78	24.87	28.34	31.07
N$_A$—(C)	136.1	33.5	11.30	17.17	20.60	22.36	23.82	23.91
N—(C$_B$)(H)$_2$	20.1	124.4	23.95	27.26	30.65	33.79	39.40	43.84
N—(C$_B$)(C)(H)	62.4		15.99	20.47	23.91	26.29	30.10	32.36
N—(C$_B$)(C)$_2$	109.7		2.60	8.46	13.69	17.29	21.90	23.40
N—(C$_B$)$_2$(H)	68.20		9.04	13.06	17.29	21.35	28.30	32.99
C$_B$—(N)	−2.1	−40.6	16.54	21.81	24.87	26.46	27.34	27.47
N$_A$—(N)	96.3		8.88	17.50	23.07	28.34	28.72	29.52
CO—(N)(H)	−123.9	146.2	29.43	32.95	36.93	40.53	46.72	51.08
CO—(N)(C)	−137.3	67.8	22.48	25.83	29.60	32.07	40.28	46.85
N—(CO)(H)$_2$	−62.4	103.37	17.04	24.03	29.85	34.71	41.71	46.98
N—(CO)(C)(H)	−18.4	16.3	16.20	21.27	24.91	28.30	28.76	27.38
N—(CO)(C)$_2$	19.7		7.66	15.87	21.94	25.92	29.77	31.07
N—(CO)(C$_B$)(H)	1.7		12.69	16.37	19.25	23.36	26.08	26.46
N—(CO)$_2$(H)	−77.5		15.03	23.19	28.05	30.94	33.29	34.29
N—(CO)$_2$(C)	−24.7		4.48	12.98	18.05	20.93	22.94	27.09
N—(CO)$_2$(C$_B$)	−2.1		4.10	12.81	17.71	20.31	22.11	22.15
C—(CN)(C)(H)$_2$	94.2	168.31	46.47	56.10	64.90	72.01	82.50	89.18
C—(CN)(C)$_2$(H)	108.0	82.90	46.05	53.17	59.03	64.48	72.43	77.87
C—(CN)(C)$_3$	121.4	−11.72	36.22	46.72	53.97	58.82	64.94	67.78
C—(CN)$_2$(C)$_2$		118.91	61.63	74.78	83.74	90.48	99.56	104.50
C$_d$—(CN)(H)	156.6	153.15	41.03	48.89	55.68	60.71	68.24	72.43
C$_d$—(CN)(C)	163.91	66.61	41.03	47.23	52.25	55.52	60.50	62.51
C$_d$—(CN)$_2$	352.1		56.94	69.29	78.21	84.78	93.53	98.77
C$_d$—(NO$_2$)(H)		185.9	51.5	63.2	72.9	80.4	90.4	97.1
C$_B$—(CN)	149.9	85.83	41.00	46.9	51.5	54.9	59.5	62.51
C$_t$—(CN)	267.1	148.21	43.12	47.31	50.66	53.17	56.94	59.87
C—(NO$_2$)(C)(H)$_2$	−63.2	202.6	52.71	66.24	77.54	86.50	99.60	108.44
C—(NO$_2$)(C)$_2$(H)	−66.2	112.6	50.5	63.68	74.19	82.10	92.86	99.23
C—(NO$_2$)(C)$_3$		16.3	41.41	55.85	66.40	73.72	81.27	87.34
C—(NO$_2$)$_2$(C)(H)	−62.4		72.47	95.48	113.26	126.40	143.72	112.26
O—(NO)(C)	−24.7	175.4	38.10	43.12	46.9	50.2	55.7	58.2
O—(NO$_2$)(C)	−81.2	203.06	39.94	48.32	55.52	65.31	68.62	72.77
含氮环状化合物的环修正值								
亚乙基亚胺	116.0	132.3	−8.67	−9.13	−9.09	−8.58	−8.12	−7.87
氮杂环丁烷	109.7	122.7	−19.80	−18.92	−17.08	−15.11	−11.14	0.04
吡咯烷	28.5	118.8	−25.83	−23.36	−20.10	−16.75	−12.02	−9.09
氮杂环己烷	4.2		−2.34	1.55	4.52	6.53	7.16	−1.93
琥珀酰亚胺	35.6		9.04	17.08	25.69	33.51	38.12	40.88

基团	$\Delta H^{\ominus}_{f298,i}$ /kJ·mol⁻¹	$S^{\ominus}_{298,i}$ /J·mol⁻¹	$C^{\ominus}_{p,i}$/J·mol⁻¹·K⁻¹					
			300K	400K	500K	600K	800K	1000K
含卤化合物								
C—(F)₃(C)	−663.2	177.9	53.2	62.8	68.7	74.9	80.8	83.7
C—(F)₂(H)(C)	−457.6	163.7	41.4	50.2	57.4	63.2	69.9	74.5
C—(F)(H)₂(C)	−215.6	148.2	33.9	41.9	50.2	54.4	63.60	69.5
C—(F)₂(C)₂	−406.1	74.5	41.4	49.4	56.5	60.3	67.4	69.5
C—(F)(H)(C)₂	−205.2	58.6	30.56	37.85	43.84	48.40	54.85	58.66
C—(F)(C)₃	−203.1		28.47	37.10	42.71	46.72	52.04	53.26
C—(F)₂(Cl)(C)	−445.1	169.6	57.4	67.4	73.3	77.9	82.9	85.4
C—(Cl)₃(C)	−86.7	211.0	68.20	75.4	80.0	82.9	86.2	87.9
C—(Cl)₂(H)(C)	(−79.1)	183.0	50.7	58.6	64.5	69.1	74.9	78.3
C—(Cl)(H)₂(C)	−69.1	158.3	37.3	44.8	51.5	56.1	64.1	69.9
C—(Cl)₂(C)₂	−92.1	93.8	51.1	62.3	66.78	69.00	71.01	71.26
C—(Cl)(H)(C)₂	−62.0	73.7	38.9	41.4	44.0	46.9	58.2	61.1
C—(Cl)(C)₃	−53.6	−22.6	38.9	44.0	46.1	47.3	51.9	53.2
C—(Br)₃(C)		233.2	69.9	75.4	78.7	81.2	83.3	85.0
C—(Br)(H)₂(C)	−22.6	170.8	38.1	46.1	52.8	57.7	64.9	70.3
C—(Br)(H)(C)₂	−14.2		37.39	44.63	50.07	53.76	58.82	61.63
C—(Br)(C)₃	−1.7	−8.4	38.9	46.1	48.1	51.5	55.7	55.7
C—(I)(H)₂(C)	33.5	180.0	38.5	46.1	54.0	58.2	66.2	72.0
C—(I)(H)(C)₂	44.0	89.2	38.5	45.6	51.1	54.4	59.5	62.0
C—(I)(C)(C_d)(H)	55.77		34.04	41.95	49.49	52.8	58.6	62.4
C—(I)(C_d)(H)₂	34.29		36.93	45.68	54.30	58.78	66.78	72.60
C—(I)(C)₃	54.4		41.16	49.19	54.09	56.31	57.74	56.94
C—(Cl)(Br)(H)(C)		191.3	51.9	58.6	65.3	68.20	74.9	79.50
N—(F)₂(C)	−32.7		34.54	42.41	48.23	53.59	60.16	62.72
C—(Cl)(C)(O)(H)	−90.4	63.0	41.24	43.5	46.26	48.44	52.13	55.01
C—(I)₂(C)(H)	(108.9)	(228.6)	53.13	61.88	67.87	71.68	76.66	79.67
C—(I)(O)(H)₂	15.90	170.4	34.42	43.92	51.17	56.73	64.27	69.38
C_d—(F)₂	−324.5	156.2	40.6	46.1	50.2	53.2	57.8	60.7
C_d—(Cl)₂	−7.53	176.3	47.70	52.30	55.7	58.2	61.1	62.8
C_d—(Br)₂		199.3	51.5	55.3	58.2	59.9	62.4	63.60
C_d—(F)(Cl)		166.6	43.10	49.0	52.8	55.7	59.5	6I.50
C_d—(F)(Br)		177.9	45.2	50.2	53.6	56.5	59.9	61.50
C_d—(Cl)(Br)		188.8	50.7	53.2	56.5	59.0	61.50	61.50
C_d—(F)(H)	−157.4	137.3	28.5	35.2	39.8	44.0	49.4	53.2
C_d—(Cl)(H)	−5.0	148.2	33.1	38.5	43.10	46.9	51.5	54.8
C_d—(Br)(H)	46.1	148.20	33.9	39.8	44.4	47.70	51.9	55.3
C_d—(I)(H)	102.6	169.6	36.8	41.9	45.6	48.6	52.8	55.7
C_d—(C)(Cl)	−8.8	62.8	33.5	35.2	35.6	37.7	38.5	39.4
C_d—(C)(I)	98.8		37.3	38.5	38.1	39.4	39.8	40.2
C_d—(C_d)(Cl)	−14.90		34.8	38.8	39.4	41.4	41.4	41.42
C_d—(C_d)(I)	92.70		38.5	41.4	41.9	43.10	43.10	42.3
C_t—(Cl)		139.8	33.1	35.2	36.40	37.7	39.4	40.2
C_t—(Br)		151.1	34.8	36.40	37.7	38.5	39.8	40.6
C_t—(I)		158.7	35.2	36.8	38.1	38.9	40.2	41.00
C_B—(F)	−179.20	67.4	26.4	31.80	35.6	38.1	41.00	42.7
C_B—(Cl)	−15.90	79.1	31.0	35.2	38.5	40.6	42.7	43.5
C_B—(Br)	44.8	90.4	32.7	36.40	39.4	41.4	43.10	44.0
C_B—(I)	100.8	99.2	33.5	37.3	40.2	41.4	43.10	44.0
C—(C_B)(F)₃	−681.2	179.2	52.30	64.1	72.0	77.5	84.20	87.9
C—(C_B)(Br)(H)₂	−28.9		38.90	46.47	52.51	57.32	65.27	69.96
C—(C_B)(I)(H)₂	35.15		40.95	48.40	54.01	58.95	66.49	70.80
C—(Cl)₂(CO)(H)	−74.48		53.6	61.76	66.36	69.71	75.07	77.71
C—(Cl)₃(CO)	−82.01		71.2	78.50	81.85	83.53	86.37	87.34
CO—(Cl)(C)	−126.4		37.14	39.52	42.87	46.39	52.46	56.90

基团	$\Delta H_{f298,i}^{\ominus}$ /kJ·mol^{-1}	$S_{298,i}^{\ominus}$ /J·mol^{-1}	$C_{p,i}^{\ominus}$/J·mol^{-1}·K^{-1}					
			300K	400K	500K	600K	800K	1000K
卤素化合物次相邻位修正值								
邻位(F)(F)	20.9							
邻位(Cl)(Cl)	9.20		−2.09	−1.84	−2.30	−2.22	−1.17	−0.08
邻位(烷基)(卤素)	2.5		1.76	1.84	1.17	0.80	0.50	0.59
顺式(卤素)(卤素)	1.3		−0.75	−0.04	−0.13	−0.71	0.00	−0.13
顺式(卤素)(烷基)	−3.3		−4.06	−2.93	−2.22	−1.97	−1.00	−0.54
含硫化合物								
C—(H)$_3$(S)	−42.20	127.32	25.92	32.82	39.36	45.18	54.51	61.84
C—(C)(H)$_2$(S)	−23.66	41.37	22.52	29.64	36.01	41.74	51.33	59.24
C—(C)$_2$(H)(S)	−11.05	−47.39	20.31	27.26	32.57	36.38	41.45	44.25
C—(C)$_3$(S)	−2.30	−144.07	19.13	26.25	31.19	34.12	36.51	33.91
C—(C$_B$)(H)$_2$(S)	−19.80		17.21	28.26	36.43	42.50	49.95	54.85
C—(C$_d$)(H)$_2$(S)	−27.00		20.93	29.27	36.30	42.16	51.96	59.83
C$_B$—(S)	−7.5	42.71	16.33	22.19	25.96	27.63	28.89	28.89
C$_d$—(H)(S)	35.84	33.49	17.42	21.06	24.33	27.21	32.03	35.38
C$_d$—(C)(S)	45.76	−51.96	14.62	14.95	16.04	17.12	18.46	20.92
S—(C)(H)	19.34	132.03	24.53	25.96	27.26	28.39	30.56	32.28
S—(C$_B$)(H)	50.07	53.00	21.44	22.02	23.32	25.25	29.27	32.82
S—(C)$_2$	48.19	55.06	20.89	20.77	21.02	21.23	22.65	23.99
S—(C)(C$_d$)	41.74		17.67	21.27	23.28	24.16	24.58	24.58
S—(C$_d$)$_2$	−19.01	69.00	20.05	23.36	23.15	26.33	33.24	40.74
S—(C$_B$)(C)	80.22		12.64	14.19	15.53	16.91	19.34	20.93
S—(C$_B$)$_2$	108.44		8.37	8.42	9.38	11.47	15.91	19.72
S—(S)(C)	29.52	51.79	21.90	22.69	23.07	23.07	22.52	21.44
S—(S)(C$_B$)	60.7		12.10	14.19	15.57	17.38	20.01	21.35
S—(S)$_2$	12.73	55.94	19.7	20.9	21.4	21.8	22.2	22.6
C—(SO)(H)$_3$	−42.20	127.32	25.92	32.82	39.36	45.18	54.51	61.84
C—(C)(SO)(H)$_2$	−32.32		19.01	26.88	33.29	38.35	45.85	51.16
C—(C)$_3$(SO)	−12.77		12.81	19.18	20.26	27.63	31.57	33.33
C—(C$_d$)(SO)(H)$_2$	−30.77		18.42	26.63	29.06	38.73	45.93	51.29
C$_B$—(SO)	9.6		11.18	13.15	15.41	17.38	20.77	22.78
SO—(C)$_2$	−60.33	75.78	37.15	41.99	43.96	45.18	45.97	46.77
SO—(C$_B$)$_2$	−50.2		23.95	38.06	40.61	47.94	47.98	47.10
C—(SO$_2$)(H)$_3$	−42.20	127.32	25.92	32.82	39.36	45.18	54.51	61.84
C—(C)(SO$_2$)(H)$_2$	−32.15		22.52	29.64	36.01	41.74	51.33	59.24
C—(C)$_2$(SO$_2$)(H)	−10.97		18.51	26.17	3.65	35.50	40.36	43.12
C—(C)$_3$(SO$_2$)	−2.55		9.71	18.37	23.85	27.17	30.44	31.23
C—(C$_d$)(SO$_2$)(H)$_2$	−29.89		20.93	29.27	36.28	42.16	51.96	59.83
C—(C$_B$)(SO$_2$)(H)$_2$	−23.19		15.53	27.51	34.64	40.99	49.78	55.27
C$_B$—(SO$_2$)	9.6		11.18	13.15	15.41	17.38	20.77	22.78
C$_d$—(H)(SO$_2$)	52.46		12.73	19.55	24.83	28.64	32.953	36.30
C$_d$—(C)(SO$_2$)	60.58		7.75	13.02	16.66	19.26	22.32	23.74
SO$_2$—(C$_d$)(C$_B$)	−287.13		41.41	48.15	55.89	61.17	65.82	66.65
SO$_2$→(C$_d$)$_2$	−308.06		48.23	50.12	55.89	59.79	64.39	66.49
SO$_2$—(C)$_2$	−291.99	87.50	42.62	49.15	54.09	57.65	63.35	66.99
SO$_2$—(C)(C$_B$)	−302.66		41.62	48.15	56.31	60.75	65.35	66.65
SO$_2$—(C$_B$)$_2$	−287.13		35.00	46.18	56.73	62.55	66.40	66.82
SO$_2$—(SO$_2$)(C$_B$)	−319.24		41.07	48.15	56.61	61.67	65.77	67.11

基团	$\Delta H_{f298,i}^{\ominus}$ /kJ·mol⁻¹	$S_{298,i}^{\ominus}$ /J·mol⁻¹	$C_{p,i}^{\ominus}$/J·mol⁻¹·K⁻¹					
			300K	400K	500K	600K	800K	1000K
含硫化合物								
CO—(S)(C)	−132.14	64.60	23.40	26.46	29.68	32.49	37.22	40.24
S—(H)(CO)	−5.90	130.63	31.95	33.87	34.00	34.21	35.59	34.50
C—(S)(F)₃		162.9	41.37	54.47	62.09	68.54	76.07	80.01
CS—(N)₂	−132.14	64.60	23.40	26.46	29.68	32.47	37.22	40.24
N—(CS)(H)₂	53.51	122.21	25.41	30.48	34.25	37.30	42.24	45.97
S—(S)(N)	−20.52		15.5	15.5	15.5	15.5	17.6	17.6
N—(S)(C)₂	125.19		16.62	21.65	26.00	29.06	30.94	38.69
SO—(N)₂	−132.14		23.40	26.46	29.68	32.49	37.22	40.24
N—(SO)(C)₂	66.99		17.58	24.62	25.62	27.34	28.60	34.92
SO₂—(N)₂	−132.14		23.40	26.46	29.68	32.49	37.22	40.24
N—(SO₂)(C)₂	−85.41		25.20	26.59	31.57	34.46	37.81	38.48
含硫化合物的环修正值								
环硫乙烷	74.11	123.38	−11.93	−10.84	−11.14	−12.64	−18.09	−24.37
硫杂环丁烷	81.10	113.80(2)	−19.22	−17.50	−16.37	−16.37	−19.26	−24.86
四氢呋喃	7.24	98.64(2)	−20.52	−19.55	−15.41	−15.32	−18.46	−23.32
硫杂环己烷		73.10(2)	−26.04	−17.84	−9.38	−2.89	3.60	5.40
硫杂环庚烷	16.29	(2)	−32.45	−20.60	−5.11	10.84	20.05	19.30
3-硫代环戊烯	21.23	(2)	−26.96	−17.75	−17.71	−17.50	−20.10	−24.95
2-硫代环戊烯	21.23	(1)	−26.96	−17.75	−17.71	−17.50	−20.10	−24.95
噻吩	7.24	98.64(2)	−20.52	−19.55	−15.41	−15.32	−18.46	−23.32

表 8-7　部分化合物的分子对称数

化合物	σ_{int}	σ_{ext}	σ	化合物	σ_{int}	σ_{ext}	σ
甲醇	3	1	3	苯	1	6×2	12
叔丁醇	3⁴	1	81	甲烷	3	4	12
丙酮	3²	2	18	对甲酚	3	2	6
乙酸	3	1	3	1,2,3-三甲苯	3⁴	2	162
苯胺	1	2	2	1,2,4-三甲苯	3³	1	27
三甲胺	3³	3	81	环己烷	1	6	6
2-甲基-2-丁硫醇	3³	1	27	环丙烷	1	4	4

　　1944 年，Anderson、Beyer 和 Watson 提出了一种用于计算理想气体性质 $\Delta H_{f298}^{\ominus}$、$S_{298}^{\ominus}$ 和 $C_p^{\ominus}$ 的基团贡献法，称为 ABW 法，Yonder 又对这个方法进行了改进，形成了 ABWY 法[29]（或 Yonder 法），计算公式如下

$$\Delta H_{f298}^{\ominus} = \Delta H_{f298,m}^{\ominus} + \sum_i (\Delta H_{f298}^{\ominus})_i \tag{8-57}$$

$$S_{298}^{\ominus} = S_{298,m}^{\ominus} + \sum_i (\Delta S_{298}^{\ominus})_i \tag{8-58}$$

$$C_p^{\ominus} = (a_m + \sum \Delta a_i) + (b_m + \sum \Delta b_i)\left(\frac{T}{1000}\right) + (c_m + \sum \Delta c_i)\left(\frac{T}{1000}\right)^2 \tag{8-59}$$

此法的基本设想是：任何一个复杂分子都可以由一个母体分子经过逐步取代而成，定义甲烷、环戊烷、环己烷、苯、萘为母体。所有的链烷烃类均始于甲烷，由 CH_3 基团逐次取代烃中氢而合成目标结构；同理，所有苯衍生物都以苯为母体逐次取代而成。

第一次以 CH_3 取代母体上的 H 称为初级甲基取代,第二次以后的各次 CH_3 取代统称为次级甲基取代。由于用作次级甲基取代的碳原子上不同的连接情况对性质增值有影响,故对不同类型的碳原子规定型号见表 8-8。次级甲基取代所引起的性质增值既取决于进行取代的碳原子的类型,也决定于被取代的碳原子相连的碳原子的类型,规定 A 代表被取代的碳原子型号,以 B 代表与 A 相连的最高型号碳原子。完成碳数增长后,若为不饱和化合物,还要进行双键或叁键取代。对于非烃类化合物,则在建成烃链结构后再用非烃功能团取代烃链结构中的 CH_n,注意醛或者酮基取代时是取代两个 CH_3。完成非烃取代后,在大部分情况下,还要进行类型数和多次取代校正,只有芳环相连基团取代时无此项校正。

表 8-8　不同类型碳原子规定型号

碳原子类型号	1	2	3	4	5
所代表的碳原子	CH_3	CH_2	CH	C	C^+(苯或萘环上碳原子)

在式(8-57)～式(8-59)中,下标 m 代表母体分子,母体分子的各参数值及各种取代的增值见表 8-9。

表 8-9　ABWY 法的参数值

(1)母体的基团值					
母体	$\Delta H_{f298,m}^{\ominus}$	$S_{298,m}^{\ominus}$	$C_p^{\ominus}$式中常数的增值		
			a	b	c
甲烷	−74.90	186.31	16.71	65.65	−9.96
环戊烷	−77.29	293.08	−41.95	474.03	−182.71
环己烷	−123.22	298.44	−52.25	600.18	−231.07
苯	82.98	269.38	−22.52	402.81	−171.53
萘	151.06	335.87	−28.43	623.67	−269.09

(2)甲基对氢初级取代基团值					
母体	$\Delta H_{f298}^{\ominus}$	$S_{298}^{\ominus}$	$C_p^{\ominus}$式中常数的增值		
			Δa	Δb	Δc
1. 甲烷	−9.84	43.33	−9.92	103.87	−43.54
2. 环戊烷					
(a)第一个取代	−34.46	49.28	8.75	68.29	−23.19
(b)第二个取代					
生成 1,1 位	−26.63	17.17	−6.03	116.43	−55.60
生成顺式 1,2 位	−17.88	24.03	−3.64	110.53	−53.26
生成反式 1,2 位	−25.04	24.70	−2.47	107.64	−52.17
生成顺式 1,3 位	−24.20	24.70	−2.47	107.64	−52.17
生成反式 1,3 位	−21.94	24.70	−2.47	107.64	−52.17
3. 环己烷					
(a)第一个取代	−33.66	46.35	11.60	81.27	−39.61
(b)第二个取代					
生成 1,1 位	−24.24	20.47	13.52	111.49	−41.03
生成顺式 1,2 位	−15.41	29.98	−8.00	100.06	−38.73
生成反式 1,2 位	−23.24	26.38	−5.82	103.37	−43.25
生成顺式 1,3 位	−28.01	25.92	−6.32	95.21	−33.03
生成反式 1,3 位	−19.80	31.69	−4.31	88.49	−32.20
生成顺式 1,4 位	−19.89	25.92	−4.31	88.47	−32.30
生成反式 1,4 位	−27.84	20.26	−8.42	107.68	−44.05
4. 苯					
(a)第一个取代	−35.50	47.94	5.78	64.68	−19.51
(b)第二个取代					

(2)甲基对氢初级取代基团值

母体	$\Delta H^{\ominus}_{f298}$	$S^{\ominus}_{298}$	$C^{\ominus}_p$式中常数的增值		
			Δa	Δb	Δc
生成 1,2 位	−27.80	36.43	12.48	50.03	−11.97
生成 1,3 位	−29.14	41.66	5.02	64.81	−19.64
生成 1,4 位	−28.72	36.22	5.48	60.33	−16.16
(c)第三个取代					
生成 1,2,3 位	−30.40	42.87	14.15	29.27	9.67
生成 1,2,4,位	−33.49	43.63	16.41	18.63	16.24
生成 1,3,5 位	−34.22	26.84	6.20	58.41	−14.74
5.萘					
(a)第一个取代					
位置 1	−34.12	41.83	6.36	37.39	−32.11
位置 2	−34.88	44.42	10.68	61.80	−20.18
(b)第二个取代					
生成 1,2 位	−26.42	30.31	13.06	64.81	−24.58
生成 1,3 位	−27.76	35.59	5.61	79.59	−32.24
生成 1,4 位	−27.34	30.10	6.07	75.11	−28.76
生成 2,3 位	−26.42	30.31	13.06	64.81	−24.58

(3)甲基对氢次级取代基团值

类型数		$\Delta H^{\ominus}_{f298}$	$\Delta S^{\ominus}_{298}$	$C^{\ominus}_p$式中常数的增值		
A	B			Δa	Δb	Δc
1	1	−21.10	43.71	−3.68	98.22	−42.49
1	2	−20.60	38.90	1.47	81.48	−31.48
1	3	−15.37	36.63	−0.96	91.69	−38.98
1	4	−15.37	36.63	−0.96	91.69	−38.98
1	5	−19.68	45.34	1.55	88.59	−37.68
2	1	−28.76	21.48	−2.09	95.75	−41.70
2	2	−26.59	27.34	−0.63	90.73	−37.56
2	3	−22.23	27.38	−4.90	97.68	−41.66
2	4	−20.68	27.51	−1.21	92.11	−38.02
2	5	−24.37	28.09	−3.18	90.43	−36.34
3	1	−32.48	11.76	−2.76	107.77	−49.28
3	2	−28.64	18.00	−6.91	111.79	−51.71
3	3	−20.77	25.96	−6.91	111.79	−51.75
3	4	−23.70	4.56	−4.19	129.62	−66.36
3	5	−26.13	28.09	−3.18	90.43	−36.34

(4)多重键取代单键基团值

键的类型	$\Delta H^{\ominus}_{f298}$	$\Delta S^{\ominus}_{298}$	$C^{\ominus}_p$式中常数的增值		
			Δa	Δb	Δc
1—1	137.08	−10.05	0.50	−32.78	3.73
1—2	126.23	−5.99	3.81	−50.95	16.33
1—3	116.98	0.71	12.81	−71.43	27.93
2—2(顺式)	118.49	−6.32	−6.41	−37.60	11.30
2—2(反式)	114.51	−11.39	9.17	−67.57	26.80
2—3	114.72	0.59	−1.05	−54.09	21.23
3—3	115.97	−2.09	5.90	−95.92	57.57
1≡1	311.62	−28.68	19.18	−98.81	22.99
1≡2	290.98	−20.81	16.54	−117.15	40.74
2≡2	274.40	−23.95	12.85	−127.11	51.71

（5）碳氢化合物附加修正基团值

键的类型	$\Delta H^{\ominus}_{f298}$	$\Delta S^{\ominus}_{298}$	$C^{\ominus}_{p}$式中常数的增值		
			Δa	Δb	Δc
相连双键	41.41	−13.27	9.76	−7.79	2.14
共轭双键	−15.32	−17.00	−6.70	37.30	−27.51
双键与芳环共轭	−7.20	−9.50	5.36	−8.09	5.19
叁键与芳环共轭	8.79	−20.10	−3.77	4.61	0.42
共轭叁键	17.58	−20.52	3.35	14.65	−14.65
双键与叁键共轭	13.82	−5.86	12.56	22.19	9.63

（6）非烃基团取代CH_n基团值

非烃基团	$\Delta H^{\ominus}_{f298}$	$\Delta S^{\ominus}_{298}$	$C^{\ominus}_{p}$式中常数的增值		
			Δa	Δb	Δc
=O(醛)	−10.13	−54.43	17.12	−214.20	84.32
=O(酮)	−29.68	−84.53	6.32	−148.59	36.68
—OH	−119.07	8.62	7.29	−65.73	24.45
(—OH)$_{AC}$	−146.58	−1.26	12.02	−49.82	24.28
—O—	−85.54	−5.28	13.27	−85.37	38.60
(—O—)$_{AC}$	−97.85	−15.07	18.00	−69.50	38.10
—OOH	−103.41				
—OO—	−21.86				
—COOH	−350.39	53.05	7.91	29.22	−26.67
(—COOH)$_{AC}$	−337.87	51.92	8.04	25.20	−4.56
—COO—	−306.14	54.85	−17.58	1.26	7.95
(—COO)$_{AC}$	−317.90	54.85	−17.58	1.26	7.95
(—OOC—)$_{AC}$	−310.33				
—COOCO—	−470.26	116.94	−5.28	124.72	−69.29
—COO$_2$CO—	−392.30				
—OOCH	−276.04	71.80	7.91	29.22	−26.67
—CO$_2$—	−490.57				
—F	−154.28	−16.62	4.23	−76.62	24.58
(—F)$_{AC}$	−165.34	−18.05	6.49	−59.54	18.38
(—F)$_{AC}$(邻位)	−143.36	−12.85	5.90	−78.92	32.45
—COF	−355.71	57.36	14.24	−18.00	4.61
(—COF)$_{AC}$	−351.69				
—Cl	2.05	−5.90	7.45	−64.90	14.95
(—Cl)$_{AC}$	9.88	−3.98	10.72	−83.40	31.07
—COCl	−159.35	53.97	22.65	−23.57	−2.43
(—COCl)$_{AC}$	−155.41				
—Br	49.57	13.10	11.14	−49.95	13.06
(—Br)$_{AC}$	57.61	7.29	12.31	−70.38	28.93
—COBr	−105.80	68.66	20.93	−43.54	9.21
(—COBr)$_{AC}$	−98.56				
—I	101.19	14.57	11.39	−72.56	18.30
(—I)$_{AC}$	115.18	8.79	12.56	−92.95	34.33
—COI	−38.06	88.34	23.45	−33.08	9.63
(—COI)$_{AC}$	−30.98				
—SH	60.37	24.07	14.40	−65.98	28.43
(—SH)$_{AC}$	64.14	19.76	12.14	−42.45	19.43
—S—	69.67	21.65	17.12	−83.65	46.05

(6)非烃基团取代 CH$_n$ 基团值

非烃基团	$\Delta H_{f298}^{\ominus}$	$\Delta S_{298}^{\ominus}$	$C_p^{\ominus}$式中常数的增值		
			Δa	Δb	Δc
$(-S-)_{AC}$	71.01	17.17	15.07	-60.29	38.64
$-SS-$	79.88	63.51	35.63	-58.45	20.43
$-SO-$	-43.17				
$(-SO-)_{AC}$	-39.77				
$-SO_2$	-280.10				
$(-SO_2)_{AC}$	-276.66				
$-SO_3H$	1183.61				
$-OSO_2-$	-379.78				
$-OSO_3-$	-583.56				
$-NH_2$	61.50	13.10	7.49	-37.68	13.19
$(-NH_2)_{AC}$	39.44	2.05	8.83	-14.40	4.40
$-NH-$	87.00	-0.21	1.38	-24.62	4.75
$(-NH-)_{AC}$	57.61	-11.30	2.51	-1.26	-0.84
$-N\diagdown^{\diagup}$	110.74	-5.86	0.04	-18.59	4.40
$(-N\diagdown^{\diagup})_{AC}$	80.72	-16.75	1.26	4.61	-4.19
$=N-$(keto)	187.15				
$-N=N-$	266.28				
$-NHNH_2$	170.15	49.24			
$(-NHNH_2)_{AC}$	153.61				
$-N(NH_2)-$	187.86	31.53			
$[-N(NH_2)-]_{AC}$	171.24				
$-NHNH-$	195.86	39.10			
$(-NHNH-)_{AC}$	179.20				
$-CN$	172.66	6.70	14.32	-53.42	14.70
$(-CN)_{AC}$	171.49	3.94	17.79	-47.60	20.18
$-NC$	235.05	17.29	17.58	-47.73	20.10
$=NOH$	92.11				
$-CONH_2$	-153.74	77.46	15.07	23.86	-12.56
$(-CONH_2)_{AC}$	-141.22				
$-CONH-$	-128.12				
$(-NHCO-)_{AC}$	-158.39				
$-C\diagup^{\diagup}$OH	87.92				
$-NO_2$	11.51	45.55	4.77	4.65	-14.57
$(-NO_2)_{AC}$	18.00	45.64	4.61	4.61	-14.65
$-ONO-$	20.68	54.85	10.34	6.32	-16.08
$-ONO_2$	-36.72	72.43	17.25	31.86	-29.14
$-NCS$	234.46	61.55			

(7)非烃基团的类型校正和多次取代值

非烃基团	$\Delta H_{f298}^{\ominus}$	$\Delta S_{298}^{\ominus}$	$C_p^{\ominus}$式中常数的增值		
			Δa	Δb	Δc
$=O$(醛)	-22.69	18.84	-3.60	6.74	-4.81
$=O$(酮)	-13.82	30.94	6.66	-47.31	34.37
$-OH$	-11.10	0.84	0.42	0.00	-0.42

非烃基团	$\Delta H_{f298}^{\ominus}$	$\Delta S_{298}^{\ominus}$	$C_p^{\ominus}$式中常数的增值		
			Δa	Δb	Δc
—O—	−9.55	−2.30	2.14	−5.02	3.31
(—O—)$_{AC}$	−11.76	−2.51	2.09	−5.02	3.35
—OOH	8.37				
—OO—	−10.47				
—COOH	6.45	35.92	0.00	0.00	0.00
Δ—COO—	−5.07	35.92	0.00	0.00	0.00
Δ—OOC—	−11.72	−2.50	2.09	−5.02	3.35
(—COO—)$_{AC}$	7.49	−2.51	2.09	−5.02	3.35
—COOCO—	−5.07	36.01	0.00	0.00	0.00
—COO$_2$CO—	−21.35				
—OOCH	33.45	−2.51	2.09	−5.02	3.35
—CO$_3$—	−1.21				
—F	−6.15	4.14	1.59	−0.54	1.59
—F,—F	−15.37	−3.81	−2.01	−0.75	−1.76
—F,—Cl	11.01	−0.67	7.20	−13.98	18.34
—F,—Br	17.54	6.82	4.14	−16.79	4.40
—F,—I	17.25	−0.38	7.03	−6.49	4.23
—COF	1.67				
—Cl	−2.60	5.19	3.77	−12.56	8.04
—Cl,—Cl	17.79	−6.24	−2.60	6.49	−3.77
—Cl,—Br	21.52	6.20	7.24	−29.10	12.64
—Cl,—I	20.52	5.19	7.03	−27.59	18.92
—COCl	1.88				
—Br	−7.24	−5.23	1.63	−26.59	9.67
—Br,—Br	17.63	9.92	4.69	−35.96	19.68
—Br,—I	20.52	7.95	−1.59	−32.41	16.08
—COBr	1.67				
—I	−4.31	3.94	2.76	−10.13	7.29
—I,—I	23.40	−3.06	0.50	0.75	−1.51
—COI	1.67				
—SH	−1.13	1.59	1.47	−1.21	−1.59
—S—	−3.56	−0.17	−1.17	4.52	−3.77
(—S—)$_{AC}$	−1.17	−0.42	−0.42	4.51	−3.77
—SS—	−3.43	0.08	−1.76	11.14	−9.59
—SO—	−8.25				
(—SO—)$_{AC}$	−8.37				
—SO$_2$—	−1.13				
(—SO$_2$—)$_{AC}$	25.87				
—SO$_3$H	−11.72				
—OSO$_2$—	−11.76				
—OSO$_3$—	−10.76				
—NH$_2$	−5.44	−1.42	0.67	1.97	−2.55
—NH—	−9.76	−1.26	0.84	2.09	−2.51
(—NH—)$_{AC}$	−8.71	−1.26	0.84	2.09	−2.51
—N<	−7.12	−1.26	0.84	2.09	−2.51
(—N<)$_{AC}$	−4.19	−1.26	0.84	2.09	−2.51

(7)非烃基团的类型校正和多次取代值

(7)非烃基团的类型校正和多次取代值

非烃基团	$\Delta H_{f298}^{\ominus}$	$\Delta S_{298}^{\ominus}$	$C_p^{\ominus}$ 式中常数的增值		
			Δa	Δb	Δc
$\Delta{=}N{-}$	0.84				
$\Delta{-}N{=}$	-3.77				
$-N{=}N-$	-3.77				
$-NHNH_2$	-5.44	-1.26			
$-N(NH_2)-$	-5.44	-1.26			
$[-N(NH_2)-]_{AC}$	-5.44				
$-NHNH-$	-5.44	-1.26			
$(-NHNH-)_{AC}$	-5.44				
$-CN$	-12.90	2.34	4.27	-20.43	18.76
$-NC$	-12.98	2.51	4.19	-20.52	18.84
$=NOH$	0.84				
$-CONH_2$	0.13	36.01	0.00	0.00	0.00
$\Delta{-}CONH-$	-5.02				
$\Delta{-}NHCO-$	-9.63				
$(-NHCO-)_{AC}$	-5.02				
$-NO_2$	-9.46	0.00	0.00	0.00	0.00
$-ONO-$	-26.54	0.00	0.00	0.00	0.00
$-ONO_2$	-10.34	2.76	-1.55	3.43	-2.30
$-NCS$	-3.77	-1.26			

【例题 8-6】 分别用 Benson 法和 ABWY 法估算 2-甲基-2-丁硫醇的 $\Delta H_{f298}^{\ominus}$、$S_{298}^{\ominus}$ 和 400K 时的理想气体热容 $C_{p\,400}^{\ominus}$。

解：Benson 法 2-甲基-2-丁硫醇的歪曲作用对数为 1；$\sigma_{ext}=1$，$\sigma_{int}=3^3=27$，$\sigma=\sigma_{ext}\sigma_{int}=27$；$\eta=1$。

基团	基团数	$\Delta H_{f298}^{\ominus}$	$S_{298}^{\ominus}$	$C_{p\,400}^{\ominus}$
$C-(C)(H)_3$	3	-42.20×3	127.32×3	32.82×3
$C-(C)_2(H)_2$	1	-20.72	39.44	29.10
$C-(C)_3(S)$	1	-2.30	-144.07	31.19
$S-(C)(H)$	1	19.34	132.03	25.96
歪曲作用修正		3.35		
合计		-126.93	409.36	184.71

$$\Delta H_{f298}^{\ominus}=\sum_i n_i \Delta H_{f298,i}^{\ominus}=-126.93(kJ\cdot mol^{-1})$$

$$S_{298}^{\ominus}=\sum_i n_i S_{298,i}^{\ominus}-R\ln\sigma+R\ln\eta=409.36-8.314\times\ln27+8.314\times\ln1=381.96(J\cdot mol^{-1}\cdot K^{-1})$$

$$C_p^{\ominus}=\sum_i n_i C_{p,i}^{\ominus}=184.71(J\cdot mol^{-1}\cdot K^{-1})$$

ABWY 法

取代过程	$\Delta H_{f298}^{\ominus}$	$S_{298}^{\ominus}$	Δa	Δb	Δc
母体甲烷	−74.90	186.31	16.71	65.65	−9.96
初级甲基取代生成 CH_3CH_3	−9.84	43.33	−9.92	103.87	−43.54
A＝1，B＝1 取代生成 $CH_3CH_2CH_3$	−21.10	43.71	−3.68	98.22	−42.29
A＝1，B＝2 取代生成 $CH_3CH_2CH_2CH_3$	−20.60	38.90	1.47	81.48	−31.48
A＝2，B＝2 取代生成 $(CH_3)_2CHCH_2CH_3$	−26.59	27.34	−0.63	90.73	−37.56
A＝3，B＝2 取代生成 $(CH_3)_3CCH_2CH_3$	−28.64	18.00	−6.91	111.79	−51.71
—SH 取代—CH_3 生成 2-甲基-2-丁硫醇	60.37	24.07	14.40	−65.98	28.43
合计	−121.3	381.66	11.44	485.76	−188.11

$$\Delta H_{f298}^{\ominus}=\Delta H_{f298,m}^{\ominus}+\sum_i (\Delta H_{f298}^{\ominus})_i = -121.3 \ (kJ \cdot mol^{-1})$$

$$S_{298}^{\ominus}=S_{298,m}^{\ominus}+\sum_i (\Delta S_{298}^{\ominus})_i = 381.66 \ (J \cdot mol^{-1} \cdot K^{-1})$$

$$C_p^{\ominus}=(a_m+\sum \Delta a_i)+(b_m+\sum \Delta b_i)\left(\frac{T}{1000}\right)+(c_m+\sum \Delta c_i)\left(\frac{T}{1000}\right)^2$$

$$=11.44+485.76\times\frac{400}{1000}-188.11\times\left(\frac{400}{1000}\right)^2=175.65 \ (J \cdot mol^{-1} \cdot K^{-1})$$

8.3.3　混合物热力学数据的估算

以上介绍了纯物质相关热力学数据的估算方法，但是在实际应用中，混合物的性质计算也十分重要。

在本教材的第 3 章、第 4 章和第 5 章中，已经对混合物性质的计算进行了介绍，如可以通过纯物质的 p-V-T 性质与混合法则来计算混合物的 p-V-T 性质（2.6 节）；也可以通过混合物各组分的偏摩尔性质的求和而得到混合物的热力学性质（4.6 节、4.7 节）；同时进一步地以混合物中的组分逸度与逸度系数来解决混合物的相平衡问题（4.8 节、5.2 节、5.3 节）等。在本章中就不再作重复描述，还可以参考文献 [30～32]。

特别的，本章对两个热力学数据 Henry 常数（$H_{i,Solvent}$）和无限稀释活度系数（γ_i^{∞}）的估算进行介绍，并介绍利用基团贡献法估算液体混合物的活度系数。Henry 常数在稀溶液性质计算中有广泛应用，如计算气体在液体中的溶解随压力的变化，在气体吸收和环保的废气处理中受到重视。另外，无限稀释活度系数，在混合物汽-液平衡推算中是重要的参数。Henry 常数与无限稀释活度系数之间存在如下关系：

$$H_{i,Solvent}=\gamma_i^{\infty} f_i^{l} \tag{8-60}$$

所以可以由无限稀释活度系数（γ_i^{∞}）来求得 $H_{i,Solvent}$。

之外，本章对两个在环保领域应用很广泛的热力学数据辛醇/水分配系数（K_{OW}）和大气/水分配系数（K_{AW}）的估算也进行简单的介绍。

8.3.3.1　Henry 常数的估算

一种有效的估算 Henry 常数的方法是修正的 LSER（线性作用能）关系式[33]。

$$\ln H_{21}=-0.536 \lg L_2^{16}-5.508 \pi_2^{*H}-8.251 \alpha_2^{H}-10.54 \beta_2^{H}-$$
$$1.598\left[\ln\left(\frac{V_2}{V_1}\right)^{0.75}+1-\left(\frac{V_2}{V_1}\right)^{0.75}\right]+16.10 \tag{8-61}$$

这是一个估算 25℃ 以下溶质（2）在溶质水（1）中的 Henry 常数的方法。式中，L^{16} 为十六烷-空气分布系数；V 为摩尔体积。式中参数见表 8-10。

表 8-10　LSER 关系式的参数值

物质名	RI	V	π^{*KT}	π^{*H}	α^{KT}	α^H	β^{KT}	β^H	$\lg L^{16}$
正丁烷	1.32594	96.5	−0.11	0	0	0	0	0	1.615
2-甲基丙烷	1.3175	105.5	−0.11	0	0	0	0	0	1.409
正戊烷	1.35472	115.1	−0.08	0	0	0	0	0	2.162
2-甲基丁烷	1.35088	117.5	−0.08	0	0	0	0.01	0	2.013
正己烷	1.37226	131.6	−0.04	0	0	0	0	0	2.668
2,2-二甲基丁烷	1.36595	133.7	−0.1	0	0	0	0	0	2.352
2,3-二甲基丁烷	1.37231	131.2	−0.08	0	0	0	0	0	2.495
2-甲基戊烷	1.36873	132.9	−0.02	0	0	0	0	0	2.503
3-甲基戊烷	1.37386	130.6	−0.04	0	0	0	0	0	2.581
正庚烷	1.38511	147.5	−0.01	0	0	0	0	0	3.173
2-甲基己烷	1.38227	148.6	0	0	0	0	0	0	3.001
3-乙基戊烷	1.3934	143.5	−0.05	0	0	0	0	0	
3-甲基己烷	1.38609	146.7	−0.03	0	0	0	0	0	3.044
2,4-二甲基戊烷	1.37882	149.9	−0.07	0	0	0	0	0	2.809
2,2-二甲基戊烷	1.3822	148.7	−0.08	0	0	0	0	0	2.796
正辛烷	1.39505	163.5	0.01	0	0	0	0	0	3.677
2,3,4-三甲基戊烷	1.4042	158.9	−0.06	0	0	0	0	0	3.481
2,2,4-三甲基戊烷	1.38898	166.1	−0.04	0	0	0	0	0	3.106
正壬烷	1.40311	179.9	0.02	0	0	0	0	0	4.182
2,5-二甲基庚烷	1.4033	178.2	−0.05	0	0	0	0	0	
1-戊烯	1.36835	112.0	0.08	0.08	0	0	0.1	0.07	2.047
2-甲基-2-丁烯	1.3874	105.9	0.08	0.08	0	0	0.07	0	2.226
2-甲基-1,3-丁二烯	1.3869	107.3	0.12	0.23	0	0	0.1	0.1	2.101
1,3-环戊二烯	1.444	82.4	0.13	0.1	0	0	0.14	0.07	
环己烯	1.44377	101.9	0.1	0.2	0	0	0.07	0.1	3.021
1-己烯	1.38502	125.9	0.1	0.08	0	0	0.07	0.07	2.572
2-甲基-1-戊烯	1.3841	126.1	0.1	0.08	0	0	0.07	0.07	
1-庚烯	1.39713	141.7	0.12	0.08	0	0	0.07	0.07	
1-辛烯	1.4062	157.9	0.13	0.08	0	0	0.07	0.07	3.568
1-壬烯	1.41333	174.1	0.13	0.08	0	0	0.07	0.07	4.073
二乙基胺	1.3825	104.3	0.24	0.3	0.03	0.08	0.7	0.68	2.395
二丙基胺	1.4018	138.1	0.25	0.3	0	0.08	0.7	0.68	3.351
三乙基胺	1.398	140.0	0.14	0.15	0	0	0.71	0.79	3.04
苯	1.49792	89.4	0.59	0.52	0	0	0.1	0.14	2.786
甲苯	1.49413	106.9	0.54	0.52	0	0	0.11	0.14	3.325
1,2-二甲基苯	1.50295	121.2	0.51	0.56	0	0	0.12	0.16	3.939
1,3-二甲基苯	1.49464	123.4	0.47	0.52	0	0	0.1	0.16	3.839
1,4-二甲基苯	1.49325	123.9	0.43	0.52	0	0	0.12	0.16	3.839
乙基苯	1.4932	123.1	0.53	0.51	0	0	0.12	0.15	3.778
丙基苯	1.492	139.4	0.51	0.5	0	0	0.12	0.15	4.23
异丙基苯	1.4889	140.2	0.51	0.49	0	0	0.12	0.16	4.084
1,3,5-三甲基苯	1.49684	139.6	0.41	0.52	0	0	0.13	0.19	4.344
苯酚	1.5509	87.8	0.72	0.89	1.65	0.6	0.3	0.31	3.766
间甲酚	1.5396	105.0	0.68	0.88	1.13	0.57	0.34	0.34	4.31
苯甲醚	1.5143	109.3	0.73	0.74	0	0	0.32	0.29	3.89
乙酰苯	1.53423	117.4	0.9	1.01	0.04	0	0.49	0.49	4.501
二硫化碳	1.62409	60.6	0.61	0.21	0	0	0.07	0.07	2.353

物质名	RI	V	π^{*KT}	π^{*H}	α^{KT}	α^{H}	β^{KT}	β^{H}	$\lg L^{16}$
环戊烷	1.40363	94.7	−0.02	0.1	0	0	0	0	2.477
环己烷	1.42354	108.8	0	0.1	0	0	0	0	2.964
甲基环戊烷	1.407	113.2	0.01	0.1	0	0	0	0	2.816
甲基环己烷	1.42058	128.3	0.01	0.1	0	0	0	0	3.323
四氢呋喃	1.40496	81.9	0.58	0.52	0	0	0.55	0.48	2.636
二乙醚	1.34954	104.7	0.27	0.25	0	0	0.47	0.45	2.015
乙酸甲酯	1.3589	79.8	0.6	0.64	0	0	0.42	0.45	1.911
乙酸乙酯	1.36978	98.5	0.55	0.62	0	0	0.45	0.45	2.314
乙酸丙酯	1.3828	115.7	0.53	0.6	0	0	0.4	0.45	2.819
乙酸丁酯	1.3918	132.6	0.46	0.6	0	0	0.45	0.45	3.353
二氯甲烷	1.42115	64.5	0.82	0.57	0.13	0.1	0.1	0.05	2.019
氯仿	1.44293	80.7	0.58	0.49	0.2	0.15	0.1	0.02	2.48
1-氯丙烷	1.3851	89.0	0.39	0.4	0	0	0.1	0.1	2.202
1-氯丁烷	1.39996	105.1	0.39	0.4	0	0	0	0.1	2.722
溴乙烷	1.4212	75.1	0.47	0.4	0	0	0.05	0.12	2.12
碘乙烷	1.5101	81.1	0.5	0.4	0	0	0.03	0.15	2.573
氯苯	1.52185	102.3	0.71	0.65	0	0	0.07	0.07	3.657
溴苯	1.55709	105.5	0.79	0.73	0	0	0.06	0.09	4.041
丙酮	1.35596	74.1	0.71	0.7	0.08	0.04	0.43	0.51	1.696
2-丁酮	1.37685	90.2	0.67	0.7	0.06	0	0.48	0.51	2.287
2-戊酮	1.38849	107.5	0.65	0.68	0.05	0	0.5	0.51	2.755
环己酮	1.4505	104.4	0.76	0.86	0	0	0.53	0.56	3.792
丙醛	1.3593	73.4	0.65	0.65	0	0	0.41	0.45	1.815
丁醛	1.3766	90.5	0.63	0.65	0	0	0.41	0.45	2.27
乙腈	1.34163	52.9	0.75	0.9	0.19	0.04	0.4	0.33	1.739
丙腈	1.3636	70.9	0.71	0.9	0	0.02	0.39	0.36	2.082
丁腈	1.382	87.9	0.71	0.9	0	0	0.4	0.36	2.548
硝基甲烷	1.37964	54.0	0.85	0.95	0.22	0.06	0.06	0.32	1.892
硝基乙烷	1.38973	71.9	0.8	0.95	0.22	0.02	0.25	0.33	2.414
2-硝基丙烷	1.39235	90.6	0.75	0.92	0.22	0	0.27	0.32	2.55
乙醇	1.35941	58.7	0.54	0.42	0.86	0.37	0.75	0.48	1.485
1-丙醇	1.3837	75.2	0.52	0.42	0.84	0.37	0.9	0.48	2.031
1-丁醇	1.39741	92.0	0.47	0.42	0.84	0.37	0.84	0.48	2.601
2-甲基-1-丙醇	1.39389	92.9	0.4	0.39	0.79	0.37	0.84	0.48	2.413
1-戊醇	1.408	108.7	0.4	0.42	0.84	0.37	0.86	0.48	3.106
3-甲基-1-丁醇	1.4052	109.2	0.4	0.39	0.84	0.37	0.86	0.48	3.011
1-己醇	1.4157	125.3	0.4	0.42	0.8	0.37	0.84	0.48	3.61
1-辛醇	1.4276	158.5	0.4	0.42	0.77	0.37	0.81	0.48	4.619
2-丙醇	1.3752	76.9	0.48	0.36	0.76	0.33	0.84	0.56	1.764
2-甲基-2-丙醇	1.3852	94.9	0.41	0.3	0.42	0.31	0.93	0.6	1.963
甲醇	1.32652	40.8	0.6	0.44	0.98	0.43	0.66	0.47	0.97
四氯化碳	1.45739	97.1	0.28	0.38	0	0	0.1	0	2.823
乙基环庚烷	1.43073	143.2	0.01	0.1	0	0	0	0	3.877
1,4-二噁烷	1.42025	85.7	0.55	0.75	0	0	0.37	0.64	2.892

混合溶剂中的 Henry 常数随溶剂的成分变化而变化，此时常用的估算方程如下[34]

$$\ln H_{2,混合} = \sum_{i-溶剂} x_i \ln H_{2,i} \tag{8-62}$$

8.3.3.2 无限稀释活度系数的估算

由第 5.2.9 节可知，无限稀释活度系数(γ_i^∞) 是指混合物中的组分 i 在无限稀释条件下的活度系数。γ_i^∞ 在确定活度系数模型参数时很有用，文献［35］证明，如果有可靠的 γ_i^∞ 值，可以直接由关联式估算任意组成比例的二元汽-液平衡。

显然，由式(8-60) 和式(8-61)，可以由修正的 LSER 关系式得到的 $H_{i,\text{Solvent}}$ 来计算 γ_i^∞；在 4.13 节中介绍的计算液体混合物活度系数的 UNIFAC 模型也可以用来估算 γ_i^∞。在文献［31］中，详细介绍了其他一些求取 γ_i^∞ 的方法，如 Tiegs 等分别总结了一些有关的方程与表格来计算 $\gamma_i^{\infty[36,37]}$；SPACE 方程提供的估算 γ_i^∞ 的预测性方法[38] 等。读者可以参考专著或者文献原文详细了解。

【例题 8-7】 用修正的 LSER 关系式估算 25℃下甲苯（2）在水（1）中的 γ_2^∞。

解：水的 $V_1 = 18$，由表 8-10 查得，甲苯的 $\lg L^{16} = 3.325$，$\pi_2^{*H} = 0.52$，$\alpha_2^H = 0$，$\beta_2^H = 0.14$，$V_2 = 106.9$。

$$\ln H_{21} = -0.536 \lg L_2^{16} - 5.508 \pi_2^{*H} - 8.251 \alpha_2^H - 10.54 \beta_2^H -$$

$$1.598 \left[\ln \left(\frac{V_2}{V_1} \right)^{0.75} + 1 - \left(\frac{V_2}{V_1} \right)^{0.75} \right] + 16.10 = -0.536 \times 3.325 - 5.508 \times 0.52 -$$

$$8.251 \times 0 - 10.54 \times 0.14 - 1.598 \times \left[\ln \left(\frac{106.9}{18} \right)^{0.75} + 1 - \left(\frac{106.9}{18} \right)^{0.75} \right] + 16.10$$

$$= 12.32$$

得 $H_{21} = 225 \times 10^3 \text{Torr}$（$1\text{Torr} = 133.322\text{Pa}$），甲苯 25℃下的蒸气压为 30Torr，结合式(8-58)，得 $\gamma_2^\infty = 7500$。实验值为 9190[33]。

8.3.3.3 辛醇-水分配系数的估算

辛醇-水分配系数(K_{OW}) 是温度的函数，但是受温度影响不大，故一般情况下只研究室温条件下。文献报道的已知 K_{OW} 数据很多，但是由于与环境相关的化合物的种类更多，并且在不断地增加中，所以 K_{OW} 的估算仍然是很有必要的。K_{OW} 的估算以基团贡献法为主，Meylan 和 Howard 在 1995 年提出了一种基团贡献法[39]

$$\lg K_{OW} = \sum (f_i n_i) + 0.229 \tag{8-63}$$

式中，f_i 为一般基团值，见表 8-11，该公式经过 1120 个化合物的实验数据验证，平均误差 16%。在此式的基础上，加入了结构修正值，得到下式

$$\lg K_{OW} = \sum (f_i n_i) + \sum (c_i n_i) + 0.229 \tag{8-64}$$

式中，c_i 为结构修正项，见表 8-12，该公式处理 2351 种化合物时，误差为 16.1%；处理 6055 种化合物时误差为 31%。

8.3.3.4 大气-水分配系数的估算

常用的大气-水分配系数(K_{AW}) 估算方法是键贡献法，计算式如下

$$\lg K_{AW} = \sum n_i b_i + \sum n_j c_j \tag{8-65}$$

该键贡献法为 1991 年 Meylan 和 Howard 提出[40]。式中，b_i 为键贡献值；c_j 为修正项，25℃下的值见表 8-13 和表 8-14。

表 8-11　Meylan 和 Howard 基团贡献法的基团值

基团	Δf_i	基团	Δf_i
芳烃原子		—N（连接单芳环）	−0.9170
C	0.2940	—N(O)（亚硝基，5 价氮）	−1.0000
O	−0.0423	—N ═C（连接酯）	−0.0010
S	0.4082	—NH$_2$（连接酯）	−1.4148
芳烃氨		—NH—（连接酯）	−1.4962
N（氧化物型）	−2.4729		
N（五价型）	−6.6500	—N（连接酯）	−1.8323
N（稠环连接点）	−0.0001		
N（五环中）	−0.5262	—N(O)（亚硝基）	−0.1299
N（六环中）	−0.7324	—N ═N（重氮）	0.3541
脂链中 C		酯类中氧	
—CH$_3$	0.5473	—OH（连接氮）	−0.0427
—CH$_2$—	0.4911	—OH（连接 P）	0.4750
		—OH（连接烯）	−0.8855
—CH	0.2676	—OH（连接羰基）	0.0
			−0.4664
或　C（无氢,3 或 4 碳原子相连）		—OH（连接酯）	−1.4086
		—OH（连接芳环）	0.4802
C（无氢）	0.9723	═O	0.0
不饱和烃		—O—（连接两个芳环）	0.2923
═C（接两个芳环）	−0.4186	—OP（连接芳环）	0.5345
═CH$_2$	0.5184	—OP（连接酯）	−0.0162
		—ON—（连接氮）	0.2352
═CH—或 ═C	0.3836	—O—（连接羰基）	0.0
≡CH 或 ═C—	0.1334	—O—（连接单芳环）	−0.4664
羰基或硫羰基		—O—（连接酯）	−1.2566
—CHO（连接酯）	−0.9422	P	
—CHO（连接芳环）	−0.2828	—P ═O	−2.4239
—COOH（连接酯）	−0.6895	—P ═S	−0.6587
—COOH（连接芳环）	−0.1186	酯类中硫	
—NCOH(═O)N—（尿素型）	1.0453	—SO$_2$N（连接芳环）	−0.2079
—NC(═O)O—（氨基甲酸型）	0.1283	—SO$_2$N（连接酯）	−0.4351
—NC(═O)S—（硫代氨基甲酸型）	0.5240	—SOOH	−3.1580
—COO（连接酯）	−0.9505	—SO$_2$O（连接酯）	−0.7250
—COO（连接芳环）	−0.7121	—S(═O)—（连接单芳环）	−2.1103
—CON（连接酯）	−0.5236	—SO$_2$—（连接单芳环）	−1.9775
—CON（连接芳环）	0.1599	—SO$_2$—（连接两个芳环）	−1.1500
—COS—（连接酯）	−1.100	—SO$_2$—（连接酯）	−2.4292
—CO—（非环,连接两个芳环）	−0.6099	—S(═O)—（连接酯）	−2.5458
—CO—（环,连接两个芳环）	−0.2063	—S—S—	0.5497
—CO—（芳环,连接烯）	−0.5497	—S—（连接单芳环）	0.0535
—CO—（连接烯）	−1.2700	—S—（连接两个芳环）	0.5335
—CO—（连接酯）	−1.5586	—SP—	0.6270
—CO—（连接单芳环）	−0.8666	—S—（连接两个 N）	1.200
NC(═S)N（硫脲型）	1.2905	—SC ═C ═（连接酯）	−0.1000
氰基		—S—（连接酯）	−0.4045
—C≡N （连接硫）	0.3540	═S	0.0
—C≡N （连接氮）	0.3731	卤	
—C≡N （连接氰基）	0.0562	各类卤（连接 N）	0.0001
—C ═N—（连接酯）	−0.9218	—F（连接酯）	−0.0031
—C ═N（连接芳环）	−0.4530	—F（连接芳环）	0.2004
酯类中氮		—Cl（连接酯）	0.3102
—NO$_2$（连接酯）	−0.8132	—Cl（连接芳环）	0.6445
—NO$_2$（连接芳环）	−0.1823	—Br（连接酯）	0.3997
N（五价单键）	−6.6000	—Br（连接芳环）	0.8900
—N ═C ═S（连接酯）	0.5236	—I（连接酯）	0.8146
—N ═C ═S（连接芳环）	1.3369	—I（连接芳环）	1.1672
—NP（连接 P）	−0.4367	硅	
		—Si—（连接芳环或氧）	0.6800
—N（连接两个芳环）	−0.4657	—Si—（连接酯）	0.3004

表 8-12　**Meylan 和 Howard 基团贡献法的结构修正值**

芳烃修正	Δc_i
邻位作用	
—COOH/—OH	1.1930
—OH/酯	1.2556
吡啶上邻位氨基	0.6421
芳烃氮邻位烷氧基或烷硫基	0.4549
芳烃双氮(或吡嗪)邻位烷氧基	0.8955
芳烃双氮(或吡嗪)邻位烷硫基	0.5415
芳烃氮邻位上[—C(=O)N]	0.6427
任何基团[①]/—NHC(=O)C,例如 2-甲基-N-乙酰苯胺	−0.5634
任何两个基团[①]/—NHC(=O)C,例如 2,6-二甲基苯甲酰胺	−1.1239
任何基团[①]/—C(=O)NH,例如 2-甲基苯甲酰胺	−0.7352
任何两个基团[①]/—C(=O)NH,例如 2,6-二甲基苯甲酰胺	−1.1284
伯、仲、叔胺,包括—NC(=O)/—C(=O)N	0.6194
邻位或非邻位	
—NO₂ 与—OH、—N⟨、—N=N—	0.5770
—N—C 与—OH、—N⟨,例如氰酚、氰胺	0.5504
—NO₂ 与—NC(=O)(环型)	0.3994
—NO₂ 与—NC(=O)(非环型)	0.7181
非邻位	
—N⟨ 与—OH,例如 4-氨基酚	−0.3510
—N⟨ 与酯,例如 4-氨基苯甲酸甲酯	0.3953
—OH 与酯	0.6487
其他	
在三氮烯、嘧啶、吡嗪的 2-位上的各种胺(伯、仲、叔),包括—N—C(=O)	0.8566
在三氮烯、嘧啶的 2-位上的 NC(=O)NS	−0.7500
1,2,3-三烷氧基	−0.7317

其　他　修　正	Δc_i
特殊羧基修正	
脂族酸多于一个	−0.5865
HOCC(=O)CO—	1.7838
—C(=O)—C—C(=O)N	0.9739
—C(=O)NC(=O)NC(=O)—,例如巴比妥酸盐	1.0254
—NC(=O)NC(=O)—,例如尿嘧啶	0.6074
环酯(非烯型)	−1.0577
环酯(烯型)	−0.2969
氨基酸(α-碳型)	−2.0238
二氮尿素/乙酰胺芳烃取代	−0.7203
C(COOH)带芳烃,例如苯基乙酸	−0.3662
二氮酯基取代氨基甲酸酯	0.1984

芳烃修正	Δc_i
—NC(=O)CX(X 是卤原子)	0.3263
—NC(=O)CX$_3$(X 是卤原子,两个或三个)	0.6365
CC(=O)NCCOOH	0.4193
CC(=O)NC(COOH)S—	1.5505
(芳基—O 或—C—O)—CC(=O)NH—	0.4874
$\diagup$C=NOCO	−1.0000
环影响	
1,2,3-三唑	0.7525
吡啶环(非稠环)	−0.1621
均三嗪	0.8856
稠酯环(按稠环上连接 C 原子数计)	−0.3421
醇、醚、氮影响	
多于一个酯类的 OH	0.4064
—NC(COH)COH	0.6365
—NCOC	0.5494
HOCHCOCHOH	1.0649
HOCHCOHCHOH	0.5944
—NHNH—	1.1330
$\diagup$N—N$\diagdown$	0.7306

① 除—OH 或氨基外的任何基团。

表 8-13 **Meylan 和 Howard 键贡献法的键贡献值**[①]

键[②]	b_i	键[②]	b_i	键[②]	b_i
C—H	+0.1197	C_d—Cl	−0.0426	C_{ar}—CO	−1.2387
C—C	−0.1163	C_d—CN	−2.5514	C_{ar}—Br	−0.2454
C—C_{ar}	−0.1619	C_d—O	−0.2051	C_{ar}—NO$_2$	−2.2496
C—C_d	−0.0635	C_d—F	+0.3824	CO—H	−1.2102
C—C_r	−0.5375	C_r—H	−0.0040	CO—O	−0.0714
C—CO	−1.7057	$C_r\equiv C_r$	−0.000[③]	CO—N	−2.4261
C—N	−1.3001	C_{ar}—H	+0.1543	CO—CO	−2.4000
C—O	−1.0855	C_{ar}—C_{ar}	−0.2638[⑥]	O—H	−3.2318
C—S	−1.1056	C_{ar}—C_{ar}	−0.1490[⑦]	O—P	−0.3930
C—Cl	−0.3335	C_{ar}—Cl	+0.0241	O—O	+0.4036
C—Br	−0.8187	C_{ar}—OH	−0.5967[③]	O=P	−1.6334
C—F	+0.4184	C_{ar}—O	−0.3473[③]	N—H	−1.2835
C—I	−1.0074	C_{ar}—N_{ar}	−1.6282	N—N	−1.0956[⑤]
C—NO$_2$	−3.1231	C_{ar}—S_{ar}	−0.3739	N=O	−1.0956[⑤]
C—CN	−3.2624	C_{ar}—O_{ar}	−0.2419	N=N	−0.1374
C—P	−0.7786	C_{ar}—S	−0.6345	S—H	−0.2247
C=S	+0.0460	C_{ar}—N	−0.7304	S—S	+0.1891
C_d—H	+0.1005	C_{ar}—I	−0.4806	S—P	−0.6334
C_d=C_d	−0.0000[④]	C_{ar}—F	+0.2214	S=P	+1.0317
C_d—C_d	−0.0997	C_{ar}—C_d	−0.4391		
C_d—CO	−1.9260	C_{ar}—CN	−1.8606		

① 数据来自文献 [37]。

② C 脂肪单链上的碳,C_d 烯键上的碳,C_r 叁键上的碳,C_{ar} 芳香碳,N_{ar} 芳香氮,S_{ar} 芳香硫,O_{ar} 芳香氧,CO 羰基,CN 氰基,注意,将羰基、氰基和硝基官能团看作单个原子。

③ 有两种不同的芳香碳-氧键:(a) 氧原子是—OH 官能团中的氧;(b) 不与氢相连的氧。

④ 碳碳双键和碳碳叁键的贡献定为 0。

⑤ 亚硝胺类的特定值。

⑥ 芳环内部芳香碳之间的连键。

⑦ 两个芳环上的芳香碳之间的连键(如联苯)。

表 8-14　Meylan 和 Howard 键贡献法的修正项

键	修正值	键	修正值
直链或支链烷烃	−0.75	比一元醇所多的—OH 基	−3.00
环烷	−0.28	在一个环中超过一个 N 数	−2.50
单烯烃	−0.20	只含一个氟的氟烷	0.95
环单烯烃	0.25	只含一个氯的氯烷	0.50
直链或支链烷基醇	−0.20	全氯烷	−1.35
相邻两个醚基	−0.70	全氟烷	−0.60
环醚	0.90	全卤含氟烷	−0.90
环氧化物	0.50		

8.3.3.5　基团贡献法估算液体混合物的活度系数

UNIFAC 和 ASOG 是目前从基团参数计算溶液活度系数较成功的模型[41]，ASOG 模型可以参考文献[42]。

UNIFAC 模型的活度系数由两部分组成

$$\ln\gamma_i = \ln\gamma_{i组合} + \ln\gamma_{i剩余} \tag{8-66}$$

式中，$\ln\gamma_{i组合}$ 是考虑分子形状和大小对活度系数的贡献，其公式为

$$\ln\gamma_{i组合} = \ln\frac{\varphi_i}{x_i} + \frac{z}{2}q_i\ln\frac{\theta_i}{\varphi_i} + l_i - \frac{\varphi_i}{x_i}\sum_{i=1}^{N}x_i l_i \tag{8-67}$$

其中

$$\varphi_i = \frac{x_i r_i}{\sum\limits_{j=1}^{N}x_j r_j}, \quad \theta_i = \frac{x_i q_i}{\sum\limits_{j=1}^{N}x_j q_j}$$

组合部分的计算需要得到 r_i 和 q_i

$$r_i = \sum_{k=1}^{K^{(i)}}\nu_k^{(i)}R_k; \quad q_i = \sum_{k=1}^{K^{(i)}}\nu_k^{(i)}Q_k \tag{8-68}$$

式中，R_k 和 Q_k 是第 k 种基团对 r_i 和 q_i 的贡献；$\nu_k^{(i)}$ 是 i 组分中的 k 基团数目。

而 $\gamma_{i剩余}$ 是反映基团间相互作用对活度系数的贡献，其公式是

$$\ln\gamma_{i剩余} = \sum_{k=1}^{K^{(i)}}\nu_k^{(i)}\left[\ln\Gamma_k - \ln\Gamma_k^{(i)}\right] \tag{8-69}$$

式中，Γ_k 是溶液中基团 k 的活度系数；$\Gamma_k^{(i)}$ 是纯组分 i 中基团 k 的活度系数。显然，式 (8-69) 使得纯组分活度系数能自动满足对称归一化条件，即 $x_i \to 1$ 时，$\gamma_i \to 1$。基团活度系数 Γ_k 和 $\Gamma_k^{(i)}$ 都能按下式[43] 计算

$$\ln\Gamma_k = Q_k\left[1 - \ln\left(\sum_m\Theta_m\Psi_{mk}\right) - \sum_m\left(\frac{\Theta_m\Psi_{km}}{\sum_n\Theta_n\Psi_{nm}}\right)\right] \tag{8-70}$$

其中

$$\Theta_m = \frac{Q_m X_m}{\sum\limits_n Q_n X_n} \tag{8-71}$$

式中，X_m 是混合物中基团 m 的分子分数；Ψ 是基团间的相互作用项

$$\Psi_{mn} = \exp\left(\frac{-a_{mn}}{T}\right) \tag{8-72}$$

式中，a_{mn} 是与基团之间相互作用参数，注意 $a_{mn} \neq a_{nm}$。

用 UNIFAC 模型计算时所涉及的基团能数（R_k 和 Q_k）和基团相互作用参数（a_{mn} 和 a_{nm}）可以从文献［41］查到。

【例题 8-8】 采用合适的方法计算和合理的假设计算 $T = 308.15\text{K}$，$p = 16.39\text{kPa}$ 时，$x_1 = 0.3603$ 的甲醇(1)-水(2)液体混合物系统的活度系数。

解：液相为非理想，采用 UNIFAC 法计算各组分的活度系数。

混合物体系中存在 2 个基团，即 CH_3OH 和 H_2O，查得基团能数和相互作用参数如下（见参考文献［44］）：

名称	基团体积参数 R_k	基团表面积参数 Q_k
CH_3OH	1.4311	1.432
H_2O	0.92	1.40

基团相互作用参数 $a_{CH_3OH,H_2O} = -181.0$，$a_{H_2O,CH_3OH} = 289.6$（见参考文献［45］）

$$r_1 = \sum_{k=1}^{K^{(1)}} \nu_k^{(1)} R_k = 1.4311, \quad q_1 = 1.432, \quad r_2 = 0.92, \quad q_2 = 1.40$$

$$\varphi_1 = \frac{x_1 r_1}{x_1 r_1 + x_2 r_2} = \frac{0.3603 \times 1.4311}{0.3603 \times 1.4311 + 0.6397 \times 0.92} = 0.4670, \quad \varphi_2 = 0.5330$$

$$\theta_1 = \frac{x_1 q_1}{x_1 q_1 + x_2 q_2} = \frac{0.3603 \times 1.432}{0.3603 \times 1.432 + 0.6397 \times 1.4} = 0.3655, \quad \theta_2 = 0.6345$$

$$l_1 = \frac{z}{2}(r_1 - q_1) - (r_1 - 1) = \frac{10}{2} \times (1.4311 - 1.432) - (1.4311 - 1) = -0.4356 \quad (z \text{ 为配位数} = 10)$$

$$l_2 = \frac{z}{2}(r_2 - q_2) - (r_2 - 1) = \frac{10}{2} \times (0.92 - 1.4) - (0.92 - 1) = -2.32$$

$$\ln\gamma_{1\text{组合}} = \ln\frac{\varphi_1}{x_1} + \frac{z}{2} q_1 \ln\frac{\theta_1}{\varphi_1} + l_1 - \frac{\varphi_1}{x_1} \sum_{i=1}^{N} x_i l_i$$

$$= \ln\frac{0.4670}{0.3603} + \frac{10}{2} \times 1.432 \times \ln\frac{0.3655}{0.4670} - 0.4356 - \frac{0.4670}{0.3603} \times$$

$$[0.3603 \times (-0.4356) + 0.6397 \times (-2.32)] = 0.1961$$

$$\ln\gamma_{2\text{组合}} = \ln\frac{\varphi_2}{x_2} + \frac{z}{2} q_2 \ln\frac{\theta_2}{\varphi_2} + l_2 - \frac{\varphi_2}{x_2} \sum_{i=1}^{N} x_i l_i$$

$$= \ln\frac{0.5330}{0.6397} + \frac{10}{2} \times 1.4 \times \ln\frac{0.6345}{0.5330} - 2.32 - \frac{0.5330}{0.6397} \times$$

$$[0.3603 \times (-0.4356) + 0.6397 \times (-2.32)] = 0.085$$

$$\psi_{CH_3OH,H_2O} = \exp\left[\frac{-(-181.0)}{308.15}\right] = 1.7993, \quad \psi_{H_2O,CH_3OH} = \exp\left(\frac{-289.6}{308.15}\right) = 0.3907$$

对于纯甲醇，只有一个基团 CH_3OH，故 $X_{CH_3OH}^{(1)} = 1$，$\Theta_{CH_3OH}^{(1)} = 1$

$$\ln\Gamma_{CH_3OH}^{(1)} = 1.432 \times \left[1 - \ln(1 \times 1) - \left(\frac{1 \times 1}{1 \times 1}\right)\right] = 0$$

对于液体混合物中的甲醇组分

$$X_{CH_3OH} = x_1 = 0.3603, \quad X_{H_2O} = x_2 = 0.6397$$

$$\Theta_{CH_3OH}=\frac{Q_{CH_3OH}X_{CH_3OH}}{Q_{CH_3OH}X_{CH_3OH}+Q_{H_2O}X_{H_2O}}=\frac{1.432\times0.3603}{1.432\times0.3603+1.4\times0.6397}=0.3655,\quad \Theta_{H_2O}=0.6345$$

$$\ln\Gamma_{CH_3OH}=1.432\times\left[1-\ln(0.3655+0.6345\times0.3907)-\left(\frac{0.3655}{0.3655+0.6345\times0.3907}+\frac{0.6345\times1.7993}{0.3655\times1.7993+0.6345}\right)\right]$$
$$=0.0133$$

$$\ln\gamma_{1\text{剩余}}=\nu_{CH_3OH}^{(1)}[\ln\Gamma_{CH_3OH}-\ln\Gamma_{CH_3OH}^{(1)}]=1\times(0.0133-0)=0.0133$$

$$\ln\gamma_1=\ln\gamma_{1\text{组合}}+\ln\gamma_{1\text{剩余}}=0.1961+0.0133=0.2094$$

解得 $\gamma_1=1.2330$。

对于纯水，只有一个基团 H_2O，故 $X_{H_2O}^{(2)}=1$，$\Theta_{H_2O}^{(2)}=1$

$$\ln\Gamma_{H_2O}^{(2)}=1.4\times\left[1-\ln(1\times1)-\left(\frac{1\times1}{1\times1}\right)\right]=0$$

$$\ln\Gamma_{H_2O}=1.4\times\left[1-\ln(0.3655\times1.7993+0.6345)-\left(\frac{0.3655\times0.3907}{0.3655+0.6345\times0.3907}+\frac{0.6345}{0.3655\times1.7993+0.6345}\right)\right]$$
$$=0.0278$$

$$\ln\gamma_{2\text{剩余}}=\nu_{H_2O}^{(2)}[\ln\Gamma_{H_2O}-\ln\Gamma_{H_2O}^{(2)}]=1\times(0.0278-0)=0.0278$$

$$\ln\gamma_2=\ln\gamma_{2\text{组合}}+\ln\gamma_{2\text{剩余}}=0.085+0.0278=0.1128$$

解得 $\gamma_2=1.1194$。

各组分在该温度下的饱和蒸气压已由安托因方程计算而得，则

$$\hat{f}_1^l=f_1^l x_1\gamma_1\approx p_1^s x_1\gamma_1=27.824\times1.2330\times0.3603=12.361\text{kPa}$$

$$\hat{f}_2^l=f_2^l x_2\gamma_2\approx p_2^s x_2\gamma_2=5.634\times1.1194\times0.6397=4.034\text{kPa}$$

$$\ln f^l=\sum_{i=1}^{N}x_i\ln\frac{\hat{f}_i^l}{x_i}=0.3603\times\ln\frac{12.361}{0.3603}+0.6397\times\ln\frac{4.034}{0.6397}=2.4518$$

解得 $f^l=11.6093\text{kPa}$。

在 ASPEN 中给出的 UNIFAC 模型如下

$$\ln\gamma_i=\ln\gamma_i^c+\ln\gamma_i^r$$

$$\ln\gamma_i^c=\ln\frac{\varphi_i}{x_i}+1-\frac{\varphi_i}{x_i}-\frac{Z}{2}\left(\ln\frac{\varphi_i}{\theta_i}+1-\frac{\varphi_i}{\theta_i}\right),\quad \varphi_i=\frac{x_i r_i}{\sum_j^{nc}x_j r_j}\theta_i=\frac{x_i\frac{z}{2}q_i}{\sum_j^{nc}x_j\frac{z}{2}q_j}$$

$$r_i=\sum_k^{ng}\nu_{ki}R_k,\quad q_i=\sum_k^{ng}\nu_{ki}Q_k$$

式中，ng 代表官能团数目；nc 代表组分数目。

残余部分与原 UNIFAC 类似

$$\ln\gamma_{i\text{剩余}}=\sum_{k=1}^{K^{(i)}}\nu_k^{(i)}[\ln\Gamma_k-\ln\Gamma_k^{(i)}]$$

$$\ln\Gamma_k=Q_k\left[1-\ln(\sum_m\Theta_m\Psi_{mk})-\sum_m\left(\frac{\Theta_m\Psi_{km}}{\sum_n\Theta_n\Psi_{nm}}\right)\right]$$

其中

$$\Theta_m=\frac{X_m\frac{z}{2}Q_m}{\sum_n X_n\frac{z}{2}Q_n}\Psi_{mn}=\exp\left(\frac{-a_{mn}}{T}\right)$$

采用 Aspen8.4 软件计算得到 $\gamma_1=1.2179$，$\gamma_2=1.0850$。

【例题 4-9】结果为：$\gamma_1 = 1.2190$，$\gamma_2 = 1.1038$。可见两种算法差别不大。

为了修正组合部分和残余部分的偏差，实践中发展了基于 Dortmund 修正的 UNIFAC 法和基于 Lyngby 修正的 UNIFAC 法，其核心思想都是将基团体积参数做指数修正和将基团相互作用参数当做温度的函数。在 ASPEN 里将以上三种方法统称为 UNIFAC 法。以 UNIFAC（Dortmund）为例，其表达式做了如下修正。

对于组合部分

$$\ln\gamma_i^c = 1 - \varphi_i' + \ln\varphi_i' - 5q_i\left(1 - \frac{\varphi_i}{\theta_i} + \ln\frac{\varphi_i}{\theta_i}\right)$$

其中，$\varphi_i = \dfrac{r_i}{\sum\limits_j r_j x_j}$，$\varphi_i' = \dfrac{r_i^{3/4}}{\sum\limits_j r_j^{3/4} x_j}$，$\theta_i = \dfrac{q_i}{\sum\limits_j q_j x_j}$。

对于残余部分

$$\Psi_{mn} = \exp[-(a_{nm} + b_{nm}T + c_{nm}T^2)/T]$$

R_k 和 Q_k 的值不再由分子相关参数进行计算而用实验值和（a_{nm}，b_{nm}，c_{nm}）一起拟合得到。相关参数可由文献［46］获取。

扫码阅读工程应用案例4：醋酸甲酯水解工艺中甲醇回收的汽-液平衡计算

【重点归纳】 ▪▪▪

掌握热力学基础数据的查阅方法，了解常用的化工数据手册和数据库。

了解对应态原理以及对比参数的含义，掌握利用对应态原理估算蒸气压、饱和液体摩尔体积等热力学基础数据的方法。

重点掌握利用几种常见的基团贡献法估算纯物质的沸点、凝固点、临界参数、焓和熵等热力学基础数据的方法。

了解表达混合物性质的热力学数据 Henry 常数（$H_{i,\text{Solvent}}$）、无限稀释活度系数（γ_i^∞）、辛醇/水分配系数（K_{OW}）和大气/水分配系数（K_{AW}）的估算方法。

参考文献

［1］ 余向春，许家琪，邹萌生. 化学化工信息检索与利用. 大连：大连理工大学出版社，1997.
［2］ 袁中直，肖信，陈学艺. 化学化工信息资源检索和利用. 南京：江苏科学技术出版社，2001.
［3］ Lydersen A L, Greenkorn R A, Hougen O A. Eng Expr Station, Report No 4, Univ of Wisconsin, Madison, Wisconsin, 1955.
［4］ Pitzer K S, et al. J Am Chem Soc, 1955, 77：3433；1957，79：2369.
［5］ Curl R F, Pitzer K S. IEC, 1958, 50：265.
［6］ Lee B I, Kesler M G. AIChE J, 1975, 21：510.

[7] 张建侯，马沛生，徐明. 化工学报，1988，39：608.

[8] Riedel L. Chem Ing Tech，1954，26：679.

[9] 董新法，方利国，陈砺. 物性估算原理及计算机计算. 北京：化学工业出版社，2006.

[10] Giacalone A. Gazz Chim Ital，1951，81：180.

[11] Chen N H. J Chem Eng Data，1965，10：207.

[12] Vetere A. Fluid Phase Equil，1995，106：1.

[13] Reid R C，Shenwood T K. The Properties of Gases and Liquids. 2nd ed. New York：McGraw-Hill，1966.

[14] Watson K S. Ind Eng Chem，1943，35：398.

[15] Pitzer K S，Lippmann D Z，Curl R F，Huggins C M，Petersen D E. J Amer Chem Soc，1955，77：3433.

[16] Yen L C，Woods S S. AIChE J，1966，12：95.

[17] Rackett H G. J Chem Eng Data，1970，15：514；1970，16：308.

[18] Spancer C F，Danner R P. J Chem Eng Data，1972，17：236.

[19] Campbell S W，Thodos G. J Chem Eng Data，1985，30：102.

[20] Ogata Y. Ind Eng Chem，1957，49：415.

[21] Somayajulu G R，Palit S R. J Chem Soc，1957，2540.

[22] Poling B E，Prausnitz J M，O'Connell J P. The Properties of Gases and Liquids. 5th ed. New York：McGraw-Hill，2000.

[23] Constantinous L，Gani R. AIChE J，1994，40：1697.

[24] Reid R C，Prausnitz J M，Shenwood T K. The Properties of Gases and Liquids. 3rd ed. New York：McGraw-Hill，1977.

[25] Ma P S，Xu M，Xu W，et al. J Chem Ind Eng (China)，1990，41：235.

[26] 马沛生，赵兴民. 化学工程，1993，增刊：94.

[27] Benson S W，Buss J H. J Chem Phys，1969，29：279.

[28] Benson S W，Thermochemical Kinetics. 2nd ed. New York：Wiley，1976.

[29] Yonder Y. Bull Chem Soc Japan，1979，52：1291.

[30] 马沛生. 化工数据. 北京：中国石化出版社，2003.

[31] Poling B E，Prausnitz J M，O'Connell J P. The Properties of Gases and Liquids. 5th ed. New York：McGraw-Hill，2000.

[32] 朱自强，姚善泾，金彰礼. 流体相平衡原理及应用. 杭州：浙江大学出版社，1990.

[33] Sherman S R，Trampe D B，Bush D M，et al. Ind Eng Chem Res，1996，35：1044.

[34] Prausnitz J M，Lichtenthaler R N，Azevedo E G. Molecular Thermodynamics of Fluid-Phase Equilibria. 3rd ed. Englewood Cliffs NJ：Prentice Hall，1999.

[35] Schreiber L B，Eckert C A. Ind Eng. Chem Process Design Develop，1971，10：572.

[36] Tiegs D，Gmehling J，Rasmussen P，et al. Ind Eng Chem Res，1986，26：159.

[37] Pierotti G J，Deal C H，Derr E L. Ind Eng Chem，1959，51：95.

[38] Kamlet M J，Aboud J-L M，Abrahem M H，et al. J Org Chem，1983，48：2877.

[39] Meylan W M，Howard P H. J Pharm Sci，1995，84：83.

[40] Meylan W M，Howard P H. J Environ Toxicol Chem，1991，10：1283.

[41] Fredenslund A，Gmehling J，Rasmussen P. Vapor-liquid Equilibria using UNIFAC，a Group-Contribution Method. Amsterdam：Elsevier，1977.

[42] Kojima K，Tochigi K. Predition of Vapor-Liquid Equilibria by the ASOG Method. Tokyo：Kodansha Lid，1979.

[43] Fredenslund A，Jones R，Prausnitz J M. Group Contripution Estimation of Activity Coefficients in Non-ideal Liquid Mixtures. AIChE J，1975，21：1086.

[44] Oishi T，Prausnitz J M. Estimation of Solvent Activities in Polymer Solutions Using a Group-Contribution Method. Ind Eng Chem Proc Des Dev，1978，17：333.

[45] Skjold-Jorgensen S，Kolbe B，Gmehling J，et al. Vapor-Liquid Equilibria by UNIFAC Group Contribution Revision and Extension. Ind Eng Chem Proc Des Dev，1979，18：714.

[46] Gmehling J，Li J，Schiller M. A modified UNIFAC model. 2. Present parameter matrix and results for different thermodynamic properties. Ind Eng Chem Res，1993，32：178.

附　录

附录 A　纯物质的物理性质表

A-1　正常沸点、临界参数和偏心因子

物质	T_b/K[①]	T_c/K	p_c/MPa	Z_c	ω
甲烷	111.63	190.58	4.604	0.228	0.011
乙烷	184.55	305.33	4.870	0.284	0.099
丙烷	231.05	369.85	4.249	0.280	0.152
正丁烷	272.65	425.40	3.797	0.274	0.193
异丁烷	261.30	408.10	3.648	0.283	0.176
丙烯	225.46	364.80	4.610	0.275	0.148
苯	353.24	562.16	4.898	0.271	0.211
甲苯	383.78	591.79	4.104	0.264	0.264
甲醇	337.70	512.64	8.092	0.224	0.564
乙醇	351.44	516.25	6.379	0.240	0.635
丙酮	329.35	508.10	4.700	0.232	0.309
Ar	87.3	150.8	4.235	0.291	−0.004
O_2	90.18	154.58	5.043	0.289	0.019
N_2	77.35	126.15	3.394	0.287	0.045
H_2	20.39	33.19	1.297	0.305	−0.220
CO_2	185.10	304.19	7.381	0.274	0.225
H_2O	373.15	647.30	22.064	0.230	0.344
NH_3	239.82	405.45	11.318	0.242	0.255
$R12(CCl_2F_2)$	243.40	385.00	4.124	0.280	0.176
$R22(CHClF_2)$	232.40	369.20	4.975	0.267	0.215

① 正常沸点。

A-2　Antoine 方程常数

（1）常数和温度范围

物质	常数			温度范围/K	
	A	B	C	T_{min}	T_{max}
甲烷	6.3015	897.84	−7.16	93	120
乙烷	6.7709	1520.15	−16.76	130	230
丙烷	6.8635	1892.47	−24.33	180	320
正丁烷	6.8146	2151.63	−36.24	220	310
异丁烷	6.5253	1989.35	−36.31	210	310
丙烯	6.8012	1821.01	−24.90	180	270
苯	6.9419	2769.42	−53.26	300	400
甲苯	7.0580	3076.65	−54.65	330	430
甲醇	9.4138	3477.90	−40.53	290	380
乙醇	9.6417	3615.06	−48.60	300	380

物质	常数			温度范围/K	
	A	B	C	T_{min}	T_{max}
异丙醇	9.7702	3640.20	−53.54	273	374
丙醇	7.5917	2850.59	−40.82	290	370
O_2	6.4847	734.55	−6.45	190	230
N_2	6.0296	588.72	−6.60	54	90
H_2	4.7105	164.90	3.19	14	25
CO_2	4.7443	3103.39	−0.16	154	204
H_2O	9.3876	3826.36	−45.47	290	500
NH_3	8.2674	2227.37	−28.74	200	270
$R12(CCl_2F_2)$					
$R22(CHClF_2)$	25.5602	1704.80	−41.30	225	240

（2）方程

$$\ln p^s = A - \frac{B}{C+T} \qquad (p^s/MPa; \ T/K)$$

A-3　修正的 Rackett 方程

（1）常数

物质	α	β	物质	α	β
甲烷	0.2884	0.0016	丙酮	0.2429	0.0046
乙烷	0.2814	−0.0016	O_2	0.2904	−0.0027
丙烷	0.2758	0.0005	N_2	0.2907	−0.0034
正丁烷	0.2726	0.0003	H_2	0.3133	0.0155
异丁烷	0.2820	0.0000	CO_2	0.2747	−0.0118
丙烯	0.2786	−0.0036	H_2O	0.2251	0.0321
苯	0.2697	−0.0003	NH_3	0.2463	0.0027
甲苯	0.2645	−0.0003	$R12(CCl_2F_2)$	0.2800	0.0000
甲醇	0.2273	0.0219	$R22(CHClF_2)$	0.2670	0.0000
乙醇	0.2437	0.0244			

（2）方程

$$V^{sl} = (RT_c/p_c)\left[\alpha + \beta(1-T_r)\right]^{1+(1-T_r)^{2/7}}$$

A-4　理想气体摩尔热容

（1）常数

物质	a	b	c	d
甲烷	2.328×10^1	3.520×10^{-2}	3.270×10^{-5}	-1.836×10^{-8}
乙烷	8.582	1.669×10^{-1}	-5.779×10^{-5}	4.851×10^{-9}
丙烷	1.837	2.816×10^{-1}	-1.319×10^{-4}	2.316×10^{-8}
正丁烷	1.034×10^1	3.354×10^{-1}	-1.203×10^{-4}	1.394×10^{-9}
异丁烷	-5.677	4.112×10^{-1}	-2.287×10^{-4}	5.102×10^{-8}
丙烯	8.256	2.174×10^{-1}	-9.692×10^{-5}	1.548×10^{-8}
苯	-3.283×10^1	4.711×10^{-1}	-3.005×10^{-4}	7.253×10^{-8}
甲苯	-2.742×10^1	5.343×10^{-1}	-3.183×10^{-4}	7.205×10^{-8}
甲醇	2.114×10^1	7.084×10^{-2}	2.586×10^{-5}	-2.850×10^{-8}
乙醇	1.332×10^1	1.971×10^{-1}	-6.454×10^{-5}	-5.224×10^{-9}
丙酮	1.352×10^1	2.386×10^{-1}	-1.057×10^{-4}	1.606×10^{-8}
O_2	2.866×10^1	-2.380×10^{-3}	2.008×10^{-5}	-1.150×10^{-8}
N_2	3.081×10^1	-1.255×10^{-2}	2.575×10^{-5}	-1.133×10^{-8}
H_2	2.836×10^1	4.943×10^{-3}	-9.201×10^{-6}	6.142×10^{-9}

物质	a	b	c	d
CO_2	1.973×10^1	7.356×10^{-2}	-5.618×10^{-5}	1.722×10^{-8}
H_2O	3.224×10^1	1.908×10^{-3}	1.057×10^{-5}	-3.602×10^{-9}
NH_3	2.873×10^1	1.798×10^{-2}	2.394×10^{-5}	-1.424×10^{-8}
R12(CCl_2F_2)	3.155×10^1	1.779×10^{-1}	-1.506×10^{-4}	4.335×10^{-8}
R22($CHClF_2$)	1.727×10^1	1.616×10^{-1}	-1.168×10^{-4}	3.053×10^{-8}

（2）方程

$$C_p^{ig} = a + bT + cT^2 + dT^3 \quad [C_p^{ig}/J \cdot mol^{-1} \cdot K^{-1}; \ T/K]$$

适用的温度范围：250K＜T＜1500K

A-5 标准态（即 25℃、1 大气压下）摩尔生成焓、摩尔生成吉氏函数与摩尔生成熵

物质	$H_f^\ominus/kJ \cdot mol^{-1}$	$G_f^\ominus/kJ \cdot mol^{-1}$	$S_f^\ominus$ /kJ·mol^{-1}·K^{-1}	物质	$H_f^\ominus/kJ \cdot mol^{-1}$	$G_f^\ominus/kJ \cdot mol^{-1}$	$S_f^\ominus$ /kJ·mol^{-1}·K^{-1}
甲烷	-74.52	-50.45	0.186	乙醛	-166.47	-133.39	0.264
乙烯	52.5	68.48	0.220	乙酸	$-484.3(l)$ $-432.2(g)$	$-389.9(l)$ $-374.2(g)$	$0.158(g)$ $0.283(l)$
乙烷	-84.0	-32.0	0.229	乙酸乙酯	$-463.2(l)$	$-315.3(l)$	$0.259(l)$
乙醇	$-277.6(l)$ $-234.95(g)$	$-174.8(l)$ $-167.73(g)$	$0.161(l)$ $0.283(g)$	CO	-110.53	-137.16	0.198
丙烯	20.43	62.76	0.267	CO_2	-393.51	-394.38	0.214
丁烷	$-126.23(g)$ $-147.75(l)$	$-17.17(g)$ $-15.07(l)$	$0.310(g)$	H_2	0	0	0.131
丁二烯	$110.24(g)$ $85.41(l)$	$150.77(g)$ $149.68(l)$	$0.293(g)$ $0.100(l)$	H_2O	$-241.81(g)$ $-285.830(l)$	$-228.42(g)$ $-237.2(l)$	$0.189(g)$ $0.070(l)$

附录 B 三参数对应态普遍化热力学性质表

性质表	计算式
B-1 压缩因子	$Z = Z^{(0)} + \omega Z^{(1)}$
B-2 焓	$-\dfrac{H - H^{ig}}{RT_c} = -\left(\dfrac{H - H^{ig}}{RT_c}\right)^{(0)} - \omega\left(\dfrac{H - H^{ig}}{RT_c}\right)^{(1)}$
B-3 熵	$-\dfrac{S - S_{p_0=p}^{ig}}{R} = -\left(\dfrac{S - S_{p_0=p}^{ig}}{R}\right)^{(0)} - \omega\left(\dfrac{S - S_{p_0=p}^{ig}}{R}\right)^{(1)}$
B-4 逸度	$\lg\left(\dfrac{f}{p}\right) = \lg\left(\dfrac{f}{p}\right)^{(0)} + \omega\lg\left(\dfrac{f}{p}\right)^{(1)}$
B-5 比定压热容	$\dfrac{C_p - C_p^{ig}}{R} = \left(\dfrac{C_p - C_p^{ig}}{R}\right)^{(0)} + \omega\left(\dfrac{C_p - C_p^{ig}}{R}\right)^{(1)}$

B-1 压缩因子

$Z^{(0)}$

T_r	p_r														
	0.010	0.050	0.100	0.200	0.400	0.600	0.800	1.000	1.200	1.500	2.000	3.000	5.000	7.000	10.000
0.30	0.0029	0.0145	0.0290	0.0579	0.1158	0.1737	0.2315	0.2892	0.3470	0.4335	0.5775	0.8648	1.4366	2.0048	2.8507
0.35	0.0026	0.0130	0.0261	0.0522	0.1043	0.1564	0.2084	0.2604	0.3123	0.3901	0.5195	0.7775	1.2902	1.7987	2.5539
0.40	0.0024	0.0119	0.0239	0.0477	0.0953	0.1429	0.1904	0.2379	0.2853	0.3563	0.4744	0.7095	1.1758	1.6373	2.3211
0.45	0.0022	0.0110	0.0221	0.0442	0.0882	0.1322	0.1762	0.2200	0.2638	0.3294	0.4384	0.6551	1.0841	1.5077	2.1338
0.50	0.0021	0.0103	0.0207	0.0413	0.0825	0.1236	0.1647	0.2056	0.2465	0.3077	0.4092	0.6110	1.0094	1.4017	1.9801
0.55	0.9804	0.0098	0.0195	0.0390	0.0778	0.1166	0.1553	0.1939	0.2323	0.2899	0.3853	0.5747	0.9475	1.3137	1.8520
0.60	0.9849	0.0093	0.0186	0.0371	0.0741	0.1109	0.1476	0.1842	0.2207	0.2753	0.3657	0.5446	0.8959	1.2398	1.7440
0.65	0.9881	0.9377	0.0178	0.0356	0.0710	0.1063	0.1415	0.1765	0.2113	0.2634	0.3495	0.5197	0.8526	1.1773	1.6519
0.70	0.9904	0.9504	0.8958	0.0344	0.0687	0.1027	0.1366	0.1703	0.2038	0.2538	0.3364	0.4991	0.8161	1.1241	1.5729
0.75	0.9922	0.9598	0.9165	0.0336	0.0670	0.1001	0.1330	0.1656	0.1981	0.2464	0.3260	0.4823	0.7854	1.0787	1.5047
0.80	0.9935	0.9669	0.9319	0.8539	0.0661	0.0985	0.1307	0.1626	0.1942	0.2411	0.3182	0.4690	0.7598	1.0400	1.4456
0.85	0.9946	0.9725	0.9436	0.8810	0.0661	0.0983	0.1301	0.1614	0.1924	0.2382	0.3132	0.4591	0.7388	1.0071	1.3943
0.90	0.9954	0.9768	0.9528	0.9015	0.7800	0.1006	0.1321	0.1630	0.1935	0.2383	0.3114	0.4527	0.7220	0.9793	1.3496
0.93	0.9959	0.9790	0.9573	0.9115	0.8059	0.6635	0.1359	0.1664	0.1963	0.2405	0.3122	0.4507	0.7138	0.9648	1.3257
0.95	0.9961	0.9803	0.9600	0.9174	0.8206	0.6967	0.1410	0.1705	0.1998	0.2432	0.3138	0.4501	0.7092	0.9561	1.3108
0.97	0.9963	0.9815	0.9625	0.9227	0.8338	0.7240	0.5580	0.1779	0.2055	0.2474	0.3164	0.4504	0.7052	0.9480	1.2968
0.98	0.9965	0.9821	0.9637	0.9253	0.8398	0.7360	0.5887	0.1844	0.2097	0.2503	0.3182	0.4508	0.7035	0.9442	1.2901
0.99	0.9966	0.9826	0.9648	0.9277	0.8455	0.7471	0.6138	0.1959	0.2154	0.2538	0.3204	0.4514	0.7018	0.9406	1.2835
1.00	0.9967	0.9832	0.9659	0.9300	0.8509	0.7574	0.6353	0.2919	0.2237	0.2583	0.3229	0.4522	0.7004	0.9372	1.2772
1.01	0.9968	0.9837	0.9669	0.9322	0.8561	0.7671	0.6542	0.4648	0.2370	0.2640	0.3260	0.4533	0.6991	0.9339	1.2710
1.02	0.9969	0.9842	0.9679	0.9343	0.8610	0.7761	0.6710	0.5146	0.2629	0.2715	0.3297	0.4547	0.6980	0.9307	1.2650
1.05	0.9971	0.9855	0.9707	0.9401	0.8743	0.8002	0.7130	0.6026	0.4437	0.3131	0.3452	0.4604	0.6956	0.9222	1.2481
1.10	0.9975	0.9874	0.9747	0.9485	0.8930	0.8323	0.7649	0.6880	0.5984	0.4580	0.3953	0.4770	0.6950	0.9110	1.2232
1.15	0.9978	0.9891	0.9780	0.9554	0.9081	0.8576	0.8032	0.7443	0.6803	0.5798	0.4760	0.5042	0.6987	0.9033	1.2021
1.20	0.9981	0.9904	0.9808	0.9611	0.9205	0.8779	0.8330	0.7858	0.7363	0.6605	0.5605	0.5425	0.7069	0.8990	1.1844
1.30	0.9985	0.9926	0.9852	0.9702	0.9396	0.9083	0.8764	0.8438	0.8111	0.7624	0.6908	0.6344	0.7358	0.8998	1.1580
1.40	0.9988	0.9942	0.9884	0.9768	0.9534	0.9298	0.9062	0.8827	0.8595	0.8256	0.7753	0.7202	0.7761	0.9112	1.1419
1.50	0.9991	0.9954	0.9909	0.9818	0.9636	0.9456	0.9278	0.9103	0.8933	0.8689	0.8328	0.7887	0.8200	0.9297	1.1339
1.60	0.9993	0.9964	0.9928	0.9856	0.9714	0.9575	0.9439	0.9308	0.9180	0.9000	0.8738	0.8410	0.8617	0.9518	1.1320
1.70	0.9994	0.9971	0.9943	0.9886	0.9775	0.9667	0.9563	0.9463	0.9367	0.9234	0.9043	0.8809	0.8984	0.9745	1.1343
1.80	0.9995	0.9977	0.9955	0.9910	0.9823	0.9739	0.9659	0.9583	0.9511	0.9413	0.9275	0.9118	0.9297	0.9961	1.1391
1.90	0.9996	0.9982	0.9964	0.9929	0.9861	0.9796	0.9735	0.9678	0.9624	0.9552	0.9456	0.9359	0.9557	1.0157	1.1452
2.00	0.9997	0.9986	0.9972	0.9944	0.9892	0.9842	0.9796	0.9754	0.9715	0.9664	0.9599	0.9550	0.9772	1.0328	1.1516
2.20	0.9998	0.9992	0.9983	0.9967	0.9937	0.9910	0.9886	0.9865	0.9847	0.9806	0.9806	0.9827	1.0094	1.0600	1.1635
2.40	0.9999	0.9996	0.9991	0.9983	0.9969	0.9957	0.9948	0.9941	0.9936	0.9935	0.9945	1.0011	1.0313	1.0793	1.1728
2.60	1.0000	0.9998	0.9997	0.9994	0.9991	0.9990	0.9990	0.9993	0.9998	1.0010	1.0040	1.0137	1.0463	1.0926	1.1792
2.80	1.0000	1.0000	1.0001	1.0002	1.0007	1.0013	1.0021	1.0031	1.0042	1.0063	1.0106	1.0223	1.0565	1.1016	1.1830
3.00	1.0000	1.0002	1.0004	1.0008	1.0018	1.0030	1.0043	1.0057	1.0074	1.0101	1.0153	1.0284	1.0635	1.1075	1.1848
3.50	1.0001	1.0004	1.0008	1.0017	1.0035	1.0055	1.0075	1.0097	1.0120	1.0156	1.0221	1.0368	1.0723	1.1138	1.1834
4.00	1.0001	1.0005	1.0010	1.0021	1.0043	1.0066	1.0090	1.0115	1.0140	1.0179	1.0249	1.0401	1.0747	1.1136	1.1773

$Z^{(1)}$

T_r	p_r														
	0.010	0.050	0.100	0.200	0.400	0.600	0.800	1.000	1.200	1.500	2.000	3.000	5.000	7.000	10.000
0.30	-0.0008	-0.0040	-0.0081	-0.0161	-0.0323	-0.0484	-0.0645	-0.0806	-0.0966	-0.1207	-0.1608	-0.2407	-0.3996	-0.5572	-0.7915
0.35	-0.0009	-0.0046	-0.0093	-0.0185	-0.0370	-0.0554	-0.0738	-0.0921	-0.1105	-0.1369	-0.1834	-0.2738	-0.4523	-0.6279	-0.8863
0.40	-0.0010	-0.0048	-0.0095	-0.0190	-0.0380	-0.0570	-0.0758	-0.0946	-0.1134	-0.1414	-0.1879	-0.2799	-0.4603	-0.6365	-0.8936
0.45	-0.0009	-0.0047	-0.0094	-0.0187	-0.0374	-0.0560	-0.0745	-0.0929	-0.1113	-0.1387	-0.1840	-0.2734	-0.4475	-0.6162	-0.8606
0.50	-0.0009	-0.0045	-0.0090	-0.0181	-0.0360	-0.0539	-0.0716	-0.0893	-0.1069	-0.1330	-0.1762	-0.2611	-0.4253	-0.5831	-0.8099
0.55	-0.0314	-0.0043	-0.0086	-0.0172	-0.0343	-0.0513	-0.0682	-0.0849	-0.1015	-0.1263	-0.1669	-0.2465	-0.3991	-0.5446	-0.7521
0.60	-0.0205	-0.0041	-0.0082	-0.0164	-0.0326	-0.0487	-0.0646	-0.0803	-0.0960	-0.1192	-0.1572	-0.2312	-0.3718	-0.5047	-0.6929
0.65	-0.0137	-0.0772	-0.0078	-0.0156	-0.0309	-0.0461	-0.0611	-0.0759	-0.0906	-0.1123	-0.1476	-0.2160	-0.3447	-0.4653	-0.6346
0.70	-0.0093	-0.0507	-0.1161	-0.0148	-0.0294	-0.0438	-0.0579	-0.0718	-0.0855	-0.1057	-0.1385	-0.2013	-0.3184	-0.4270	-0.5785
0.75	-0.0064	-0.0339	-0.0744	-0.0143	-0.0282	-0.0417	-0.0550	-0.0681	-0.0808	-0.0996	-0.1298	-0.1872	-0.2929	-0.3901	-0.5250
0.80	-0.0044	-0.0228	-0.0487	-0.1160	-0.0272	-0.0401	-0.0526	-0.0648	-0.0767	-0.0940	-0.1217	-0.1736	-0.2682	-0.3545	-0.4740
0.85	-0.0029	-0.0152	-0.0319	-0.0715	-0.0268	-0.0391	-0.0509	-0.0622	-0.0731	-0.0888	-0.1138	-0.1602	-0.2439	-0.3201	-0.4254
0.90	-0.0019	-0.0099	-0.0205	-0.0442	-0.1118	-0.0396	-0.0503	-0.0604	-0.0701	-0.0840	-0.1059	-0.1463	-0.2195	-0.2862	-0.3788
0.93	-0.0015	-0.0075	-0.0154	-0.0326	-0.0763	-0.1662	-0.0514	-0.0602	-0.0687	-0.0810	-0.1007	-0.1374	-0.2045	-0.2661	-0.3516
0.95	-0.0012	-0.0062	-0.0126	-0.0262	-0.0589	-0.1110	-0.0540	-0.0607	-0.0678	-0.0788	-0.0967	-0.1310	-0.1943	-0.2526	-0.3339
0.97	-0.0010	-0.0050	-0.0101	-0.0208	-0.0450	-0.0770	-0.1647	-0.0623	-0.0669	-0.0759	-0.0921	-0.1240	-0.1837	-0.2391	-0.3163
0.98	-0.0009	-0.0044	-0.0090	-0.0184	-0.0390	-0.0641	-0.1100	-0.0641	-0.0661	-0.0740	-0.0893	-0.1202	-0.1783	-0.2322	-0.3075
0.99	-0.0008	-0.0039	-0.0079	-0.0161	-0.0335	-0.0531	-0.0796	-0.0680	-0.0646	-0.0715	-0.0861	-0.1162	-0.1728	-0.2254	-0.2989
1.00	-0.0007	-0.0034	-0.0069	-0.0140	-0.0285	-0.0435	-0.0588	-0.0792	-0.0609	-0.0678	-0.0824	-0.1118	-0.1672	-0.2185	-0.2902
1.01	-0.0006	-0.0030	-0.0060	-0.0120	-0.0240	-0.0351	-0.0429	-0.0223	-0.0473	-0.0621	-0.0778	-0.1072	-0.1615	-0.2116	-0.2816
1.02	-0.0005	-0.0026	-0.0051	-0.0102	-0.0198	-0.0277	-0.0303	-0.0062	0.0227	-0.0524	-0.0722	-0.1021	-0.1556	-0.2047	-0.2731
1.05	-0.0003	-0.0015	-0.0029	-0.0054	-0.0092	-0.0097	-0.0032	0.0220	0.1059	0.0451	-0.0432	-0.0838	-0.1370	-0.1835	-0.2476
1.10	-0.0000	-0.0000	-0.0001	0.0007	0.0038	0.0106	0.0236	0.0476	0.0897	0.1630	0.0698	-0.0373	-0.1021	-0.1469	-0.2056
1.15	0.0002	0.0011	0.0023	0.0052	0.0127	0.0237	0.0396	0.0625	0.0943	0.1548	0.1667	0.0332	-0.0611	-0.1084	-0.1642
1.20	0.0004	0.0019	0.0040	0.0084	0.0190	0.0326	0.0499	0.0719	0.0991	0.1477	0.1990	0.1095	-0.0141	-0.0678	-0.1231
1.30	0.0006	0.0030	0.0061	0.0125	0.0267	0.0429	0.0612	0.0819	0.1048	0.1420	0.1991	0.2079	0.0875	0.0176	-0.0423
1.40	0.0007	0.0036	0.0072	0.0147	0.0306	0.0477	0.0661	0.0857	0.1063	0.1383	0.1894	0.2397	0.1737	0.1008	0.0350
1.50	0.0008	0.0039	0.0078	0.0158	0.0323	0.0497	0.0677	0.0864	0.1055	0.1345	0.1806	0.2433	0.2309	0.1717	0.1058
1.60	0.0008	0.0040	0.0080	0.0162	0.0330	0.0501	0.0677	0.0855	0.1035	0.1303	0.1729	0.2381	0.2631	0.2255	0.1673
1.70	0.0008	0.0040	0.0081	0.0163	0.0329	0.0497	0.0667	0.0838	0.1008	0.1259	0.1658	0.2305	0.2788	0.2628	0.2179
1.80	0.0008	0.0040	0.0081	0.0162	0.0325	0.0488	0.0652	0.0816	0.0978	0.1216	0.1593	0.2224	0.2846	0.2871	0.2576
1.90	0.0008	0.0040	0.0079	0.0159	0.0318	0.0477	0.0635	0.0792	0.0947	0.1173	0.1532	0.2144	0.2848	0.3017	0.2876
2.00	0.0008	0.0039	0.0078	0.0155	0.0310	0.0464	0.0617	0.0767	0.0916	0.1133	0.1476	0.2069	0.2820	0.3097	0.3096
2.20	0.0007	0.0037	0.0074	0.0147	0.0293	0.0437	0.0580	0.0719	0.0857	0.1057	0.1374	0.1932	0.2720	0.3135	0.3355
2.40	0.0007	0.0035	0.0070	0.0139	0.0276	0.0411	0.0544	0.0675	0.0803	0.0989	0.1285	0.1812	0.2602	0.3089	0.3459
2.60	0.0007	0.0033	0.0066	0.0131	0.0260	0.0387	0.0512	0.0634	0.0754	0.0929	0.1207	0.1706	0.2484	0.3009	0.3475
2.80	0.0006	0.0031	0.0062	0.0124	0.0245	0.0365	0.0483	0.0598	0.0711	0.0876	0.1138	0.1613	0.2372	0.2915	0.3443
3.00	0.0006	0.0029	0.0059	0.0117	0.0232	0.0345	0.0456	0.0565	0.0672	0.0828	0.1076	0.1529	0.2268	0.2817	0.3385
3.50	0.0005	0.0026	0.0052	0.0103	0.0204	0.0303	0.0401	0.0497	0.0591	0.0728	0.0949	0.1356	0.2042	0.2584	0.3194
4.00	0.0005	0.0023	0.0046	0.0091	0.0182	0.0270	0.0357	0.0443	0.0527	0.0651	0.0849	0.1219	0.1857	0.2378	0.2994

B-2 焓

$$-\left(\frac{H - H^{ig}}{RT_c}\right)^{(0)}$$

T_r	p_r														
	0.010	0.050	0.100	0.200	0.400	0.600	0.800	1.000	1.200	1.500	2.000	3.000	5.000	7.000	10.000
0.30	6.045	6.043	6.040	6.034	6.022	6.011	5.999	5.987	5.975	5.957	5.927	5.868	5.748	5.628	5.446
0.35	5.906	5.904	5.901	5.895	5.882	5.870	5.858	5.845	5.833	5.814	5.783	5.721	5.595	5.469	5.278
0.40	5.763	5.761	5.757	5.751	5.738	5.726	5.713	5.700	5.687	5.668	5.636	5.572	5.442	5.311	5.113
0.45	5.615	5.612	5.609	5.603	5.590	5.577	5.564	5.551	5.538	5.519	5.486	5.420	5.288	5.154	4.950
0.50	5.465	5.462	5.459	5.453	5.440	5.427	5.414	5.401	5.388	5.369	5.336	5.270	5.135	4.999	4.791
0.55	0.032	5.312	5.309	5.303	5.290	5.277	5.265	5.252	5.239	5.220	5.187	5.121	4.986	4.849	4.638
0.60	0.027	5.162	5.159	5.153	5.141	5.129	5.116	5.104	5.091	5.073	5.041	4.976	4.842	4.704	4.492
0.65	0.023	0.118	5.008	5.002	4.991	4.980	4.968	4.956	4.945	4.927	4.896	4.833	4.702	4.565	4.353
0.70	0.020	0.101	0.213	4.848	4.839	4.828	4.818	4.808	4.797	4.781	4.752	4.693	4.566	4.432	4.221
0.75	0.017	0.088	0.183	4.687	4.679	4.672	4.664	4.655	4.646	4.632	4.607	4.554	4.434	4.303	4.095
0.80	0.015	0.078	0.141	0.345	4.507	4.504	4.499	4.494	4.488	4.478	4.459	4.413	4.303	4.178	3.974
0.85	0.014	0.069	0.126	0.300	4.308	4.313	4.316	4.316	4.316	4.312	4.302	4.269	4.173	4.056	3.857
0.90	0.012	0.062	0.118	0.264	0.596	4.074	4.094	4.108	4.118	4.127	4.132	4.119	4.043	3.935	3.744
0.93	0.011	0.058	0.113	0.246	0.545	0.960	3.920	3.953	3.976	4.000	4.020	4.024	3.963	3.863	3.678
0.95	0.011	0.056	0.109	0.235	0.516	0.885	3.763	3.825	3.865	3.904	3.939	3.958	3.910	3.815	3.634
0.97	0.011	0.054	0.107	0.225	0.490	0.824	1.356	3.658	3.732	3.796	3.853	3.890	3.856	3.767	3.591
0.98	0.010	0.053	0.105	0.221	0.466	0.797	1.273	3.544	3.652	3.736	3.806	3.854	3.829	3.743	3.569
0.99	0.010	0.052	0.103	0.216	0.455	0.773	1.206	3.376	3.558	3.670	3.758	3.818	3.801	3.719	3.548
1.00	0.010	0.051	0.101	0.212	0.445	0.750	1.151	2.573	3.441	3.598	3.706	3.782	3.774	3.695	3.526
1.01	0.010	0.050	0.099	0.208	0.434	0.728	1.102	1.796	3.283	3.516	3.652	3.744	3.746	3.671	3.505
1.02	0.010	0.049	0.097	0.203	0.407	0.708	1.060	1.627	3.039	3.422	3.595	3.705	3.718	3.647	3.484
1.05	0.009	0.046	0.094	0.192	0.367	0.654	0.955	1.359	2.034	3.030	3.398	3.583	3.632	3.575	3.420
1.10	0.008	0.042	0.086	0.175	0.334	0.581	0.827	1.120	1.487	2.203	2.965	3.353	3.484	3.453	3.315
1.15	0.008	0.039	0.079	0.160	0.305	0.523	0.732	0.968	1.239	1.719	2.479	3.091	3.329	3.329	3.211
1.20	0.007	0.036	0.073	0.148	0.280	0.474	0.657	0.857	1.076	1.443	2.079	2.807	3.166	3.202	3.107
1.30	0.006	0.031	0.063	0.127	0.259	0.399	0.545	0.698	0.860	1.116	1.560	2.274	2.825	2.942	2.899
1.40	0.005	0.027	0.055	0.110	0.224	0.341	0.463	0.588	0.716	0.915	1.253	1.857	2.486	2.679	2.692
1.50	0.005	0.024	0.048	0.097	0.196	0.297	0.400	0.505	0.611	0.774	1.046	1.549	2.175	2.421	2.486
1.60	0.004	0.021	0.043	0.086	0.173	0.261	0.350	0.440	0.531	0.667	0.894	1.318	1.904	2.177	2.285
1.70	0.004	0.019	0.038	0.076	0.153	0.231	0.309	0.387	0.466	0.583	0.777	1.139	1.672	1.953	2.091
1.80	0.003	0.017	0.034	0.068	0.137	0.206	0.275	0.344	0.413	0.515	0.683	0.996	1.476	1.751	1.908
1.90	0.003	0.015	0.031	0.062	0.123	0.185	0.246	0.307	0.368	0.458	0.606	0.880	1.309	1.571	1.736
2.00	0.003	0.014	0.028	0.056	0.111	0.167	0.222	0.276	0.330	0.411	0.541	0.782	1.167	1.411	1.577
2.20	0.002	0.012	0.023	0.046	0.092	0.137	0.182	0.226	0.269	0.334	0.437	0.629	0.937	1.143	1.295
2.40	0.002	0.010	0.019	0.038	0.076	0.114	0.150	0.187	0.222	0.275	0.359	0.513	0.761	0.929	1.058
2.60	0.002	0.008	0.016	0.032	0.064	0.095	0.125	0.155	0.185	0.228	0.297	0.422	0.621	0.756	0.858
2.80	0.001	0.007	0.014	0.027	0.054	0.080	0.105	0.130	0.154	0.190	0.246	0.348	0.508	0.614	0.689
3.00	0.001	0.006	0.011	0.023	0.045	0.067	0.088	0.109	0.129	0.159	0.205	0.288	0.415	0.495	0.545
3.50	0.001	0.004	0.007	0.015	0.029	0.043	0.056	0.069	0.081	0.099	0.127	0.174	0.239	0.270	0.264
4.00	0.000	0.002	0.005	0.009	0.017	0.026	0.033	0.041	0.048	0.058	0.072	0.095	0.116	0.110	0.061

$$-\left(\frac{H-H^{ig}}{RT_c}\right)^{(1)}$$

T_r	\(p_r\)														
	0.010	0.050	0.100	0.200	0.400	0.600	0.800	1.000	1.200	1.500	2.000	3.000	5.000	7.000	10.000
0.30	11.101	11.100	11.098	11.095	11.088	11.081	11.074	11.067	11.061	11.051	11.034	11.001	10.936	10.873	10.782
0.35	10.652	10.651	10.651	10.649	10.646	10.643	10.640	10.637	10.634	10.630	10.623	10.610	10.584	10.561	10.529
0.40	10.120	10.120	10.120	10.120	10.120	10.120	10.120	10.120	10.120	10.120	10.121	10.122	10.127	10.135	10.150
0.45	9.513	9.514	9.514	9.515	9.518	9.520	9.522	9.525	9.527	9.531	9.537	9.550	9.579	9.611	9.663
0.50	8.867	8.868	8.869	8.871	8.875	8.879	8.883	8.887	8.891	8.897	8.908	8.931	8.979	9.030	9.111
0.55	0.080	8.213	8.214	8.216	8.222	8.227	8.232	8.238	8.243	8.252	8.266	8.296	8.359	8.426	8.531
0.60	0.059	7.568	7.570	7.573	7.579	7.585	7.592	7.598	7.605	7.615	7.632	7.668	7.744	7.825	7.950
0.65	0.045	0.247	6.949	6.952	6.959	6.966	6.973	6.980	6.987	6.999	7.018	7.059	7.147	7.239	7.383
0.70	0.034	0.185	0.415	6.360	6.366	6.373	6.381	6.388	6.396	6.408	6.430	6.475	6.573	6.677	6.837
0.75	0.027	0.142	0.306	5.796	5.803	5.809	5.816	5.824	5.832	5.845	5.868	5.918	6.027	6.141	6.317
0.80	0.021	0.110	0.234	0.542	5.266	5.271	5.277	5.285	5.292	5.306	5.330	5.384	5.506	5.632	5.824
0.85	0.017	0.087	0.182	0.401	4.753	4.754	4.758	4.763	4.771	4.784	4.810	4.871	5.008	5.149	5.358
0.90	0.014	0.070	0.144	0.308	0.751	4.254	4.248	4.249	4.255	4.268	4.298	4.371	4.530	4.688	4.916
0.93	0.012	0.061	0.126	0.265	0.612	1.236	3.941	3.934	3.937	3.951	3.987	4.073	4.251	4.422	4.662
0.95	0.011	0.056	0.115	0.241	0.542	0.994	3.737	3.713	3.713	3.730	3.773	3.873	4.068	4.248	4.498
0.97	0.010	0.052	0.105	0.219	0.483	0.837	1.616	3.471	3.467	3.492	3.551	3.670	3.886	4.077	4.336
0.98	0.010	0.050	0.101	0.209	0.457	0.776	1.324	3.332	3.327	3.363	3.434	3.568	3.795	3.992	4.257
0.99	0.009	0.048	0.097	0.200	0.433	0.722	1.154	3.164	3.164	3.222	3.313	3.464	3.705	3.908	4.178
1.00	0.009	0.046	0.093	0.191	0.410	0.675	1.034	2.385	2.952	3.065	3.186	3.358	3.615	3.825	4.100
1.01	0.009	0.044	0.089	0.183	0.389	0.632	0.940	1.375	2.595	2.880	3.051	3.251	3.525	3.743	4.023
1.02	0.008	0.042	0.085	0.175	0.370	0.594	0.863	1.180	1.723	2.650	2.906	3.142	3.435	3.660	3.947
1.05	0.007	0.037	0.075	0.153	0.318	0.498	0.691	0.877	0.878	1.496	2.381	2.800	3.167	3.418	3.722
1.10	0.006	0.030	0.061	0.123	0.251	0.381	0.507	0.617	0.673	0.617	1.261	2.167	2.720	3.023	3.362
1.15	0.005	0.025	0.050	0.099	0.199	0.296	0.385	0.459	0.503	0.503	0.604	1.497	2.275	2.641	3.019
1.20	0.004	0.020	0.040	0.080	0.158	0.232	0.297	0.349	0.381	0.381	0.361	0.934	1.840	2.273	2.692
1.30	0.003	0.013	0.026	0.052	0.100	0.142	0.177	0.203	0.218	0.218	0.178	0.300	1.066	1.592	2.086
1.40	0.002	0.008	0.016	0.032	0.060	0.083	0.100	0.111	0.115	0.108	0.070	0.044	0.504	1.012	1.547
1.50	0.001	0.005	0.009	0.018	0.032	0.042	0.048	0.049	0.046	0.032	-0.008	-0.078	0.142	0.556	1.080
1.60	0.000	0.002	0.004	0.007	0.012	0.013	0.011	0.005	-0.004	-0.023	-0.065	-0.151	-0.082	0.217	0.689
1.70	0.000	0.000	0.000	-0.000	-0.003	-0.009	-0.017	-0.027	-0.040	-0.063	-0.109	-0.202	-0.223	-0.028	0.369
1.80	-0.001	-0.001	-0.003	-0.006	-0.015	-0.025	-0.037	-0.051	-0.067	-0.094	-0.143	-0.241	-0.317	-0.203	0.112
1.90	-0.001	-0.003	-0.005	-0.011	-0.023	-0.037	-0.053	-0.070	-0.088	-0.117	-0.169	-0.271	-0.381	-0.330	-0.092
2.00	-0.001	-0.004	-0.007	-0.015	-0.030	-0.047	-0.065	-0.085	-0.105	-0.136	-0.190	-0.295	-0.428	-0.424	-0.255
2.20	-0.001	-0.005	-0.010	-0.020	-0.040	-0.062	-0.083	-0.106	-0.128	-0.163	-0.221	-0.331	-0.493	-0.551	-0.489
2.40	-0.001	-0.006	-0.012	-0.023	-0.047	-0.071	-0.095	-0.120	-0.144	-0.181	-0.242	-0.357	-0.535	-0.631	-0.645
2.60	-0.001	-0.006	-0.013	-0.026	-0.052	-0.078	-0.104	-0.130	-0.156	-0.194	-0.257	-0.376	-0.567	-0.687	-0.754
2.80	-0.001	-0.007	-0.014	-0.027	-0.055	-0.082	-0.110	-0.137	-0.164	-0.204	-0.269	-0.391	-0.591	-0.729	-0.836
3.00	-0.001	-0.007	-0.014	-0.029	-0.058	-0.086	-0.114	-0.142	-0.170	-0.211	-0.278	-0.403	-0.611	-0.763	-0.899
3.50	-0.002	-0.008	-0.016	-0.031	-0.062	-0.092	-0.122	-0.152	-0.181	-0.224	-0.294	-0.425	-0.650	-0.827	-1.015
4.00	-0.002	-0.008	-0.016	-0.032	-0.064	-0.096	-0.127	-0.158	-0.188	-0.233	-0.306	-0.442	-0.680	-0.874	-1.097

B-3 熵

$$-\left(\frac{S - S^{\mathrm{ig}}_{p_0=p}}{R}\right)^{(0)}$$

T_r	p_r 0.010	0.050	0.100	0.200	0.400	0.600	0.800	1.000	1.200	1.500	2.000	3.000	5.000	7.000	10.000
0.30	11.613	10.008	9.319	8.635	7.961	7.574	7.304	7.099	6.935	6.740	6.497	6.182	5.847	5.683	5.578
0.35	11.185	9.579	8.890	8.205	7.529	7.140	6.869	6.663	6.497	6.299	6.052	5.728	5.376	5.194	5.060
0.40	10.802	9.196	8.506	7.821	7.144	6.755	6.483	6.275	6.109	5.909	5.660	5.330	4.967	4.772	4.619
0.45	10.453	8.847	8.158	7.472	6.795	6.405	6.132	5.924	5.757	5.557	5.306	4.974	4.603	4.401	4.234
0.50	10.137	8.531	7.842	7.156	6.479	6.089	5.816	5.608	5.441	5.240	4.989	4.656	4.282	4.074	3.899
0.55	0.038	8.245	7.555	6.870	6.193	5.803	5.531	5.324	5.157	4.956	4.706	4.373	3.998	3.788	3.607
0.60	0.029	7.983	7.294	6.610	5.933	5.544	5.273	5.066	4.900	4.700	4.451	4.120	3.747	3.537	3.353
0.65	0.023	0.122	7.052	6.368	5.694	5.306	5.036	4.830	4.665	4.467	4.220	3.892	3.523	3.315	3.131
0.70	0.018	0.096	0.206	6.140	5.467	5.082	4.814	4.610	4.446	4.250	4.007	3.684	3.322	3.117	2.935
0.75	0.015	0.078	0.164	5.917	5.248	4.866	4.600	4.399	4.238	4.046	3.807	3.491	3.138	2.939	2.761
0.80	0.013	0.064	0.134	0.294	5.026	4.649	4.388	4.191	4.034	3.846	3.615	3.310	2.970	2.777	2.605
0.85	0.011	0.054	0.111	0.239	4.785	4.418	4.166	3.976	3.825	3.646	3.425	3.135	2.812	2.629	2.463
0.90	0.009	0.046	0.094	0.199	0.463	4.145	3.912	3.738	3.599	3.434	3.231	2.964	2.663	2.491	2.334
0.93	0.008	0.042	0.085	0.179	0.408	0.750	3.723	3.569	3.444	3.295	3.108	2.860	2.577	2.412	2.262
0.95	0.008	0.039	0.080	0.168	0.377	0.671	3.556	3.433	3.326	3.193	3.023	2.790	2.520	2.361	2.215
0.97	0.007	0.037	0.075	0.157	0.350	0.607	1.056	3.259	3.188	3.081	2.932	2.719	2.463	2.312	2.170
0.98	0.007	0.036	0.073	0.153	0.337	0.580	0.971	3.142	3.106	3.019	2.884	2.682	2.436	2.287	2.148
0.99	0.007	0.035	0.071	0.148	0.326	0.555	0.903	2.972	3.010	2.953	2.835	2.646	2.408	2.263	2.126
1.00	0.007	0.034	0.069	0.144	0.315	0.532	0.847	2.167	2.893	2.879	2.784	2.609	2.380	2.239	2.105
1.01	0.007	0.033	0.067	0.139	0.304	0.510	0.799	1.391	2.736	2.798	2.730	2.571	2.352	2.215	2.083
1.02	0.006	0.032	0.065	0.135	0.294	0.491	0.757	1.225	2.495	2.706	2.673	2.533	2.325	2.191	2.062
1.05	0.006	0.030	0.060	0.124	0.267	0.439	0.656	0.965	1.523	2.328	2.483	2.415	2.242	2.121	2.001
1.10	0.005	0.026	0.053	0.108	0.230	0.371	0.537	0.742	1.012	1.557	2.081	2.202	2.104	2.007	1.903
1.15	0.005	0.023	0.047	0.096	0.201	0.319	0.452	0.607	0.790	1.126	1.649	1.968	1.966	1.897	1.810
1.20	0.004	0.021	0.042	0.085	0.177	0.277	0.389	0.512	0.651	0.890	1.308	1.727	1.827	1.789	1.722
1.30	0.003	0.017	0.033	0.068	0.140	0.217	0.298	0.385	0.478	0.628	0.891	1.299	1.554	1.581	1.556
1.40	0.003	0.014	0.027	0.056	0.114	0.174	0.237	0.303	0.372	0.478	0.663	0.990	1.303	1.386	1.402
1.50	0.002	0.011	0.023	0.046	0.094	0.143	0.194	0.246	0.299	0.381	0.520	0.777	1.088	1.208	1.260
1.60	0.002	0.010	0.019	0.039	0.079	0.120	0.162	0.204	0.247	0.312	0.421	0.628	0.913	1.050	1.130
1.70	0.002	0.008	0.017	0.033	0.067	0.102	0.137	0.172	0.208	0.261	0.350	0.519	0.773	0.915	1.013
1.80	0.001	0.007	0.014	0.029	0.058	0.088	0.117	0.147	0.177	0.222	0.296	0.438	0.661	0.799	0.908
1.90	0.001	0.006	0.013	0.025	0.051	0.076	0.102	0.127	0.153	0.191	0.255	0.375	0.570	0.702	0.815
2.00	0.001	0.006	0.011	0.022	0.044	0.067	0.089	0.111	0.134	0.167	0.221	0.325	0.497	0.620	0.733
2.20	0.001	0.004	0.009	0.018	0.035	0.053	0.070	0.087	0.105	0.130	0.172	0.251	0.388	0.492	0.599
2.40	0.001	0.004	0.007	0.014	0.028	0.042	0.056	0.070	0.084	0.104	0.138	0.201	0.311	0.399	0.496
2.60	0.001	0.003	0.006	0.012	0.023	0.035	0.046	0.058	0.069	0.086	0.113	0.164	0.255	0.329	0.416
2.80	0.000	0.002	0.005	0.010	0.020	0.029	0.039	0.048	0.058	0.072	0.094	0.137	0.213	0.277	0.353
3.00	0.000	0.002	0.004	0.008	0.017	0.025	0.033	0.041	0.049	0.061	0.080	0.116	0.181	0.236	0.303
3.50	0.000	0.001	0.003	0.006	0.012	0.017	0.023	0.029	0.034	0.042	0.056	0.081	0.126	0.166	0.216
4.00	0.000	0.001	0.002	0.004	0.009	0.013	0.017	0.021	0.025	0.031	0.041	0.059	0.093	0.123	0.162

T_r	\ p_r: 0.010	0.050	0.100	0.200	0.400	0.600	0.800	1.000	1.200	1.500	2.000	3.000	5.000	7.000	10.000
0.30	16.790	16.783	16.773	16.753	16.714	16.675	16.637	16.598	16.559	16.501	16.405	16.214	15.838	15.469	14.927
0.35	15.408	15.402	15.395	15.382	15.355	15.328	15.301	15.274	15.248	15.208	15.142	15.012	14.757	14.511	14.154
0.40	13.989	13.985	13.980	13.971	13.951	13.932	13.914	13.895	13.876	13.848	13.803	13.713	13.540	13.376	13.144
0.45	12.562	12.559	12.556	12.549	12.535	12.521	12.508	12.494	12.481	12.462	12.429	12.367	12.251	12.144	11.998
0.50	11.201	11.198	11.196	11.191	11.181	11.171	11.161	11.151	11.142	11.128	11.105	11.063	10.986	10.920	10.836
0.55	0.115	9.949	9.947	9.943	9.936	9.928	9.921	9.914	9.907	9.897	9.881	9.853	9.806	9.770	9.732
0.60	0.078	8.828	8.827	8.823	8.817	8.811	8.806	8.800	8.795	8.788	8.777	8.759	8.735	8.723	8.720
0.65	0.055	0.309	7.832	7.829	7.824	7.819	7.815	7.810	7.807	7.801	7.794	7.784	7.778	7.785	7.811
0.70	0.040	0.216	0.340	6.951	6.946	6.941	6.937	6.933	6.930	6.926	6.919	6.919	6.928	6.952	7.002
0.75	0.029	0.156	0.246	0.578	6.167	6.162	6.158	6.155	6.152	6.149	6.146	6.149	6.174	6.213	6.285
0.80	0.022	0.116	0.183	0.408	5.474	5.467	5.462	5.458	5.455	5.452	5.452	5.461	5.501	5.555	5.648
0.85	0.017	0.088	0.140	0.301	4.853	4.841	4.832	4.826	4.822	4.820	4.822	4.839	4.898	4.969	5.083
0.90	0.013	0.068	0.120	0.254	0.744	4.269	4.250	4.238	4.232	4.230	4.236	4.267	4.351	4.442	4.578
0.93	0.011	0.058	0.109	0.228	0.593	1.219	3.914	3.893	3.885	3.883	3.896	3.941	4.046	4.151	4.300
0.95	0.010	0.053	0.099	0.206	0.517	0.961	3.697	3.658	3.647	3.648	3.669	3.728	3.851	3.966	4.125
0.97	0.010	0.048	0.094	0.196	0.456	0.797	1.570	3.406	3.391	3.401	3.437	3.517	3.661	3.788	3.957
0.98	0.009	0.046	0.090	0.186	0.429	0.734	1.270	3.264	3.247	3.268	3.318	3.412	3.569	3.701	3.875
0.99	0.009	0.044	0.086	0.177	0.405	0.680	1.098	3.093	3.082	3.126	3.195	3.306	3.477	3.616	3.795
1.00	0.008	0.042	0.082	0.169	0.382	0.632	0.977	2.313	2.868	2.967	3.067	3.200	3.387	3.532	3.717
1.01	0.008	0.040	0.078	0.161	0.361	0.590	0.883	1.306	2.513	2.784	2.933	3.094	3.297	3.450	3.640
1.02	0.008	0.039	0.076	0.140	0.342	0.552	0.807	1.113	1.655	2.557	2.790	2.986	3.209	3.369	3.565
1.05	0.007	0.034	0.069	0.112	0.292	0.460	0.642	0.820	0.831	1.443	2.283	2.655	2.949	3.134	3.348
1.10	0.005	0.028	0.055	0.091	0.229	0.350	0.470	0.577	0.640	0.618	1.241	2.067	2.534	2.767	3.013
1.15	0.005	0.023	0.045	0.075	0.183	0.275	0.361	0.437	0.489	0.502	0.654	1.471	2.138	2.428	2.708
1.20	0.004	0.019	0.037	0.052	0.149	0.220	0.286	0.343	0.385	0.412	0.447	0.991	1.767	2.115	2.430
1.30	0.003	0.013	0.026	0.037	0.102	0.148	0.190	0.226	0.254	0.282	0.300	0.481	1.147	1.569	1.944
1.40	0.002	0.010	0.019	0.027	0.072	0.104	0.133	0.158	0.178	0.200	0.220	0.290	0.730	1.138	1.544
1.50	0.001	0.007	0.014	0.021	0.053	0.076	0.097	0.115	0.130	0.147	0.166	0.206	0.479	0.823	1.222
1.60	0.001	0.005	0.011	0.016	0.040	0.057	0.073	0.086	0.098	0.112	0.129	0.159	0.334	0.604	0.969
1.70	0.001	0.004	0.008	0.013	0.031	0.044	0.056	0.067	0.076	0.087	0.102	0.127	0.248	0.456	0.775
1.80	0.001	0.003	0.006	0.010	0.024	0.035	0.044	0.053	0.060	0.070	0.083	0.105	0.195	0.355	0.628
1.90	0.001	0.003	0.005	0.008	0.019	0.028	0.036	0.043	0.049	0.057	0.069	0.089	0.160	0.286	0.518
2.00	0.000	0.002	0.004	0.006	0.016	0.023	0.029	0.035	0.040	0.048	0.058	0.077	0.136	0.238	0.434
2.20	0.000	0.001	0.003	0.004	0.011	0.016	0.021	0.025	0.029	0.035	0.043	0.060	0.105	0.178	0.322
2.40	0.000	0.001	0.002	0.003	0.008	0.012	0.015	0.019	0.022	0.027	0.034	0.048	0.086	0.142	0.254
2.60	0.000	0.001	0.002	0.003	0.006	0.009	0.012	0.015	0.018	0.021	0.028	0.041	0.074	0.120	0.210
2.80	0.000	0.001	0.001	0.002	0.005	0.008	0.010	0.012	0.014	0.018	0.023	0.035	0.065	0.104	0.180
3.00	0.000	0.001	0.001	0.001	0.004	0.006	0.008	0.010	0.012	0.015	0.020	0.031	0.058	0.093	0.158
3.50	0.000	0.000	0.001	0.001	0.003	0.004	0.006	0.007	0.009	0.011	0.015	0.024	0.046	0.073	0.122
4.00	0.000	0.000	0.001	0.001	0.002	0.003	0.005	0.006	0.007	0.009	0.012	0.020	0.038	0.060	0.100

$$-\left(\frac{S - S^{ig}_{p_0=p}}{R}\right)^{(1)}$$

B-4 逸度

$$\lg\left(\frac{f}{p}\right)^{(0)}$$

T_r	p_r														
	0.010	0.050	0.100	0.200	0.400	0.600	0.800	1.000	1.200	1.500	2.000	3.000	5.000	7.000	10.000
0.30	-3.708	-4.402	-4.697	-4.985	-5.261	-5.412	-5.512	-5.584	-5.638	-5.697	-5.759	-5.810	-5.782	-5.679	-5.462
0.35	-2.472	-3.166	-3.461	-3.751	-4.029	-4.183	-4.285	-4.359	-4.416	-4.479	-4.548	-4.611	-4.608	-4.531	-4.352
0.40	-1.566	-2.261	-2.557	-2.847	-3.128	-3.283	-3.387	-3.464	-3.522	-3.588	-3.661	-3.735	-3.752	-3.694	-3.545
0.45	-0.879	-1.574	-1.871	-2.162	-2.444	-2.601	-2.707	-2.784	-2.845	-2.913	-2.990	-3.071	-3.104	-3.062	-2.938
0.50	-0.344	-1.040	-1.336	-1.628	-1.911	-2.070	-2.177	-2.256	-2.317	-2.387	-2.468	-2.555	-2.601	-2.572	-2.468
0.55	-0.008	-0.614	-0.911	-1.204	-1.488	-1.647	-1.755	-1.835	-1.897	-1.969	-2.052	-2.145	-2.201	-2.183	-2.095
0.60	-0.007	-0.269	-0.566	-0.859	-1.144	-1.304	-1.413	-1.494	-1.557	-1.630	-1.715	-1.812	-1.878	-1.869	-1.795
0.65	-0.005	-0.026	-0.283	-0.577	-0.862	-1.023	-1.132	-1.214	-1.278	-1.352	-1.439	-1.539	-1.612	-1.611	-1.549
0.70	-0.004	-0.021	-0.043	-0.341	-0.627	-0.789	-0.899	-0.981	-1.045	-1.120	-1.208	-1.312	-1.391	-1.396	-1.344
0.75	-0.003	-0.017	-0.035	-0.144	-0.430	-0.592	-0.703	-0.785	-0.850	-0.925	-1.015	-1.121	-1.204	-1.215	-1.172
0.80	-0.003	-0.014	-0.029	-0.059	-0.264	-0.426	-0.537	-0.619	-0.684	-0.760	-0.851	-0.958	-1.046	-1.062	-1.026
0.85	-0.002	-0.012	-0.024	-0.049	-0.123	-0.285	-0.396	-0.479	-0.544	-0.620	-0.711	-0.820	-0.911	-0.930	-0.901
0.90	-0.002	-0.010	-0.020	-0.041	-0.086	-0.166	-0.276	-0.359	-0.424	-0.500	-0.591	-0.700	-0.794	-0.817	-0.793
0.93	-0.002	-0.009	-0.018	-0.037	-0.077	-0.122	-0.214	-0.296	-0.361	-0.437	-0.527	-0.637	-0.732	-0.756	-0.735
0.95	-0.002	-0.008	-0.017	-0.035	-0.072	-0.113	-0.176	-0.258	-0.322	-0.398	-0.488	-0.598	-0.693	-0.719	-0.699
0.97	-0.002	-0.008	-0.016	-0.033	-0.067	-0.105	-0.148	-0.223	-0.287	-0.362	-0.452	-0.561	-0.657	-0.683	-0.665
0.98	-0.002	-0.008	-0.016	-0.032	-0.065	-0.101	-0.142	-0.206	-0.270	-0.344	-0.434	-0.543	-0.639	-0.666	-0.649
0.99	-0.002	-0.007	-0.015	-0.031	-0.063	-0.098	-0.137	-0.191	-0.254	-0.328	-0.417	-0.526	-0.622	-0.649	-0.633
1.00	-0.001	-0.007	-0.015	-0.030	-0.061	-0.095	-0.132	-0.176	-0.238	-0.312	-0.401	-0.509	-0.605	-0.633	-0.617
1.01	-0.001	-0.007	-0.015	-0.029	-0.059	-0.091	-0.127	-0.168	-0.224	-0.297	-0.385	-0.493	-0.589	-0.617	-0.602
1.02	-0.001	-0.007	-0.014	-0.028	-0.057	-0.088	-0.122	-0.161	-0.210	-0.282	-0.370	-0.477	-0.573	-0.601	-0.588
1.05	-0.001	-0.006	-0.013	-0.025	-0.052	-0.080	-0.110	-0.143	-0.180	-0.242	-0.327	-0.433	-0.529	-0.557	-0.546
1.10	-0.001	-0.005	-0.011	-0.022	-0.045	-0.069	-0.093	-0.120	-0.148	-0.193	-0.267	-0.368	-0.462	-0.491	-0.482
1.15	-0.001	-0.005	-0.009	-0.019	-0.039	-0.059	-0.080	-0.102	-0.125	-0.160	-0.220	-0.312	-0.403	-0.433	-0.426
1.20	-0.001	-0.004	-0.008	-0.017	-0.034	-0.051	-0.069	-0.088	-0.106	-0.135	-0.184	-0.266	-0.352	-0.382	-0.377
1.30	-0.001	-0.003	-0.006	-0.013	-0.026	-0.039	-0.052	-0.066	-0.080	-0.100	-0.134	-0.195	-0.269	-0.296	-0.293
1.40	-0.001	-0.003	-0.005	-0.010	-0.020	-0.030	-0.040	-0.051	-0.061	-0.076	-0.101	-0.146	-0.205	-0.229	-0.226
1.50	-0.000	-0.002	-0.004	-0.008	-0.016	-0.024	-0.032	-0.039	-0.047	-0.059	-0.077	-0.111	-0.157	-0.176	-0.173
1.60	-0.000	-0.002	-0.003	-0.006	-0.012	-0.019	-0.025	-0.031	-0.037	-0.046	-0.060	-0.085	-0.120	-0.135	-0.129
1.70	-0.000	-0.001	-0.002	-0.005	-0.010	-0.015	-0.020	-0.024	-0.029	-0.036	-0.046	-0.065	-0.092	-0.102	-0.094
1.80	-0.000	-0.001	-0.002	-0.004	-0.008	-0.012	-0.015	-0.019	-0.023	-0.028	-0.036	-0.050	-0.069	-0.075	-0.066
1.90	-0.000	-0.001	-0.002	-0.003	-0.005	-0.009	-0.012	-0.015	-0.018	-0.022	-0.028	-0.038	-0.052	-0.054	-0.043
2.00	-0.000	-0.000	-0.001	-0.002	-0.003	-0.007	-0.009	-0.012	-0.014	-0.017	-0.021	-0.029	-0.037	-0.037	-0.024
2.20	-0.000	-0.000	-0.001	-0.001	-0.001	-0.004	-0.005	-0.007	-0.008	-0.009	-0.012	-0.015	-0.017	-0.012	-0.004
2.40	-0.000	-0.000	-0.001	-0.001	-0.000	-0.002	-0.003	-0.003	-0.004	-0.004	-0.005	-0.006	-0.003	-0.005	0.024
2.60	0.000	0.000	-0.000	-0.000	0.000	-0.001	-0.001	-0.001	-0.001	-0.001	-0.001	-0.001	0.007	0.017	0.037
2.80	0.000	0.000	0.000	0.000	0.000	0.000	0.001	0.001	0.001	0.002	0.003	0.005	0.014	0.025	0.046
3.00	0.000	0.000	0.000	0.000	0.001	0.001	0.002	0.002	0.003	0.003	0.005	0.009	0.018	0.031	0.053
3.50	0.000	0.000	0.000	0.001	0.001	0.002	0.003	0.004	0.005	0.006	0.008	0.013	0.025	0.038	0.061
4.00	0.000	0.000	0.000	0.001	0.002	0.003	0.004	0.005	0.006	0.007	0.010	0.016	0.028	0.041	0.064

p_r

T_r	0.010	0.050	0.100	0.200	0.400	0.600	0.800	1.000	1.200	1.500	2.000	3.000	5.000	7.000	10.000
0.30	−8.779	−8.780	−8.782	−8.785	−8.792	−8.799	−8.806	−8.813	−8.820	−8.831	−8.848	−8.883	−8.953	−9.022	−9.126
0.35	−6.526	−6.528	−6.530	−6.534	−6.542	−6.550	−6.558	−6.566	−6.574	−6.586	−6.606	−6.645	−6.724	−6.802	−6.919
0.40	−4.912	−4.914	−4.916	−4.920	−4.928	−4.936	−4.945	−4.953	−4.961	−4.973	−4.994	−5.034	−5.115	−5.194	−5.312
0.45	−3.726	−3.727	−3.729	−3.734	−3.742	−3.750	−3.758	−3.766	−3.774	−3.786	−3.806	−3.846	−3.924	−4.001	−4.115
0.50	−2.838	−2.839	−2.841	−2.845	−2.853	−2.861	−2.868	−2.876	−2.884	−2.896	−2.915	−2.953	−3.027	−3.101	−3.208
0.55	−0.013	−2.164	−2.166	−2.170	−2.177	−2.184	−2.192	−2.199	−2.207	−2.218	−2.236	−2.272	−2.342	−2.411	−2.510
0.60	−0.009	−1.644	−1.646	−1.650	−1.657	−1.664	−1.671	−1.678	−1.685	−1.695	−1.712	−1.746	−1.812	−1.875	−1.967
0.65	−0.006	−0.031	−1.241	−1.245	−1.252	−1.258	−1.265	−1.272	−1.278	−1.288	−1.304	−1.336	−1.397	−1.456	−1.540
0.70	−0.004	−0.021	−0.044	−0.927	−0.933	−0.940	−0.946	−0.952	−0.959	−0.968	−0.983	−1.013	−1.069	−1.123	−1.201
0.75	−0.003	−0.014	−0.030	−0.675	−0.682	−0.688	−0.694	−0.700	−0.705	−0.714	−0.728	−0.756	−0.809	−0.858	−0.929
0.80	−0.002	−0.010	−0.020	−0.043	−0.481	−0.487	−0.493	−0.498	−0.504	−0.512	−0.526	−0.551	−0.600	−0.645	−0.709
0.85	−0.001	−0.006	−0.013	−0.028	−0.321	−0.327	−0.332	−0.338	−0.343	−0.351	−0.364	−0.388	−0.432	−0.473	−0.530
0.90	−0.001	−0.004	−0.009	−0.018	−0.039	−0.199	−0.204	−0.210	−0.215	−0.222	−0.234	−0.256	−0.296	−0.333	−0.384
0.93	−0.001	−0.003	−0.007	−0.013	−0.029	−0.048	−0.141	−0.146	−0.151	−0.158	−0.170	−0.191	−0.228	−0.262	−0.310
0.95	−0.001	−0.003	−0.005	−0.011	−0.023	−0.037	−0.103	−0.108	−0.114	−0.121	−0.132	−0.151	−0.187	−0.219	−0.265
0.97	−0.000	−0.002	−0.004	−0.009	−0.018	−0.029	−0.042	−0.075	−0.080	−0.087	−0.097	−0.116	−0.150	−0.180	−0.223
0.98	−0.000	−0.002	−0.004	−0.008	−0.016	−0.025	−0.035	−0.059	−0.064	−0.071	−0.081	−0.099	−0.132	−0.162	−0.203
0.99	−0.000	−0.002	−0.003	−0.007	−0.014	−0.021	−0.030	−0.044	−0.050	−0.056	−0.066	−0.084	−0.115	−0.144	−0.184
1.00	−0.000	−0.001	−0.003	−0.006	−0.012	−0.018	−0.025	−0.031	−0.036	−0.042	−0.052	−0.069	−0.099	−0.127	−0.166
1.01	−0.000	−0.001	−0.003	−0.005	−0.010	−0.016	−0.021	−0.024	−0.024	−0.030	−0.038	−0.054	−0.084	−0.111	−0.149
1.02	−0.000	−0.001	−0.002	−0.004	−0.009	−0.013	−0.017	−0.019	−0.015	−0.018	−0.026	−0.041	−0.069	−0.095	−0.132
1.05	−0.000	−0.001	−0.001	−0.002	−0.005	−0.006	−0.007	−0.007	−0.002	0.008	0.007	−0.005	−0.029	−0.052	−0.085
1.10	−0.000	−0.000	0.000	0.002	0.001	0.002	0.004	0.007	0.012	0.025	0.041	0.042	0.026	−0.008	−0.019
1.15	−0.000	−0.000	0.001	0.002	0.005	0.008	0.011	0.016	0.022	0.034	0.056	0.074	0.057	0.036	0.036
1.20	−0.000	0.001	0.002	0.003	0.007	0.012	0.017	0.023	0.029	0.041	0.064	0.093	0.096	0.081	0.081
1.30	0.000	0.001	0.003	0.005	0.011	0.017	0.023	0.030	0.038	0.049	0.071	0.109	0.142	0.150	0.148
1.40	0.000	0.002	0.003	0.006	0.013	0.020	0.027	0.034	0.041	0.053	0.074	0.112	0.161	0.181	0.191
1.50	0.000	0.002	0.003	0.007	0.014	0.021	0.028	0.036	0.043	0.055	0.074	0.110	0.167	0.197	0.218
1.60	0.000	0.002	0.004	0.007	0.014	0.021	0.029	0.036	0.043	0.055	0.074	0.107	0.167	0.204	0.234
1.70	0.000	0.002	0.004	0.007	0.014	0.021	0.029	0.036	0.043	0.054	0.072	0.104	0.165	0.205	0.242
1.80	0.000	0.002	0.003	0.007	0.014	0.021	0.028	0.035	0.042	0.053	0.070	0.104	0.161	0.203	0.246
1.90	0.000	0.001	0.003	0.007	0.014	0.020	0.028	0.034	0.041	0.052	0.068	0.101	0.157	0.200	0.246
2.00	0.000	0.001	0.003	0.007	0.013	0.020	0.027	0.034	0.040	0.050	0.066	0.097	0.152	0.196	0.244
2.20	0.000	0.001	0.003	0.006	0.013	0.019	0.025	0.032	0.038	0.047	0.062	0.091	0.143	0.186	0.236
2.40	0.000	0.001	0.003	0.006	0.012	0.018	0.024	0.030	0.036	0.044	0.058	0.086	0.134	0.176	0.227
2.60	0.000	0.001	0.003	0.006	0.011	0.017	0.023	0.028	0.034	0.042	0.055	0.080	0.127	0.167	0.217
2.80	0.000	0.001	0.003	0.005	0.011	0.016	0.021	0.027	0.032	0.039	0.052	0.076	0.120	0.158	0.208
3.00	0.000	0.001	0.003	0.005	0.010	0.015	0.020	0.025	0.030	0.037	0.049	0.072	0.114	0.151	0.199
3.50	0.000	0.001	0.002	0.004	0.009	0.013	0.018	0.022	0.026	0.033	0.043	0.063	0.101	0.134	0.179
4.00	0.000	0.001	0.002	0.004	0.008	0.012	0.016	0.020	0.023	0.029	0.038	0.057	0.090	0.121	0.163

$$\lg\left(\frac{f}{p}\right)^{(1)}$$

B-5 比定压热容

$$\left(\dfrac{C_p - C_p^{\mathrm{ig}}}{R}\right)^{(0)}$$

T_r	p_r 0.10	0.20	0.40	0.60	0.80	0.90	0.95	1.00	1.50	2.00	3.00	5.00	7.00	10.00
0.30	2.809	2.814	2.830	2.842	2.854	2.860	2.853	2.856	2.896	2.927	2.989	3.122	3.257	3.466
0.35	2.812	2.816	2.823	2.835	2.844	2.848	2.850	2.853	2.875	2.897	2.944	3.042	3.145	3.313
0.40	2.928	2.933	2.935	2.940	2.945	2.948	2.949	2.951	2.965	2.979	3.014	3.085	3.164	3.293
0.45	2.990	2.991	2.993	2.995	2.997	2.998	2.997	2.999	3.006	2.995	2.999	3.079	3.135	3.232
0.50	3.004	3.003	3.001	3.000	2.998	2.998	2.997	2.997	2.995	2.951	2.938	3.019	3.054	3.122
0.55	3.000	2.997	2.990	2.984	2.978	2.975	2.974	2.973	2.961	2.907	2.874	2.934	2.947	2.988
0.60	3.006	2.999	2.986	2.974	2.963	2.957	2.954	2.952	2.927	2.881	2.822	2.840	2.831	2.817
0.65	3.047	3.036	3.014	2.993	2.973	2.964	2.960	2.955	2.914	2.928	2.792	2.753	2.720	2.709
0.70	0.687	3.138	3.099	3.065	3.033	3.018	3.010	3.003	2.937	3.038	2.795	2.681	2.621	2.582
0.75	0.526	3.351	3.284	3.225	3.171	3.146	3.134	3.122	3.015	3.240	2.838	2.629	2.537	2.469
0.80	0.415	1.032	3.647	3.537	3.440	3.395	3.374	3.354	3.176	3.585	2.931	2.601	2.473	2.373
0.85	0.336	0.794	4.404	4.158	3.957	3.870	3.829	3.790	3.470	3.902	3.096	2.599	2.427	2.292
0.90	0.277	0.633	1.858	5.679	5.095	4.871	4.771	4.677	4.000	4.180	3.236	2.626	2.392	2.227
0.93	0.249	0.560	1.538	4.208	6.720	6.184	5.963	5.766	4.533	4.346	3.351	2.657	2.399	2.199
0.95	0.232	0.518	1.375	3.341	9.316	8.002	7.525	7.127	5.050	4.531	3.415	2.684	2.391	2.195
0.96	0.225	0.498	1.305	3.033	12.329	9.696	8.884	8.249	5.381	4.742	3.486	2.699	2.392	2.175
0.97	0.217	0.480	1.240	2.778	9.585	12.905	11.192	10.011	5.785	4.983	3.560	2.716	2.392	2.167
0.98	0.210	0.463	1.181	2.563	7.350	22.253	15.213	13.269	6.279	5.255	3.641	2.733	2.395	2.159
0.99	0.204	0.447	1.126	2.378	6.039	15.275	41.377	21.947	6.897	5.923	3.729	2.752	2.398	2.151
1.00	0.197	0.431	1.076	2.211	5.196	10.202	18.954	—	7.686	6.327	3.920	2.773	2.401	2.144
1.02	0.185	0.403	0.986	1.951	4.025	6.459	7.108	13.184	10.062	6.787	4.027	2.816	2.408	2.138
1.03	0.180	0.390	0.945	1.840	3.634	5.516	6.005	9.649	11.869	7.296	4.139	2.840	2.413	2.125
1.04	0.175	0.377	0.907	1.739	3.314	4.828	5.217	7.707	14.124	8.426	4.259	2.865	2.419	2.119
1.05	0.169	0.365	0.872	1.648	3.047	4.301		6.458	16.458	9.787	4.516	2.891	2.425	2.115
1.07	0.160	0.343	0.807	1.490	2.624	3.539		4.919	17.878	9.094		2.945	2.439	2.110
1.10	0.147	0.313	0.724	1.297	2.168	2.800	3.191	3.649	13.255		4.927	3.033	2.462	2.182
1.15	0.128	0.271	0.612	1.058	1.670	2.068	2.238	2.553	6.985		5.535	3.186	2.508	2.033
1.20	0.113	0.237	0.525	0.885	1.345	1.627	1.783	1.951	4.430	6.911	5.710	3.326	2.555	2.083
1.25	0.100	0.209	0.456	0.753	1.117	1.329	1.444	1.565	3.185	5.085	5.377	3.424	2.598	2.079
1.30	0.089	0.185	0.400	0.651	0.946	1.114	1.203	1.297	2.458	3.850	4.793	3.452	2.628	2.077
1.35	0.080	0.166	0.354	0.569	0.815	0.952	1.024	1.098	1.984	3.029	4.159	3.402	2.639	2.074
1.40	0.072	0.149	0.315	0.502	0.711	0.825	0.885	0.946	1.650	2.462	3.573	3.282	2.626	2.068
1.50	0.060	0.122	0.255	0.399	0.557	0.641	0.684	0.728	1.211	1.747	2.647	2.917	2.525	2.038
1.60	0.050	0.101	0.210	0.326	0.449	0.514	0.547	0.580	0.938	1.321	2.016	2.508	2.347	1.978
1.70	0.042	0.086	0.176	0.271	0.371	0.422	0.449	0.475	0.752	1.043	1.586	2.128	2.130	1.889
1.80	0.036	0.073	0.150	0.229	0.311	0.354	0.375	0.397	0.619	0.848	1.282	1.805	1.907	1.778
1.90	0.031	0.063	0.129	0.196	0.265	0.301	0.318	0.336	0.519	0.706	1.060	1.538	1.696	1.656
2.00	0.027	0.055	0.112	0.170	0.229	0.259	0.274	0.289	0.443	0.598	0.893	1.320	1.505	1.531
2.20	0.021	0.043	0.086	0.131	0.175	0.198	0.209	0.220	0.334	0.446	0.661	0.998	1.191	1.292
2.40	0.017	0.034	0.069	0.104	0.138	0.156	0.165	0.173	0.261	0.347	0.510	0.779	0.956	1.086
2.60	0.014	0.028	0.056	0.084	0.112	0.126	0.133	0.140	0.210	0.278	0.407	0.624	0.780	0.917
2.80	0.012	0.023	0.046	0.070	0.093	0.104	0.110	0.116	0.172	0.227	0.332	0.512	0.647	0.779
3.00	0.010	0.020	0.039	0.058	0.078	0.087	0.092	0.097	0.144	0.190	0.277	0.427	0.545	0.668
3.50	0.007	0.013	0.027	0.040	0.053	0.060	0.063	0.066	0.098	0.128	0.187	0.289	0.374	0.472
4.00	0.005	0.010	0.019	0.029	0.038	0.043	0.045	0.048	0.071	0.093	0.135	0.209	0.272	0.350

T_r	p_r													
	0.10	0.20	0.40	0.60	0.80	0.90	0.95	1.00	1.50	2.00	3.00	5.00	7.00	10.00
0.30	8.415	8.385	8.282	8.193	8.102	8.057	9.034	8.011	7.786	7.559	7.103	6.271	5.374	4.021
0.35	9.746	9.712	9.697	9.568	9.500	9.464	9.448	9.430	9.256	9.081	8.728	8.014	7.291	6.295
0.40	11.471	11.410	11.354	11.343	11.291	11.266	11.253	11.240	11.347	10.980	10.709	10.170	9.625	9.803
0.45	12.633	12.615	12.575	12.532	12.492	12.471	12.461	12.451	12.347	12.243	12.029	11.592	11.183	10.533
0.50	13.099	13.081	13.055	13.025	12.995	12.980	12.972	12.964	12.886	12.805	12.639	12.288	11.946	11.419
0.55	13.030	13.021	13.001	12.981	12.960	12.952	12.944	12.939	12.882	12.823	12.695	12.407	12.103	11.673
0.60	12.675	12.669	12.655	12.563	12.620	12.611	12.607	12.590	12.550	12.506	12.407	12.165	11.905	11.527
0.65	12.148	12.145	12.137	12.128	12.117	12.111	12.108	12.105	12.060	12.026	11.943	11.728	11.494	11.141
0.70	2.698	11.557	11.564	11.563	11.559	11.556	11.555	11.553	11.524	11.495	11.416	11.208	10.985	10.661
0.75	1.747	10.967	10.995	11.011	11.019	11.022	11.014	11.024	11.013	10.986	10.898	10.677	10.448	10.132
0.80	1.212	3.511	10.490	10.536	10.566	10.576	10.580	10.583	10.587	10.556	10.446	10.176	9.917	9.591
0.85	0.879	2.247	9.999	10.153	10.245	10.275	10.287	10.297	10.324	10.278	10.110	9.740	9.433	9.075
0.90	0.658	1.563	5.486	9.793	10.180	10.283	10.320	10.349	10.401	10.279	9.940	9.389	8.999	8.592
0.93	0.560	1.289	3.890	—	10.285	10.012	10.699	10.768	10.801	10.523	9.965	9.225	8.766	8.322
0.95	0.505	1.142	3.215	9.389	9.993	11.012	11.247	11.420	11.387	10.865	10.055	9.136	8.621	8.152
0.96	0.480	1.077	2.946	7.755	8.702	11.255	11.756	12.022	11.853	11.117	10.128	9.098	8.552	8.068
0.97	0.456	1.018	2.712	6.588	—	11.151	12.455	13.001	12.497	11.445	10.215	9.061	8.485	7.986
0.98	0.434	0.962	2.506	5.711	—	6.450	13.163	—	—	11.856	10.323	9.037	8.420	7.905
0.99	0.414	0.911	2.324	5.027	—	—	—	—	—	12.388	10.457	9.011	8.359	7.826
1.00	0.394	0.863	2.162	4.477	10.511	—	—	—	—	13.081	10.617	8.990	8.293	7.747
1.02	0.359	0.778	1.884	3.648	7.044	10.266	12.588	10.925	—	—	11.024	8.960	8.182	7.595
1.03	0.343	0.739	1.766	3.328	6.039	8.234	9.594	8.636	—	—	11.272	8.948	8.126	7.522
1.04	0.327	0.703	1.657	3.052	5.278	6.884	7.794	7.173	—	—	11.552	8.943	8.071	7.446
1.05	0.313	0.669	1.559	2.812	4.679	5.916	6.574	5.370	—	—	11.852	8.939	8.018	7.377
1.07	0.286	0.608	1.386	2.416	3.794	4.604	3.009	3.877	—	—	12.517	8.939	7.913	7.232
1.10	0.252	0.528	1.174	1.968	2.919	3.423	3.662	2.587	3.927	7.716	—	8.933	7.759	7.031
1.15	0.205	0.424	0.910	1.460	2.048	2.334	2.466	1.881	2.236	2.965	12.812	8.849	7.504	6.702
1.20	0.168	0.345	0.722	1.123	1.527	1.715	1.801	1.435	1.622	1.962	9.494	8.508	7.206	6.384
1.25	0.139	0.283	0.582	0.887	1.182	1.316	1.377	1.129	1.327	1.697	6.167	7.787	6.833	6.064
1.30	0.116	0.235	0.476	0.715	0.938	1.039	1.086	0.908	1.091	1.288	3.895	6.758	6.365	5.735
1.35	0.098	0.197	0.394	0.584	0.760	0.838	0.874	0.743	0.904	1.067	2.457	5.612	5.808	5.392
1.40	0.083	0.166	0.329	0.484	0.624	0.687	0.716	0.517	0.763	0.905	1.652	4.524	5.193	5.035
1.50	0.061	0.120	0.235	0.342	0.437	0.484	0.498	0.374	0.639	0.666	0.907	2.871	3.944	4.289
1.60	0.045	0.089	0.173	0.249	0.317	0.346	0.360	0.278	0.466	0.499	0.600	1.755	2.871	3.545
1.70	0.034	0.068	0.130	0.187	0.236	0.258	0.268	0.212	0.349	0.380	0.439	1.129	2.060	2.867
1.80	0.027	0.052	0.100	0.143	0.180	0.196	0.204	0.164	0.267	0.296	0.337	0.764	1.483	2.287
1.90	0.021	0.041	0.078	0.111	0.140	0.153	0.159	0.130	0.209	0.234	0.267	0.545	1.085	1.817
2.00	0.017	0.032	0.062	0.088	0.110	0.121	0.125	0.105	0.166	0.187	0.217	0.407	0.812	1.446
2.20	0.011	0.021	0.040	0.057	0.072	0.079	0.082	0.085	0.110	0.126	0.150	0.256	0.492	0.941
2.40	0.007	0.014	0.028	0.039	0.049	0.054	0.056	0.058	0.076	0.089	0.109	0.150	0.329	0.644
2.60	0.005	0.010	0.020	0.028	0.035	0.039	0.040	0.042	0.056	0.066	0.084	0.137	0.239	0.466
2.80	0.003	0.008	0.014	0.021	0.026	0.029	0.030	0.031	0.042	0.051	0.067	0.110	0.187	0.336
3.00	0.002	0.006	0.011	0.016	0.020	0.022	0.023	0.024	0.033	0.041	0.055	0.092	0.153	0.285
3.50	0.002	0.003	0.006	0.009	0.012	0.013	0.014	0.015	0.021	0.026	0.038	0.067	0.108	0.190
4.00	0.001	0.002	0.004	0.006	0.008	0.009	0.010	0.010	0.015	0.019	0.029	0.054	0.085	0.146

$$\left(\frac{C_p - C_p^{ig}}{R}\right)^{(1)}$$

附录 C　水的性质表

C-1　饱和水

T/℃	$p \times 10^{-5}$ /Pa	V/cm³·g⁻¹		U/J·g⁻¹		H/J·g⁻¹			S/J·g⁻¹·K⁻¹	
		饱和液体	饱和蒸汽	饱和液体	饱和蒸汽	饱和液体	潜热	饱和蒸汽	饱和液体	饱和蒸汽
0	0.00611	1.0002	206278	−0.03	2375.4	−0.02	2501.4	2501.3	−0.0001	9.1565
5	0.00872	1.0001	147120	20.97	2382.3	20.98	2489.6	2510.6	0.0761	9.0257
10	0.01228	1.0004	106379	42.00	2389.2	42.01	2477.7	2519.8	0.1510	8.9008
15	0.01705	1.0009	77926	62.99	2396.1	62.99	2465.9	2528.9	0.2245	8.7814
20	0.02339	1.0018	57791	83.95	2402.9	83.96	2454.1	2538.1	0.2966	8.6672
25	0.03169	1.0029	43360	104.88	2409.8	104.89	2442.3	2547.2	0.3674	8.5580
30	0.04246	1.0043	32894	125.78	2416.5	125.79	2430.5	2556.3	0.4369	8.4533
35	0.05628	1.0060	25216	146.67	2423.4	146.68	2418.6	2565.3	0.5053	8.3531
40	0.07384	1.0078	19523	167.56	2430.1	167.57	2406.7	2574.3	0.5725	8.2570
45	0.09593	1.0099	15258	188.44	2436.8	188.45	2394.8	2583.2	0.6387	8.1648
50	0.1235	1.0121	12032	209.32	2443.5	209.33	2382.7	2592.1	0.7038	8.0763
55	0.1576	1.0146	9568	230.21	2450.1	230.23	2370.7	2600.9	0.7679	7.9913
60	0.1994	1.0172	7671	251.11	2456.6	251.13	2358.5	2609.6	0.8312	7.9096
65	0.2503	1.0199	6197	272.02	2463.1	272.06	2346.2	2618.3	0.8935	7.8310
70	0.3119	1.0228	5042	292.95	2469.6	292.98	2333.8	2626.8	0.9549	7.7553
75	0.3858	1.0259	4131	313.90	2475.9	313.93	2321.4	2635.3	1.0155	7.6824
80	0.4739	1.0291	3407	334.86	2482.2	334.91	2308.8	2643.7	1.0753	7.6122
85	0.5783	1.0325	2828	355.84	2488.4	355.90	2296.0	2651.9	1.1343	7.5445
90	0.7014	1.0360	2361	376.85	2494.5	376.92	2283.2	2660.1	1.1925	7.4791
95	0.8455	1.0397	1982	397.88	2500.6	397.96	2270.2	2668.1	1.2500	7.4159
100	1.014	1.0435	1673	418.94	2506.5	419.04	2257.0	2676.1	1.3069	7.3549
110	1.433	1.0516	1210	461.14	2518.1	461.30	2230.2	2691.5	1.4185	7.2387
120	1.985	1.0603	891.9	503.50	2529.3	503.71	2202.6	2706.3	1.5276	7.1296
130	2.701	1.0697	668.5	546.02	2539.9	546.31	2174.2	2720.5	1.6344	7.0269
140	3.613	1.0797	508.9	588.74	2550.0	589.13	2144.7	2733.9	1.7391	6.9299
150	4.758	1.0905	392.8	631.68	2559.5	632.20	2114.3	2764.5	1.8418	6.8379
160	6.178	1.1020	307.1	674.86	2568.4	675.55	2082.6	2758.1	1.9427	6.7502
170	7.917	1.1143	242.8	718.33	2576.5	719.21	2049.5	2768.7	2.0419	6.6663
180	10.02	1.1274	194.1	762.09	2583.7	763.22	2015.0	2778.2	2.1396	6.5857
190	12.54	1.1414	156.5	806.19	2590.0	807.62	1978.8	2786.4	2.2359	6.5079
200	15.54	1.1565	127.4	850.65	2595.3	852.45	1940.7	2793.2	2.3309	6.4323
210	19.06	1.1726	104.4	895.53	2599.5	897.76	1900.7	2798.5	2.4248	6.3585
220	23.18	1.1900	86.19	940.87	2602.4	943.62	1858.5	2802.1	2.5178	6.2861
230	27.95	1.2088	71.58	986.74	2603.9	990.12	1813.8	2804.0	2.6099	6.2146
240	33.44	1.2291	59.76	1033.2	2604.0	1037.3	1766.5	2803.8	2.7015	6.1437
250	39.73	1.2512	50.13	1080.4	2602.4	1085.4	1716.2	2801.5	2.7927	6.0730
260	46.88	1.2755	42.21	1128.4	2599.0	1134.4	1662.5	2796.9	2.8838	6.0019
270	54.99	1.3023	35.64	1177.4	2593.7	1184.5	1605.2	2789.7	2.9751	5.9301
280	64.12	1.3321	30.17	1227.5	2586.1	1236.0	1543.6	2779.6	3.0668	5.8571
290	74.36	1.3656	25.57	1278.9	2576.0	1289.1	1477.1	2766.2	3.1594	5.7821
300	85.81	1.4036	21.67	1332.0	2563.0	1344.0	1404.9	2749.0	3.2534	5.7045
320	112.7	1.4988	15.49	1444.6	2525.5	1461.5	1238.6	2700.1	3.4480	5.5362
340	145.9	1.6379	10.80	1570.3	2464.6	1594.2	1027.9	2622.0	3.6594	5.3357
360	186.5	1.8925	6.945	1725.2	2351.5	1760.5	720.5	2481.0	3.9147	5.0526
374.14	220.9	3.155	3.155	2029.6	2029.6	2090.3	0	2099.3	4.4298	4.4298

C-2 过热水蒸气

$T/℃$	$V/cm^3 \cdot g^{-1}$	$U/J \cdot g^{-1}$	$H/J \cdot g^{-1}$	$S/J \cdot g^{-1} \cdot K^{-1}$	$V/cm^3 \cdot g^{-1}$	$U/J \cdot g^{-1}$	$H/J \cdot g^{-1}$	$S/J \cdot g^{-1} \cdot K^{-1}$
	$0.06\times10^5\,Pa(36.16℃)$				$0.35\times10^5\,Pa(72.69℃)$			
饱和蒸汽	23739	2425.0	2546.4	8.3304	4526	2473.0	2631.4	7.7153
80	27132	2487.3	2650.1	8.5804	4625	2483.7	2645.6	7.7564
120	30219	2544.7	2726.0	8.7840	5163	2542.4	2723.1	7.9644
160	33302	2602.7	2802.5	8.9693	5696	2601.2	2800.6	8.1519
200	36383	2661.4	2879.7	9.1398	6228	2660.4	2878.4	8.3237
240	39462	2721.0	2957.8	9.2982	6758	2720.3	2956.8	8.4828
280	42540	2781.5	3036.8	9.4464	7287	2780.9	3036.0	8.6314
320	45618	2843.0	3116.7	9.5859	7815	2842.5	3116.1	8.7712
360	48696	2905.5	3197.7	9.7180	8344	2905.1	3197.1	8.9034
400	51774	2969.0	3279.6	9.8435	8872	2968.6	3270.2	9.0291
440	54851	3033.5	3362.6	9.9633	9400	3033.5	3362.6	9.1490
500	59467	3132.3	3489.1	10.134	10192	3132.1	3488.8	9.3194
	$0.70\times10^5\,Pa(89.95℃)$				$1.0\times10^5\,Pa(99.63℃)$			
饱和蒸汽	2365	2494.5	2660.0	7.4797	1694	2506.1	2675.5	7.3594
100	2434	3509.7	2680.0	7.5341	1696	2506.7	2676.2	7.3614
120	2571	2539.7	2719.6	7.6375	1793	2537.3	2716.6	7.4668
160	2841	2599.4	2798.2	7.8279	1984	2597.8	2796.2	7.6597
200	3108	2659.1	2876.7	8.0012	2172	2658.1	2875.3	7.8343
240	3374	2719.3	2955.5	8.1611	2359	2718.5	2954.5	7.9949
280	3640	2780.2	3035.0	8.3162	2546	2779.6	3034.2	8.1445
320	3005	2842.0	3115.3	8.4504	2732	2841.5	3114.6	8.2849
360	4170	2904.6	3196.5	8.5828	2917	2904.2	3195.9	8.4175
400	4434	2968.2	3278.6	8.7086	3103	2967.9	3278.2	8.5435
440	4698	3032.9	3361.8	8.8286	3288	3032.6	3361.4	8.6636
500	5095	3131.8	3488.5	8.9991	3565	3131.6	3488.1	8.8342
	$1.5\times10^5\,Pa(111.37℃)$				$3.0\times10^5\,Pa(133.55℃)$			
饱和蒸汽	1159	2519.7	2693.6	7.2233	606	2543.6	2725.3	6.9919
120	1188	2533.3	2711.4	7.2693				
160	1317	2595.2	2792.8	7.4665	651	2587.1	2782.3	7.1276
200	1444	2656.2	2872.9	7.6433	716	2650.7	2865.5	7.3115
240	1570	2717.2	2952.7	7.8052	781	2713.1	2947.3	7.4774
280	1695	2778.6	3032.8	7.9555	844	2775.4	3028.6	7.6299
320	1819	2840.6	3113.5	8.0964	907	2838.1	3110.1	7.7722
360	1943	2903.5	3195.0	8.2293	969	2901.4	3192.2	7.9061
400	2067	2967.3	3277.4	8.3555	1032	2965.6	3275.0	8.0330
440	2191	3032.1	3360.7	8.4757	1094	3030.6	3358.7	8.1538
500	2376	3131.2	3487.6	8.6466	1187	3130.0	3486.0	8.3251
600	2685	3301.7	3704.3	8.9101	1341	3300.8	3703.2	8.5892
	$5.0\times10^5\,Pa(151.86℃)$				$7.0\times10^5\,Pa(164.97℃)$			
饱和蒸汽	374.9	2561.2	2748.7	6.8213	272.9	2572.5	2768.5	6.7080
180	404.5	2609.7	2812.0	6.9656	284.7	2599.8	2799.1	6.7880
200	424.9	2642.9	2855.4	7.0592	299.9	2634.8	2844.8	6.8865
240	464.6	2707.6	2939.9	7.2307	329.2	2701.8	2932.2	7.0641
280	503.4	2771.2	3022.9	7.3865	357.4	2766.9	3017.1	7.2233
320	541.6	2834.7	3105.6	7.5308	385.2	2831.3	3100.9	7.3697
360	579.6	2898.7	3188.4	7.6660	412.6	2895.8	3184.7	7.5063
400	617.3	2963.2	3271.9	7.7938	439.7	2960.9	3268.7	7.6350
440	654.8	3028.6	3356.0	7.9152	466.7	3026.6	3353.3	7.7571
500	710.9	3128.4	3483.9	8.0873	507.0	3126.8	3481.7	7.9299
600	804.1	3299.6	3701.7	8.3522	573.8	3298.5	3700.2	8.1956
700	896.9	3477.5	3925.9	8.5952	640.3	3476.6	3924.8	8.4391

续表

$T/℃$	$V/cm^3 \cdot g^{-1}$	$U/J \cdot g^{-1}$	$H/J \cdot g^{-1}$	$S/J \cdot g^{-1} \cdot K^{-1}$	$V/cm^3 \cdot g^{-1}$	$U/J \cdot g^{-1}$	$H/J \cdot g^{-1}$	$S/J \cdot g^{-1} \cdot K^{-1}$
	10×10^5Pa(179.91℃)				15×10^5Pa(198.32℃)			
饱和蒸汽	194.4	2583.6	2778.1	6.5865	131.8	2594.5	2792.2	6.4448
200	206.6	2621.9	2827.9	6.6940	132.5	2598.1	2796.8	6.4546
240	227.5	2692.9	2920.4	6.8817	148.3	2676.9	2899.3	6.6628
280	248.0	2760.2	3008.2	7.0465	162.7	2748.6	2992.7	6.8381
320	267.8	2826.1	3093.9	7.1962	176.5	2817.1	3081.9	6.9938
360	287.3	2891.6	3178.9	7.3349	189.9	2884.4	3169.2	7.1363
400	306.6	2957.3	3263.9	7.4651	203.0	2951.3	3255.8	7.2690
440	325.7	3023.6	3349.3	7.5883	216.0	3018.5	3342.5	7.3940
500	354.1	3124.4	3478.5	7.7622	235.2	3120.3	3473.1	7.5698
540	372.9	3192.6	3565.6	7.8720	247.8	3189.1	3560.9	7.6805
600	401.1	3296.8	3697.9	8.0290	266.8	3293.9	3694.0	7.8385
640	419.8	3367.4	3787.2	8.1290	279.3	3364.8	3783.8	7.9391
	20×10^5Pa(212.42℃)				30×10^5Pa(233.90℃)			
饱和蒸汽	99.6	2600.3	2799.5	6.3409	66.7	2604.1	2804.2	6.1869
240	108.5	2659.6	2876.5	6.4952	68.2	2619.7	2824.3	6.2265
280	120.0	2736.4	2976.4	6.6828	77.1	2709.9	2941.3	6.4462
320	130.8	2807.9	3069.5	6.8452	85.0	2788.4	3043.4	6.6245
360	141.1	2877.0	3159.3	6.9917	92.3	2861.7	3138.7	6.7801
400	151.2	2945.2	3247.6	7.1271	99.4	2932.8	3230.9	6.9212
440	161.1	3013.4	3335.6	7.2540	106.2	3002.9	3321.5	7.0520
500	175.7	3116.2	3467.6	7.4317	116.2	3108.0	3456.5	7.2338
540	185.3	3185.6	3556.1	7.5434	122.7	3178.4	3546.6	7.3474
600	199.6	3290.9	3690.1	7.7024	132.4	3285.0	3682.3	7.5085
640	209.1	3262.2	3780.4	7.8035	138.8	3357.0	3773.5	7.6106
700	223.2	3470.9	3917.4	7.9487	148.4	3466.5	3911.7	7.7571
	40×10^5Pa(250.40℃)				60×10^5Pa(275.64℃)			
饱和蒸汽	49.78	2602.3	2801.4	6.0701	32.44	2589.7	2784.3	5.8892
280	55.46	2680.0	2901.8	6.2568	33.17	2605.2	2804.2	5.9252
320	61.99	2767.4	3015.4	6.4553	38.76	2720.0	2952.6	6.1846
360	67.88	2845.7	3117.2	6.6215	43.31	2811.2	3071.1	6.3782
400	73.41	2919.9	3213.6	6.7690	47.39	2892.9	3177.2	6.5408
440	78.72	2992.2	3307.1	6.9041	51.22	2970.0	3277.3	6.6853
500	86.43	3099.5	3445.3	7.0901	56.65	3082.2	3422.2	6.8803
540	91.45	3171.1	3536.9	7.2056	60.15	3156.1	3517.0	6.9999
600	98.85	3279.1	3674.4	7.3688	65.25	3266.9	3658.4	7.1677
640	103.7	3351.8	3766.6	7.4720	68.59	3341.0	3752.6	7.2731
700	111.0	3462.1	3905.9	7.6198	73.52	3453.1	3894.1	7.4234
740	115.7	3536.6	3999.6	7.7141	76.77	3528.3	3989.2	7.5190
	80×10^5Pa(295.06℃)				100×10^5Pa(311.06℃)			
饱和蒸汽	23.52	2569.8	2758.0	5.7432	18.03	2544.4	2724.7	5.6141
320	26.82	2662.7	2877.2	5.9489	19.25	2588.8	2781.3	5.7103
360	30.89	2772.7	3019.8	6.1819	23.31	2729.1	2962.1	6.0060
400	34.32	2863.8	3138.3	6.3634	26.41	2832.4	3096.5	6.2120
440	37.42	2946.7	3246.1	6.5190	29.11	2922.1	3213.2	6.3805
480	40.34	3025.7	3348.4	6.6586	31.60	3005.4	3321.4	6.5282
520	43.13	3102.7	3447.7	6.7871	33.94	3085.6	3425.1	6.6622
560	45.82	3178.7	3545.3	6.9072	36.19	3164.1	3526.0	6.7864
600	48.45	3254.4	3642.0	7.0206	38.37	3241.7	3625.3	6.9029
640	51.02	3330.1	3738.3	7.1283	40.48	3318.9	3723.7	7.0131
700	54.81	3443.9	3882.4	7.2812	43.58	3434.7	3870.5	7.1687
740	57.29	3520.4	3978.7	7.3782	45.60	3512.1	3968.1	7.2670

$T/℃$	$V/\text{cm}^3 \cdot \text{g}^{-1}$	$U/\text{J} \cdot \text{g}^{-1}$	$H/\text{J} \cdot \text{g}^{-1}$	$S/\text{J} \cdot \text{g}^{-1} \cdot \text{K}^{-1}$	$V/\text{cm}^3 \cdot \text{g}^{-1}$	$U/\text{J} \cdot \text{g}^{-1}$	$H/\text{J} \cdot \text{g}^{-1}$	$S/\text{J} \cdot \text{g}^{-1} \cdot \text{K}^{-1}$
	$120 \times 10^5 \text{Pa}(324.75℃)$				$140 \times 10^5 \text{Pa}(336.75℃)$			
饱和蒸汽	14.26	2513.7	2684.9	5.4924	11.49	2476.8	2637.6	5.3717
360	18.11	2678.4	2895.7	5.8361	14.22	2617.4	2816.5	5.6602
400	21.08	2798.3	3051.3	6.0747	17.22	2760.9	3001.9	5.9448
440	23.55	2896.1	3178.7	6.2586	19.54	2868.6	3142.2	6.1474
480	25.76	2984.4	3293.5	6.4154	21.57	2962.5	3264.5	6.3143
520	27.81	3068.0	3401.8	6.5555	23.43	3049.8	3377.8	6.4610
560	29.77	3149.0	3506.2	6.6840	25.17	3133.6	3486.0	6.5941
600	31.64	3228.7	3608.3	6.8037	26.83	3215.4	3591.1	6.7172
640	33.45	3307.5	3709.0	6.9164	28.43	3296.0	3694.1	6.8326
700	36.10	3425.2	3858.4	7.0749	30.75	3415.7	3846.2	6.9939
740	37.81	3503.7	3957.4	7.1746	35.25	3495.2	3946.7	7.0952
	$160 \times 10^5 \text{Pa}(347.44℃)$				$180 \times 10^5 \text{Pa}(357.06℃)$			
饱和蒸汽	9.31	2431.7	2580.6	5.2455	7.49	2374.3	2509.1	5.1044
360	11.05	2539.0	2715.8	5.4614	8.09	2418.9	2564.5	5.1922
400	14.26	2719.4	2947.6	5.8175	11.90	2672.8	2887.0	5.6887
440	16.52	2839.4	3103.7	6.0429	14.14	2808.2	3062.8	5.9428
480	18.42	2939.7	3234.4	6.2215	15.96	2915.9	3203.2	6.1345
520	20.13	3031.1	3353.3	6.3752	17.57	3011.8	3378.0	6.2960
560	21.72	3117.8	3465.4	6.5132	19.04	3101.7	3444.4	6.4392
600	23.23	3201.8	3573.5	6.6399	20.42	3188.0	3555.6	6.5696
640	24.67	3284.2	3678.9	6.7580	21.74	3272.3	3663.6	6.6905
700	26.74	3406.0	3833.9	6.9224	23.62	3396.3	3821.5	6.8580
740	28.08	3486.7	3935.9	7.0251	24.83	3478.0	3925.0	6.9623
	$200 \times 10^5 \text{Pa}(365.81℃)$				$240 \times 10^5 \text{Pa}$			
饱和蒸汽	5.83	2293.0	2409.7	4.9269				
400	9.94	2619.3	2818.1	5.5540	6.73	2477.8	2639.4	5.2393
440	12.22	2774.9	3019.4	5.8450	9.29	2700.6	2923.4	5.6506
480	13.99	2891.2	3170.8	6.0518	11.00	2838.3	3102.3	5.8950
520	15.51	2992.0	3302.2	6.2218	12.41	2950.5	3248.5	6.0842
560	16.89	3085.2	3423.0	6.3705	13.66	3051.1	3379.0	6.2448
600	18.18	3174.0	3537.6	6.5048	14.81	3145.2	3500.7	6.3875
640	19.40	3260.2	3648.1	6.6286	15.88	3235.5	2616.7	6.5174
700	21.13	3386.4	3809.0	6.7993	17.39	3366.4	3783.8	6.6947
740	22.24	3469.3	3914.1	6.9052	18.35	3451.7	3892.1	6.8038
800	23.85	3592.7	4069.7	7.0544	19.74	3578.0	4051.6	6.9567
	$280 \times 10^5 \text{Pa}$				$320 \times 10^5 \text{Pa}$			
400	3.83	2223.5	2330.7	4.7494	2.36	1980.4	2055.9	4.3239
440	7.12	2613.2	2812.6	5.4494	5.44	2509.0	2683.0	5.2327
480	8.35	2780.8	3028.5	5.7446	7.22	2718.1	2949.2	5.5968
520	10.20	2906.8	3192.3	5.9566	8.53	2860.7	3133.7	5.8357
560	11.36	3015.7	3333.7	6.1307	9.63	2979.0	3287.2	6.0246

$T/℃$	$V/cm^3 \cdot g^{-1}$	$U/J \cdot g^{-1}$	$H/J \cdot g^{-1}$	$S/J \cdot g^{-1} \cdot K^{-1}$	$V/cm^3 \cdot g^{-1}$	$U/J \cdot g^{-1}$	$H/J \cdot g^{-1}$	$S/J \cdot g^{-1} \cdot K^{-1}$
	$280 \times 10^5 Pa$				$320 \times 10^5 Pa$			
600	12.41	3115.6	3463.0	6.2823	10.01	3085.3	3424.6	6.1858
640	13.38	3210.3	3584.8	6.4187	11.50	3184.5	3552.5	6.3290
700	14.73	3346.1	3758.4	6.6029	12.73	3325.4	3732.8	6.5203
740	15.58	3433.9	3870.0	6.7153	13.50	3415.9	3847.8	6.6361
800	16.80	3563.1	4033.4	6.8720	14.60	3548.0	4015.1	6.7966
900	18.73	3774.3	4298.8	7.1084	16.33	3762.7	4285.1	7.0372

C-3 压缩液体水

参考态是 0℃ 的饱和液相。

$T/℃$	$V/cm^3 \cdot g^{-1}$	$U/J \cdot g^{-1}$	$H/J \cdot g^{-1}$	$S/J \cdot g^{-1} \cdot K^{-1}$	$V/cm^3 \cdot g^{-1}$	$U/J \cdot g^{-1}$	$H/J \cdot g^{-1}$	$S/J \cdot g^{-1} \cdot K^{-1}$
	$25 \times 10^5 Pa(223.99℃)$				$50 \times 10^5 Pa(263.99℃)$			
20	1.0006	83.80	86.30	0.2961	0.9995	83.65	88.65	0.2956
40	1.0067	167.25	169.77	0.5715	1.0056	166.95	171.97	0.5705
80	1.0280	334.29	336.86	1.0737	1.0268	333.72	338.85	1.0720
120	1.0590	502.68	505.33	1.5255	1.0576	501.80	507.09	1.5233
160	1.1006	673.90	676.65	1.9404	1.0988	672.62	678.12	1.9375
200	1.1555	859.9	852.8	2.3294	1.1530	848.1	848.1	2.3255
220	1.1898	940.7	943.7	2.5174	1.1866	938.4	944.4	2.5128
饱和液	1.1973	959.1	962.1	2.5546	1.2859	1147.8	1154.2	2.9202
	$75 \times 10^5 Pa(290.59℃)$				$100 \times 10^5 Pa(311.06℃)$			
20	0.9984	83.50	90.99	0.2950	0.9972	83.36	93.33	0.2945
40	1.0045	166.64	174.18	0.5696	1.0034	166.35	176.38	0.5686
80	1.0256	333.15	340.84	1.0704	1.0245	332.59	342.83	1.0688
100	1.0397	416.81	424.62	1.3011	1.0385	416.12	426.50	1.2992
140	1.0752	585.72	593.78	1.7317	1.0737	584.68	595.42	1.7292
180	1.1219	758.13	766.55	2.1308	1.1199	756.65	767.84	2.1275
220	1.1835	936.2	945.1	2.5083	1.1805	934.1	945.9	2.5039
260	1.2696	1124.4	1134.0	2.8763	1.2645	1121.1	1133.7	2.8699
饱和液	1.3677	1282.0	1292.2	3.1649	1.4524	1393.0	1407.6	3.3596
	$150 \times 10^5 Pa(342.24℃)$				$200 \times 10^5 Pa(365.81℃)$			
20	0.9950	83.06	97.99	0.2934	0.9928	82.77	102.62	0.2923
40	1.0013	165.76	180.78	0.5666	0.9992	165.17	185.16	0.5646
100	1.0361	414.75	430.28	1.2955	1.0337	413.39	434.06	1.2917
180	1.1159	753.76	770.50	2.1210	1.1120	750.95	773.20	2.1147
220	1.1748	929.9	947.5	2.4953	1.1693	925.9	949.3	2.4870
260	1.2550	1114.6	1133.4	2.8576	1.2462	1108.6	1133.5	2.8459
300	1.3770	1316.6	1337.3	3.2260	1.3596	1306.1	1333.3	3.2071
饱和液	1.6581	1585.6	1610.5	3.6848	2.036	1785.6	1826.3	4.0139
	$250 \times 10^5 Pa$				$300 \times 10^5 Pa$			
20	0.9907	82.47	107.24	0.2911	0.9886	82.17	111.84	0.2899
40	0.9971	164.60	189.52	0.5626	0.9951	164.04	193.89	0.5607
100	1.0313	412.08	437.85	1.2881	1.0290	410.78	441.66	1.2844
200	1.1344	834.5	862.8	2.2961	1.1302	831.4	865.3	2.2893
300	1.3442	1296.6	1330.2	3.1900	1.3304	1287.9	1327.8	3.1741

附录 D 热力学性质图[1～3]

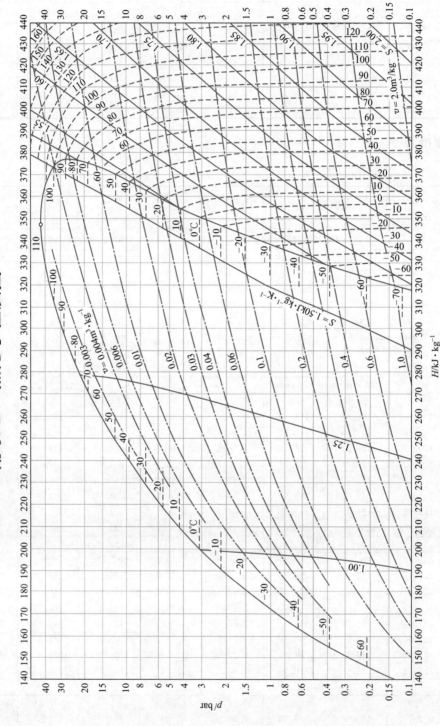

附图 D-1　R12(CCl_2F_2) 的 $\ln p$-H 图

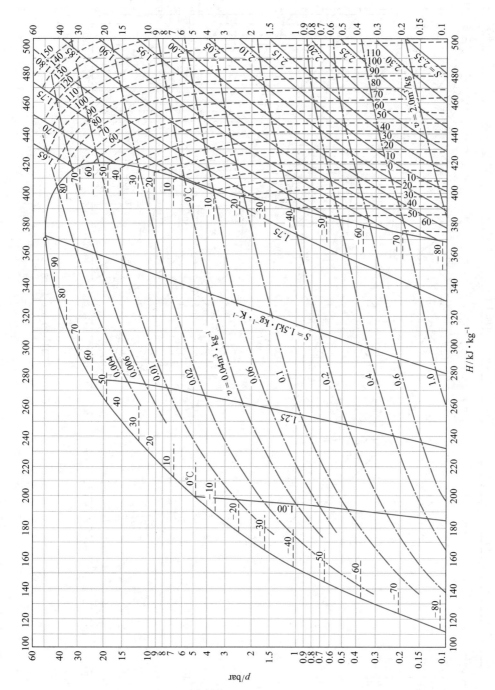

附图 D-2 R22(CHClF₂)的 $\ln p\text{-}H$ 图

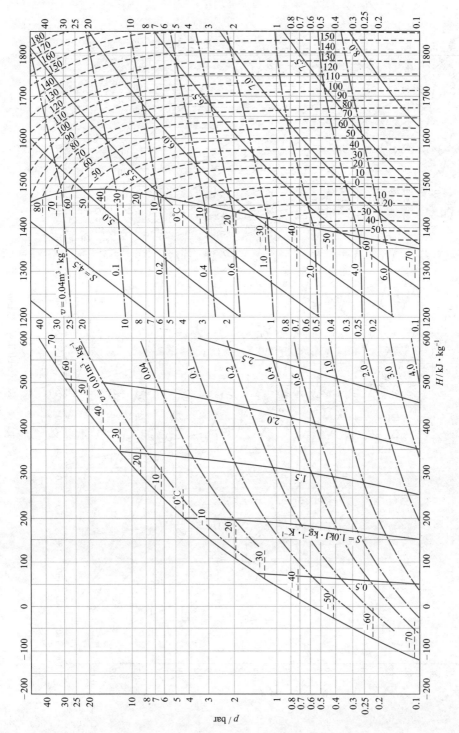

附图 D-3　NH₃ 的 ln$p$-H 图

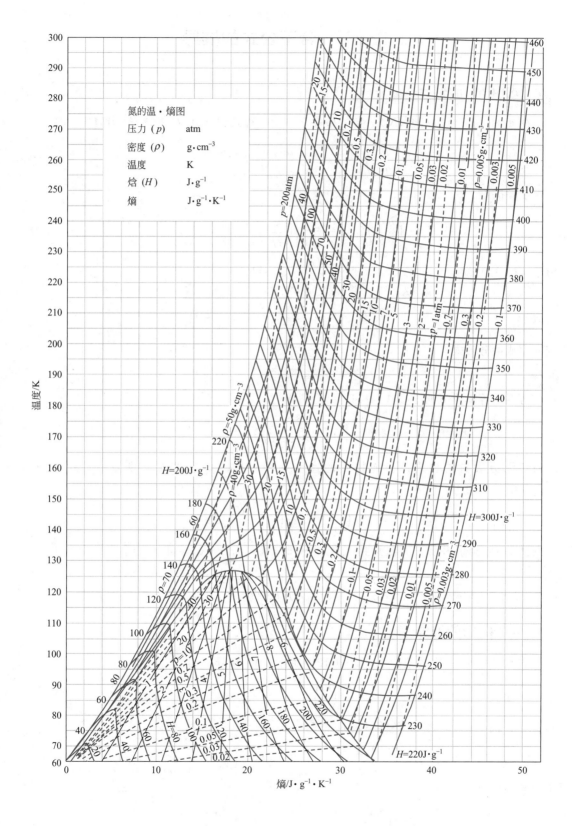

附图 D-4　N_2 的 T-S 图

附录 E 若干公式的推导

E-1 式(4-69)的推导

在 T 和 $n_i(i=1,2,\cdots,N)$ 一定的条件下，使方程式(4-32)对 p 求导(当 $M=G$ 时)

$$\left(\frac{\partial \overline{G}_i}{\partial p}\right)_{T,\{y\}}=\frac{\partial}{\partial p}\left[\left(\frac{\partial G_t}{\partial n_i}\right)_{T,p,\{n\}_{\neq i}}\right]_{T,\{n\}}$$

变换求导次序

$$\left(\frac{\partial \overline{G}_i}{\partial p}\right)_{T,\{y\}}=\frac{\partial}{\partial n_i}\left[\left(\frac{\partial G_t}{\partial p}\right)_{T,\{n\}}\right]_{T,p,\{n\}_{\neq i}}$$

由于式(3-19)知

$$\left(\frac{\partial G_t}{\partial p}\right)_{T,\{n\}}=V_t$$

所以

$$\left(\frac{\partial \overline{G}_i}{\partial p}\right)_{T,\{y\}}=\frac{\partial}{\partial n_i}[V_t]_{T,p,\{n\}_{\neq i}}=\overline{V}_i$$

继而写成微分形式

$$\left[\mathrm{d}\overline{G}_i=\overline{V}_i\,\mathrm{d}p\right]_{T,\{y\}}$$

再与等温、等组成下的方程式(4-56)结合，得

$$\left[\mathrm{d}\ln\hat{f}_i=\frac{\overline{V}_i}{RT}\mathrm{d}p\right]_{T,\{y\}}$$

为避免无穷大数的出现，和纯物质的逸度处理一样，将上式两边减去一等式 $\mathrm{d}\ln p=(1/p)\mathrm{d}p$

$$\mathrm{d}\ln\left(\frac{\hat{f}_i}{p}\right)=\frac{1}{RT}\left(\overline{V}_i-\frac{RT}{p}\right)\mathrm{d}p$$

上式从 $p=0$ 至 p 积分，并注意到，当 $p\to 0$ 时，$(\hat{f}_i/p)\to y_i$，可以得到

$$\ln\left(\frac{\hat{f}_i}{x_i p}\right)=\ln\hat{\varphi}_i=\frac{1}{RT}\int_0^p\left(\overline{V}_i-\frac{RT}{p}\right)\mathrm{d}p \tag{4-69}$$

E-2 式(4-70)的推导

先在 $T,\{n\}$ 一定的条件下，式(4-12)对体积 V_t 求导，得

$$\left(\frac{\partial A_t}{\partial V_t}\right)_{T,\{n\}}=-p$$

再在 $T,V_t,n_{j\neq i}$ 一定的条件下对 n_i 求导

$$\frac{\partial}{\partial n_i}\left[\left(\frac{\partial A_t}{\partial V_t}\right)_{T,\{n\}}\right]_{T,V_t,\{n\}_{\neq i}}=-\left(\frac{\partial p}{\partial n_i}\right)_{T,V_t,\{n\}_{\neq i}}$$

变换积分次序

$$\frac{\partial}{\partial V_t}\left[\left(\frac{\partial A_t}{\partial n_i}\right)_{T,V_t,\{n\}_{\neq i}}\right]_{T,\{n\}}=-\left(\frac{\partial p}{\partial n_i}\right)_{T,V_t,\{n\}_{\neq i}}$$

由于

$$\left(\frac{\partial A_t}{\partial n_i}\right)_{T,V,\{n\}_{\neq i}} = \left(\frac{\partial G_t}{\partial n_i}\right)_{T,p,\{n\}_{\neq i}} = \overline{G}_i$$

所以

$$\left(\frac{\partial \overline{G}_i}{\partial V_t}\right)_{T,\{n\}} = -\left(\frac{\partial p}{\partial n_i}\right)_{T,V_t,\{n\}_{\neq i}}$$

写成微分形式

$$\left[d\overline{G}_t = -\left(\frac{\partial p}{\partial n_i}\right)_{T,V_t,\{n\}_{\neq i}} dV_t\right]_{T,\{n\}}$$

结合式(4-56) 可以得到

$$\left[d\ln\hat{f}_i = -\frac{1}{RT}\left(\frac{\partial p}{\partial n_i}\right)_{T,V_t,\{n\}_{\neq i}} dV_t\right]_{T,\{n\}}$$

两边加上等式 $d\ln V_t = (1/V_t)dV_t$，并注意到 $d\ln V_t = d\ln Z - d\ln p$，得

$$d\ln\left(\frac{\hat{f}_i}{p}\right) + d\ln Z = \frac{1}{RT}\left[\frac{RT}{V_t} - \left(\frac{\partial p}{\partial n_i}\right)_{T,V_t,\{n\}_{\neq i}}\right] dV_t$$

从 $V_t = \infty$ 至 $V_t = V$ 积分，并注意到当 $V_t \to \infty$ 时，有 $Z \to 1$ 和 $(\hat{f}_i/p) \to y_i$，可以得到

$$\ln\hat{\varphi}_i = \frac{1}{RT}\int_{\infty}^{V_t}\left[\frac{RT}{V_t} - \left(\frac{\partial p}{\partial n_i}\right)_{T,V_t,\{n\}_{\neq i}}\right] dV_t - \ln Z \qquad (4\text{-}70)$$

E-3　证明

在 T、p 一定的条件下，若二元溶液的组分 1 符合 Lewis-Randall 规则，则组分 2 符合 Henry 规则。

在 T、p 一定的条件下，由 Gibbs-Dubem 方程[式(4-46)]

$$x_1 d\ln\hat{f}_1 + x_2 d\ln\hat{f}_2 = 0$$

若组分 1 符合 Lewis-Randall 规则，由式(4-71) 得

$$\hat{f}_1 = f_1 x_1$$

考虑到 T、p 一定的条件下，f_1 是一个常数，所以

$$d\ln\hat{f}_1 = d\ln f_1 + d\ln x_1 = d\ln x_1$$

代入式(4-46)，则有

$$x_1 d\ln x_1 + x_2 d\ln\hat{f}_2 = 0$$

考虑到 $dx_1 = -dx_2$，所以有

$$d\ln\hat{f}_2 = d\ln x_2$$

积分并整理得

$$\hat{f}_2 = Cx_2$$

令积分常数 C 为 Henry，则组分 2 符合 Henry 规则

$$\hat{f}_2 = H_{2,1}x_2$$

附录 F　热力学性质计算软件

F-1　项目

均相性质——PR 方程

纯物质饱和热力学性质——PR 方程

混合物的汽-液平衡——PR 方程

——Wilson 方程

F-2　子菜单

均相性质——PR 方程

纯物质气、液相性质

$$T,p \rightarrow V,Z,\ln\varphi,\frac{H-H^{ig}}{RT},\frac{S-S^{ig}_{p_0=p}}{R}$$

$$T,V \rightarrow p,Z,\ln\varphi,\frac{H-H^{ig}}{RT},\frac{S-S^{ig}_{p_0=p}}{R}$$

定组成混合物的气、液相性质

$$T,p,\{x\}(或\{y\}) \rightarrow V,Z,\ln\varphi;\ln\hat{\varphi}_i,\frac{H-H^{ig}}{RT},\frac{S-S^{ig}_{p_0=p}}{R}$$

$$T,V,\{x\}(或\{y\}) \rightarrow p,Z,\ln\varphi;\ln\hat{\varphi}_i,\frac{H-H^{ig}}{RT},\frac{S-S^{ig}_{p_0=p}}{R}$$

纯物质饱和热力学性质——PR 方程

$$T \rightarrow p^s,V^{sv},V^{sl},\ln\varphi^{sv},\ln\varphi^{sl},\left(\frac{H-H^{ig}}{RT}\right)^{sv},\left(\frac{H-H^{ig}}{RT}\right)^{sl},\left(\frac{S-S^{ig}_{p_0=p}}{R}\right)^{sv},\left(\frac{S-S^{ig}_{p_0=p}}{R}\right)^{sl}$$

$$p \rightarrow T,V^{sv},V^{sl},\ln\varphi^{sv},\ln\varphi^{sl},\left(\frac{H-H^{ig}}{RT}\right)^{sv},\left(\frac{H-H^{ig}}{RT}\right)^{sl},\left(\frac{S-S^{ig}_{p_0=p}}{R}\right)^{sv},\left(\frac{S-S^{ig}_{p_0=p}}{R}\right)^{sl}$$

混合物的汽-液平衡——PR 方程

等温泡点计算：$T,\{x\} \rightarrow p,\{y\}$；
等压泡点计算：$p,\{x\} \rightarrow T,\{y\}$；
等温露点计算：$T,\{y\} \rightarrow p,\{x\}$；
等压露点计算：$p,\{y\} \rightarrow T,\{x\}$。

混合物的汽-液平衡——Wilson 方程

等温泡点计算：$T,\{x\} \rightarrow p,\{y\}$；
等压泡点计算：$p,\{x\} \rightarrow T,\{y\}$；
等温露点计算：$T,\{y\} \rightarrow p,\{x\}$；
等压露点计算：$p,\{y\} \rightarrow T,\{x\}$。

参考文献

[1]　Keenan J H，Keyes P G，Hill P G，et al. Steam Tables. New York：Wiley，1969.
[2]　吴业正，韩宝琦，等. 制冷原理及设备. 西安：西安交通大学出版社，1987.
[3]　Kyle B G. Chemical and Process Thermodynamics. Englewood Cliffs，New Jersey：Prentice Hall Inc，1984：498.

主要符号表

A	摩尔亥氏函数	x	液相摩尔分数，干度
a	模型参数；活度	y	气相摩尔分数
B	第二 virial 系数	Z	压缩因子
B_{ij}	交叉第二 virial 系数	z	总摩尔分数
B^*	渗透压第二 virial 系数		
b	模型参数	**希腊字母**	
C	热容	α	热膨胀系数
c	模型参数	β	模型参数
d	模型参数	γ	热压系数
E	增强因子；系统的能量	γ_i	溶液中组分 i 的活度系数
F	自由度；Faraday 常数	η	气相分率；效率
f	总逸度	δ	溶解度参数
$\hat{f}_i$	混合物中组分 i 的分逸度	θ	面积分数
G	摩尔吉氏函数	λ	相互作用能
g	相互作用能	μ	化学势
H	摩尔焓；Henry 常数	μ_J	Joule-Thmoson 系数
i	组分指数	ν_i	物质 i 计量系数
K	平衡常数	π	界面压；渗透压
k	相互作用参数	ρ	密度
M	摩尔质量；摩尔性质	φ_i	组分 i 的体积分数
M_i	混合物状态下纯组分 i 的性质（$M=V$、U、	φ	逸度系数（带下标时的含意同于 f）
	H、S、A、G、f、C_p、C_V 等）	ξ	制冷系数；化学反应进度
N	混合物的组分数	ω	偏心因子
Np	数据点数	Λ	活度系数模型相互作用参数
N_T	理论功率	Φ	Poynting 因子
n	物质的量	Δ	性质变化
p	压力；相数		
Q	热量，相互作用参数	**上标**	
q	面积参数	0	初值
R	普适气体常数	∞	无限稀释
S	摩尔熵	az	共沸点
T	温度	E	超额性质；固液共熔点
U	摩尔热力学能	fus	熔化过程
u	线速度	g	气相
V	摩尔体积	ig	理想气体状态
v	分子体积	is	理想溶液
W	功	l	液相
X	局部组成	s	饱和状态；固相

sub   升华过程
v   汽相
vap   汽化过程

下标
att   引力
b   沸点
cal   计算值
c   临界性质
exp   实验值或文献值
i 组分 i 的性质
id   理想功
ij ij 之间的相互作用
L   损失功
m   熔点
N   净值
p 定压

r   对比性质
rep   斥力
rev   可逆
S   溶剂
s   轴功
T 等温
t   总性质
V 定容
$\{n\}$ 所有组分的物质的量保持不变
$\{n\}_{\neq i}$ 除 i 之外的组分的物质的量保持不变
(n) 第 n 次迭代计算
x 所有组分的摩尔分数保持不变
0   环境状态（基态）

顶标
—   偏摩尔性质
^   混合物中组分 i 的分逸度（或逸度系数）